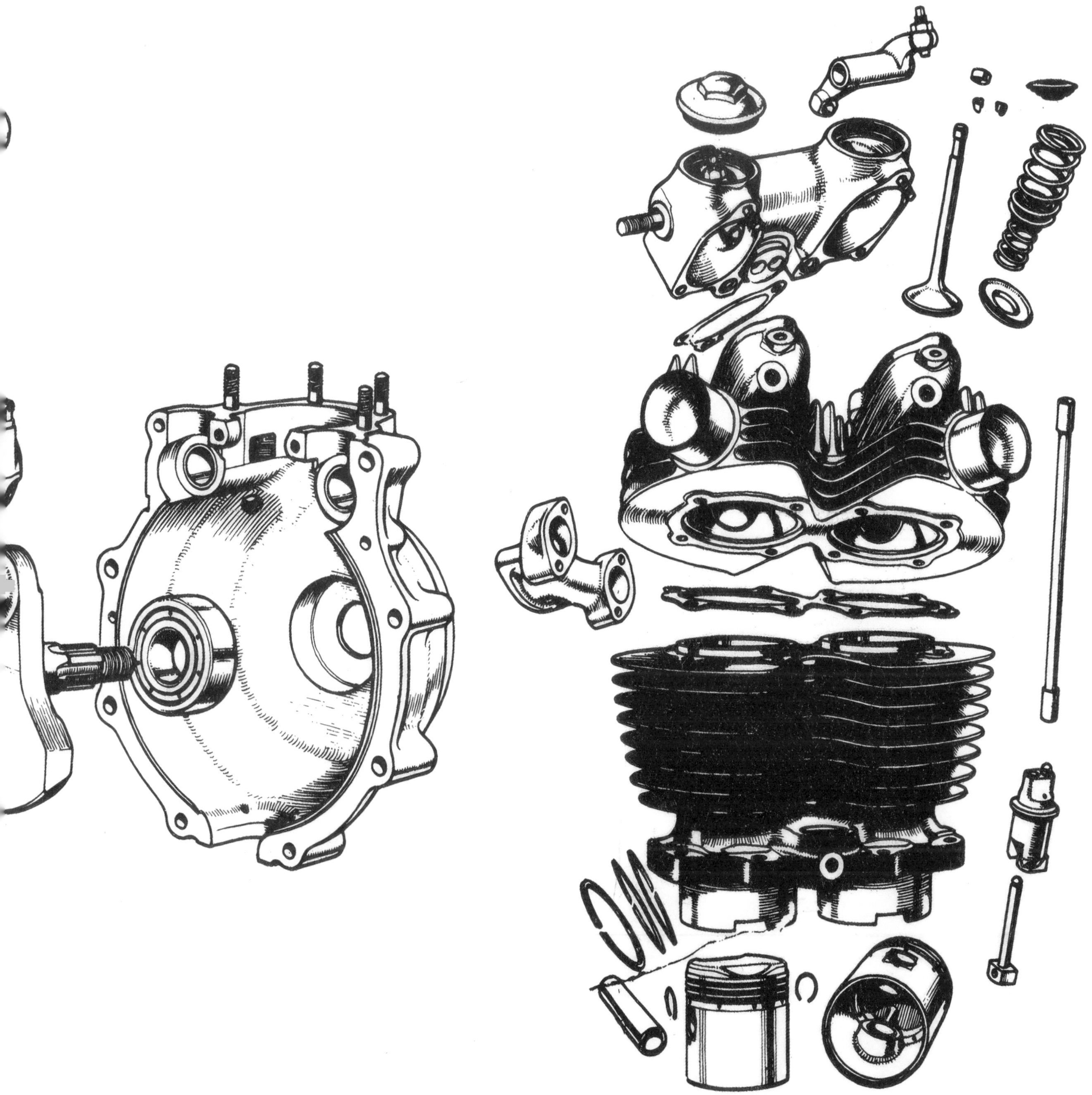

Einbandgestaltung: Sven Rauert, unter Verwendung von
Fotos der Triumph Motorcycles Ltd.

Bildnachweis: Alle zur Illustration dieses Buches verwendeten Aufnahmen stammen – wenn nichts anderes vermerkt – von der Triumph Motorcycles Ltd.

Die Originalausgabe erschien 2019 bei Motorbooks, einem Verlag der Quarto Publishing Group USA Irre.

Deutsche Bearbeitung: Georg Otto

ISBN: 978-3-613-04691-7

1. Auflage 2025

Sie finden uns im Internet unter www.motorbuch-verlag.de

Lektorat: Georg Otto
Innengestaltung: Simon Larkin
Printed in China

FSC
www.fsc.org
MIX
Papier | Fördert gute Waldnutzung
FSC® C016973

Inhalt

Danksagung

In meiner Laufbahn als Autor historischer Motorrad-Bücher ist dies das erste, das ich über eine britische Marke geschrieben habe. Da ich sowohl eine Triumph T160 Trident als auch eine Norton Commando besitze, hatte ich schon immer ein starkes Interesse an britischen Motorrädern und eine Vorliebe für sie. Allerdings verpasste ich vor 20 Jahren die Gelegenheit, die Geschichte der Triumph-Motorräder niederzuschreiben. Als mein Freund Darwin Holmstrom, Senior Editor bei Motorbooks, mir dieses Projekt anbot, konnte ich nicht nein sagen.

Alle Triumph-Motorräder über einen Zeitraum von 80 Jahren zu erfassen, ist ein bedeutendes Unterfangen. Und wenn es darum geht, etwas so Großes auf die Beine zu stellen, kann man es nicht alleine tun. Die größte Unterstützung kommt von meiner Frau Miriam und meinen Söhnen Ben und Tim. Sie sind immer dabei, sei es beim Besuch von Sammlungen, bei der Teilnahme an Veranstaltungen oder beim Ertragen endloser Motorradgespräche. Triumph Motorcycles in den USA und Australien waren ebenfalls sehr entgegenkommend mit Material und Fotos. Besonderer Dank gebührt Mark Berger von Peter Stevens Importers für die Bereitstellung von Hunderten von Dias aus der frühen Hinckley-Ära, während Matt O'Connor und

Obwohl die Speed Twin den Anstoß für den Erfolg von Triumph in der Nachkriegszeit gab, war das wohl bedeutendste Modell der 1950er-Jahre die TR6, die sich die amerikanische Motorradkundschaft richtete. Als erste »Street Scrambler« war sie perfekt für Wüstenrennen geeignet und begründete den Ruf von Triumph im Rennsport.

Keith May in Atlanta mit neueren Pressebildern unterstützten. Guy Allen, ehemaliger Pressesprecher von Triumph Australia und guter Freund, war immer sehr hilfsbereit, ebenso wie Kellie Buckley, Herausgeberin der *Australian Motorcycle News*.

Viele Enthusiasten wie Dave Carlson, Kevin Grant, Don Kotchoff, Brian McInnes, Bob Nesbitt, Allen Smith, Lorin Smith und Mike Walker haben ihre Motorräder für die Fotos zur Verfügung gestellt, wobei ein besonderer Dank an Jon Munn, John Grauduszus, Greg Lawn und Colin Osborne geht. John Jessop, Tim White und John Walker stellten ebenfalls offizielle Bilder von Triumph Motorcycles zur Verfügung, während Gary McDonnell einen wertvollen Einblick in die Entwicklung von Triumph im Laufe der Jahre gab. Gary McDonnell kam 1969 als Monteurlehrling zu Meriden und hat – abgesehen von einer kurzen Zeit bei Jaguar – sein ganzes Leben lang bei Triumph gearbeitet. Der ehemalige Britalia-Motors-Händler John McCoy las ebenfalls den Text relevanter Kapitel und vermittelte so einen nützlichen Einblick in die spätere Meriden-Ära aus der Sicht eines amerikanischen Händlers.

Edward Turner, Vater der Speed Twin, war der Meinung, dass 500 cm^3 die optimale Größe für einen Parallel-Twin sind. Als sie 1950 auf den Markt kam, war die 650-cm^3-Thunderbird der hubraumstärkste Serien-Parallel-Twin. Für ihn wäre wahrscheinlich die Idee der 1700-cm^3-Thunderbird LT von 2014 unvorstellbar gewesen. *Triumph Motorcycles America*

Einleitung

Wo alles begann

Es entbehrt nicht einer gewissen Ironie, dass Triumph (der erfolgreichste britische Motorradhersteller) seine Ursprünge einem deutschen Einwanderer, Siegfried Bettmann, verdankt. Bettmann zog 1884 von Nürnberg nach England, war aber keineswegs der mittellose europäische Einwanderer, wie es die Legende besagt. Er stammte aus wohlhabenden Verhältnissen, hatte ein Universitätsstudium absolviert und seine Sprachkenntnisse verschafften ihm zunächst eine Stelle als Übersetzer in einem Londoner Verlag. Als Europa von der Fahrradbegeisterung erfasst wurde, begann er 1885 mit dem Export von in Birmingham hergestellten Fahrrädern mit dem Etikett „Bettmann". Als er merkte, dass dies nicht britisch genug klang, änderte er 1886 den Namen in „Triumph". Das Geschäft florierte und ein Jahr später stellte Bettmann einen weiteren deutschen Einwanderer ein, Mauritz Schulte, seines Zeichens ausgebildeter Ingenieur.

1888 zog das Unternehmen nach Coventry um, wo man eine eigene Produktionsstätte errichtete. Schulte baute 1902 einen belgischen Minerva-Motor mit 2,5 PS in ein Triumph-Fahrrad ein. Das erste Triumph-Motorrad war geboren, doch Schulte begnügte sich nicht mit der Verwendung fremder Motoren und konstruierte und baute 1905 das erste Triumph-Derivat. Dieser 363 cm³ (78 x 76 mm) große Seitenventil-Einzylindermotor, der als erste erfolgreiche Maschine mit kugelgelagerter Hauptwelle gilt, leistete drei PS bei bescheidenen 1500/min. Außerdem war er so gut gebaut, dass er Triumph schon bald einen beneidenswerten Ruf für Zuverlässigkeit und Leistung einbrachte. Im Laufe der Jahre wurde der Motor schrittweise vergrößert, 1907 auf 453 cm³ und 1914 auf 550 cm³.

In der Zwischenzeit war das Unternehmen in neue Räumlichkeiten in der Priory Street umgezogen und nach Jack Marshalls Sieg im Einzylinder-Rennen um die Tour-

Der erste vollständig in den Triumph-Werken gefertigte Motor erschien im Jahr 1905.

Das 1906er Triumph-Modell mit drei PS und Batteriezündung. Magnetzündung gab es optional.

Triumph gab eine Broschüre heraus, um an den Einsatz seiner Motorräder während des Ersten Weltkriegs zu erinnern. Bei den meisten dieser Motorräder handelte es sich um das Modell H mit Dreigang-Sturmey-Archer-Getriebe, das bei den Kradmeldern eingesetzt wurde.

Ein Blick in das Triumph-Werk in der Priory Street in Coventry im Jahr 1915. Die meisten Motorräder hier sind Modell H für den Kriegseinsatz. Zwischen 1915 und 1923 wurden davon 57.000 produziert.

ist Trophy (TT) auf der Isle of Man 1908 florierte das Geschäft. Im Jahr 1909 verließen dreitausend Maschinen das Werk. Im Jahr 1913 wurde Bettmann als erster Nicht-Brite Bürgermeister von Coventry. Ein Amt, das er bei Ausbruch des Ersten Weltkriegs verlor, aber Triumph lieferte dennoch 30.000 Model-H-Singles an die britischen und alliierten Streitkräfte.

Nach dem Krieg konzentrierte sich die Modellpalette von Triumph weiterhin auf das Modell H, das für den Rennsport jedoch nicht schnell genug war. 1921 beauftragte Triumph Harry Ricardo mit der Entwicklung eines neuen Zylinderkopfs. Er gilt als Pionier in Sachen Brennraumgestaltung und entschied sich für ein Vierventil-Design mit obenliegenden Ventilen. Ricardos Entwurf war recht konservativ und vom Kopf abwärts war der Motor praktisch ein Modell H, das Bohrung und Hub beibehielt. Aber der Vierventilkopf brachte eine sofortige Verbesserung und die Ricardo-Triumph setzte einen neuen Standard für 500-cm^3-Motorräder. Der Motor leistete 20 PS bei 4600/min, was der Leistung eines damaligen 1500-cm^3-Autos entsprach. So verwundert die Beliebtheit der ersten R Fast Roadster nicht. Frank Halford stellte auf einer Rennversion einen Rekord von 83,91 mph auf, aber obwohl drei Ricardos für die TT 1921 gemeldet wurden, kam wegen Mängel im Handling nur eine ins Ziel. Ein Jahr später kehrte die Triumph Ricardo mit neuem Schmiersystem, einem stärkeren Ventiltrieb und einer neuen Vorderradgabel zurück. Diesmal belegte sie den zweiten Platz bei der TT. Ab 1923 schlug Triumph dann einen anderen Weg ein. Schulte verließ das Unternehmen, und der neue Manager, Claude Holbrook, begann die Automobil- und verstärkte die Motorradproduktion. Das Ergebnis war das äußerst populäre Modell P. Die 1925 auf den Markt gebrachte 494-cm^3-Maschine war einfach konstruiert und bot eine angemessene Leistung. Das Modell P war die günstigste 500er, die jemals zum Verkauf angeboten wurde und die Produktion über-

Die Ricardo war die erste Triumph mit obenliegenden Ventilen. Der Rahmen des Modells H war nicht für hervorragendes Fahrverhalten bekannt und wurde durch den starken Vierventilmotor an seine Grenzen gebracht. Die Räder maßen vorne und hinten 26 Zoll und die Bremsen waren rudimentär.

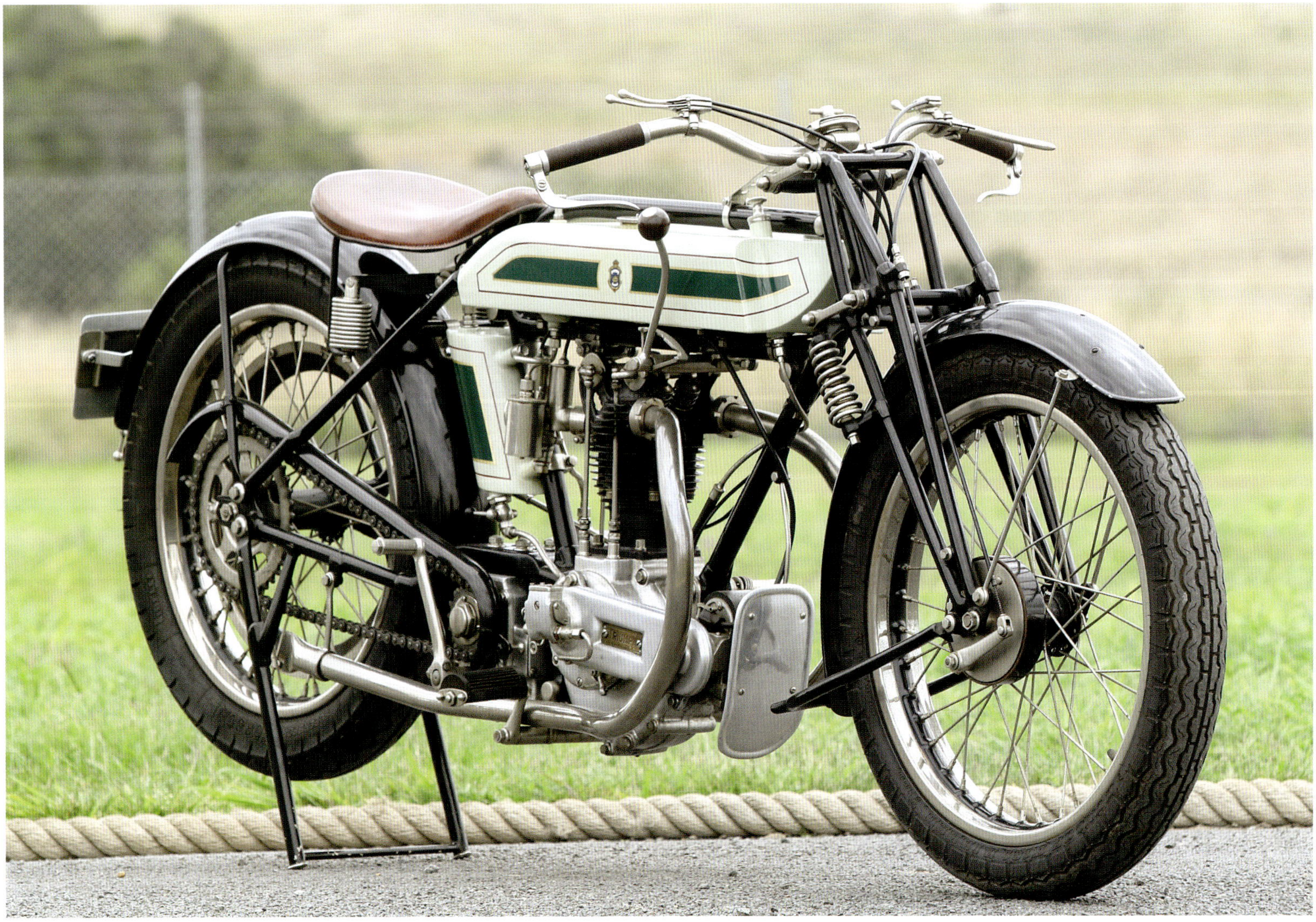

Abgesehen vom Vierventil-Zylinderkopf ähnelte die Ricardo in weiten Teilen dem Modell H. Die Kanäle für Ansaugung und Abgas waren klein, die parallelen Ventile vertieft und im 90-Grad-Winkel zueinander angeordnet. Kleinere Schwungräder verbesserten die Drehzahl und die Gemischaufbereitung erfolgte durch einen Triumph-Doppelvergaser.

Obwohl 1936 das Jahr war, in dem Turner zu Triumph kam, führten die Singles von Val Page zunächst noch das Programm an.

stieg oft 1000 Stück pro Woche. Da auch Triumph die Autoproduktion ausweitete, war die Priory Street bis 1927 das größte Werk in Coventry, das 3000 Arbeiter beschäftigte und 30.000 Fahrzeuge pro Jahr produzierte.

Doch die Wirtschaftskrise der 1930er-Jahre stand unmittelbar bevor und schon bald hatte Triumph enorme Schwierigkeiten, den Betrieb aufrechtzuerhalten. Bis 1932 lag der Schwerpunkt der Konstruktionsarbeit auf Autos. Als der Absatz größerer Motorräder einbrach, wurde der Designer Val Page von Ariel eingestellt. Page erhielt die Erlaubnis, eine eigenständige Motorrad-Konstruktionsabteilung zu gründen. Als talentierter und akribischer Ingenieur hatte Page unmittelbaren Einfluss auf neue, moderner aussehende Singles sowie auf einen völlig neuen 650-cm^3-Parallel-Twin. Doch auch das half nicht und Anfang 1936 wurde Triumph unter Konkursverwaltung gestellt. Man beschloss daraufhin, die Motorradproduktion einzustellen und sich auf den Automobilbau zu konzentrieren.

Als Ariel-Chef Jack Sangster von diesem Gerücht hörte, handelte er mit dem Konkursverwalter ein Abkommen aus, das die Fortsetzung der Motorradproduktion in Coventry ermöglichte, allerdings unter neuer Leitung. Sangster übertrug Edward Turner die Führung des neuen Unternehmens, Triumph Engineering Co. Ltd. Siegfried Bettmann war zunächst Vorsitzender, zog sich aber bald zurück, und Jack Sangster nahm seinen Platz ein. Die wahre Macht lag bei Edward Turner, dem Geschäftsführer und Chefkonstrukteur. Nachdem Triumph fast ein ganzes Jahrzehnt lang mit Schwierigkeiten zu kämpfen gehabt hatte, erlebte das Unternehmen nun die Turner-Revolution. Seitdem gab es nur noch den Blick nach vorn.

TRIUMPH
TRIUMPH

TRIUMPH
TRIUMPH

1

1937–1949

Vor und nach dem Krieg

Die Speed Twin, Tiger 100, 3T, Grand Prix und TR5 Trophy

Im Jahr 1936 war Triumph bereits ein bedeutender Motorradhersteller, doch als Triumph Engineering Co. Ltd. stand das Unternehmen kurz davor, ein neues Erfolgslevel zu erreichen. Edward Turner trug zwar den Titel eines Geschäftsführers und Chefkonstrukteurs, aber es war bald klar, dass er auch der Chef jeder anderen Abteilung war, vom Vertrieb über die Technik bis hin zum Styling. Wie Ivor Davies, der Mann für die Öffentlichkeitsarbeit von Triumph, schrieb: »Turner war kurz gesagt der große weiße Chef, Punktum.« Turner hatte nicht nur das Sagen, er war auch ein selbstbewusster Unternehmer. Sein erster Plan bestand darin, die verfügbaren Ressourcen zu analysieren und die Vielzahl der Bauteile zu reduzieren. Die Rationalisierung beinhaltete die Straffung der bestehenden Palette. Zunächst wählte Turner ein Modell aus jedem Hubraum-Klasse aus, 250, 350 und 500 cm^3, und schuf durch ein vernünftiges Facelift und einen sportlichen Namen eine aktualisierte Produktpalette. Obwohl die technischen Verbesserungen minimal waren, wurden Turners neue Tiger über Nacht zum Erfolg und verwandelten sich vom Außenseiter zum Weltmeister.

Als Ingenieur war Edward Turner zu dieser Zeit einzigartig. Er hatte ein gutes Gespür für die Wünsche der Kunden und erkannte die Bedeutung des Designs als Verkaufsinstrument. Ohne die Kosten für ein Redesign auf sich zu nehmen, stattete er die bestehenden Modelle 5/5, 3/2 und L2/1 mit neuen verchromten Tanks aus, die mit silberfarbenen und dunkelblauen Akzenten versehen waren. Der neue Tank mit den geformten Kniepolstern ließ die Tiger leichter und sportlicher aussehen. Außerdem ließ Turner die traditionell umgekehrten Kupplungs- und Bremshebel durch längere Modelle im TT-Stil ersetzen sowie hochgezogene Auspuffrohre verbauen. Weitere verchromte und polierte Teile sorgten für zusätzlichen Glanz. Der Clou waren jedoch die Bezeichnungen Tiger 70, 80 und 90, die auf die Höchstgeschwindigkeiten hinwiesen. Die Kunden standen Schlange, um die neuen Tiger zu kaufen.

GEGENÜBER OBEN: Val Pages 250-cm^3-L2/1 war gut konstruiert, aber in der Herstellung teuer. Turner nahm ihn aus dem Programm. Alle von Page entworfenen Singles hatten ein zweckmäßiges Erscheinungsbild, was ihre Attraktivität einschränkte.

GEGENÜBER UNTEN: 1936 nahm Turner die L2/1 und gab ihr seinen kosmetischen Touch, um die Tiger 70 zu schaffen. Obwohl der Stil moderner war, wurde sie aus Kostengründen kurz darauf durch die 2/1 ersetzt, die mehr mit anderen Modellen der Page-Single-Reihe gemeinsam hatte.

Edward Turner

Nur wenige Menschen waren in der Lage, einen genetischen Code für das Motorradfahren zu schaffen und die Richtung des Motorraddesigns zu ändern. Einer von ihnen war Edward Turner. In einer Welt, die vom Viertakt-Single mit großem Hubraum beherrscht wurde, gelang es Turner, die Tradition umzustürzen und die Regeln neu zu schreiben, indem er einen stehenden Reihenzweizylindermotor einführte, der für die nächsten 40 Jahre einen Designtrend setzen sollte. Aber Turner war viel mehr als nur ein Konstrukteur des Parallel-Twin. Er war ein Gigant der britischen Motorradindustrie, der den Stil und die Technik von Motorrädern über Jahrzehnte hinweg prägte.

Following Page's move to Triumph in 1932, Edward Turner became Ariel's chief designer. He was only 32 years old but managed to restore Ariel's fortunes.

Der am 24. Januar 1901 geborene Turner stammte aus einer Familie mit Traditionen im Ingenieurwesen und Kutschenbau und zeigte schon früh eine mechanische Begabung, bevor er im Alter von 17 Jahren der Handelsmarine beitrat. Er liebäugelte mit einer Karriere als Baritonsänger, bevor er dann doch mit seiner Kriegsgratifikation ein kleines Motorradgeschäft kaufte. Turner profitierte von dem explosionsartigen Wachstum der Motorradindustrie und beschloss, sein eigenes Zweirad zu bauen, eine 350-cm^3-Maschine mit obenliegender Nockenwelle. Hier begannen seine Fähigkeiten aufzublühen. Turner fertigte alle Detailzeichnungen und seine eigenen Schneidwerkzeuge an und bearbeitete alle Komponenten auf seiner eigenen Drehbank, Fräsmaschine und Schleifbank. 1928, als seine 350 fertig war, suchte Turner einen Partner für die Serienproduktion. Obwohl es ihm das nicht gelang, verschaffte sie ihm doch Zugang zu den oberen Etagen der Motorradindustrie. Ariel ernannte ihn zum Chefentwickler an der Seite von Val Page. Und als Page 1932 zu Triumph wechselte, übernahm Turner den Sessel des Chefkonstrukteurs.

Dort bekam er die Möglichkeit die Idee für ein Vierzylinder-Motorrad, die er auf der Rückseite einer Zigarettenschachtel skizzierte, umzusetzen. Nachdem er sich bei Ariels Chef Jack Sangster entschuldigt hatte, dass es sich bei der Schachtel nur um eine billige Marke (Wild Woodbine) handelte, erhielt Turner grünes Licht für die Fertigstellung der Konstruktionszeichnungen. Nach 18 Monaten Entwicklungszeit stellte Ariel den »Square Four« auf der Olympia Show 1930 in London vor. 1935 nahm Turner eine umfassende Überarbeitung des Triebwerks vor und vergrößerte den Motor auf 997 cm^3. Turners 1000-cm^3-Vierzylinder war so fortschrittlich, dass er bis 1959 in Produktion blieb.

Der Weggang von Val Page bot Edward Turner auch die Gelegenheit, den angeschlagenen Ariel-Konzern wieder zu beleben. Da kein Geld für neue Designs vorhanden war, beschloss Turner, die bestehenden, von Val Page entworfenen Singles zu überarbeiten. Niemand war begeistert von den unscheinbaren Ariel-Singles, aber Turner zauberte und schaffte es mit geschicktem Styling und brillanter technischer Optimierung aus einem uninspirierten Allerweltsmotorrad ein begehrenswertes Fahrzeug zu machen. Turner wusste, dass die meisten sportlichen Engländer sich eine attraktive Optik wünschten und die »Red Hunter« brachten Ariel wieder auf die Erfolgsspur. Sie sahen nicht nur gut aus, sie waren auch schnell, zuverlässig und erfolgreich bei Trial- und Scrambler-Rennen und sogar auf der Rennstrecke von Brooklands.

Turner mag Ingenieur gewesen sein, aber er hatte ein auch ein ausgezeichnetes Gespür für den Handel. Er traf sich mit Händlern und sprach mit ihnen, überwachte die Produktion von Verkaufsunterlagen und Werbung und unternahm sogar Testfahrten. Er war dafür bekannt, dass er den Meinungen professioneller Tester misstraute und es machte ihm nichts aus, sich auf ein neues Motorrad zu setzen und die Straße hinunterzufahren, wobei er immer noch seinen Trilby-Hut trug. Vor allem aber war Turner ein Meister der Kostensenkung, die Jack Sangster mit jeder Maschine einen stattlichen Gewinn bescherte. Dieser Geschäftssinn, der ihn von anderen Ingenieuren abhob, wurde von Sangster sehr geschätzt und sollte später Turners Position bei Triumph festigen.

OBEN: Einer der langlebigsten und individuellsten Entwürfe Turners war die Ariel Square Four (hier eine Mk 1 von 1948). Nachdem sie als 500er begonnen hatte, wurde sie auf 600 und schließlich auf 1000 cm^3 erweitert. Ariel behauptete, der neue Square Four könne im höchsten Gang von 10 auf 100 mph beschleunigen und ließ den Fahrer Freddie Clarke 1936 in Brooklands genau das tun.

RECHTS: Eine weitere Erfolgsgeschichte von Turner war der Ariel Red Hunter, erhältlich als 500er oder wie hier als 350er (von 1934). Ariel wollte neben der sportlichen Optik auch Leistung bieten, daher gab es die 500er wahlweise mit einer Verdichtung von 7:1 für den Straßenbetrieb (die 28 PS leistete) oder mit einem Rennkolben mit höherer Verdichtung, der sie angeblich auf eine Topspeed von etwa 90 mph bringen sollte. Das stimmte wohl nicht, da die Red Hunter in der Vorkriegszeit keine nennenswerten Rennerfolge erzielt hatte. Am nächsten kam die Red Hunter einem TT-Sieg in dem Film »No Limit« von 1935, in dem George Formby auf einer Red Hunter, die als fiktive »Rainbow« fungierte, die Senior TT gewann.

Zwar verkauften sich die neuen Singles gut, doch Turner suchte ständig nach Möglichkeiten, die Kosten zu senken. Die Tiger 70, die auf der L2/1 basierte, war eine der besten britischen Vorkriegs-250er, aber in Turners Augen waren ihre Tage gezählt. Nach nur einem Jahr machte sie Platz für eine wirtschaftlichere Version, die 2/1. Diese teilte sich mehr Teile mit der 350er Tiger 80 und war ein weiteres Beispiel für Turners wirtschaftlichen Pragmatismus.

Eines der ersten Dinge, die Turner nach seiner Ankunft bei Triumph unternahm, war die Vereinheitlichung des Schriftzugs. Er wollte einen Wiedererkennungswert ähnlich dem Schild der Londoner U-Bahn.

1938 5T Speed Twin 500

Edward Turner hatte immer die Absicht, einen stehenden Zweizylinder zu bauen. Diese Idee kam ihm bei Ariel, nachdem er aus der Hälfte des Square Four einen experimentellen Zweizylinder gebaut hatte. Sowohl Val Page als auch Bert Hopwood beobachteten dieses Experiment – beide sollten später eigene Parallel Twins konstruieren. Als Turner 1936 Triumph übernahm, erbte er Val Pages 650-cm³-6/1-Zweizylinder. Obwohl er ihn aus technischer Sicht für äußerst solide hielt, sah Turner keine große Zukunft für ihn. Also machte er sich sofort an die Entwicklung der Speed Twin, die im Juli 1937 erschien.

Einer der Gründe, warum die Speed Twin so schnell auf den Markt kam, lag in Turners Geschick, bestehende Komponenten und Designmerkmale zu übernehmen. Ihm war bewusst, dass sein neuer Zweizylinder ähnlich wie ein traditioneller Twin-Port-Single aussehen sollte, um der konservativen Kundschaft zu gefallen. Seine Konstruktion wies einige Gemeinsamkeiten mit Val Pages 250er Single auf, andere Merkmale waren von Turners Riley Nine entlehnt und die Kurbelwellenanordnung stammte von Vauxhall. Bereits 1932 hatte Page einen Zylinderkopf mit halbkugelförmigem Brennraum und zwei im 90-Grad-Winkel angeordneten Ventilen wie beim Riley entwickelt, dessen Design auch bis zur Tiger 70 beibehalten wurde. Eine noch stärkere Verwandtschaft mit dem Riley zeigten die kurzen Stößelstangen und Kipphebel sowie die zahnradgetriebenen vorderen und hinteren Nockenwellen – obwohl Turner die Kosten für die schrägverzahnten Zahnräder des Riley nicht rechtfertigen konnte. Turner behauptete, das konstruktive Layout sei völlig neu, aber das innen liegende Schwungrad, das in der Mitte zwischen den Kurbelzapfen durch eine Wange gehalten wurde, hatte Vauxhall bereits 1922 in seinem 3-Liter-Rennmotor verwendet. Auf der Suche nach Festigkeit und Zuverlässigkeit entschied sich Turner für leichte Pleuel aus geschmiedetem RR-56-Leichtmetall in Flugzeugqualität mit Pleuelkappen aus Mangan-Molybdän-Stahl. Der Zylinderkopf wurde aus einem Stück gegossen und ein Zahnrad auf der Einlassnockenwelle trieb den Lichtmagnetzünder an.

Turner war es wichtig, die Gemeinsamkeiten mit der bestehenden 250er Tiger 70 Single zu erhalten,

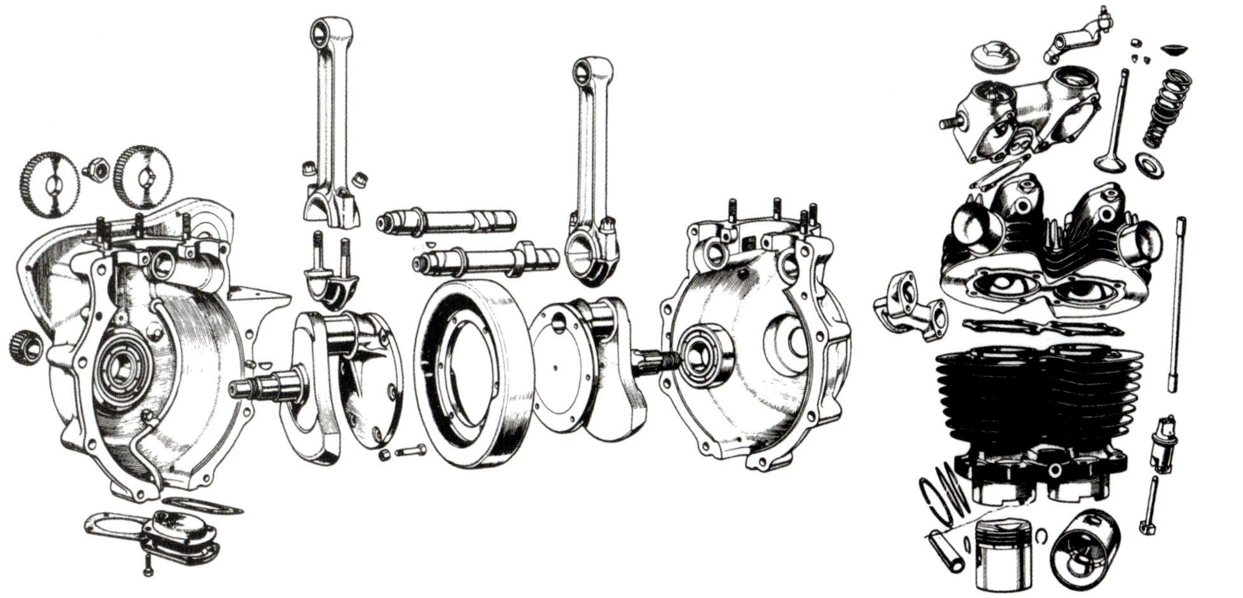

Die Explosionszeichnung des Vorkriegsmotors der Speed Twin zeigt die Kurbelwelle mit Gleitlagern an den Kurbelzapfen und die einfache Konstruktion, die sich über mehrere Jahrzehnte hielt. Der Zylinderkopf und der Zylinder waren aus Gusseisen.

1938 setzte die Speed Twin für die damalige Zeit neue Maßstäbe in Bezug auf Leistung und Laufruhe.

behielt das Bohrungs-Hub-Verhältnis sowie eine Vielzahl der Motorkomponenten bei. So war das neue Aggregat etwas schmaler als der 500-cm³-Tiger-90-Single und konnte den gleichen Rahmen nutzen. All dies trug dazu bei, dass die Speed Twin erschwinglich war; mit 75 Pfund kostete sie nur fünf Pfund mehr als die Tiger 90 und wog zwei Kilo mehr. Und obwohl die Speed Twin einem Single ähnlich sah, war sie selbst mit der von Turner bevorzugten Kurbelwelle mit 360 Grad Hubzapfenversatz (bei der die Kolben zusammen auf- und absteigen) laufruhiger, ließ sich leichter starten und bot eine bessere Beschleunigung. Wenn man bedenkt, dass später Triumph-Twins für ihre Vibrationen bekannt waren, mag diese Laufruhe überraschend sein. Allerdings darf man nicht vergessen, dass diese frühen Twins ein sehr niedriges Verdichtungsverhältnis hatten und die Konstruktion mit separatem Getriebe eine sanftere Übertragung der geringen Leistung ermöglichte. Ein weiteres wichtiges Merkmal der Speed Twin war die Geräuscharmut im Vergleich zum einer großen Single. Wie erwartet, war die Speed Twin mit viel Chromzierrat ausgestattet, aber das Amarantrot auf Rahmen und Gabel hob sie von den Singles ab.

Der Twin war so kompakt wie ein Single und ungewöhnlich, da auf der Steuerseite keine Stößelstangen sichtbar waren.

Die Speed Twin wurde der Presse erstmals Ende Juli 1937 vorgestellt, zunächst in einer Beschreibung in *The Motor Cycle*, dann mit einer offiziellen Enthüllung auf der Earls Court Motorcycle Show im August. Wie Turner es sich vorgestellt hatte, fand die Speed Twin großen Anklang. Die ersten Straßentests erschienen im Oktober 1937, und *The Motor Cycle* erreichte bei vier Fahrten eine beeindruckende Durchschnittsgeschwindigkeit von 93,75 mph. Die Bestzeit von 107 mph, wenn auch bei starkem Rückenwind, war für eine 500er zu dieser Zeit recht erstaunlich. *The Motor Cycle* kommentierte »die außergewöhnliche Laufruhe bei allen Geschwindigkeiten, abgesehen von einer kurzen Phase um die 60 mph im höchsten Gang«, und fasste die Speed Twin wie folgt zusammen: »Nach Hunderten von Meilen wirklich harter Fahrt war die Triumph so sauber und elegant wie am Anfang, und abgesehen von einem ganz leichten Ölaustritt am hinteren Ende des Primärkettengehäuses war kein einziger Fleck Schmierstoff ... ausgetreten.«

Für eine völlig neue Konstruktion gab es anfangs nur wenige Schwachstellen, doch traten einige Probleme mit den sechs Bolzen auf, mit denen der Zylinder am vertikal geteilten Kurbelgehäuse befestigt war. Diese konnten bei längerem Hochgeschwindigkeitseinsatz abreißen oder am Zylinder ausreißen und wurden 1938 durch acht Bolzen ersetzt.

Es dauerte nicht lange, bis der Speed Twin das Interesse von Tunern auf sich zog, die Geschwindigkeitsrekorde aufstellen wollten. Marius Winslow entwickelte eine aufgeladene Speed Twin und im Oktober 1938 erzielte Ivan Wicksteed mit 118,02 mph eine neue Bestzeit für eine fliegende Runde in Brooklands. Da die Rennstrecke kurz darauf schloss, ist dieser Rekord immer noch gültig. Die Speed Twin wurde auch für Rekordversuche in Australien eingesetzt. Im März 1938 stellte Les Fredericks auf dem lehmigen Coorong Circuit in Südaustralien einen neuen 12-Stunden-Streckenrekord auf. Über Nacht und in der Gischt des Meeres legte er erstaunliche 8,055 Meilen mit einer Durchschnittsgeschwindigkeit von 65,7 mph zurück. Die Sicht war so schlecht, dass er die Lampen, die den Rundkurs markierten, nicht sehen konnte. Um 3 Uhr morgens durchbrach er eine Absperrung und landete beinahe auf einem Felsvorsprung. Frederick wollte noch einen 24-Stunden-Rekord aufstellen, aber die Bedingungen waren so schlecht, dass der Versuch nach 14 Stunden abgebrochen wurde. Das bewies die Widerstandsfähigkeit der Speed Twin unter schwierigen Bedingungen.

Anfang 1938 gab es ein weiteres bedeutendes Ereignis, als die Metropolitan (London) Police Force beschloss, ihre Motorradtruppe zu vergrößern. Sie wählte unter den Modellen von sieben Herstellern die Speed Twin aus und obwohl zunächst nur etwa 20 Stück gekauft wurden, führte das schließlich dazu, dass Triumph spezielle Polizeimodelle sowohl für Großbritannien als auch für das Ausland produzierte.

1939 T100 Tiger 500

Nur ein Jahr nach Einführung der Speed Twin kam die Tiger 100, eine 80 Pfund teure Sportversion. Mit ihrem Chrom- und Silberfinish war sie äußerst attraktiv und in typischer Turner-Manier wies die »100« auf die mögliche Höchstgeschwindigkeit hin. Auch wenn die nur mit demontierten Endkappen am Schalldämpfer erreicht werden konnte, bewies dies doch erneut Turners Marketing-Genie. Die Tiger-Formel war erprobt und bewährt: ein Basismodell einführen, um den Markt zu testen und kurz darauf eine Sportversion bringen.

Die Tiger 100 wurde vom selben Motor wie die 5T angetrieben, jedoch mit nun acht Zylinderstehbolzen, polierten Kanälen, einer verstärkten Kurbelwelle und Pleuel, einem neuen Schwungrad und geschmiedeten Slipperkolben mit höherer Verdichtung. Der Amal-Vergaser wurde leicht vergrößert und mit einer Glocke versehen und für fünf Pfund Aufpreis gab es einen optionalen Zylinderkopf aus einer Aluminium-Bronze-Legierung. Dieser sorgte bei höheren Drehzahlen für bessere Kühlung, aber die Ventile saßen direkt im Kopf, ohne Grauguss-Ventilsitze. Die Tiger 100 zeichnete sich außerdem durch ein poliertes Aluminiumgehäuse für die Primärkette und einen größeren Öltank (4,5 Liter statt 3,4 Liter) mit Schnellverschluss aus.

Um die zusätzliche Leistung zu bewältigen, erhielt die Tiger 100 einen überarbeiteten Rahmen, der mit einem geänderten Lenkkopfwinkel mehr Nachlauf für mehr Stabilität bot. Die Vorderradgabel war ebenfalls neu, mit vier Zoll längeren Unterlenkern und die gusseiserne 7-Zoll-Vorderradbremse war für zusätzliche Kühlung verrippt. Mehrere andere Komponenten unterschieden die Tiger von der 5T, darunter Schalldämpfer mit abnehmbaren Endkappen, ein schmaler, gummigelagerter Lenker sowie verchromte Brems- und Kupplungshebel. Der schöne, verchromte und silberfarbene Benzintank war größer (22 Liter statt 20 Liter der 5T) und enthielt nur in diesem Modelljahr eine Bakelitplatte mit Amperemeter und Öldruckanzeige. Neu war in diesem Jahr auch eine verchromte vordere Nummernschildeinfassung und ein Tropföler an der Rückseite des Primärkettengehäuses sorgte für zuverlässige Schmierung der Antriebskette. Die Höchstgeschwindigkeit der T100 von 96 mph in der Standardausführung war für einen 500er im Jahr 1939

1938 5T Speed Twin

Bohrung	63 mm
Hub	80 mm
Hubraum	498 cm³
Leistung	26 PS bei 6000/min
Verdichtung	7,0:1
Vergaser	$^{15}/_{16}$ Zoll Amal 276/132 LH
Zündung	Lucas Magdyno
Getriebe	Viergang
Gabel	Girder
Bremsen	7x1$^{1}/_{8}$ Zoll
Räder	WM 2x20 Zoll vorne, WM 2x19 Zoll hinten
Reifen	3,25x20 Zoll vorne, 3,50x19 Zoll hinten
Radstand	1371 mm
Trockengewicht	161 kg
Farbe	Amarantrot
Motorkennbuchstaben	8-T-12345 (1938) 9-T-xxxxx [richtige Zahlen beim Luftangriff verloren] (1939) 40-5T-xxxxx (ab 1940)
Rahmennummern	Präfix TH oder TF, Nummern korresponidieren nicht mit Motoren

RECHTS OBEN: Montageband der Triumph Twin in der Priory Street im Jahr 1939. Diese wurde 1940 schwer bombardiert.

RECHTS UNTEN: Die Tiger 100 von 1939. Die »100« steht für die mögliche Höchstgeschwindigkeit des Modells.

1939 T100 Tiger

Bohrung	63 mm
Hub	80 mm
Hubraum	498 cm³
Leistung	34 PS bei 7000/min
Verdichtung	7,8:1
Vergaser	1 Zoll Amal 76
Zündung	Lucas Magdyno
Getriebe	Viergang
Gabel	Girder
Bremsen	7x1⅛ Zoll
Räder	WM 2x20 Zoll vorne, WM 2x19 Zoll hinten
Reifen	3.00x20 Zoll vorne, 3.50x19 Zoll hinten
Radstand	1371 mm
Trockengewicht	161 kg
Farbe	Silber und verchromt
Motorkennbuchstaben	9-T100-xxxxx (1939) 40-T100-xxxxx (1940), richtige Zahlen beim Luftangriff verloren
Rahmennummern	Präfix TF, Nr. korresponidieren nicht mit Motoren

GANZ OBEN: Die Tiger 100 hatte markante Schalldämpfer mit abnehmbaren Endkappen. Die Gabel war neu, genauso die Vorderradbremse.

OBEN: Jeder Tiger-100-Motor verfügte über polierte Kanäle, eine verstärkte Kurbelwelle und Kolben mit höherer Kompression.

RECHTS: Die Instrumenteneinfassung war nur 1939 aus Bakelit. Nach dem Krieg bestand sie aus Metall.

GANZ RECHTS: 1939 erhielt der Benzintank Druckguss-Plaketten.

Die Tiger 100 bot 1939 für 80 Pfund eine Menge Motorrad. Der vom Vorderrad angetriebene Tacho war optional.

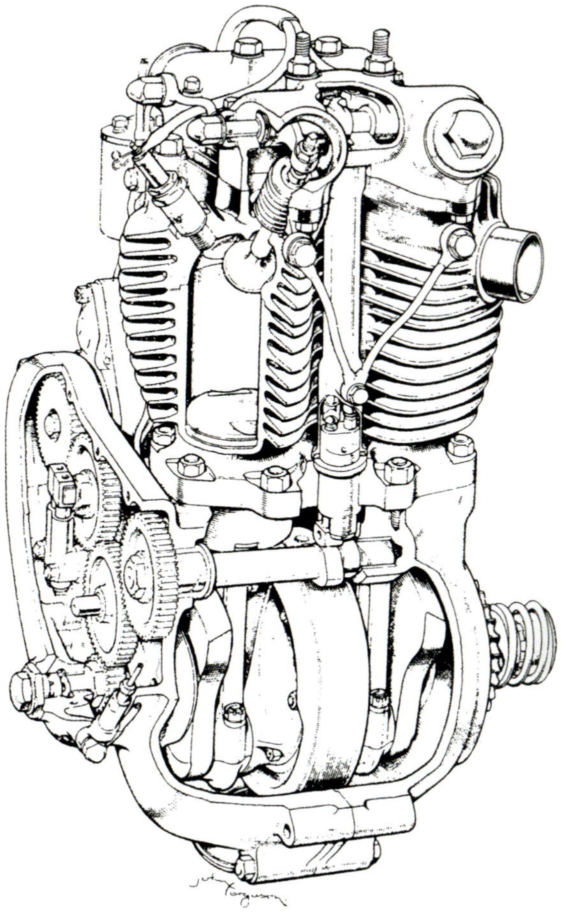

Eine der wenigen Neuerungen am Speed-Twin-Motor für 1939 war der Zylinderflansch mit acht Stehbolzen.

beeindruckend, doch trotz des neuen Rahmens ließ das Fahrverhalten bei dieser Geschwindigkeit etwas zu wünschen übrig. Eine von Turners Schwächen bestand darin, dass er sich weigerte, die Grenzen der Maschine zu akzeptieren und Verbesserungsvorschläge zu realisieren. Trotz der von Tester Freddie Clarke vorgeschlagenen Modifikationen blieben die Mängel im Fahrverhalten unangetastet. Der wortkarge Clarke lag oft mit dem angriffslustigen Turner im Streit, aber seine Fähigkeiten waren beeindruckend und er war ein hervorragender Fahrer, der auf einer 503 cm³ Speed Twin mit 118,02 mph einen neuen Rundenrekord für 750-cm³-Maschinen in Brooklands aufstellte.

Im Katalog von 1939 heißt es, dass jeder Tiger-100-Motor »einzeln auf einer Heenan- und Froude-Prüfstand getestet und dann von erfahrenen Mechanikern zerlegt und wieder zusammengebaut wurde. Jeder Maschine wurde eine vom Cheftester unterzeichnete Testkarte beigefügt.« Ein gutes Verkaufsargument, weswegen die Tiger 100 trotz der Unzulänglichkeiten sehr beliebt war.

1939 5T Speed Twin 500

Da die neue T100 Tiger die Speed Twin als Marktführer ablöste, gab es für 1939 nur geringfügige Änderungen an der 5T. Die meisten davon wurden mit der T100 geteilt, alle Motoren verfügten nun über den Acht-Bolzen-Zylinderflansch und die hintere Kettenschmierung. Zu den weiteren Neuerungen gehörte eine geänderte Ventilsteuerung. Wie bei der T100 war die vordere Nummernschildeinfassung verchromt, der Tank enthielt einen Bakeliteinsatz für die Instrumente und die Tankschriftzüge bestanden aus Druckguss. Der Lenker war in diesem Jahr schmaler und stärker nach hinten gebogen, um eine bequemere Sitzposition zu ermöglichen.

Im Bestreben, seine Twins als zuverlässige Tourenmaschinen bekannt zu machen, beschloss Triumph bei der Maudes Trophy zu starten. Diese Trophäe wurde jedes Jahr an den Hersteller verliehen, dessen Produkt bei einem von der Auto Cycle Union (ACU) durchgeführten Zuverlässigkeitstest am besten abschnitt. Zwei Maschinen, eine Speed Twin und eine T100, wurden von der ACU nach dem Zufallsprinzip aus dem Bestand eines Händlers ausgewählt und im Februar '39 von Coventry nach John o'Groats in Schottland und Land's End in Cornwall gefahren, um schließlich in Brooklands, dem Zielort, anzukommen.

Die 5T Speed Twin von 1939. Auf diesem Werbefoto sind die Druckguss-Tankplaketten nicht zu sehen.

Die 2890 Kilometer wurden mit einer Durchschnittsgeschwindigkeit von 67,2 km/h zurückgelegt und in Brooklands erreichte der Tiger 100 in sechs Stunden eine Durchschnittsgeschwindigkeit von 125,6 km/h und der Speed Twin 120 km/h. Die beste Runde des Tiger 100 lag bei 141,53 km/h und die der Speed Twin bei 135,06 km/h. Da beide Maschinen den Test abgesehen von Reifenpannen und einem Sturz vom Ständer ohne größere Pannen absolvierten, gewann Triumph die Maudes Trophy. Doch als das Ergebnis im November 1939 bekannt gegeben wurde, bedeutete es wenig, denn Großbritannien befand sich nun im Krieg. Im selben Monat gab es trotzdem noch etwas Werbung für Triumph. Sir Malcolm Campbell, dreimaliger Geschwindigkeitsrekordhalter und seit 1908 Triumph-Besitzer, erklärte öffentlich, dass »die Triumph Speed Twin ihresgleichen sucht«.

Abgesehen vom Krieg gab es 1939 noch weitere Ereignisse, die Triumphs Zukunft tiefgreifend beeinflussten. Im Juli kam Turners Frau Edith bei einem Verkehrsunfall ums Leben. Jack Sangster verstand Turners Situation und schickte ihn im Sommer 1939 an die Westküste der USA. Turner hatte seit 1937 mit dem Anwalt Johnson korrespondiert und ihn ermutigt, 1938 British und American Motors in Pasadena zu kaufen. Turner übertrug Johnson die Direktverkaufsrechte für Triumph in Südkalifornien und 1940 gründete Johnson in Los Angeles die »Johnson Motors, Inc.«. Während sich der Himmel in Europa immer mehr verdüsterte, waren die Weichen für den Erfolg von Triumph zehn Jahre später gestellt.

1940

Edward Turner setzte sich für die Produktion von Twins auf Kosten von Singles ein und machte sich bald nach der Einführung der Speed Twin an die Entwicklung einer 350er Twin, der 3T oder Tiger 85. Diese erwies sich zunächst als nicht so zufriedenstellend wie die 500er und kam bei Kriegsausbruch im September '39 auf den Markt. Der größte Teil der Triumph-Produktion wurde daraufhin für den Militärdienst requiriert und die Weiterentwicklung der 3T musste bis 1946 warten. Die Katastrophe traf Triumph, als die deutschen Bombenangriffe in der Nacht des 14. November 1940 das Werk in Coventry zerstörten. Das Unternehmen war gezwungen umzuziehen, zunächst in eine alte Gießerei in Warwick. Während Jack Sangster die Priory Street wieder aufbauen wollte, verhandelte Turner mit der Regierung über den Kauf eines Grundstücks im Dorf Meriden, fünf Meilen außerhalb von Coventry. Die Arbeiten begannen im Juli 1941 und die neue Fabrik war in erstaunlich kurzer Zeit betriebsbereit. Im Juli 1942 wurden bereits 3HWs (auf Basis der Vorkriegs-Tiger 80) produziert, und kurz darauf verließ Edward Turner nach einer Meinungsverschiedenheit mit Jack Sangster unerwartet das Werk in Richtung BSA.

1940 T100 Tiger 500

Da der größte Teil der Produktion vom Militär beschlagnahmt wurde, entstand nur eine kleine Anzahl von T100, bevor die Fabrik in der Priory Street bombardiert wurde. Dabei handelte es sich entweder um Exportversionen für die USA und Kanada oder um Versionen, die für Würdenträger wie den britischen Premier Winston Churchill und den James-Bond-Erfinder, Commander Ian Fleming, bestimmt waren.

Trotz geringer Produktion gab es auch dieses Jahr Verbesserungen, wozu neue Kolben und eine niedrigere Verdichtung gehörten. Das Lagerspiel wurde vergrößert, was den Ölfluss an der Kurbelwelle und die Schmierung von Kolben und Zylinderwänden verbesserte. Da das Benzin rationiert war, wurde die

Seitlich heruntergezogene Schutzbleche und ein Gepäckträger waren bei der 1940er Tiger 100 optional erhältlich.

Drehzahl durch ein größeres motorseitiges Ritzel mit 23 Zähnen abgesenkt. Weitere Neuerungen betrafen die Schalttafel, die nun statt aus Bekelit aus schwarz lackiertem Blech bestand und eine schlankere Welle für die Modelle mit Tachometer. Zu den Optionen gehörten nun auch seitlich heruntergezogene Kotflügel vorne und hinten.

1940 5T Speed Twin 500

Die 1940er Speed Twin erhielt die gleichen Motor-Updates wie die Tiger 100 und teilte nun viele der Fahrwerkskomponenten mit ihr. Der Rahmen wies den größeren Lenkkopfwinkel der T100 auf und die Vorderradgabel verfügte über eine leichtere Hauptfeder mit zwei kleinen Rückschlagfedern auf beiden Seiten. Weitere Änderungen betrafen den größeren 22-Liter-Tank der T100 mit einem schwarzen Instrumententräger aus Blech. Obwohl Triumph im Februar 1939 ein gefedertes Hinterrad patentiert hatte, um es 1940 einzuführen, ging es erst 1947 in Serie.

Die meisten 40er Speed Twins (und Tiger 100) wurden in die USA verschifft, wo sie im Ausstellungsraum von Johnson Motors landeten. Erstaunlicherweise verkaufte Johnson in Anbetracht der Schwierigkeiten rund 300 Triumph-Twins, bevor die Lieferung mit der Bombardierung des Werks endete. In der Zwischenzeit war Johnson bestrebt, in den USA ein Image für Triumph aufzubauen, indem er so viele Tiger 100 wie möglich bei Wettbewerbsveranstaltungen in Kalifornien anmeldete. Das zahlte sich aus, denn Bruce »Boo-Boo« Pearson gewann in der Saison 1940 32 von 36 Veranstaltungen. Triumph erhielt endlich Anerkennung in der US-Motorradpresse. Zu dieser Zeit begannen Triumph-Motorräder mit Berühmtheiten und Filmstars in Verbindung gebracht zu werden. Der MGM-Schauspieler Robert Taylor erhielt 1942 eine 1940er Speed Twin, die irgendwie in eine Ersatzteillieferung des Triumph-Werks an Johnson landete. Die Geschichte besagt, dass Bill Johnson das Motorrad gegen Taylors Dodge Pickup eintauschte, da neue Autos während des Krieges für die Öffentlichkeit nicht verfügbar waren.

1943 bis 1945

Mitte 1943 lockte Sangster Turner mit dem Angebot einer Anteilserhöhung von BSA zurück zu Triumph, der mehr denn je die Rentabilität steigern wollte. Im Krieg wendete sich das Blatt bereits und Turner blickte nach vorn. Er bereitete sich bereits darauf vor, die gesamte Produktion in Meriden auf Twins umzustellen. In der Zwischenzeit waren die einzigen Zweizylindermotoren, die Triumph baute, Notstromaggregate für die Armee und die Royal Air Force (RAF), Airborne Auxiliary Power Plant oder AAPP genannt. Diese gebläsegekühlten Motoren hatten einen leichteren Aluminium-Zylinderkopf und leichteren Zylinder und sollten nach dem Zweiten Weltkrieg noch unerwartet Furore in Grand-Prix-Rennmaschinen machen.

Die 1940er Speed Twin hatte einen größeren Tank mit anschraubbaren Kniepolstern.

Das RAF-Notstromaggregat, angetrieben von einem Triumph-Zweizylindermotor mit speziellem Zylinderkopf und Zylinder aus Aluminium.

1945 bis 1946

Als der Frieden eintrat, war das Königreich mit einem großen Defizit belastet und die Hersteller wurden ermutigt, den Export zu stärken. In Anbetracht dessen kündigte Turner 1945 an, dass sich Meriden ausschließlich auf Twins konzentrieren würde, und stellte später neben der Speed Twin und der Tiger 100 die 3T 350 vor. Anfang '45 wurde Johnson zum offiziellen US-Vertriebspartner von Triumph ernannt und sechs Monate vor Kriegsende zog er zurück nach Pasadena und baute dort ein große Vertretung auf. Von nun an waren die Geschicke von Triumph vollständig mit den USA verbunden und die Nachfrage nach Triumph-Twins überstieg in den 50er-Jahren stets das Angebot.

1945–1946 T100 Tiger 500

Im November 1945 wurde die Produktion in Meriden wieder aufgenommen, wie schon 1940 blieb die Tiger 100 der Spitzenreiter der Baureihe. Sie erhielt ein neues Kurbelgehäuse, jetzt mit einer vorne montierten Lichtmaschine und einem hinten angeflanschten Magnetverteiler von British Thompson & Houston (BTH). Weitere Neuerungen waren der Ersatz der externen Ölrücklaufrohre durch interne Ölkanäle und eine neu gestaltete Kipphebel-Ölzufuhr, die nun von einer T-Verzweigung in der Rücklaufleitung am Öltank abgenommen wurde. Im Gegensatz zur Speed Twin behielt die Tiger 100 ihr höheres Verdichtungsverhältnis aus der Vorkriegszeit bei und der Vergaser blieb ein 1-Zoll-Amal-Vergaser, nun aber mit einem federbelasteten Kolben für den Choke. Die Schalldämpfer wurden entsprachen denen der 5T Speed Twin.Abgesehen von den Motor-Updates wurde vor allem die Vorder-

1945–1947 T100 Tiger

Bohrung	63 mm
Hub	80 mm
Hubraum	498 cm³
Leistung	30 PS bei 6500/min
Verdichtung	7,8:1
Vergaser	1 Zoll Amal 276
Zündung	BTH Magneto
Getriebe	Viergang
Gabel	Teleskopisch
Bremsen	7x1⅛ Zoll
Räder	WM 2x19 Zoll vorne und hinten
Reifen	3.25x19 Zoll vorne, 3.50x19 Zoll hinten
Radstand	1371 mm
Trockengewicht	164 kg
Farbe	Silber und verchromt (1947 weniger Chrom auf Grund mangelnder Verfügbarkeit)
Motorkennbuchstaben	Ab 46-T100-72000 (1946) 47-T100-79046 (1947)
Rahmennummern	Präfix TF

OBEN: Die Broschüre von 1946. Die Tiger 100 erhielt eine Teleskopgabel und teilte sich nun ihre Schalldämpfer mit der Speed Twin. LINKS: Ein Schnittmodell der Tiger-100-Motors für die Earls Court Motorcycle Show.

radaufhängung weiterentwickelt, wobei jetzt eine Teleskopgabel zum Einsatz kam. Sie verfügte über eine hydraulische Einwegdämpfung und einen Federweg von 10,4 cm. Diese langen, frühen Triumph-Gabeln waren ziemlich rudimentär und da sich die Federn im Inneren der Rohre befanden, waren sie sehr schlank. Leider waren sie auch sehr verwindungsanfällig und neigten zu Undichtigkeiten, sodass sie den Ruf der Tiger 100, ein fragwürdiges Fahrverhalten zu haben, weiter festigte. Zusammen mit der neuen Gabel kam ein kleineres 19-Zoll-Vorderrad, der Hinterbau blieb in dieser Phase starr. Weitere Neuerungen waren ein neuer Lenker, der zur Teleskopgabel passte, ein vom

Die 1946er 5T Speed Twin, jetzt mit einem 22-Liter-Tank.

Hinterrad angetriebener Tachometer und ein kleinerer 7-Zoll-Lucas-Scheinwerfer. Die neue Frontpartie sorgte für ein aufgeräumteres Styling, doch dabei ging etwas von der elementaren Schlichtheit des Vorkriegsmodells verloren. Die Tiger 100 verlor die reine Schönheit der Modelle von 1939 und 1940.

1945–1946 5T Speed Twin 500

Da es sinnvoll war, die Gleichteile der Modelle zu erhöhen, war die 5T Speed Twin in den Jahren 1945 und 1946 näher an der Tiger 100 als davor. Der Motor verfügte über das neue Kurbelgehäuse mit einer vorne angebrachten Lichtmaschine, das Verdichtungsverhältnis wurde auf 6,5:1 reduziert. Abgesehen von der charakteristischen Farbe Amarantrot war die Speed Twin in den meisten Punkten mit der Tiger 100 identisch. Dazu gehörten der 4,5-Liter-Öltank, die Teleskopgabel, das 19-Zoll-Vorderrad und der 7-Zoll-Scheinwerfer, der zu diesem Zeitpunkt noch ein verchromtes Scheinwerfergehäuse hatte.

1947

Angesichts der anhaltend starken Nachfrage nach der Tiger 100 und der Speed Twin war es nicht verwunderlich, dass beide Modelle 1947 weitgehend unverändert blieben. Die einzigen Neuerungen an den 500er-Twins betrafen das lackierte Scheinwerfergehäuse und die nun links angebrachte Schwimmerkammer des Vergasers. Ein neuartiger optionaler Seitenständer wurde nun unter dem Primärkettenkasten verschraubt. 1947 erreichte die Produktion etwa 12.000 Stück, von denen bis zu 60 Prozent exportiert wurden. Doch Turner glaubte, dass die wirkliche Zukunft im Export nach Amerika lag, und 1947 machte Johnson Motors viel Werbung und begann, ein landesweites Händlernetz aufzubauen.

Zusätzlich zu den 500er-Twins ging die 3T in Produktion. Die Entwicklung fiel zeitlich mit der militärischen 500-cm³-TRW zusammen. Sie fand bei der britischen Armee zunächst keinen großen Anklang, aber war bei anderen Zweigen des Militärs so beliebt, dass sie bis in die 1960er hinein im Bestand blieb. Da die Triumph TRW nie als Serienmpdell in

1945–1947 5T Speed Twin

Bohrung	63 mm
Hub	80 mm
Hubraum	498 cm^3
Leistung	28 PS bei 6000/min
Verdichtung	6,5:1
Vergaser	$\frac{15}{16}$-inch Amal 276 LH (1947: 276 BN/1AT)
Zündung	BTH Magneto
Getriebe	Viergang
Gabel	Teleskopisch
Bremsen	$7x1\frac{1}{8}$ Zoll
Räder	WM 2x19 Zoll vorne und hinten
Reifen	3.25x19 Zoll vorne, 3.50x19 Zoll hinten
Radstand	1371 mm
Trockengewicht	164 kg
Farbe	Amarantrot
Motorkennbuchstaben	Ab 46-5T-72000 (1946) 47-5T-79046 (1947)
Rahmennummern	Präfix TF

den freien Verkauf gelangte, werden wir sie hier nicht im Detail vorstellen.

3T (3T DeLuxe) 350

Die 3T verkörperte Edward Turners Wunsch nach Vereinheitlichung und war ein Konglomerat mehrerer Konstruktionen. Im Wesentlichen war eine Speed Twin mit dem kleineren Motor, der aus der Vorkriegs-Tiger 85, der Kriegs-3TW und der Nachkriegs-TRW hervorgegangen war. Dieser Langhubmotor war wie ein Speed Twin ausgelegt, verfügte aber über die einfachere TRW-Kurbelwellenkonstruktion mit einteiligen

weiter auf Seite 24

GANZ OBEN: Edward Turner, der die Öffentlichkeit nie scheute, posiert hier im Jahr 1947 zusammen mit Schauspielerin Rita Hayworth und einer Speed Twin für Werbefotos.

OBEN LINKS: Die 5T Speed Twin, wie sie in der Broschüre von 1947 abgebildet ist. Das Scheinwerfergehäuse wurde in diesem Jahr lackiert. Dieses Bild zeigt ein Hinterrad mit Schwingnabe, die erst 1948 erhältlich war.

OBEN: Turner war ein häufiger Besucher in Kalifornien und hatte eine enge Beziehung zu Bill Johnson (links).

Die 3T sah der Speed Twin sehr ähnlich – hier eine 3T DeLuxe von 1949.

Grand Prix (T100R) 500

Die Speed Twin und die Tiger 100 waren sehr beliebt und so war es nicht verwunderlich, dass viele Enthusiasten die Maschinen für den Wettbewerb anpassen wollten. Der Stolperstein war Edward Turner. Er war der Meinung, dass die Grand-Prix-Maschinen keine Ähnlichkeit mit den Serienmotorrädern aufwiesen und es daher keinen Sinn machte, unverhältnismäßig viele Ressourcen in die Suche nach dem zu investieren, was in seinen Augen nur zweifelhafte Publicity bedeutete. Doch Turners Ablehnung des Wettbewerbs hielt die Mitarbeiter des Werks nicht davon ab, anders zu denken, insbesondere Freddie Clarke, den Leiter der Versuchsabteilung. Im Jahr 1946 war Turner für längere Zeit in Übersee, was Clarke die Gelegenheit bot, einen Hybridmotor zu entwickeln, der den unteren Teil der T100 und den leichteren Aluminiumzylinderkopf und den Zylinder des AAPP-Notstromaggregats aus der Kriegszeit verwendete. Die Entwicklungsarbeiten fanden nachts statt. Die Ergebnisse waren äußerst zufriedenstellend: Die Leistung stieg auf 47 PS bei 7000/min, so dass Freddie Clarke diesen Motor in einen modifizierten Tiger 100-Rahmen mit Turners neuer Schwingnabe einbaute. Der Motor wurde dem irischen Landwirt Ernie Lyons zur Verfügung gestellt, der ihn beim Senior Manx Grand Prix 1946 einsetzte. Dies war das erste Rennen, das seit 1939 auf der Bergstrecke stattfand. Unter entsetzlichen Bedingungen und trotz des in der letzten Runde gebrochenen Unterrohrs des Vorderrahmens und des unsicheren Fahrverhaltens der Schwingnabe fuhr Lyons mit einem Mittel von 122,76 km/h von Platz 12 auf Platz 1. Lyons' heldenhafter Sieg veranlasste Turner zum Einlenken und genehmigte sogar ein Festessen für Lyons. In seiner Haltung gegenüber Freddie Clarke gab er jedoch nicht nach und mahnte ihn ab. Clarke verließ daraufhin Triumph und wechselte zu AMC, wo er 1947 bei der Erprobung eines Zweizylinder-Prototyps tragisch ums Leben kam.

Der Erfolg von Ernie Lyons führte dazu, dass die Händler die Produktion einer begrenzten Anzahl von Grand-Prix-Nachbauten forderten. In der Zwischenzeit führte David Whitworth einen Großteil der Entwicklung 1947 bei Rennen durch. 1948 kamen dann die Rennmaschinen auf den Markt. Sie waren keine echten Grand-Prix-Maschinen, sondern sollten, wie es in der Werbebroschüre hieß, »dem nicht-professionellen Fahrer ermöglichen, bei allen Arten von Lang- und Kurzstreckenrennen auf Augenhöhe mitzufahren.« Für Turner war die Grand Prix einfach ein weiteres profitables Modell.

OBEN: Die spezielle Tiger 100, die 1946 den Manx Grand Prix gewann. Sie war der Prototyp für die Grand Prix 500.

UNTEN: Diese Grand Prix wurde 1949 im Werk überholt und wurde zertifiziert mit 42,2 PS angegeben.

Die Grand Prix mag eine mangelhafte Rennmaschine gewesen sein, aber sie sah unbestreitbar gut aus.

Insgesamt wurden 196 Grand-Prix-Motoren gebaut, davon kamen 175 in komplette Motorräder. Viele Motorkomponenten waren poliert und erleichtert, es gab keinen externen Primärkettenkasten, dafür zwei Amal-Vergaser und eine offene Auspuffanlage. Die Stößel bestanden aus Aluminium, der Kupplungskorb war leichter und das Vierganggetriebe kurz übersetzt. Jede Maschine wurde mit einem Zertifikat ausgeliefert, das eine Leistung von 40 bis 42 PS bei 7000/min angibt, mit einem Drehzahlmaximum von 7200/min und einer angegebenen Höchstgeschwindigkeit von 192 km/h. Die Hinterradaufhängung umfasste die neue Schwingnabe mit Dunlop-Leichtmetall-Rennfelgen (vorne 20 Zoll). Aluminium-Kotflügel trugen zu einem Trockengewicht von nur 142 Kilo bei. Die meisten hatten mit mattsilberfarben lackierte Tanks, während die frühen Tanks verchromt waren. Alle hatten ein größeres Fassungsvermögen als die straßentaugliche T100. Zu den Spezifikationen gehörte auch ein tiefergelegter Lenker. Sie unterschieden sich in vielen Details von der T100 Tiger. Zwischen Getriebe und Steuergehäuse wurde eine Ölfiltereinheit mit abgesetztem Kanister eingebaut, und der Schalthebel war umgedreht, was ein anderes Gangschema ermöglichte. Die Bremsen hatten einen größeren Durchmesser und waren breiter als bei der T100 Tiger, und die Gabel verfügte über eine verstärkte Verstrebung und einteilige Gabelklemmen mit zwei Befestigungspunkten. Sowohl die Motor- als auch die Rahmennummer trugen die Bezeichnung »R«.

Im Zuge des vorherigen Erfolgs von Lyons wurde Turner davon überzeugt, ein Semi-Werksteam von sechs Motorrädern für die Senior TT 1948 auf der Isle of Man zuzulassen. Auf dem Papier sah es vielversprechend aus, denn der bekannte Sponsor und Tuner Nigel Spring verpflichtete einige namhafte Fahrer wie Freddie Frith und Bob Foster, aber alle Motorräder fielen mit Motorproblemen aus. Dieses Desaster verstärkte Turners ablehnende Haltung gegenüber dem Rennsport zusätzlich. Die Grand Prix mag bei der TT 1948 gescheitert sein, aber später im Jahr hatte sie mehr Erfolg. Don Crossley gewann die Manx (mit 128,99 km/h im Schnitt) und 1949 wurde der Neuseeländer Syd Jensen Fünfter bei der Senior TT (mit 133,07 km/h im Mittel). Die Grand Prix war auch in den Vereinigten Staaten sehr beliebt. Ihr größter Erfolg war der Sieg von Ron Coates beim 100 Meilen Amateurrennen in Daytona 1950 mit einer Rekordgeschwindigkeit von 130,01 km/h. Coates war bis 1970 Servicemanager für den Ostküstenvertrieb TriCor. Die Grand Prix, oder T100R, wurde bis 1950 weiter gelistet. Sie litt unter ziemlich starken Vibrationen und war daher eher für Kurzstreckenrennen geeignet, aber sie erwarb sich den Ruf eines schnellen, wenn auch etwas anfälligen Rennmotorrads.

OBEN LINKS: Alle Grand Prix verfügten über die Schwingnabe, deren Wirksamkeit jedoch zweifelhaft war.

OBEN MITTE: Die Amal-Vergaser der Grand Prix mit abgesetzter Schwimmerkammer

OBEN RECHTS: Die Auslasskanäle der Grand Prix verliefen parallel und der Zylinderkopf hatte ausgeprägte Kühlrippen.

UNTEN: Die serienmäßige Grand Prix war eine der attraktivsten Triumphs. Hier fehlen die Sattelfedern.

1947–1951 3T (3T DeLuxe)

Bohrung	55 mm
Hub	73,4 mm
Hubraum	349 cm³
Leistung	19 PS bei 6500/min (1951: 17 PS bei 6000/min)
Verdichtung	6,3:1
Vergaser	⅞ Zoll Amal 275
Zündung	Magneto
Getriebe	Viergang
Gabel	Teleskopisch
Bremsen	7 Zoll
Räder	WM 2x19 Zoll vorne und hinten
Reifen	3.25x19 Zoll vorne und hinten
Radstand	1325 mm (ab 1950: 1352 mm)
Trockengewicht	147 kg
Farbe	Schwarz mit Chrom
Motorkennbuchstaben	Ab 47-3T-79046
Rahmennummern	Präfix 3T

1948–1950 T100R Grand Prix

Bohrung	63 mm
Hub	80 mm
Hubraum	498 cm³
Leistung	40 bis 42 PS bei 7200/min
Verdichtung	8,3:1 (optional 8,8:1 und 12,5:1)
Vergaser	1 Zoll Twin Amal Type 6
Zündung	BTH TT Magneto
Getriebe	Viergang
Gabel	Teleskopisch
Hinterradaufhängung	Schwingnabe
Bremsen	8x1⅜ Zoll vorne und hinten
Räder	WM 2x20 Zoll vorne und WM 2x19 Zoll hinten
Reifen	3.00x19 Zoll vorne, 3.50x19 Zoll hinten
Radstand	1397 mm
Trockengewicht	142 kg
Farbe	Silber oder verchromt
Motorkennbuchstaben	T100 xxxxx R (1948–1950 Nummernfolge)
Rahmennummern	TF xxxxx R (1948–1950 Nummernfolge)

Fortsetzung von Seite 21

Pleuel. Das obere Ende des Motors mit hängenden Ventilen ähnelte ebenfalls dem der Speed Twin, aber der Zylinderkopf und das Kipphebelgehäuse waren nun in einem Stück gegossen. Da der Rest der Maschine weitgehend einer Speed Twin entsprach, war die 3T keine Rakete.

Johnson Motors importierte die 3T nur bis 1951, da sie in den USA nie so beliebt war wie die größeren Twins. Im Laufe der Jahre wurde ihr Styling mit den im Scheinwerfergehäuse integrierten Instrumenten (1949) und dem neu gestalteten Tank (1950) der größeren 5T angeglichen. 1951 wurden nur drei 3T DeLuxe von der Triumph Corporation (TriCor) in die USA importiert, weshalb sie '52 aus dem Programm fiel.

1948 T100 Tiger 500 und 5T Speed Twin 500

Die große Neuigkeit in diesem Jahr war die Option

Eine 1948er Tiger 100 mit optionaler Schwingnabe.

Die Hauptmerkmale der Speed Twin von 1948 waren die hinteren Kotflügelhalterungen ohne Griffe.

der patentierten Schwingnabe für die T100 Tiger und auch für die 5T Speed Twin. Sie verfügte nun über eine 8-Zoll-Bremse (statt 7-Zoll) und bot mit zwei Druck- und einer Zugfeder in der Nabe einen Federweg von fünf Zentimetern. Die relativ komplexe und schwierig zu montierende Schwingnabe sah auf dem Papier gut aus, trug aber in der Praxis wenig zum ohnehin schon fragwürdigen fahrverhalten des Triumph-Twins bei. Mit der Schwingnabe kam ein überarbeiteter Tachoantrieb, der zum Getriebe verlegt wurde.

Zu den weiteren Neuerungen gehörten neue Kotflügel, der hintere ohne Seitengriffe. Dazu gab es eine neue hintere Nummernschild- und Rücklichthalterung, die so geformt war, dass sie beim Abstellen des Motorrads auf dem hinteren Ständer als Griff diente. Aufgrund der unsicheren Versorgungslage wurden diese Neuerungen im Laufe des Jahres schrittweise eingeführt.

1949 T100 Tiger 500 und 5T Speed Twin 500

Bei der schrittweisen Weiterentwicklung der T100 und der Speed Twin wurden die Instrumente auf dem Tank in das Scheinwerfergehäuse verlegt – ein Merkmal, das die Triumphs bis Mitte der 1960er-Jahre auszeichnete. Die wichtigste Neuerung am Motor der 5T war die Erhöhung der Verdichtung und die Einführung eines Vokes-Luftfilters. Die Lichtmaschinenleistung wurde auf 60 Watt erhöht. Das Öldruckmanometer

OBEN: Die 49er Tiger 100 mit Instrumenten im Scheinwerfergehäuse.

UNTEN: Abgesehen vom Scheinwerferghäuse sah die 1949er Speed Twin dem Vorjahresmodell noch ähnlich. Deutlichere Styling-Änderungen am Benzintank wurden 1950 vorgenommen.

entfiel und wurde durch ein Überdurchventil ersetzt. Das Fassungsvermögen des Öltanks der T100 wurde von 9,6 auf 7,2 Liter reduziert, und ein Aluminium-Einfülldeckel mit Gewinde ersetzte den früheren Klappdeckel. Ebenfalls neu bei der T100 (aber nicht der 5T) war ein Rollenhauptlager, das das Kugellager auf der Steuerseite ersetzte.

1949 und 1950 TR5 Trophy 500

1948 beschloss Triumph, an der Internationalen Sechstagefahrt (ISDT) in San Remo teilzunehmen und bereitete drei Motorräder vor, die auf der serienmäßigen

1948 T100 Tiger und 5T Speed Twin

Bohrung	63 mm
Hub	80 mm
Hubraum	498cm³
Leistung	30 PS bei 6500/min (5T: 28 PS bei 6000/min)
Verdichtung	7,8:1 (5T: 6,5:1)
Vergaser	1 Zoll Amal 276 (5T: 15/16 Zoll)
Zündung	BTH Magneto
Getriebe	Viergang
Gabel	Teleskopisch
Hinterradaufhängung	Schwingnabe (ab TF 15530)
Bremsen	7x1 1/8 Zoll (8 Zoll mit Schwingnabe)
Räder	WM 2x19 Zoll vorne und hinten
Reifen	3.25x19 Zoll vorne, 3.50x19 Zoll hinten
Radstand	1371 mm
Trockengewicht	166 kg (173 kg mit Schwingnabe)
Farbe	Silber mit Chrom (5T: Amarantrot)
Motorkennbuchstaben	Ab 48-T100-88864 bis 102235 (T100) 48-5T 88227 biso 102160 (Speed Twin)
Rahmennummern	TF 15001 bis TF 24765

1949 T100 Tiger und 5T Speed Twin
(Unterschiede gegenüber 1948)

Verdichtung	7,0:1 (5T)
Vergaser	15/16 Zoll Amal 276/DK/1AT (5T)
Motorkennbuchstaben	Ab T100-9-102236 bis 113386 (T100) 5T-9-102581 bis 113386 (Speed Twin)
Rahmennummern	TF 25115 bis TF 33615

1949–1950 TR5 Trophy

Bohrung	63 mm
Hub	80 mm
Hubraum	498 cm³
Leistung	24 PS bei 6000/min
Verdichtung	6,0:1
Vergaser	15/16 Zoll Amal 276 5T
Zündung	BTH Magneto
Getriebe	Viergang
Gabel	Teleskopisch
Räder	WM 1x20 Zoll vorne und WM 3x19 Zoll hinten
Reifen	3.00x20 Zoll vorne, 4.00x19 Zoll hinten
Radstand	1346 mm
Trockengewicht	134 kg
Farbe	Silber mit Chrom
Motorkennbuchstaben	TR5-9106001 bis 9112671 (1949) TR5 111N-14384N (1950)
Rahmennummern	TC 11010T bis TC 13107T (1949)

5T basierten, aber den Leichtmetallkopf und Zylinder der Grand Prix verwendeten. Die von Henry Vale aufgebauten Motorräder gewannen drei Goldmedaillen und einen Mannschaftspreis. Die Ergebnisse waren gut, aber die Fahrer – Alan Jeffries, Bert Gaymer und Jim Alves – waren von den Motorrädern nicht gerade begeistert. Sie waren zwar schnell und zuverlässig, aber übergewichtig und hatten ein schlechtes Fahrverhalten, was 1949 zur Einführung der neuen TR5 Trophy führte.

Die TR5 wurde erstmals auf der Earls Court Motorcycle Show im November 1948 vorgestellt, die Produktion begann im Januar 1949. Sie verfügte über den Leichtmetallmotor aus dem Notstromaggregat und war viel kürzer und leichter als die Version von 1948. Die kommenden drei Jahre sollte sie die Grundlage für die ISDT-Sieger-Motorräder werden. Das serienmäßige Getriebe war länger übersetzt und die TR5 erhielt einen völlig neuen, kürzeren Rahmen, der sich von allen anderen Modellen der Baureihe unterschied.

Jede TR5 wurde mit einer Lichtmaschine und einem schnell demontierbaren Scheinwerfer geliefert und konnte wahlweise mit Kolben für eine Verdichtung von 7,5:1 für ISDT-Einsätze oder mit 4,5:1 für langsame Trial-Einsätze ausgestattet werden. Im Gegensatz zur Grand Prix verfügte die TR5 über nur einen Vergaser.

Sie war das weltweit erste echte »Dual-Purpose«-Motorrad – leicht und mit guter Bodenfreiheit für den Einsatz im Gelände. Die meisten Modelle hatten einen starren Rahmen, wobei die Schwingnabe eine Option war. Während die übrige Modellpalette 1950 erheblich modernisiert wurde, blieb die TR5 noch ein Jahr lang weitgehend unverändert. Sie war auch die letzte Serien-Triumph, der bis zur 1982er Royal Wedding T140 einen verchromten Tank besaß.

In den USA erfreute sich die TR5 sofort großer Beliebtheit bei Offroad-Fahrern und trug entscheidend dazu bei, das Profil von Triumph zu schärfen. Mehr als zwei Jahrzehnte später wurde die Triumph-Legende Bud Ekins gebeten, den Paramount Studios ein Motorrad für Arthur »The Fonz« Fonzarelli (Henry Winkler) zur Verfügung zu stellen, das er in der beliebten Sitcom »Happy Days« aus den 70er-Jahren verwenden sollte. Dies war eine von drei verschiedenen TR5, die in der Serie (1974-1984) verwendet wurden, die letzte war eine TR5 Trophy von 1949. Nur eine TR5 überlebte, die bis zu ihrer Versteigerung im Jahr 2011 in einem Motorradgeschäft in Oakland vor sich hin dümpelte. Ob sie wohl in die Hände von jemandem gelangt, der so cool ist wie Fonz?

GEGENÜBER: Die TR5 von 1949-1950 wird von vielen als eines der am besten proportionierten Triumph-Motorräder angesehen.

UNTEN: Die links verlegte Auspuffanlage war charakteristisch für die TR5.

The Motor Cycle, September 29th, 1949
3 x 90 x 500!
INTRODUCES ITSELF!
Thunderbird
Under A.C.U. supervision the first three standard production 650cc Triumph "Thunderbirds," fully equipped, completed 500 miles each at over 90 mph on Montlhery Track, Paris on 20th Sept., 1949. This demonstration of high speed reliability introduces the newest and most exciting Triumph Twin yet!
TRIUMPH
TRIUMPH ENGINEERING CO. LTD., MERIDEN WORKS, ALLESLEY, COVENTRY

2 1950–1955

Amerika und das schnellste Motorrad der Welt

Die Thunderbird, T110 und T100 Tiger, Speed Twin und TR5 Trophy

1949 hatte Johnson Motors sein erstes Jahrzehnt mit einem jährlichen Absatz von mehr als 1000 Motorrädern durch über 100 Händler hinter sich gebracht. Edward Turner war nun fest davon überzeugt, dass die Zukunft von Triumph in den USA lag. Viele Händler berichteten ihm, dass die Mehrheit der amerikanischen Besitzer den Hubraum von 500 cm³ der T100 und 5T im Vergleich zu den V-Twins von Harley-Davidson und Indian als zu klein empfanden. Turner reagierte darauf in seiner typisch pragmatischen Art und Weise, indem er aus der bestehenden 500er eine 650-cm³-Twin schuf – mit nur wenigen Modifikationen und somit minimalen Kosten. Der Name »Thunderbird« wurde durch das Thunderbird Motel inspiriert, das Turner Anfang 1949 in South Carolina besichtigte. Der Begriff stammt von den amerikanischen Ureinwohnern und ist der Name eines riesigen, adlerähnlichen Vogels, der Donner und Regen entfesseln kann. Im Jahr 1955 übernahm Ford die Bezeichnung für seinen Thunderbird-Sportwagen, nicht ohne eine rechtliche Vereinbarung mit Triumph getroffen zuhaben. Turner war stets darauf bedacht, die Publicity zu maximieren und stellte das neue Modell im September 1949 auf der Rennstrecke von Montlhéry bei Paris vor. Als der Thunderbird offiziell angekündigt wurde, waren bereits 2500 Exemplare gebaut worden und standen in den Ausstellungsräumen der Händler. Neben der neuen Thunderbird gab es 1950 eine leicht überarbeitete Tiger 100, Speed Twin und 3T DeLuxe, während die TR5 Trophy bis auf das stärkere 6T Thunderbird-Getriebe mit dem Modell von 1949 identisch war.

GEGENÜBER: Diese Anzeige wurde in den wöchentlichen Motorradmagazinen geschaltet, aber bald wieder zurückgezogen, nachdem Turner darauf hingewiesen wurde, dass sie Ähnlichkeit mit *Riders of the Apocalypse* hatte. Turner wollte, dass die Thunderbird für Freude und nicht für Finsternis steht.

1950 6T Thunderbird

Bohrung	71 mm
Hub	82 mm
Hubraum	649 cm^3
Leistung	34 PS bei 6300/min
Verdichtung	7:1 (optional für die USA: 8,5:1)
Vergaser	1 Zoll Amal 276 (zu Modelljahrsmitte erhöht auf $1\frac{1}{16}$)
Zündung	BTH Magneto
Getriebe	Viergang
Gabel	Teleskopisch
Hinterradaufhängung	Schwingnabe optional
Bremsen	$7x1\frac{1}{8}$ Zoll ($8x1\frac{1}{8}$ Zoll hinten mit Schwingnabe)
Räder	WM 2x19 Zoll vorne und hinten
Reifen	3.25x19 Zoll vorne, 3.50x19 Zoll hinten
Radstand	1397 mm
Trockengewicht	168 kg (175 kg mit Schwingnabe)
Farbe	Thunder Blue (helleres Blau ab 10166N)
Motorkennbuchstaben	6T 1017N bis 15000N (Verweis auf das Jahr der Herstellung aufgegeben)
Rahmennummern	Ab TF 33616

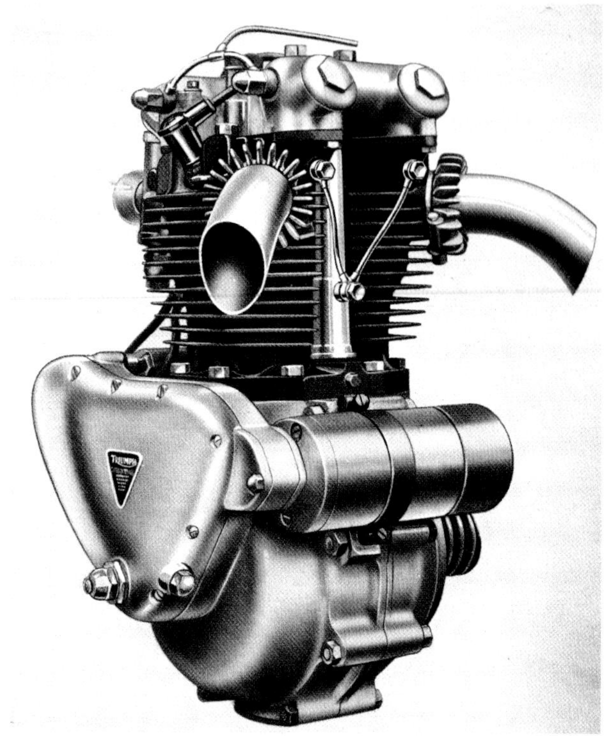

RECHTS: Die 6T von 1950 war der 5T sehr ähnlich.

OBEN RECHTS: 1950 wurde der Motor wieder mit externen Ölrücklaufrohren ausgestattet

1950 6T Thunderbird 650

Wie schon bei der Speed Twin hatte Edward Turner auch bei der 6T Thunderbird den Jackpot geknackt. Wenn es um Marketing und Design ging, war er der Meute immer einen Schritt voraus. Turners Triumph-Twins waren vielleicht nicht die schnellsten oder am besten zu handhabenden, aber sie waren clever gestylt und sahen moderner aus als die der Konkurrenz.

Viele Motorkomponenten wurden für die Thunderbird überarbeitet. Die Kurbelwelle war nun aus dem Vollen gefräst und aufgrund der größeren Bohrungen wurden die externen Kipphebel-Ölrücklaufrohre wieder eingeführt. Der Zylinderkopf war nun durch eine Kupferdichtung abgedichtet, und die Verrippung war großzügiger, mit vier Rippen am Auslass. Die Ölpumpe wurde modifiziert, um den Durchfluss zu erhöhen und das Getriebe wurde neu konstruiert und verstärkt, um das höhere Drehmoment des größeren Motors zu bewältigen. Auch die Kupplung wurde mit zwei zusätzlichen Lamellen verstärkt und das Getriebe durch eine Vergrößerung des Motorkettenrads auf 24 Zähne (gegenüber 22 Zähnen bei der 5T) verbessert.

Einer der Vorteile des auf dem 5T-Aggregat basierenden 6T-Motors war, dass er direkt in den bestehenden 5T-Rahmen geschraubt werden konnte, wobei die Schwingnabe weiterhin eine Option war. Nachdem immer wieder Federn brachen, wurde im laufe des Jahre die Mk I-Schwingnabe durch die Mk II-Variante ersetzt. Mit geänderten Federn war sie zwar zuverlässiger, bot aber keine funktionelle Verbesserung und sorgte weiter für gefährliches Fahrverhalten. Der gelötete Rahmen mit seinem ungewöhnlichen, konisch zulaufenden Unterrohr war relativ steif, aber die schlanke Triumph-Gabel mit ihren langen Federn blieb eine Schwachstelle.

Ebenfalls neu bei der Thunderbird war ein lackierter Benzintank mit vier Zierstreifen. Außerdem erstrahlte nun das komplette Motorrad in Thunder Blue. Diese eher fade Farbe stieß auf ein gemischtes Echo und wurde Mitte des Jahres geändert. Mit der Thunderbird wurde auch die neue »Low Chrome«-Politik als Antwort auf die gewerkschaftlichen Probleme in der Galvanik eingeführt. Außerdem wurde zum ersten Mal ein Doppelsitz als Option angeboten. Obwohl sie nicht als Hochleistungsmodell angepriesen wurde – sie war eher ein Allrounder – enttäuschte die Leistung der Thunderbird nicht. *The Motor Cycle* testete ein frühes Exemplar im September 1949 und erreichte eine Höchstgeschwindigkeit von 155 km/h. In den USA, für die die Thunderbird eigentlich gedacht war, befand das *Cycle Magazine* das Motorrad abgesehen von der Farbe für nahezu fehlerfrei und behauptete, »die Fahreigenschaften lassen nichts zu wünschen übrig.« Es dauerte nicht lange, bis die Amerikaner das Potenzial der Thunderbird als Rekordbrecher erkannten und am Rosamond Dry Lake in der Mojave-Wüste stellte Bobby Turner auf der ersten in die USA gelieferten

The Wild One

Auch wenn Motorräder in Amerika in erster Linie für Sport und Freizeit gedacht waren, wurden sie in den frühen 50er-Jahren zunehmend mit Rebellion in Verbindung gebracht. Der umstrittene Film »The Wild One« von 1953 basiert auf der Kurzgeschichte »The Cyclists' Raid« von Frank Rooney aus dem Jahr 1951, die sich lose auf die Ereignisse in Hollister, Kalifornien, im Juli 1947 stützt. Eine Gruppe von 3000 Motorradfahrern, die an einer AMA Gypsy Tour teilnahmen, betrank sich und randalierte, und der Vorfall sorgte landesweit für Aufsehen. Der Film von Stanley Kramer stellte Motorradfahrer in einem negativen Licht dar, allen voran Hauptdarsteller Marlon Brando als Johnny, der eine Triumph Thunderbird fährt. Bill Johnson, der das Motorradfahren als positive Freizeitbeschäftigung fördern wollte, protestierte heftig und versuchte, die Produktion des Films zu stoppen – was ihm nicht gelang. Aber jede Werbung ist gute Werbung und die Verkaufszahlen von Triumph blieben unbeeinflusst.

LINKS: Marlon Brando mit der 1950er Thunderbird, die in dem Film »The Wild One« verwendet wurde. *Triumph Motorcycles*

GANZ LINKS: Brando mit Mary Murphy, die die Tochter des örtlichen Sheriffs spielte. *Triumph Motorcycles*

Thunderbird mit 217,34 km/h einen neuen Rekord der American Motorcycle Association (AMA) für unverkleidete Motorräder auf.

1950 T100 Tiger 500 und 5T Speed Twin 500

Triumphs Topmodell war 1950 immer noch die T100 Tiger. Sie und die 5T Speed Twin enthielten einige der Neuerungen, die erstmals bei der 6T Thunderbird zu sehen waren. Dazu gehörten die externen Ölrücklaufrohre, aber nicht die neue 6T-Kurbelwelle. Der Motor der T100 Tiger entsprach größtenteils dem der 5T Speed Twin, das Getriebe dem der Thunderbird. Das wichtigste Styling-Update bestand darin, dass der verchromte Tank durch eine lackierte Variante ersetzt wurde. Wie bei der Thunderbird kam Mitte des Jahres ein Mk II-Schwingnabe auf den Markt und ein Doppelsitz war optional zu haben. Obwohl die T00 Tiger immer noch das wohl schnellste 500-cm³-Standard-

Die 1950er Tiger erhielt einen silberfarben lackierten Tank.

1950 T100 Tiger und 5T Speed Twin

Bohrung	63 mm
Hub	80 mm
Hubraum	498 cm^3
Leistung	30 PS bei 6500/min (5T: 28 PS bei 6000/min)
Verdichtung	7,8:1 (7,0:1 5T)
Vergaser	1 Zoll Amal 276 (5T: 15/16 Zoll)
Zündung	BTH Magneto
Getriebe	Viergang
Gabel	Teleskopisch
Hinterradaufhängung	Schwingnabe (Mk II ab Motor 7439N)
Bremsen	7x1⅛ Zoll (8x1⅛ Zoll Schwingnabe)
Räder	WM 2x19 Zoll vorne und hinten
Reifen	3.25x19 Zoll vorne, 3.50x19 Zoll hinten
Radstand	1371 mm
Trockengewicht	166 kg (173 kg mit Schwingnabe)
Farbe	Mattsilber (5T: Amarantrot)
Motorkennbuchstaben	1001N–16160N (T100) 1009N–16084N (Speed Twin)
Rahmennummern	Ab TF 33616

Die 1950er Speed Twin bekam viele Neuerungen der Thunderbird.

GEGENÜBER: Die 1951er T100 Tiger ist äußerst zweckmäßig und sieht gut aus.

motorrad auf dem Markt war und der Erfolg bei Wettbewerben in den USA die Nachfrage hoch hielt, wurde die T100 in diesem Jahr mit all der Aufmerksamkeit, die der Thunderbird zuteil wurde, auf ein größeres Update im Jahr 1951 vorbereitet.

1951

Obwohl die Verkäufe in den USA gut waren, glaubte Edward Turner, dass sie nur an der Oberfläche kratzten und Triumph einen breiteren Vertrieb benötigte, als ihn die an der Westküste ansässige Johnson Motors bieten konnte. Daher gründete Triumph 1951 TriCor, eine werkseigene Vertriebsgesellschaft mit Sitz in Baltimore, Maryland. Johnson belieferte nun 19 westliche Staaten – alles westlich von Texas und nördlich der kanadischen Grenze, während TriCor den Rest der USA bediente. Turner beauftragte den im Ausland lebenden Briten Denis McCormack mit der Leitung von TriCor. Das erwies sich als genialer Schachzug, da sich die Triumph-Importe im Laufe des Jahres 1951 fast verdreifachten (von 1000 auf 2730 Motorräder). Dieses Jahr war auch das letzte für die erfolglose 3T.

Ein weiteres wichtiges Ereignis im Jahr 1950 war der Verkauf von Triumph an BSA, der jedoch nicht die TriCor in Baltimore einschloss. Turner blieb für Triumph verantwortlich und obwohl er den Verkauf später missbilligte, war er doch für ihn besonders profitabel, da er ET Developments (einschließlich des Patents für die Schwingnabe) für fast eine Viertelmillion Pfund an BSA verkaufte.

1951 6T Thunderbird 650

Da die Thunderbird erfolgreich war, wurde 1951 die frühere, ungeliebte Farbgebung überarbeitet. Sie strahlte nun in hellerem und attraktiverem Polychromatic Blue. Einige wenige Modelle, insbesondere für die USA, waren in diesem Jahr auch schwarz. Der Motor wurde nur geringfügig verbessert: Die neuen Nockenwellenräder erleichterten die präzisere Einstellung der Steuerzeiten und (wie bei der T100 von 1949) das Hauptlager wurde auf der Steuerseite von Kugellager auf Rollenlager geändert. Neben der älteren BTH-Einheit wurde auch eine Lucas-Magnetzündung verwendet. Außerdem bekam sie eine vordere 7-Zoll-Grauguss-Bremstrommel, einen neuen Bajonett-Tankdeckel und eine Gepäckbrücke. Ab diesem Jahr wurden die Motor- und die Rahmennummer gemeinsam vergeben. Dies galt für alle Modelle und beinhaltete 1951 die Endung NA.

In den Vereinigten Staaten stellte Bobby Turner 1951 mit seiner frühen Thunderbird weiter Rekorde auf: mit Nitromethan 206,78 km/h in Daytona Beach und 211,62 km/h in Bonneville. Dies war der schnellste AMA-Rekord in der C-Klasse für benzingetriebene Motoren egal welcher Größe und der Rekord hielt sieben Jahre lang. Die Thunderbird begann sich 1951 auch als Straßenrenner zu etablieren: Jimmy Phillips gewann die 80-Kubikzoll-Klasse bei der Peoria TT und Walt Fulton den ersten 100-Meilen-Grand Prix von Catalina. Dies war für die Triumph-Twins nur der Anfang einer unglaublichen Rennsport-Ära in den Vereinigten Staaten.

1951 T100 Tiger (T100C) 500

Aufgrund der Nachfrage nach einer stärkeren T100, insbesondere in den USA, wo sie zu den beliebtesten Wettbewerbsmotorrädern zählte, überarbeitete sie Triumph 1951. Sie bekam einen neuen Aluminium-Zylinderkopf und -Zylinder. Johnson Motors bekam ebenfalls einen Satz zur Leistungssteigerung für den Rennsport, der als Option angeboten wurde.

Mit den weit gespreizten Auslasskanälen und der feinen Verrippung ist der neue Aluminium-Zylinderkopf ein äußerst attraktives Gussteil. Es ermöglichte

Die 1951er Thunderbird ähnelte dem 50er Modell, erhielt aber eine neue Farbgebung. *Triumph Motorcycles*

1951 6T Thunderbird *(Unterschiede zu 1950)*

Vergaser	1 1/16 Zoll Amal 276
Zündung	Lucas K2F oder BTH Magneto
Farbe	Polychromatic Blue oder Schwarz und Gold ab 11130NA–11166NA
Motor- und Rahmennr.	6T 136NA bis 15808NA

1951 T100 Tiger (T100C) *(Unterschiede zu 1950)*

Leistung	32 PS bei 6500/min (T100C: 40 PS)
Verdichtung	7,6:1 (T100C: 8,25:1 or 9,5:1)
Vergaser	Zwei Amal Type 6 (T100C)
Zündung	BTH KC2 oder Lucas K2F Magneto
Radstand	1397 mm
Trockengewicht	161 kg
Farbe	Mattsilber
Motor- und Rahmennummern	T100 101NA bis 15808NA

RECHTS: Das Scheinwerfergehäuse und die Gepäckbrücke, die erstmals 1949 eingeführt wurden, sollten alle Triumph-Twins der 1950er-Jahre auszeichnen.

GANZ RECHTS OBEN: Der attraktive Aluminium-Zylinderkopf und der Zylinder der 51er T100.

GANZ RECHTS UNTEN: Die T100 hatte auch 1951 einen einzelnen Amal-Vergaser.

größere Einlassventile (17/16 Zoll), während Duralumin-Stößelstangen und die stärkeren 6T-Pleuel zu den weiteren Neuerungen gehörten. Die T100-Kupplung entsprach nun der 6T-Sechsscheiben-Kupplung. Selbst mit dem Amal-Einfachvergaser schaffte die T100 mit dem damals verfügbaren minderwertigen Kraftstoff immer noch rund 147 km/h.

Auch der Rahmen wurde in diesem Jahr mehrfach überarbeitet, draunter auch eine zusätzliche Zylinderkopfhalterung. Bei der Vorderradbremse handelte es sich um die der 6T, die Sitzbank war Serie. Die T100 erhielt auch den neuen Tankdeckel und die Gepäckbrücke.

Für die beträchtliche Summe von 35 Pfund war ein Rennkit erhältlich, mit dem die T100 zur T100C (für »Convertible«) umgebaut werden konnte. Zur Ausstattung gehörten zwei wählbare Verichtungsverhältnisse (CP100 und CP101), Rennnockenwellen und Ventilfedern, zwei Amal-Rennvergaser, spezielle Benzinleitungen, ein 4,5-Liter-Öltank, ein Smiths-Drehzahlmesser bis 8000/min und ein offener Auspuff. Ebenfalls erhältlich waren ein Getriebe mit enger Übersetzung und eine Reihe von Ritzeln. Dieser Bausatz verwandelte die T100 in eine 190-km/h-Rennmaschine, aber Zuverlässigkeit und Fahrverhalten waren fraglich.

1951 5T Speed Twin 500

Optisch sah die 1951er 5T Speed Twin dem Vorjahresmodell sehr ähnlich, aber die Motorspezifikationen näherten sich denen der 6T Thunderbird. Dazu gehörten das Rollenlager auf der Steuerseite, eine aus dem Vollen gefräste Kurbelwelle, verstärkte Pleuel sowie verbesserte Nockenwellenräder. Die Vorderradbremse war ebenfalls aus Grausguss und die 5T erhielt den neuen Tankdeckel und die Gepäckbrücke der anderen Modelle.

1951 5T Speed Twin
(Unterschiede zu 1950)

Vergaser
$1\frac{1}{16}$ Amal 276 DK/1AT/M
Motor- und Rahmennummern
5T 840NA bis 15192NA

1951 TR5 Trophy 500

Neben der überarbeiteten T100 war die TR5 Trophy das zweite wichtige neue Modell für 1951. Sie erhielt ebenfalls den neuen Aluminium-T100-Motor. Abgesehen von einer niedrigeren Verdichtung von 6:1 war der Motor identisch mit dem der T100 und auch das Rennkit war erhältlich. Das Fahrwerk entsprach dem der Vorgängerversion, wobei die Mk-II-Schwingnabe weiterhin ein Extra war. Sie war bei der TR5 nicht sehr beliebt, da sie neun Kilo zusätzliches Gewicht mit sich brachte und bei einer Reifenpanne nicht schnell auszubauen. Die TR5 war eine konkurrenzfähige ISDT-Maschine (Triumph gewann 1951 erneut) und in den Vereinigten Staaten besonders bei Scrambles und Enduros beliebt.

OBEN LINKS: Alle Modelle von 1951 erhielten eine neue Grauguss-Vorderradbremse.

OBEN: Die Mk II-Schwingnabe war 1951 noch optional.

OBEN: Eine Sitzbank war für die 51er Speed Twin noch optional.

RECHTS: Die TR5 Trophy mit ihrer markanten, hoch liegenden Auspuffanlage setzte den Stil der früheren Version fort, allerdings mit dem neuen T100-Tiger-Aluminiummotor.

1951 TR5 Trophy
(Unterschiede zu 1949–1950)

Leistung	25 PS bei 6000/min
Vergaser	1 Zoll Amal 276
Hinterradaufhängung	Optional Mk II Schwingnabe
Farbe	Mattsilber, verchromt und Schwarz
Motor- und Rahmennummern	TR5 101NA bis 14934NA

1952

Obwohl Triumph nun zur BSA-Gruppe gehörte, herrschte zwischen Meriden und Small Heath (BSA) erhebliche Antipathie. Edward Turner betrachtete Triumph als Branchenführer, was in den USA zweifellos der Fall war. Mit mehr Händlern und den offiziellen Serviceschulen von Rod Coates überstieg die Nachfrage das Angebot bei weitem. Und das trotz erheblicher Preiserhöhungen – die Thunderbird stieg von 712 Dollar auf 837 Dollar im Jahr 1952. Im Vereinigten Königreich übertraf BSA jedoch Triumph. Die BSA Gold Star Single dominierte die Clubrennen und Scrambles im Gelände, während die Bantam und die C11 250 BSA-Einstiegsmaschinen waren, die den Marktanteil erhöhten. Turner hatte Pläne, diesen Maschinen etwas entgegenzusetzen, aber das Triumph-Äquivalent, die Terrier, sollte erst 1953 auf den Markt kommen. In der Zwischenzeit kämpfte Großbritannien immer noch mit der Treibstoffrationierung und die Verbrauchsoptimierungs war 1952 das dringendste Problem für Triumph. Wegen der Nickelknappheit im Koreakrieg verschwanden einige Chromoberflächen: Lenker und Felgen wurden bei der 6T und 5T lackiert und zuvor verchromte Teile (wie der Kickstarterhebel) wurden kadmiert.

1952 6T Thunderbird 650

Um den Verbrauch zu senken, wurde der Amal-Vergaser durch einen SU-MC2-Vergaser ersetzt. Das erforderte einen neuen Ansaugkrümmer und einen modifizierten Rahmen. Um den Erfolg bei der Optimierung zu unterstreichen, veranstaltete Triumph später im Jahr 1952 eine Verbrauchsfahrt. Eine Reihe von Fahrern, darunter Edward Turner, schafften 2,2 liter auf 100 Kilometern bei einer Durchschnittsgeschwindigkeit von 48 km/h. Nicht gerade aufregende Zahlen, aber gute Werbung für die damalige Zeit. Zu den weiteren Neuerungen über die gesamten Baureihen gehörten ein Scheinwerfergehäuse mit größerem Durchmesser sowie 7-Zoll-Sealed-Beam-Scheinwerfer von Lucas. Auch die elektrische Anlage wurde mit Minus an Masse umgestellt und die Gabelfedern waren kürzer.

1952 T100 Tiger 500 und 5T Speed Twin 500

Da die T100 die Speerspitze darstellte, blieb sie von der »Low-Chrome«-Politik verschont, die die 6T und 5T kennzeichnete. Zusammen mit dem aktualisierten Scheinwerfergehäuse erhielten sowohl die T100 als auch die 5T den standardisierten Rahmen. Zu den Änderungen am Motor gehörte die Rückkehr zu den Stößelrohr-Typen des 1950er Jahrgangs und zu den 5T-Stößelführungen. Der CP100-Rennsatz enthielt nun Kolben mit höherer Verdichtung sowie einen Grauguss-Zylinder für die Verwendung von Methanol. Dies reichte Bryan Hargreaves aus, um die Clubmans Senior TT 1952 zu gewinnen, auch wenn er Fahrwerk und Motorgehäuse bis an deren Grenzen belastete. *The*

Die 52er Thunderbird zeichnete sich durch einen SU-Vergaser aus.

Die 52er Tiger 100 mit neuem Scheinwerfergehäuse.

Motor Cycle testete im August eine T100 und stellte fest, dass sie ein »Jekyll und Hyde« war, »fügsam und sanft im dichten Verkehr, aber mit wahrhaft tigerhaften Eigenschaften, wenn sie auf offener Straße ihren Kopf durchsetzte.«

1952 TR5 Trophy 500

Während der Motor 1952 unverändert blieb, erhielt das TR5-Fahrgestell eine Reihe kleinerer Änderungen. Der Lenkkopfwinkel wurde vergrößert und die Pedalauflage für die Hinterradbremse wurde verkleinert. Die hintere Bremstrommel und der Zahnkranz waren nun aus einem Stück und der Benzintank wurde ebenso wie die Felgen silberfarben lackiert.

1952 TR5 Trophy *(Unterschiede zu 1951)*

Farbe
Mattsilber mit dunkelblauen Zierlinien
Motor- und Rahmennummern
TR5 16000NA bis 22000NA,
dann 26046 bis 31625

1952 6T Thunderbird *(Unterschiede zu 1949–1950)*

Vergaser	SU MC2I
Zündung	Lucas Magneto
Motor- und Rahmennummern	6T 15809NA bis 21999NA, 6T 25001 bis 32300 (Endung NA entfiel nach 25001)

1952 T100 Tiger (T100C) and 5T *(Unterschiede zu 1951)*

Verdichtung	8:1 (US-Export T100) 8,5:1 oder 12,0:1 (CP100)
Zündung	Lucas K2F RO Magneto
Motor- und Rahmennummern	T100 15809NA bis 25000NA, 25000 bis 32302; 5T 1600NA bis 22000NA, 26096 bis 31901

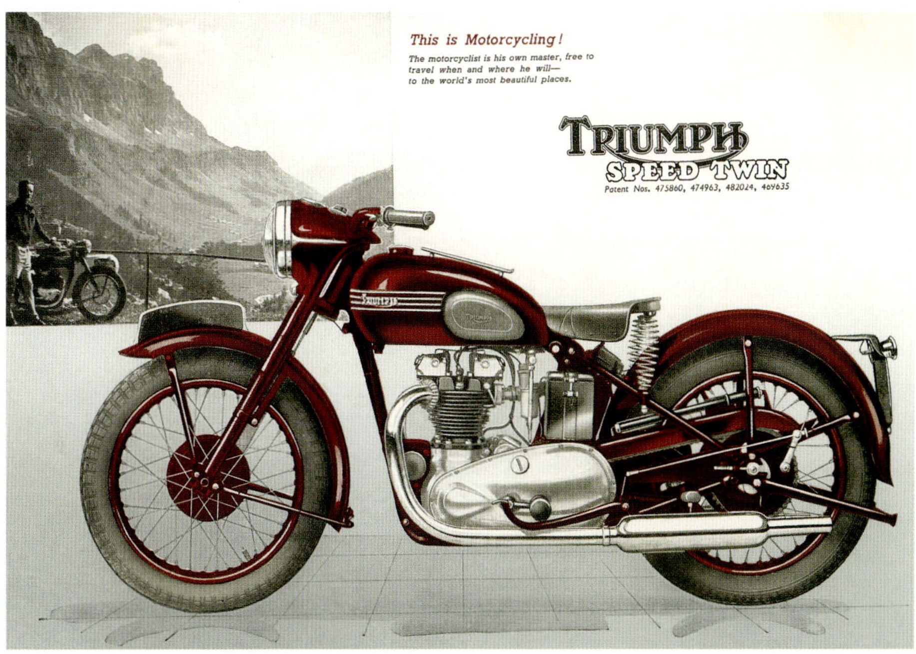

Die Standardausführung der 52er Speed Twin hatte immer noch einen Einzelsitz.

OBEN: Ein lackierter Tank zeichnete die TR5 Trophy von 1952 aus. Die meisten besaßen starre Rahmen ohne Schwingnabe.

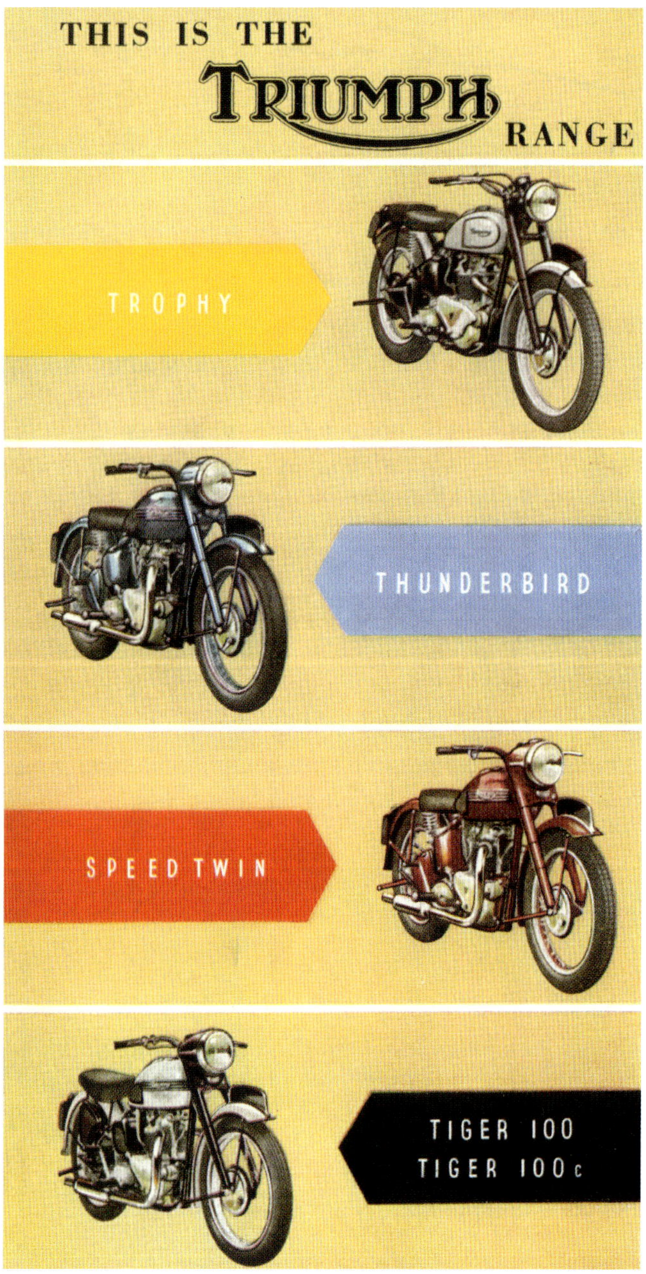

RECHTS: Das 53er Triumph-Sortiment bestand nur aus 500er und 650er Twins

1953

Trotz aller Bemühungen Edward Turners (sogar Prospekte waren schon grdruckt) war die Terrier mit ihrem 150-cm³-Single 1953 noch nicht serienreif und die Produktpalette blieb unverändert. Wie erwartet, gab es einige technische Neuerungen. Triumph war der erste große Hersteller, der eine Lichtmaschine und eine Spulenzündung einbaute. Dies war in erster Linie ein Schritt zur Kostenreduzierung und wie bei Triumph üblich, erschien sie zuerst bei dem einfachsten Modell, der 5T Speed Twin. In diesem Jahr wurde nicht nur das Racing-Kit für die T100 Tiger angeboten, sondern auch eine werksseitig aufgebaute Racing-T100C. Neues gemeinsames Merkmal der Baureihen war das rechteckige Rücklicht.

1953 6T Thunderbird 650

Inzwischen hatte sich die Thunderbird zu einem zuverlässigen und langlebigen Motorrad entwickelt, vor allem, wenn sie bei moderaten Geschwindigkeiten eingesetzt wurde. Das einzige Update war der Ruckdämpfer, der in die Kupplungseinheit verlegt wurde. Die Thunderbird erhielt ebenfalls eine Lichtmaschine, was der Vereinheitlichung mit der 5T Speed Twin diente, wurde aber allgemein als minderwertiges Update angesehen. Da die blaue Thunderbird in den USA immer noch unbeliebt war, verlangten die dortigen Händler schwarze Versionen, die als »Blackbird« bekannt wurden. Es war 1953 die einzige US-Exportfarbe.

1953 T100, T100C Tiger 500 und 5T Speed Twin 500

Die 5T erhielt eine Spulenzündung mit einem Lucas-Verteiler und einer an der Kurbelwelle montierten Lucas RM 12 Lichtmaschine. Da es keine Span-

1953 6T Thunderbird
(Unterschiede zu 1952)

Motor- und Rahmennummern
6T 32304 bis 44821

Die Thunderbird blieb 1953 weitgehend unverändert, doch die US-Versionen waren nun schwarz lackiert.

OBEN: Die Lucas-Lichtmaschine war eine Premiere für ein Großserienmotorrad.

LINKS: Unter dem Kettenkasten der 53er Speed Twin befand sich die Lima.

UNTEN: Die 53er Sportmodelle umfassten zwei der schönsten Maschinen der damaligen Zeit: die T100C und die TR5 Trophy.

nungsregelung gab, war dieses frühe System recht rudimentär und verfügte über je einen Schalter für die Beleuchtung und für die Zündung. Das System wurde im Laufe des Jahres zweimal modifiziert, doch vor allem der Verteiler blieb problematisch. Wie bei der 6T wurde der Ruckdämpfer in die Kupplung integriert. Diese Änderungen erforderten neue Kurbelgehäuse sowie innere und äußere Kettenkästen.

Angesichts der Skepsis gegenüber einem Lichtmaschinen-Ladesystem und einer Spulenzündung war es nicht überraschend, dass das sportliche Spitzenmodell T100, weiterhin mit Magnetzündung ausgestattet war. Nur für dieses Jahr bot Triumph die T100C an, eine T100 mit werksseitigem Renn-Kit.Diese großartige Maschine war mit zwei Amal-Vergasern mit abgesetztem Schwimmergehäusen, E3134-Einlass- und Auslassnockenwellen und Kolben für eine Verdichtung von 8,0:1 ausgestattet. Der Motor enthielt viele polierte Teile und konnte wahlweise mit einem Getriebe mit kurzer oder langer Übersetzung ausgestattet werden. Der 9,6 Liter fassende Öltank der T100C verfügte über einen Schnellverschluss.

1953 TR5 Trophy 500

Abgesehen von den wenigen Neuerungen, die sie mit anderen Modellen der Baureihe teilte, wie Ruckdämpfer und rechteckigen Rückleuchten, blieb die TR5 in diesem Jahr weitgehend unverändert. Sie war sowohl bei der ISDT als auch in den USA als Geländemaschine weiterhin sehr beliebt. Für die ISDT verwendete Triumph eine Hinterradschwinge. Die TR5 von Jim Al-

1953 T100 Tiger, T100C und 5T

(Unterschiede zu 1952)

Verdichtung	8:1 (T100C)
Leistung	42 PS bei 7000/min (T100C mit Rennauspuff)
Zündung	Lucas DKX2A Verteiler (5T)
Gewicht	165 kg (T100C)
Motor- und Rahmennummern	T100 32303 bis 44134; 5T 33868 bis 45575

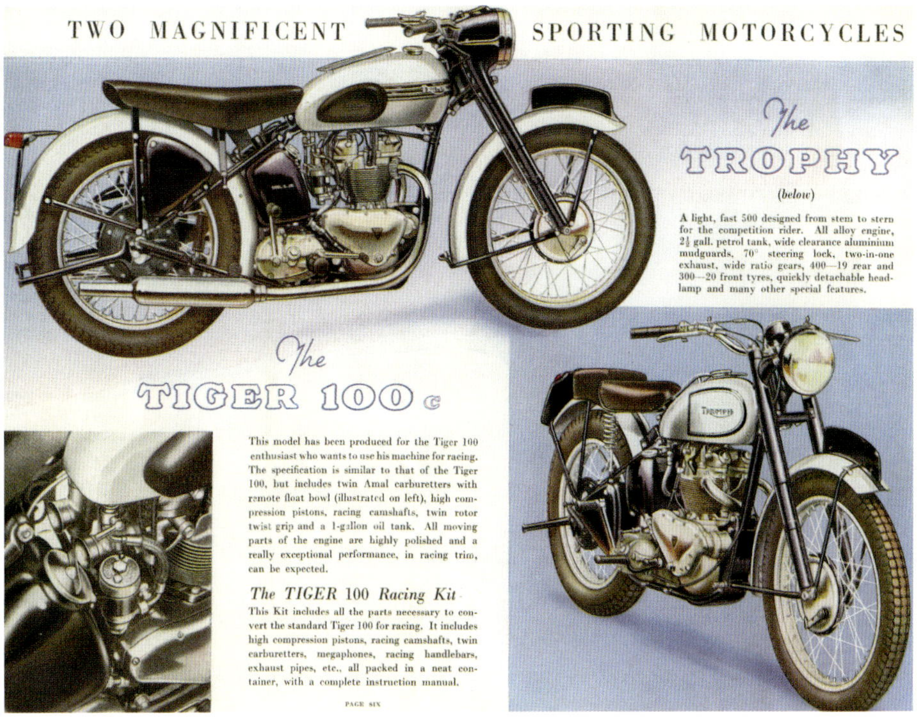

Jim Alves' 1953er Werks-ISDT TR5 hatte eine Hinterradschwinge und einen 650-cm³-Motor – und den Primärkettenkasten vom Typ 5T mit Lichtmaschine

ves wurde von einem 650-cm³-Motor angetrieben und Großbritannien gewann erneut die Trophy.

1954

Es war fast so, als wolle Edward Turner die Muttergesellschaft BSA frontal angreifen: Die Produktpalette von Triumph verdoppelte sich fast von vier auf sieben Modelle. Werkserweiterungen ermöglichten eine höhere Produktion und neue Modelle erschienen an beiden Enden des Sortiments. Als Antwort auf die Nachfrage in den USA nach höherer Leistung wurde die T110 Tiger mit 650 cm³ Hubraum angeboten, als Gegenstück dazu gingen die Einsteigermodelle Terrier und Tiger Cub mit 200 cm³ Hubraum in Produktion. Mit diesen neuen Modellen kamen auch eine Reihe von Detailänderungen.

1953 TR5 Trophy
(Unterschiede zu 1952)

Motor- und Rahmennummern
TR5 32854 bis 44121

Die 54er T110 setzte neue Standards für gut aussehende, leistungsstarke Motorräder.

1954 T110 Tiger 650

Seit der Veröffentlichung des Thunderbird drei Jahre zuvor hatten der US-Vertrieb JoMo und andere Mechaniker an der Westküste hart daran gearbeitet, die 6T für den Sport wettbewerbsfähig zu machen. Sie waren äußerst erfolgreich, viele dieser Entwicklungen flossen in die neue T110, auch »Ton-Ten« genannt, ein. Meriden arbeitete ebenfalls an der Entwicklung der T110 und ein Prototyp erschien 1953 als Jimmy Alves' ISDT-Maschine. Die T110 Tiger war der bisher leistungsstärkste Triumph-Twin und eines der schnellsten Motorräder, die 1954 erhältlich waren. Sie erreichte mühelos die in der Modellbeschreibung angegebenen 110 mph.

Anders als bei der T100 waren der Zylinderkopf und der Zylinder der T110 aus Grauguss. Der Kopf war neu konstruiert, mit geänderten Kanälen und größeren Einlassventilen. Die E3325-Nockenwellen basierten auf der berühmten, in den USA entwickelten »Q«-Sportnocke und der Motor verfügte über höhere Verdichtung und einen größeren Amal-Vergaser mit TT-ähnlicher Schwimmerkammer. Weitere Neuerungen waren eine steifere Kurbelwelle mit größerem Wellendurchmesser, neue Schwungräder und größere Lagerzapfen. Ein Kugellager ersetzte die Rollenlager auf der Steuerseite. Die Ölpumpe wurde ebenfalls verbessert und die Primärkettenkästen verkürzt. Im Gegensatz zur 6T dieses Jahres behielt die T110 die frühere Lucas-Lichtmaschine und Magnetzündung bei.

Doch nicht nur der Motor wurde bei der T110 Tiger deutlich überarbeitet. Nachdem Triumph bei der ISDT 1953 mit einer Hinterradschwinge experimentiert hatte, folgte das Unternehmen schließlich anderen britischen Herstellern und setzte sie bei Sportmodellen ein. Der Rahmen verfügte über ein einzelnes Unterrohr, Triumphs ersten Mittelständer und zwei Girling-Dämpfer. Die Schwinge war unverspannt, so dass das Fahrverhalten immer noch nicht ganz perfekt war. Durch eine geschickte Verkürzung des Motors konnte der Radstand moderat vergrößert werden und die neue Fahrwerksspezifikation wurde durch eine neue 8-Zoll-Vorderradbremse mit polierter Aluminium-Ankerplatte und verchromtem Drahtgeflecht-Lufteinlass vervollständigt. Der hintere Kotflügel wurde tiefer gezogen. Ein schnell abnehmbares Hinterrad wurde als Option angeboten, ebenso wie ein 16,4-Liter-Tank in den USA.

Die T110 Tiger war so beliebt, dass sie die Thunderbird schnell als Triumphs Spitzenmodell verdrängte und die 6T zu eher profanen Aufgaben verdammte. Die Amerikaner fanden sofort Gefallen an ihr und eine T110 gewann 1954 sogar die Leichtgewichtsklasse beim Cambridge (Minnesota) Enduro, eine Veranstaltung, für die sie eigentlich nie vorgesehen war. Die Geschwindigkeit der T110 stand nie in Frage: Das *Cycle Magazine* erreichte bei Gegenwind fast 110 mph (176 km/h). Aber die T110 war nicht ohne Probleme. Bei starker Beanspruchung konnte der Grauguss-Zylin-

Neu für die T100 und T110 war in diesem Jahr vorne eine 8-Zoll-Grauguss-Trommelbremse.

1954 T110 Tiger 650

Bohrung	71 mm
Hub	82 mm
Hubraum	649 cm³
Leistung	42 PS bei 6500/min
Verdichtung	8,5:1
Vergaser	1⅛-inch Amal 289
Zündung	Lucas K2F Magneto
Getriebe	Viergang
Gabel	Teleskopisch
Hinterradaufhängung	Schwinge
Bremsen	8x1⅛ Zoll vorne und 7x1⅛ Zoll hinten
Räder	WM 2x19 Zoll vorne und hinten
Reifen	3,25x19 Zoll vorne, 3,50x19 Zolll hinten
Radstand	1416 mm
Trockengewicht	179 kg
Farbe	Mattbalu und Schwarz
Motor- und Rahmennummern	T110 44135 bis 56699

Das Scheinwerfergehäuse der Magneto-Modelle von 1954 enthielt einen Lichtschalter und einen zentralen Ausknopf.

Die 6T von 1954, jetzt mit Lichtmaschinenelektrik, aber immer noch mit starrem Rahmen.

derkopf überhitzen, was manchmal zu Verformungen und Verzug führte und eine geplatzte Kopfdichtung zur Folge hatte.

1954 6T Thunderbird 650

In diesem Jahr übernahm die 6T Thunderbird die Lichtmaschine und Verteilerzündung der 5T. Der Motor verfügte über die T110-Kurbelwelle sowie über neue Primärkettenkästen, um die Lucas-Lichtmaschine RM14 aufzunehmen. Das neue elektrische System erforderte ein neues Scheinwerfergehäuse. Ansonsten blieb der Thunderbird unverändert, nach wie vor mit einem starren Rahmen und einer optionalen Schwingnabe.

1954 T100 Tiger 500

Die T100 Tiger teilte sich viele Neuerungen mit der neuen T110 Tiger und war nun in der Lage, mit jeder

1954 6T Thunderbird

(Unterschiede zu 1953)

Zündung
Lucas DKX2A Verteiler
Motor- und Rahmennummern
6T 44235 bis 55593

500er anderer britischer Hersteller mitzuhalten. Der Motor erhielt die stärkere T110-Kurbelwelle und ein Kugellager auf der Steuerseite. Wie bei der T110 wurde der Kettenkasten verkürzt, das elektrische System blieb bei Lichtmaschine mit Magnetzündung. Doppelvergaser waren eine Option und laut Werksliteratur war ein Rennsport-Kit weiterhin erhältlich (obwohl die T100C inzwischen eingestellt wurde). Der Rahmen bestand aus dem gelöteten Unterrohrrahmen und der Schwinge der T110, mit der neuen 8-Zoll-Vorderrad-

OBEN: Die 54er T100 Tiger wurde überarbeitet, aber der Stil blieb gleich.
a
LINKS: Die auffälligste Neuerung war die Hinterradschwinge.

UNTEN: Im Inneren des Aluminium-Motors der T100 befand sich die stärkere Kurbelwelle der T110.

1954 5T Speed Twin und TR5 Trophy

(Unterschiede zu 1953)

Motor- und Rahmennummern
5T 45578 to 55493; TR5 45595 to 52969

1954 T100 Tiger *(Unterschiede zu 1953)*

Hinterradaufhängung	Schwinge
Bremsen	8x1⅛ Zoll vorne und hinten
Radstand	142 cm
Trockengewicht	171 kg
Farbe	Shell Blue matt und Schwarz
Motor- und Rahmennummern	T100 44135 bis 56699

bremse. Wie bei der T110 gab es eine Sitzbank mit geringerer Sitzhöhe (von 79 auf 77 cm). Wie bei der T110 war das Fahrverhalten bei höheren Geschwindigkeiten etwas beängstigend, aber insgesamt war die Hinterradschwinge eine deutliche Verbesserung gegenüber dem früheren starren Typ oder der Schwingnabe. Und obwohl die Leistung etwas geringer war als bei der T110, behielt die T100 den Vorteil des Aluminium-Kopfs und entsprechendem Zylinder bei.

1954 5T Speed Twin und TR5 Trophy 500

Bei der Speed Twin gab es auch in diesem Jahr nur wenige Änderungen. Optisch am auffälligsten waren die neugeformten Schalldämpfer, die nun den anderen Modellen in diesem Jahr entsprachen. Das Scheinwerfergehäuse verfügte nun über einen kombinierten Zund- und Lichtschalter. Ebenfalls weitgehend unverändert blieb die TR5 Trophy, die nun mit der stärkeren T110-Kurbelwelle ausgestattet war. Beide Modelle warteten auf größere Aktualisierungen im Jahr 1955.

1954 T15 Terrier 150 und T20 Tiger Cub 200

Nach einer mehrjährigen Entwicklungszeit gingen die 150-cm³-Terrier und die 200-cm³-Tiger Cub im Jahr 1954 endlich in Produktion. Die Terrier wurde schon auf der Earls Court Show 1952 vorgestellt und überraschte viele Fachleute mit Spezifikationen, die deutlich von der üblichen Triumph-Praxis abwichen. Die meisten Konkurrenten waren Zweitakter, so dass die Terrier mit ihrem Viertaktmotor mit obenliegenden Ventilen äußerst fortschrittlich aussah. Das kompakte Triebwerk mit integriertem Getriebe verfügte über einen Aluminium-Druckguss-Zylinderkopf. Die elektrische Anlage umfasste eine Lucas-Lichtmaschine und eine Spulenzündung mit Unterbrecherkontakt. Die Hinterradaufhängung erfolgte über Geradewegfederung. Die Terrier und die Tiger Cub waren die einzigen Triumphs, die diese Art der Hinterradaufhängung hatten.

Die Produktion der Terrier begann im Juli 1953, aber die Auslieferung verzögerte sich um neun Monate, da bei den ersten Exemplaren zahlreiche Probleme auftraten. Die meisten waren auf Turners Philosophie zurückzuführen, durch die Einsparung von Stahl Kosten zu sparen und infolgedessen wies die Terrier viele Mängel auf, die wohl schon in der Entwurfsphase hätten beseitigt werden sollen. Da die Terrier (im Vergleich zu den Twins) ohnehin ein relativ ertragsschwaches Modell war, zeigte sich der Sparkurs als ziemlich

OBEN: Ein neuer Kettenkasten trug zu einer kürzeren Motor-Getriebe-Einheit bei.

LINKS: Nur wenige optische Merkmale unterschieden die 54er Speed Twin von Vorjahresversion.

LINKS UNTEN: Auch die TR5 Trophy wurde 1954 weitgehend unverändert übernommen.

OBEN: Die T15 Terrier von 1954 war die erste Triumph-Single mit Geradewegfederung.

UNTEN: Der hochgezogene Auspuff war bei der 54er T20 Tiger Cub Serie.

1954 T15 Terrier (T20 Tiger Cub)

Bohrung	57 (63) mm
Hub	58,5 (64) mm
Hubraum	149 (199) cm^3
Leistung	8 (10) PS bei 6000/min
Verdichtung	7:1
Vergaser	$1\frac{1}{16}$ ($\frac{3}{4}$) Zoll Amal 332
Zündung	Lucas, Drehstrom
Getriebe	Viergang
Gabel	Teleskopisch
Hinterradaufhängung	Geradewegfederung
Bremsen	$5\frac{1}{2}$ Zoll vorne und hinten
Räder	WM 1x19 Zoll vorne und hinten
Reifen	2.75 (3.00)x19 Zoll vorne und hinten
Radstand	1244 mm
Trockengewicht	79 (83) kg
Farbe	Amarantrot (Shell Blue matt)
Motor- und Rahmennummern	T15 101 bis 8517; T20 3000 bis 8517

kurzsichtige Entscheidung. Ende 1954 veröffentlichte Triumph eine siebenseitige Broschüre, in der 23 gängige Fehler aufgelistet waren. Viele der Probleme waren auf Unzulänglichkeiten im Schmiersystem zurückzuführen, da sowohl die Ölpumpe als auch der Öltank zu gering dimensioniert waren. Es war kein vielversprechender Anfang, aber wenn sie lief, war die Terrier recht flott. Das *Cycle Magazine* erreichte im Juni 1954 bei leichtem Gegenwind eine Höchstgeschwindigkeit von 109 km/h. Auch der Benzinverbrauch von 3,4 l/100 km war beeindruckend.

Ende 1953 wurde die T20 Tiger Cub als Sportversion der Terrier eingeführt. Im Gegensatz zu ihr verfügte die Tiger Cub über einen geänderten Zylinderkopf, einen größeren Amal-Vergaser und eine hochgezogenen Auspuffanlage. Damit war die Tiger Cub etwa 13 km/h schneller als dieTerrier.

Um die Befürchtungen der Händler hinsichtlich der Zuverlässigkeit der Terrier zu zerstreuen, organisierte Edward Turner im Oktober 1953 eine Fahrt mit drei Maschinen von Land's End nach John O'Groats. Auf den 1600 Kilometern erreichten sie eine Durchschnittsgeschwindigkeit von 58,68 km/h. Die Demonstration, die später »The Gaffers' Gallop« genannt wurde, war so erfolgreich, dass die Auftragsbücher für die neuen Singles für die nächsten zwölf Monate voll waren. Die Probleme blieben zwar bestehen, wurden aber in den nächsten Jahren nach und nach behoben. Und Zehntausende lernten auf der ganzen Welt mit Terriern und Tiger Cubs zu fahren.

1955

Bei so vielen neuen Modellen und Aktualisierungen, die 1954 eingeführt wurden, wundert es nicht, dass es 1955 ruhiger blieb. Alle Twins erhielten nun eine Hinterradschwinge und die T110 eine stärkere Kurbelwelle, aber es waren die Entwicklungen in Amerika, die in diesem Jahr für Schlagzeilen sorgten. Johnson verpflichtete den kalifornischen Offroad-Rennfahrer Bud Ekins als Fahrer einer TR5 Trophy, und der Texaner Johnny Allen begann damit seine Thunderbird Streamliner zum schnellsten Motorrad der Welt zu machen. Beides sollte für den späteren Erfolg von Triumph, insbesondere in den USA, von großer Bedeutung sein.

1955 T110 Tiger 650 und T100 Tiger 500

Da der Grauguss-Zylinder der T110 Tiger problematisch war, fügte Triumph eine fünfte Kühlrippe am Zylinderkopf hinzu und lackierte ihn silberfarben, um den Eindruck eines Alukopfes zu erwecken. Auch die T100 Tiger blieb in diesem Jahr weitgehend unverändert, doch die Verdichtung stieg bei allen Versionen auf die 8,0:1 der US-Exportmodelle. Auch der Rahmen wurde weitgehend beibehalten, mit nur kleinen Aktualisierungen. Zwei Amal-Vergaser vom Typ 6 waren für die T100 nach wie vor optional erhältlich und in den USA war auch ein kleinerer 16-Liter-Tank verfügbar. Eine

Die T110 Tiger setzte 1955 neue Standards für erschwingliche Sportmotorräder.

Der 6T Thunderbird erhielt für 1955 eine Hinterradschwinge.

1955 T110 und T100 Tiger *(Unterschiede zu 1954)*

Verdichtung
8:1 (T100)
Motor- und Rahmennummern
T110 56700 bis 70929; T100 56700 bis 70929

Besonderheit aller 55er Maschinen war der einteilige Öltank, in dem Öltank, Luftfilter, Batterie und Werkzeugkasten untergebracht waren. Inzwischen hatte die T110 ihren Platz im britischen Rennsport gefunden und belegte beim Thruxton Nine Hour Race 1955 in der 750er-Klasse den ersten, zweiten und dritten Platz.

1955 6T Thunderbird 650 und 5T Speed Twin 500

Dieses Jahr brachte die bedeutendste Änderung an der Speed Twin seit 1945, als die Teleskopgabel eingeführt wurde. Sowohl die 6T Thunderbird als auch die 5T Speed Twin erhielten eine Hinterradschwinge. Außerdem wurden das innere und äußere Primärkurbelgehäuse eingeführt. Die Speed Twin bekam außerdem eine stärkere Kurbelwelle und ein kugelgelagertes Hauptlager. Außerdem war sie die erste Twin, die mit dem neuen Amal-Monobloc-Vergaser ausgestattet war. Die US-Versionen der 6T Thunderbird erhielten ebenfalls den neuen Vergaser, während die SU-Version für andere Märkte beibehalten wurde. Sowohl die 6T als auch die 5T verfügten über einen neuen Lucas-Verteiler. Der

1955 6T Thunderbird und 5T Speed Twin *(Unterschiede zu 1954)*

Vergaser	$^{15}/_{16}$ Zoll Amal 376/25 (5T); $1\,^{1}/_{16}$ Zoll Amal 376/40 (US 6T)
Hinterradaufhängung	Schwinge
Radstand	1416 mm
Trockengewicht	172 kg (6T); 175 kg (5T)
Motor- und Rahmennummern	6T 56700 bis 70874; 5T 55494 bis 70196

Rahmen der 6T und 5T ähnelte dem der Tiger von 1954 und war mit zwei Girling-Dämpfern ausgestattet. Mit der Einführung der Schwinge erhöhte sich auch das Gewicht deutlich.

weiter auf Seite 48

Die Triumph-Modelle von James Dean

James Dean und seine TR5 Trophy. *Triumph*

Die wenigsten Hollywood-Stars sind nach ihrem Tod so verehrt worden wie James Dean. Dean war erst 24 Jahre alt, als er im September 1955 bei einem Unfall mit seinem Porsche 550 Spyder ums Leben kam. Aber er hatte sich bereits mit der Hauptrolle in *Jenseits von Eden* einen Namen gemacht. Dean stammte aus Fairmount, Indiana, und fuhr seit seinem 15. Lebensjahr Motorrad, zunächst eine CZ, dann eine Royal Enfield 500 und 1953 eine Indian Warrior TT. Zufälligerweise stand seine Indian in einer Garage in Greenwich Village unter, wo der angehende Schauspieler Steve McQueen als Teilzeit-Motorradmechaniker arbeitete.

Dean posiert auf der Trophy, bevor sie ein wenig umgebaut wurde. *Triumph*

Im April '54 unterschrieb Dean den Vertrag für die Rolle in *Jenseits von Eden*. Er zog von New York nach Los Angeles und kaufte sich als eine der ersten Amtshandlungen eine neue Triumph Tiger T110. Drei Tage nach Abschluss der Dreharbeiten tauschte er die T110 gegen eine 55er Triumph TR5 Trophy ein. Diese baute er leicht um, mit einem höheren Lenker, einem offenen Auspuff, Stollenreifen und einem gefederten Einzelsitz mit einem zusätzlichen Soziussitz – eine Hommage an den ähnlichen Soziussitz auf Marlon Brandos Thunderbird in *The Wild One*.

In der Zwischenzeit drehte Dean den Film *… denn sie wissen nicht, was sie tun* und spielte die Hauptrolle in dem Epos *Giganten* (mit Rock Hudson und Elizabeth Taylor). *… denn sie wissen nicht, was sie tun* kam 27 Tage nach Deans Tod in die Kinos, während *Giganten* über ein Jahr später erschien. Obwohl er nur in drei großen Filmen mitwirkte, ist er zu einer amerikanischen Ikone geworden.

Deans TR5 Trophy wurde nach seinem Tod an den ursprünglichen Händler, Ted Evans Motorcycles in Culver City, Kalifornien, zurückverkauft und anschließend umgebaut und in Minnesota bei Rennen gefahren. In den späten 1980er-Jahren kaufte Deans Cousin Marcus Winslow Jr. das Motorrad und ließ es in der gleichen Konfiguration restaurieren, in der Dean es umgebaut hatte. Derzeit ist es im Fairmount Historical Museum in Indiana ausgestellt, zusammen mit einer großen Auswahl von James Dean-Artefakten.

Die 1955er Speed Twin, immer noch in Amarantrot.

LINKS: Mit der Einführung der Schwingenfederung wurde eine neue Primärabdeckung verwendet.

GANZ LINKS: Die Speed Twin behielt die kleinere 7-Zoll-Vorderradbremse bei.

LINKS: Die Speed Twin war das erste Modell, das mit dem neuen Amal-Monobloc-Vergaser ausgestattet war.

GANZ LINKS: Die Hinterradaufhängung bestand aus einem Paar Girling-Stoßdämpfern.

LINKS: Die Speed Twin mag 1955 etwas an Gewicht zugelegt haben, aber sie war immer noch ein hübsches Motorrad.

UNTEN: Das Scheinwerfergehäuse der 55er Speed Twin.

TRIUMPH TROPHY

Patent Nos. 475860, 474963, 482024

A High Performance Model for the Competition Enthusiast

A new model, of high performance, designed to be readily adaptable to most forms of motorcycle competition. Its specification includes many practical features which will appeal instantly to the really experienced competition rider.

SPECIFICATION

ENGINE. O.H.V. high compression vertical twin with die-cast alloy head and barrel, two gear-driven camshafts, "H" section RR56 alloy connecting rods, plain big ends, and central flywheel. Dry sump lubrication, pressure-fed big ends and valve gear. Air cleaner. Upswept two-in-one exhaust pipe with silencer.

FOUR - SPEED GEARBOX. Positive foot-change, large diameter multi - plate clutch with rubber pad type shock absorber.

FRAME. Brazed cradle type frame with swinging arm rear suspension with hydraulic damping adjustable for varying loads.

FORKS. The famous Triumph telescopic pattern with long supple springs and hydraulic damping.

FUEL TANKS. All-steel welded with quick-release caps and accessible filters.

BRAKES. Large diameter cast iron drums, polished front anchor plate, finger adjustment.

ELECTRICAL EQUIPMENT. Powerful headlamp with quickly detachable harness. Lucas 6 volt 60 watt dynamo, automatic voltage control. Lucas gear-driven "Wader" type magneto.

OTHER DETAILS. 120 m.p.h. (or 180 km.p.h.) Smiths Speedometer; Triumph Twinseat; twist grip with adjustable tension; shell blue sheen and black finish.

For Technical Details see Back Cover.

OBEN: Mit einer Hinterradschwinge und mehr Leistung wurde der TR5 Trophy 1955 erheblich verbessert.

RECHTS: Bud Ekins fuhr 1955 auf einer TR5 zum Sieg beim Catalina Grand Prix. Er sollte einer der größten Offroad-Fahrer für Triumph werden.

Fortsetzung von Seite 45

1955 TR5 Trophy 500

Nach weiteren Erfolgen bei der ISDT 1954, bei der Jim Alves, Peter Hammond und Johnny Giles die Goldmedaille und Triumph den Konstrukteurstitel gewannen, war es keine Überraschung, dass die TR5 1955 komplett überarbeitet wurde. Sie erhielt nicht nur einen Schwinenrahmen, sondern auch einen Motor mit T110 E3325-Sportnockenwellen und Hochkompressionskolben. Der Amal-276-Vergaser erhielt eine große Schwimmerkammer vom Typ TT, und die primären Kurbelgehäuse wurden wie bei den anderen Schwingenmodellen verkürzt. Ein weiteres Update war das breitere WM-3x18-Zoll-Hinterrad. Die TR5 war nach wie vor im Trial-Trimm auf Sonderbestellung erhältlich und glänzte schon bald bei Cross-Country-Rennen. Bill Johnson stellte Bud Ekins einen TR5 Trophy zur Verfügung. Mit der gewann er den Catalina Grand Prix, was den legendären Ruf der Trophy begründete.

1955 T15 Terrier 150 und T20 Tiger Cub 200

Da sich die Auslieferung sowohl der Terrier als auch der Tiger Cub verzögerte, gab es 1955 nur wenige Änderungen. Die T20 Tiger Cub hatte nun einen serienmäßigen, niedrigen Auspuff und beide Modelle profitierten im Laufe des Jahres von vielen kleinen Verbesserungen, darunter ein verstärkter Benzintank und eine leistungsfähigere Ölpumpe. Obwohl die meisten Terrier und Tiger Cub in Großbritannien verkauft wurden, setzte Turner weiterhin auf den US-Markt und lieferte etwa 16 Prozent der Produktion des ersten und zweiten Jahres in die USA. Schon bald erschienen Leistungs-Kits und Terrier und Tiger Cubs waren bei Rennveranstaltungen recht erfolgreich. Beim Catalina Grand Prix 1955 siegten Hazen Blair auf einer 165 cm³ Terrier und Don Hawley auf einer Tiger Cub.

1955 TR5 Trophy *(Unterschiede zu 1954)*

Verdichtung	8:1
Leistung	33 PS bei 6500/min
Hinterrad	WM 3x18 Zoll
Reifen hinten	4.00x18 Zoll
Radstand	1416 mm
Gewicht	166 kg
Motor- und Rahmennummern	TR5 56153 bis 69171

1955 T15 Terrier (T20 Tiger Cub) *(Unterschiede zu 1954)*

Farbe
Schwarz (US T15)
Motor- und Rahmennummern
T15 8518 bis 17388; T20 8518 bis 17388

Das schnellste Motorrad der Welt

In den 50er-Jahren entbrannte ein weltweiter Kampf um den Landgeschwindigkeitsrekord der Motorräder. Wilhelm Herz hatte 1951 auf einer vollverkleideten NSU einen Rekord von 288 km/h aufgestellt. Am 2. Juli 1955 stellte Russell Wright auf einer schmalen Landstraße außerhalb von Christchurch, Neuseeland, mit seiner Vincent Black Lightning einen neuen Rekord von 296 km/h auf. In Fort Worth, Texas, arbeitete eine Gruppe enthusiastischer Mechaniker zur gelichen Zeit an einem Stromlinienfahrzeug mit Triumph-Antrieb. Im Jahr 1954 bauten der American Airlines-Pilot J. H. »Stormy« Mangham und der Mechaniker Jack Wilson einen zigarrenförmigen Streamliner, der von einem 6T-Triumph-Motor angetrieben wurde. Nachdem sie 1954 eine Geschwindigkeit von 248 km/h mit regulärem Benzin erreicht hatten, kehrten sie im folgenden Jahr zurück, diesmal mit dem Texas Short Track Champion Johnny Allen im Cockpit. Allen hatte mit einer Tiger 100 eine Geschwindigkeit von 198,4 km/h erreicht und damit den *AMA National Class C Stock Machine*-Rekord aufgestellt, was Bill Johnson dazu veranlasste, in das Projekt einzusteigen. Mit speziellen Hochgeschwindigkeitsreifen von Dunlop fuhr Allen im September 1955 einen fliegenden Kilometer mit 309,92 km/h im Schnitt. Dies war eindeutig ein neuer Rekord, wurde aber nur von der AMA, nicht aber von der Fédération Internationale de Motocyclisme (FIM) anerkannt, da die AMA zu diesem Zeitpunkt nicht mit der FIM zusammen arbeitete.

Die NSU und Herz reisten 1956 nach Bonneville und stellten mit der aufgeladenen Delphin III einen neuen Rekord von 337,6 km/h auf, der jedoch nur wenige Tage später von Allen wieder gebrochen wurde. Trotz des Angebots eines werksseitigen Aluminium-Zylinderkopfs behielt Wilson das 6T-Gussaggregat bei, das für den Betrieb mit zwei 13⁄8-Zoll-Amal-GP-Vergasern modifiziert wurde. Der mit Nitro betriebene 650er-Saugmotor leistete rund 100 PS, genug für Allen, um eine Bestzeit von 342,67 km/h zu erzielen. Wieder weigerte sich die FIM, dies als Weltrekord anzuerkennenn. Edward Turner war das egal und er beschloss, dass jede neue Triumph einen Aufkleber mit der Aufschrift »World Motorcycle Speed Record Holder« erhalten sollte. Das führte zum Rechtsstreit mit der FIM und endete in einer zweijährigen Sperre von Triumph.

TRIUMPH

3

1956–1962

Die Geburt ikonischer 650er

Die Trophy und Bonneville

Die von der Regierung herbeigeführte Rezession, gefolgt von der Suez-Krise und weiteren Benzinrationierungen, machte 1956 zu einem besonders düsteren Jahr in Großbritannien. Politische Machenschaften innerhalb der BSA-Gruppe führten dazu, dass Edward Turners Macht wuchs. Da er nun Triumph-, BSA- und Ariel-Motorräder sowie Daimler und Carbodies (Hersteller von London-Taxis) unter seiner Kontrolle hatte und mit einem schwachen Inlandsmarkt konfrontiert war, beugte sich Turner den amerikanischen Forderungen nach mehr Leistung. Das Ergebnis waren die 650er TR6 »Street Scrambler« (die Trophybird) und eine leistungsstärkere T110 Tiger. Johnny Allens Geschwindigkeitsrekorde in den Jahren 1955 und 1956 sorgten für beträchtliche Werbung und mit Bud Ekins' Erfolgen bei Geländerennen war Triumph in Amerika auf dem Vormarsch.

OBEN: Edward Turner mit einem T110 Twin. Der erhielt 1956 einen Aluminium-Zylinderkopf und einen Amal-Monobloc-Vergaser.

GEGENÜBER: Der Aluminium-Zylinderkopf der T100 Tiger von 1956 hatte gespreizte Auslasskanäle. Das Gitter unter dem Scheinwerfer ersetzte jetzt das Standlicht.

1956

Obwohl Edward Turner nun für BSA und Triumph verantwortlich war, blieb er ein überzeugter Meriden-Mann. Er zeigte Geringschätzung für viele bestehende BSA-Konstruktionen und beschleunigte – wissentlich oder unwissentlich – deren Untergang. Dazu gehörte auch die sportliche Gold Star Single. Beim wichtigen Thruxton Nine Hour Production Race gewann Percy Tait zwar die 750-cm³-Klasse, aber ein halbes Dutzend 500-cm³-Gold Stars kam vor ihm ins Ziel. Ähnlich verhielt es sich beim Catalina Grand Prix in den USA, wo die T110 hinter einem Trio Gold Stars die Plätze vier, fünf und sechs belegten. Als Turner BSA einen Triumph-Stempel aufzudrücken versuchte, verließ der BSA-Ingenieur Bert Hopwood die Firma in Richtung Norton. Turners Einfluss zeigte sich bald in einer neuen Reihe von BSA-Singles, die mehr als nur eine flüchtige Ähnlichkeit mit der Triumph Tiger Cub hatten. Während BSA sich abmühte, wurde Triumph von Jahr zu Jahr stärker und verbesserte die bestehende Produktpalette ebenso wie die neuen Modelle. Triumph rühmte sich, der führende Motorradhersteller der Welt zu sein, und das war keine leere Behauptung.

GANZ OBEN: In mattem Shell Blue und Schwarz war die 56er T100 Tiger ein äußerst attraktives Motorrad.

OBEN: Die Tiger hatte eine 8-Zoll-Vorderradbremse mit Lufteinlass zur Kühlung.

RECHTS: Luftfilter, Öltank, Batterie und Werkzeugkasten teilten sich ein Gehäuse unter der Sitzbank.

1956 T110 Tiger 650 und T100 Tiger 500

Um die Überhitzungsprobleme der T110 mit Graugusskopf zu beheben, wurde ein neuer Zylinderkopf aus Aluminiumdruckguss mit Edelstahl-Ventilsitzringen eingeführt. Anders als beim Aluminiumkopf der T100 floss das Öl direkt in die Stößelrohre, wodurch die externen Ölleitungen wegfielen. Der Zylinder bestand weiterhin aus Grauguss, wenn auch silberfarben lackiert, um die Ästhetik des 500ers zu wahren. Der Aluminiumkopf und der Zylinder der T100 blieben unverändert und bei beiden Modellen ersetzten neue Vandervell VP3-Wälzlager die früheren Weißmetalllager. Beide Versionen erhielten den neuen Amal-Monobloc-Vergaser und die T100 war weiterhin mit einer Doppelvergaseroption erhältlich. Für den US-Markt lieferte Meriden die T100R, jeweils mit einem sorgfältig gebauten, auf dem Prüfstand getesteten »Red Seal«-Motor versehen. Das Triebwerk, das mit der TR5R geteilt wurde, war mit Doppelvergasern, Hochkompressionskolben und einer offenen Auspuffanlage

ausgestattet. Das Fahrwerk der T110 und der T100 war identisch; weitere Detailverbesserungen in diesem Jahr waren eine breitere Sitzbank und ein geändertes Scheinwerfergehäuse, bei dem das Standlicht nun in den Scheinwerfer integriert war.

Während die T110 bei hohen Geschwindigkeiten immer noch eine gewisse Anfälligkeit zeigte, setzte sie als schnelle Sport-Roadster weiterhin den Klassenstandard. *The Motor Cycle* schrieb im März 1956: »Die T110 ist eine der beeindruckendsten Triumph, die je produziert wurde und ist zu Recht bei sportlichen Fahrern beliebt.«

1956 6T Thunderbird 650 und 5T Speed Twin 500

Bei beiden Modellen gab es in diesem Jahr nur geringfügige Änderungen. Gemeinsam mit allen anderen Twins waren die Vandervell-Wälzlager und die 5T verfügte nun über 6T-Kurbelgehäuse mit passendem Zylinder. Die Thunderbird gab es in diesem Jahr neu in einem attraktiven Polychromaticgrau. es war auch das letzte Jahr mit einfarbiger Lackierung und 4-Zierstreifen-Tank-Styling. Die Aufhängung wurde unter ande-

1956 T110 und T100 Tiger *(Unterschiede zu 1955)*

Vergaser
$1\frac{1}{16}$ Zoll Amal 376/40 (T110); $\frac{15}{16}$ Zoll Amal 376/35 (T100)

Motor- und Rahmennummern
T110 70930 bis 82799; T100 70930 bis 82799; ab 5. Juli 1956 begannen die Nummern wieder bei 0101 bis 0944 (um sechsstellige Nummern zu vermeiden)

OBEN LINKS: Das Scheinwerfergehäuse der 56er Tiger. Der Hebel auf der rechten Seite ist für Vorwärts-/Rückwärtsgang.

OBEN: Diese Schalldämpfer waren ein charakteristisches Triumph-Merkmal.

LINKS: Die Speed Twin wurde für 1956, dem letzten Jahr mit klassischem 4-Streifen-Tankdesign, kaum verändert.

1956 6T Thunderbird und 5T Speed Twin

(Unterschiede zu 1955)

Vergaser
SU 590 (6T)
Farbe
Polychromaticgrau (6T);
Schwarz oder Aztekenrot (US 6T)
Motor- und Rahmennummern
6T 70970 bis 82222 und 0654 bis 0943;
5T 71642 bis 82443 und 0602 bis 0932

rem durch geänderte Dämpfer in der Vorderradgabel und weichere Federn verbessert. Inzwischen hatten sich die Thunderbird und die Speed Twin zu äußerst kompetenten und zivilisierten Motorrädern entwickelt, die sowohl für den Betrieb mit Beiwagen als auch für den Alltagsgebrauch geeignet waren.

1956 TR6 Trophy 650 und TR5 Trophy 500

Die neue TR6 Trophy, die ganz auf den US-Markt ausgerichtet war, wurde geschickt aus größtenteils vorhandenen Komponenten entwickelt, in diesem Fall dem TR5-Chassis und dem spritzigen 42-PS-T110-Motor. Die TR6 eignete sich hervorragend für die amerikanischen Cross-Country-Veranstaltungen jener Zeit. Triumph brachte die TR6 mit einem Coup auf den Markt, indem man drei Motorräder direkt aus den Kisten nahm und sie beim Big Bear Motorcycle Run in Kalifornien einsetzte. Bill Postel, Bud Ekins und Arvin Cox führten das gesamte Rennen an und belegten den ersten, zweiten und dritten Platz. Dieser Sieg legte den Grundstein dafür, dass die Trophy in den nächsten zehn Jahren die Offroad-Rennen in Amerika dominieren sollte.

Nur geringfügige Änderungen gab es an der TR5. Der 500-cm³-Aluminiummotor verfügte nun über den Amal-Monobloc-Vergaser wie bei der T100 Tiger. TR5 und TR6 hatten in diesem Jahr eine links verlegte, hochgezogene Auspuffanlage. Ab Werk hatten sie keine Hitzeschutzbleche. Die Vorderradgabel des TR5 und TR6 war nun mit Gummifaltenbälgen ausgestattet, entsprechend der 55er Catalina TR5 von Ekins und der Scheinwerfer der TR5 wurde auf 7 Zoll vergrößert. Der Tank fasste 35 Liter, die 20- und 18-Zoll-Rädern trugen wie zuvor Dunlop-Trial-Universal-Reifen. Später im Modelljahr erhielten einige US TR6 ein 19-Zoll-Vorderrad mit der T110 8-Zoll-Vorderradbremse.

1956 TR6 Trophy

Bohrung	71 mm
Hub	82 mm
Hubraum	649 cm³
Leistung	42 PS bei 6500/min
Verdichtung	8,5:1
Vergaser	1¹⁄₁₆ Zoll Amal 376/40
Zündung	Lucas K2FC Magneto
Getriebe	Viergang
Gabel	Teleskopisch
Hinterradaufhängung	Schwinge
Bremsen	7x1⅛ Zoll vorne und 7x1⅛ Zoll hinten
Räder	WM 1x20 Zoll vorne und WM 3x18 Zoll hinten
Reifen	3.00x20 Zoll vorne, 4.00x18 Zoll hinten
Radstand	1416 mm
Trockengewicht	168 kg
Farbe	Mattblau und Schwarz
Motor und Rahmennummern	TR6 70199 bis 82797 und 0598 bis 0909

1956 TR5 Trophy and TR5R Trophy

(Unterschiede zu 1955)

Verdichtung	9:1 (TR5R)
Vergaser	¹⁵⁄₁₆ Zoll Amal 376/35 (TR5); Amal 276 (TR5R)
Leistung	40 PS bei 7000/min (TR5R)
Motor und Rahmennummern	TR5 70199 bis 82797 und 0598 bis 0909; TR5 76113 bis 76224 (TR5R)

Eine seltene 56er TR6 mit werksseitig verbautem Aluminiumzylinder, der für den Wettbewerb konzipiert wurde. Normale TR6 hatten Grauguss-Zylinder, die silbern lackiert waren, um Aluminium zu imitieren.

Die TR6, ein TR5-Chassis mit T110-Motor, war sofort erfolgreich.

Die TR6 sah mit ihren Geländereifen und dem hochgezogenen Auspuff sehr attraktiv aus und war in Kalifornien besonders beliebt.

1956 T15 Terrier (T29 Tiger Cub)

(Unterschiede zu 1955)

Räder
WM 2x16 Zoll vorne und hinten
Reifen
3.25x16 Zoll vorne und hinten
Trockengewicht
113 kg (T20)
Motor- und Rahmennummern
T15 17389 bis 26275; T20 17389 bis 26275

Ebenfalls in den USA erhältlich war die TR5R, eine fertige Rennmaschine mit schnell demontierbarer Beleuchtung. Sie basierte auf einer TR5 Trophy und verfügte über einen »Red Seal«-Werksmotor mit höherer Verdichtung, zwei Amal-Vergasern mit abgesetzten Schwimmerkammern, Rennnockenwellen und nach unten gezogenen, offenen Auspuffrohren.

1956 T15 Terrier 150 und T20 Tiger Cub 200

Die Verkaufszahlen der Terrier waren enttäuschend: 1954 wurden 6240 Exemplare gebaut, 1955 nur 2074, weshalb 1956 das letzte Jahr für sie war. Es gab kaum Änderungen und in den USA erwies sie sich als besonders unbeliebt. JoMo verkaufte keine einzi-

Die T20 Tiger Cub behielt 1956 die Geradewegfederung bei und bekam kleinere 16-Zoll-Räder.

OBEN: 1957 wurden Zweifarblackierungen eingeführt, Elfenbein und Blau gab es als Option für die T110.

UNTEN: Die Tiger T100 wurde 1957 kaum verändert.

ge und TriCor importierte nur 50 Stück. Die T20 Tiger Cub war erfolgreicher und erhielt einige Neuerungen, wie 16-Zoll-Räder, eine verstärkte Kurbelwelle und Pleuel, einen Öltank mit größerem Fassungsvermögen und einen neuen Benzintank. Die US-Versionen hatten auch die Option einer hochgelegenen Auspuffanlage, die fehlerhafte Geradewegfederung wurde noch ein Jahr lang beibehalten. Obwohl fast 60 Prozent der Tiger Cub-Produktion für England bestimmt war, stieg der Absatz 1956 in den USA auf fast 1000 Stück.

Die Tiger Cub wurde von Meriden auch als Wettbewerbsmaschine fürs Gelände entwickelt. Ken Heanes gewann 1956 bei der ISDT in Bayern eine Goldmedaille in der 175-cm³-Klasse mit einer hubraumreduzierten Tiger Cub. In den USA dominierte die Tiger Cub weiterhin die 200-cm³-Klasse des Catalina Grand Prix.

1957

Die auffälligste Neuerung 1957 war die Einführung der verchromten Tankembleme für die gesamte Modellpalette. Dieses an einen Buick-Kühlergrill erinnernde Stylingmerkmal festigte zusammen mit der Zweifarblackierung die Position von Triumph als Marktführer in Amerika. Mit dieser Neuerung sahen die Motorräder aus Egland einfach moderner aus als die der Konkurrenz. In diesem Jahr wurde auch der 350-cm³-Motor »Twenty-One« vorgestellt (21 Jahre seit der Gründung von Triumph Engineering und 21 Kubikzoll Hubraum), der allerdings erst 1958 auf den Markt kam. Die andere wichtige Neuerung war die Erweiterung des Portfolios durch Variationen der bestehenden Modelle. Während das Basisprogramm nach wie vor aus fünf Typen bestand, waren in den USA nun insgesamt 13 Varianten erhältlich. Mit 303 Händlern im Osten verzeichnete TriCor 1957 das bisher beste Jahr für Triumph.

1957 T110 und T100 Tiger *(Unterschiede zu 1956)*

Verdichtung
8:1 (T110); 9:1 (T100 HDA)
Leistung
40 PS bei 6500/min (T110)
Trockengewicht
177 kg (T110); 175 kg (T100)
Farbe
Grau/Schwarzk, Elfenbein/Blau (optional)
Motor- und Rahmennummern
T110 0945 bis 011115; T100 0945 bis 011115

Die neuen verchromten Tankembleme und die Zweifarblackierung schufen 1957 einen Stil, der bis 1965 bleiben sollte.

1957 6T Thunderbird und ST Speed Twin
(Unterschiede zu 1956)

Vergaser
SU 603 (6T)
Trockengewicht
179 kg (6T und 5T)
Farbe
Gold/Schwarz (6T); Aztekenrot (US 6T)
Motor- und Rahmennummern
6T 01406 bis 011110; 5T 01797 bis 010253

1957 T110 Tiger 650 und T100 Tiger 500

Die neuen Tankembleme und die Zweifarblackierung waren 1957 die Hauptmerkmale, wobei die T110 jetzt eine niedrigere Verdichtung und weniger Leistung hatte. Im Gegensatz dazu wurde die T100 mit einem optionalen HDA-Zylinderkopf mit gespreizten Einlasskanälen angeboten. Der Kopf war mit größeren Einlassventilen, E3134-Nockenwellen mit R-Kipphebeln und einem Paar 1 Zoll Amal-376-Monobloc-Vergasern ausgestattet. Mit dieser Option war die T100 eine extrem leistungsfähige 500er, mit der *Motor Cycling* im April 1957 eine Höchstgeschwindigkeit von 168 km/h erreichte. Sowohl die T110 als auch die T100 behielten die 8-Zoll-Vorderradbremse bei, allerdings mit einer neuen Trommel und Nabe. Alle Modelle verfügten nun über einen »Easy-Lift«-Mittelständer, ursprünglich für den Polizeieinsatz entwickelt.

1957 6T Thunderbird 650 und 5T Speed Twin 500

Bei der 6T und 5T dominierten kosmetische Aktualisierungen, blieben ansonsten weitgehend unverändert. Die Speed Twin war in Amarantrot erhältlich, während die Thunderbird nun in Metallic Gold gehalten war. Beide Modelle erhielten in diesem Jahr eine stark verrippte 7-Zoll-Vorderradbremse und einen größeren Kettenschutz. Während die Thunderbird weiterhin eine treue Anhängerschaft hatte, schien die Speed Twin ein größeres Update für 1959 zu benötigen.

1957 TR6 Trophy 650 und TR5 Trophy 500

Da sich die TR5 und TR6 Trophy außerordentlicher Beliebtheit erfreuten, gab es nur kleine Änderungen, die eine Reihe von Derivaten hervorbrachten. Dazu gehörten der TR5R in verschiedenen Ausführungen und drei Varianten der TR6. Der TR6-Motor entsprach dem der T110, allerdings mit einer etwas niedrigeren Verdichtung und geringerer Leistung. Die TR5 erhielt in diesem Jahr die breite 7-Zoll-Bremse der 6T und 5T, während die TR6 die 8-Zoll-Vorderradbremse der T110 erhielt. Für beide gab es ein 19-Zoll-Rad mit einem Sand- oder einem Trial-Universalreifen, wobei die Trial-Spezifikation nur noch für die TR5 erhältlich war.

Während Meriden alle TR5-Varianten als TR5R bezeichnete, wurden sie in den USA TR5A, TR5B und TR5R (oder T100RS) genannt. Sie waren alle als Sonderbestellung erhältlich, die TR5A mit niedrigen Auspuffrohren und Straßenausstattung und die TR5B mit einer hochgezogenen Scrambler-Auspuffanlage. Alle verfügten über den neuen Doppelvergaser-Aluminiumzylinderkopf mit gespreizten Auslässen, Hochverdichtungskolben und E3134-Nockenwellen. Je nach Spezifikation waren die Vergaser entweder

Die TR5 hatte einen feinverippten Aluminiummotor und eine 2-in-1-Auspuffanlage.

Mit ihrem unverwechselbaren hohen Auspuff und der funktionalen Optik war es kein Wunder, dass die TR6 zu einem der beliebtesten Triumph-Modelle in Amerika wurde, insbesondere mit den modischen Zweifarblackierungen und den neuen Tankemblemen für den hier gezeigten 1957er Jahrgang.

OBEN: Die 57er TR6, jetzt mit der 8-Zoll-Bremse der T110 und dem 19-Zoll-Vorderrad.

RECHTS: Die Mannschaft von Johnson Motors mit einer TR6 beim Big Bear Run 1957.

Amal Monobloc 376 oder der frühere 276 mit abgesetzter Schwimmerkammer. Einige wenige Exemplare wurden auch mit einem einzelnen Vergaser gebaut. Eine TR5R (T100RS) als Serienrennmaschine und eine T100RR mit Starrrahmen als Dirt Tracker wurden in den USA ebenfalls in kleinen Stückzahlen angeboten. Die Dirt Tracker erschien erstmals 1955 und wurde bis 1959 hergestellt.

Drei TR6-Varianten waren auch in den USA erhältlich: die TR6A mit einer speziellen (weniger restriktiven) niedrigen Auspuffanlage und einem Smiths-Drehzahl-

1957 TR6 and TR5 Trophy

(Unterschiede zu 1956)

Leistung
40 PS bei 6500/min (TR6)
Verdichtung
8,0:1 (TR6)
Bremsen
8x1⅛ Zoll vorne (TR6)
Räder
WM 2x19 Zoll vorne
Reifen
3.25x19 Zoll vorne
Trockengewicht
172 kg (170 kg TR5)
Farbe
Grau und Schwarz (US: Aztekenrot und Elfenbein)
Motor- und Rahmennummern
TR6 0944 bis 011471; TR5 0944 bis 011471

Die T20 Tiger Cub erhielt für 1957 einen neuen Rahmen mit Schwinge hinten.

messer, die TR6B ohne Drehzahlmesser und mit hochgezogenem 2-in-1-Krümmer sowie die TR6C mit niedriger Auspuffanlage, auch ohne Drehzahlmesser. Die Lackierungen für die USA waren meist zweifarbig Aztekenrot und Elfenbein. Bud Ekins gewann 1957 zum zweiten Mal in Folge mit der TR6 den Big Bear Run. Die TR6 gewann auch den Catalina Grand Prix, wobei Bob Sandgren in der offenen Klasse siegte und Eddie Day gewann das Greenhorn Enduro. Das alles war großartige Werbung und der Verkauf der TR6 boomte vor allem an der Westküste.

1957 T20 and T20C Tiger Cub 200

Die T20 wurde 1957 durch die 2A Competition T20C ergänzt. Sie basierte auf Ken Heanes' ISDT-Maschine von 1956 und war mechanisch identisch mit der T20, hatte aber eine längere Gabel und 19-, beziehungsweise 18-Zoll-Räder mit Straßen- oder Trial-Reifen. Die Auspuffanlage war höher, das Getriebe tiefer und der Benzintank hatte ein etwas kleineres Fassungsvermögen. Sowohl die T20 als auch die T20C erhielten außerdem einen neuen Zylinderkopf. Der neue Rahmen verfügte über eine Hinterradschwinge mit zwei Girling-Stoßdämpfern und anstelle der früheren fettgefüllten Gabel war die Vorderradgabel nun ölgedämpft. In diesem Jahr wurde die Tiger Cub nicht nur als Straßenmotorrad erheblich verbessert, sondern auch ihr Erfolg im Rennsport setzte sich fort. Beim Big Bear Run 1957 gewann Kenny Harriman die 200-cm³-Klasse, und beim Catalina Grand Prix dominierten Cubs und Terriers, wobei Ralph Adams die 200-cm³-Klasse für sich entscheiden konnte.

1957 T20 and T20C Tiger Cub *(Unterschiede zu 1956)*

Hinterradaufhängung
Schwinge
Räder
WM 1x19 Zoll vo. und WM 2x18 Zoll hi. (T20C)
Reifen
3.00x19 Zoll vo. und 3.50x18 Zoll hi. (T20C)
Farbe
Kristalgrau und Schwarz
Trockengewicht
98 kg (T20); 93 kg (T20C)
Motor- und Rahmennummern
T20 26276 bis 35846; T20C 26276 bis 35846

1958

Da die Auswirkungen der Suez-Krise in Großbritannien immer noch spürbar waren, ging der Verkauf von Motorrädern zugunsten von Motorrollern weiter zurück. Während sich die Triumph-Motorräder in Amerika immer noch gut verkauften, galt Turners Hauptinteresse nun der Entwicklung eines neuen Rollers, der von BSA gebauten Tigress, der Überarbeitung des Daimler-Automobilprogramms und der Aktualisierung der aktuellen Triumph-Twins durch die Einführung der Einheitsbauweise. Turner sah im kombinierten Kurbel/Getriebegehäuse ein Mittel, um den Motor leichter und kompakter zu machen. Außerdem führte er eine Teilverkleidung ein, um den Fahrer vor Öl und Straßenschmutz zu schützen. Turner war vor allem ein Stilist, und seine Idee war es, mit dem neuen Design dem negativen Image von Motorrädern entgegenzuwirken. Es war ein weiteres von Turners bahnbrechenden Konzepten und die erste dieser neuen Twins war die Twenty-One. Diesmal war nicht Turner für das Projekt verantwortlich, sondern Charles Granfield, Chefingenieur von Triumph Engineering. Das neue Styling wurde »Bathtub« genannt und beeinflusste auch andere britische Hersteller. Letztendlich war es ein Desaster: Der Versuch, den Stil eines Rollers mit dem eines Motorrads zu verschmelzen, kam in England an, wo Motorräder Alltagstransportmittel waren, erwies sich aber insbesondere in den USA, dem Hauptmarkt von Triumph, als unpopulär. Die andere zweifelhafte Neuerung war 1958 die Einführung der automatischen »Slickshift«-Kupplung bei den 650ern und 500ern. Sie ermöglichte das Schalten allein mit dem Schaltpedal, war aber unangenehm und unbeliebt. Alle Modelle dieses Jahres verfügten über eine neue Dichtung, um lästige Öllecks an der Haupt- und Kickstarterwelle zu vermeiden.

1958 T110 Tiger 650 und T100 Tiger 500

In diesem Jahr erhielt die T110 Tiger einen modifizierten Aluminium-Zylinderkopf mit kleineren Brennräumen und kleineren Ventilen. Dadurch wurde zwar die Neigung zu Rissen zwischen den Ventilsitzen und den Zylinderkopfbolzen gemindert, aber die Leistung ging zurück. 1958 wurde die T110 auch mit einem optionalen Doppelvergaser-Kopf angeboten, ähnlich wie bei der 57er T100 Tiger. Das verschaffte der T110 die nötige Leistung, um schließlich das wichtige Thruxton 500 Production Race zu gewinnen, bei dem der junge Mike Hailwood zusammen mit Dan Shorey das Rennen vor Bob McIntyre auf einer Royal Enfield 700 für sich entschied.

Sowohl die T110 als auch die T100 Tiger erhielten eine 8-Zoll-Vorderradbremse, jetzt ohne Be- und Entlüftungsöffnungen, sowie Auspuffrohre mit kleinerem Durchmesser und neue »Straight-Through«-Schalldämpfer ohne Dezibeleinsatz. Neben dem Slickshift-Getriebe wurden in diesem Jahr auch heruntergezogene Kotflügel eingeführt.

Mike Hailwood auf seinem Weg zum Sieg beim Thruxton 500 Production Race 1958. Es war der erste Sieg der T110 Tiger bei diesem bedeutenden Rennen.

Die T100 Tiger von 1958 teilte die tiefer gezogenen Kotflügel mit anderen Modellen.

1958 T110 und T100 Tiger
(Unterschiede zu 1957)

Vergaser
Zwei 1⅛ Zoll Amal 376 (optional bei T110)
Farbe
Schwarz/Elfenbein (UK: optional; US: Serie)
Motor- und Rahmennummern
T110 011115 bis 020075;
T100 011115 bis 020075

1958 6T Thunderbird 650 und 5T Speed Twin 500

1958 war das letzte Jahr in dem die 6T mit dem mickrigen SU-Vergaser ausgestattet daher kam. Die US-Versionen besaßen den Amal Monobloc. Dies war auch das letzte Jahr des Vorgängermodells 5T. Wie andere Modelle erhielten sowohl die 6T als auch die 5T die voluminösen Kotflügel und das Slickshift-Getriebe.

1958 TR6 Trophy 650 (Trophybird) und TR5 Trophy 500

Die TR6 bekam die Slickshift-Schaltung sowie den aktualisierten T110-Motor mit niedrigerer Verdichtung sowie die breite 8-Zoll-Vorderradbremse der T110. In den USA wurden nur die »Trophybird« TR6A und die Scrambler TR6B angeboten. Die TR6A war versehen mit einer niedrigen Auspuffanlage, gummigelagertem Tacho und Drehzahlmesser sowie schnell abnehmbarem Scheinwerfer. Die TR5 (TR5B in den USA) blieb

1958 6T Thunderbird und 5T Speed Twin
(Unterschiede zu 1957)

Farbe
Aztekenrot/Schwarz (US 6T)
Motor- und Rahmennummern
6T 011284 bis 019824; 5T 011116 bis 020074

In Großbritannien behielt die 6T 1958 noch den SU-Vergaser.

1958 TR6 und TR5 Trophy
(Unterschiede zu 1957)

Farben
Elfenbein und Aztekenrot (US)
Motor- und Rahmennummern
TR6 011861 bis 019244;
TR5 011861 bis 019244

1958 abgesehen von der üblichen Slickshift-Schaltung unverändert. Eine neue, leistungsstarke TR5AD (D für »Delta«-Kopf) war auf Sonderbestellung ebenfalls erhältlich und das teuerste Modell der Baureihe. Sie war ein Vorbote für kommende Triumph.

Was den Wettbewerb anbelangte, so brachte das Jahr 1958 für die TR6 auch wieder Erfolge: Roger White fuhr beim Big Bear Run eine weitere Top-5-Platzierung für Triumph ein. Acht der zehn Erstplatzierten waren Triumph-Motorräder. Auch beim letzten klassischen Catalina Grand Prix war die TR6 der Sieger. Bud Ekins lag mit seiner TR5 zunächst in Führung, schied dann aber mit einer Reifenpanne aus und Bob Sandgren holte schließlich seinen zweiten Sieg in Folge auf einer TR6.

1958 T21 Twenty-One 350

Als die Twenty-One ein Jahr später als erwartet auf den Markt kam, war die Resonanz nicht gerade überwältigend. Edward Turner wollte mit der T21 ein zuverlässiges und erschwingliches Transportmittel für eine breite Zielgruppe bereitzustellen, doch die zweckmäßige Optik des »karossierten Motorrads« war am Markt vorbei entwickelt worden. In den USA, wo Motorradfahren etwas für harte Männer war, stieß das Bathtub-Styling auf Widerstand, in England, wo das motorisierte Zweirad oft noch Alltagsfahrzeug war, kam das Design gar nicht mal schlecht an.

Abgesehen vom Styling brachte die T21 eine Reihe wichtiger Neuerungen für die Triumph-Twins. Der Motor war in Einheitsbauweise konstruiert, folgte aber weiterhin dem üblichen Layout. Die geschmiedete Kurbelwelle umfasste ein verschraubtes Schwungrad und

Die 58er TR6 Trophy, in den USA als TR6/B vermarktet, trägt die Slickshift-Schaltung und einer breite Vorderradbremse mit verchromter Abdeckung.

Pleuel mit H-Profil und wie bei der 650er und 500er betätigten zwei zahnradgetriebene Nockenwellen die Stößelstangen. Die Zylinder bestanden aus Gusseisen, passend zum Aluminiumkopf silber lackiert. Der Einrohrrahmen war von dem der Tiger Cub abgeleitet, und das Streben nach einer niedrigen Sitzhöhe führte dazu, dass die T21 auf einem Paar kleiner 17-Zoll-Räder rollte. Das verschmähte Bathtub-Styling war zwar auffällig, beinhaltete aber auch einige interessante Innovationen. Das Anheben des Klappsitzes ermöglichte einen einfachen Zugang zum Werkzeugkasten, zur Batterie und zum Öltank. Leider war die T21 kein besonders handliches Motorrad, was auch am zusätzlichen Gewicht der Stahlblechkarosserie lag.

1958 T20, T20C und CA Tiger Cub, T20J Junior Cub 200

Die Einführung der T21 und des Slickshift-Getriebes spiegelte das Bestreben von Triumph wider, die Attrak-

1958 Twenty-One (T21)

Bohrung	58,25 mm
Hub	65,5 mm
Hubraum	348 cm³
Leistung	18,5 PS bei 6500/min
Verdichtung	7,5:1
Vergaser	25/32 Zoll Amal 375/32
Getriebe	Viergang
Gabel	Teleskopisch
Hinterradaufhängung	Schwinge
Bremsen	7 Zoll vorne und hinten
Räder	WM 2x17 vorne und hinten
Reifen	3.25x17 Zoll vorne, 3.50x17 Zoll hinten
Radstand	1314 mm
Trockengewicht	156 kg
Farbe	Mattblau und Schwatz (US: Azurblau)
Motor- und Rahmennummern	3TA H3 101 bis H3 760

OBEN: Die Twenty-One läutete eine neue Reihe von Triumph-Twins ein, aber das »karossierte Motorrad« erwies sich als unpopulär.

RECHTS: Zu den Merkmalen der 58er Tiger Cub gehörten unter anderem ein einteiliges Tankemblem und ein größerer hinterer Kotflügel.

tivität des Motorradfahrens zu erhöhen und das setzte sich mit der in den USA angebotenen T20J Junior Cub fort. In einigen Staaten war es 14- bis 16-jährigen Fahrern erlaubt, Maschinen mit weniger als 5 PS zu fahren. Dafür wurde die T20J gedrosselt. Die Idee war gut, aber 1958 wurden nur fünf T20J produziert.

Zu den Neuerungen der 58er Tiger Cub (ab Nummer 39167) gehörte ein Zenith-Vergaser. Der sorgte für eine bessere Beschleunigung und ein höheres Drehmoment bei einer geringfügig niedrigeren Höchstgeschwindigkeit. Der Primärantrieb war jetzt mit einer ⅜ x $^{7}/_{32}$ Zoll Duplexkette mit einem Grauguss-Kupplungsgehäuse ausgerüstet. Damit waren die Probleme mit dem Primärantrieb und der Kupplung, die die Tiger Cub von Anfang an geplagt hatten, endlich beseitigt. Ebenfalls 1958 wurde das Tankemblem einteilig und der hintere Kotflügel wurde stärker verjüngt. Eine hochverdichteteT-20CA war 1958 ebenfalls erhältlich und Meriden bot eine Reihe von Hochleistungsteilen an. Dazu gehörten größere Einlassventile und eine »R«-Nockenwelle. Die Tiger Cubs setzten ihren Erfolg fort: Don Hawley gewann und die Tiger Cubs belegten die ersten sieben Plätze in der 200-cm³-Klasse des Catalina Grand Prix. Weitere Tiger Cub Teilnehmer waren die Hollywood-Stars Lee Marvin und Keenan Wynn, die jedoch beide mit mechanischem Porblemen ausschieden.

1958 T20, T20C und CA Tiger Cub, T20J Junior Cub *(Unterschiede zu 1957)*

Verdichtung
9:1 (T20CA)
Leistung
4,95 PS bei 5700/min (T20J)
Vergaser
Zenith 17 MXZ-CS5; Amal 332 (T20J)
Farbe
Aztekenrot/Schwarz (US)
Motor- und Rahmennummern
T20 35847 bis 45311; T20C 35847 bis 45311; T20CA 35847 bis 45311; T20J ab 36365

1959

Edward Turner mag sich zwar mehr für Motorroller, das Bathtub-Styling und die V8-Motoren von Daimler interessiert haben, aber trotz dieser Vorlieben war Triumph 1958 immer noch die beliebteste importierte Motorradmarke in den USA. Die Amerikaner interessierten sich allerdings nicht für das neue Styling oder die Roller: Was sie wirklich wollten, war eine 650er mit zwei Vergasern. Schließlich beugte sich Turner dem Druck von TriCor und JoMo. Er war sich aber der Notwendigkeit bewusst, die dreiteilige Kurbelwelle der 650er dafür verstärken zu müssen. Im März 1958 testete Meriden eine T110 mit gespreizten Auslasskanälen, zwei Vergasern, E3134-Nockenwellen, einer Verdichtung von 8,5:1 und einer geschmiedeten einteiligen Kurbelwelle mit verschraubtem Schwungrad. Die Tests verliefen erfolgreich, die Leistung kletterte auf 48,8 PS und obwohl Turner anfangs glaubte, dass

Die größte Neuigkeit spät im Jahr 1959 war die Bonneville, vordergründig eine Tiger T110 mit zwei Vergasern. Hier abgebildet ist eine Tiger T110 mit einem Vergaser aus dem Jahr 1959, lackiert in Mandarin und Grau, den ungewöhnlichen Bonneville-Farben.

das Projekt Triumph in den Bankrott treiben würde, stimmte er im August 1958 den Produktionsstart zu. Bei einem Treffen mit Denis McCormack von TriCor und Bill Johnson und Wilbur Cedar von JoMo einigte man sich darauf, die neue Maschine »Bonneville« zu nennen. Da sie in erster Linie für Amerika bestimmt war und Johnny Allens Auftritte in Bonneville noch einigermaßen frisch waren, wurde der Name mit Begeisterung aufgenommen. Die Bonneville sollte das bedeutendste Motorrad aller Zeiten werden.

In diesem Jahr teilte Triumph die Produktpalette in drei Typen ein: Alle 650-cm³-Maschinen wurden als B-Reihe bezeichnet, die 500er und 350er in Einheitsbauweise als C-Reihe und die Tiger Cubs als A-Reihe. Ebenfalls neu war der unglückselige 250-cm³-Tigress-Roller, der es mit den beliebten Vespa und Lambretta aufnehmen sollte. Die Triumph-Händler zögerten sie auf Lager zu haben, so dass sich der Verkauf nur langsam entwickelte. Mit der Tigress umfasste die US-Produktpalette von Triumph 1959 nun 16 Modelle.

1959 T120 Bonneville

Bohrung	71 mm
Hub	82 mm
Hubraum	649cm³
Leistung	46 PS bei 6500/min
Verdichtung	8,5:1
Vergaser	Zwei 1¹⁄₁₆ Zoll Amal 376/204 Monobloc und 14/617 Schwimmerkammer
Zündung	Lucas Magneto K2F mit manueller Verstellung (im Laufe des Jahres automatische Verstellung)
Getriebe	Viergang
Gabel	Teleskopisch
Hinterradaufhängung	Schwinge
Bremsen	8 Zoll vorne und 7 Zoll hinten
Räder	WM 2x19 Zoll vorne und hinten
Reifen	3.25x19 Zoll vorne und 3.50x19 Zoll hinten
Radstand	1416 mm
Trockengewicht	183 kg
Farbe	Tangerine und Grau (später Royalblau)
Motor- und Rahmennr.	T120 020076 bis 029633

1959 T110, T100 Tiger und 6T Thunderbird
(Unterschiede zu 1958)

Vergaser
1¹⁄₁₆ Zoll Amal Monobloc 376/210 (6T)
Hinterrad
WM 3x18 Zoll (US T100)
Reifen hinten
4.00x18 Zoll (US T100)
Motor- und Rahmennummern
T110 020076 bis 029633; T100 020076 bis 029633; 6T 020581 bis 029362

OBEN: Die Bonneville kam zu spät, um in den Meriden-Katalog von 1959 aufgenommen zu werden, aber ein einseitiges Werbeblatt erschien später.

Auch Johnny Allen kehrte '59 nach Bonneville zurück. Mit JoMo-Unterstützung versuchte er, seinen 342-km/h-Rekord zu brechen, aber bei 352 km/h blockierten die Bremsschirmseile das Hinterrad. Allen hielt sich 500 Meter lang, bevor er sich überschlug. Er kam mit ein paar gebrochenen Rippen davon und der frühere Rekord blieb bis 1962 bestehen.

1959 T120 Bonneville 650

Da es sich vordergründig um eine modifizierte T110 Tiger handelte, war die frühe Bonneville in mancher Hinsicht eine Enttäuschung. Der Motor enthielt eine Reihe bedeutender Updates, insbesondere die geschmiedete einteilige EN16B-Kurbelwelle mit verschraubtem Schwungrad, neue Kolben und den neuen Zylinderkopf mit zwei Vergasern. Auch wenn die Bezeichnung »120« illusorisch gewesen sein mag, war die Bonneville immer noch eines der schnellsten Motorräder auf dem Markt. Doch ihre T110-Wurzeln und die unglücklichen Farben, die Turner persönlich ausgewählt hatte, ließen sich nicht verbergen. Die frühe Bonneville litt auch unter Turners Sparzwang: Der gelötete Stahlrahmen mit nur einem Unterrohr und die 8-Zoll-Vorderradbremse mit nur einer Bremsbacke waren der Aufgabe nicht gewachsen und ausgereizt. Die spindeldürre Vordergabel und die ungefederte Schwinge trugen ebenfalls wenig dazu bei, das Vertrauen in die T120 zu stärken. Die Vibrationen des Motors machten auch der Vergaseranlage und der Lucas-Elektrik zu schaffen. Glücklicherweise blieb der Bonneville die schreckliche Slickshift-Kupplung erspart, aber die Optik der T110 fanden einfach keinen Anklang bei den Käufern. In Amerika verkauften die Händler bereits Zwei-Vergaser-Kits für die T110 und die TR6 Trophy, von denen die meisten in TR6 eingebaut wurden. Infolgedessen blieben viele mandarinfarbene 59er Bonnevilles in den USA unverkauft und wurden für 1960 erneut gelistet. Trotz ihrer damaligen Unbeliebtheit gehören die 1959er Modelle heute zu den begehrtesten Bonnevilles überhaupt.

Es dauerte nicht lange, bis Meriden das Desaster des Farbschemas erkannte und noch vor Ablauf des Modelljahres änderte. Royalblau ersetzte Mandarin, aber der Rest der Maschine blieb unverändert. Diese Farbe war viel attraktiver und wurde bis 1960 beibehalten

1959 T110 Tiger 650, T100 Tiger 500 und 6T Thunderbird 650

In diesem Jahr war die T110 Tiger nicht mehr das teuerste Sportmodell von Triumph, aber sie profitierte von einigen der Neuerungen, die bei der T120 Bonneville eingeführt wurden, insbesondere von der geschmiedeten einteiligen Kurbelwelle. Teardrop-Schalldämp-

Die 59er Tiger T110 war mit ihrem klobigen Styling und den Bonneville-Farben Mandarin und Grau nicht besonders beliebt.

RECHTS: Die Tiger T110 behielt den einzelnen Amal-Monobloc-Vergaser.

GANZ RECHTS: Im Inneren des 1959er Motors befand sich eine einteilige, geschmiedete Kurbelwelle.

1959 war das letzte Jahr für die 500-cm³-T100-Tiger.

The Aztec Red and ivory tank colors were reversed for the 1959 TR6 Trophy.

Der britische 6T Thunderbird verfügte nicht mehr über einen SU-Vergaser.

Die 1959er US-TR6A war ähnlich aufgebaut wie die Bonneville, aber mit den zwei Vergasern noch beliebter als das Topmodell.

Die verkleidete 5TA Speed Twin wurde von einem Kurzhubmotor angetrieben, den viele für einen der besten von Triumph hielten. Die 5TA war auch leichter und kompakter als die frühere Speed Twin.

1959 TR6 und TR5 Trophy
(Unterschiede zu 1958)

Farben
Aztekenrot und Elfenbein
Motor- und Rahmennummern
TR6 020883 bis 029688; TR5 022269 bis 022363 und 025724 bis 025729

fer kamen nun zum Einsatz. In vielerlei Hinsicht stellte die neue Bonneville die T110 in den Schatten, die nun um ihre Identität in der Produktpalette kämpfte. In diesem Jahr endete auch die Vorgängerversion der T100 Tiger, die ebenfalls eine einteilige Kurbelwelle erhielt. Bei den US-Exportmodellen wurden die Kotflügel sportlicher gestaltet und das Hinterrad von 19 auf 18 Zoll vergrößert. Auch die 6T Thunderbird bekam die einteilige Kurbelwelle, alle Modelle hatten nun einen Amal-Vergaser

1959 TR6 Trophy 650 (Trophybird) und TR5 Trophy 500

Wie bei der T100 Tiger sollte es die letzte Saison für die TR5 sein, von der nur zwei Kleinserien von insgesamt 111 Stück produziert wurden. Einige davon waren mit dem 2-Vergaser-Kopf, E3134-Rennnockenwellen, 9:1er Verdichtung und einem Lucas K2FR-Magneto ausgestattet. Alle Trophys hatten in diesem Jahr die neue einteilige Kurbelwelle und die meisten waren TR6. In den USA wurden wieder die TR6A- und TR6B-Trophybirds angeboten. Der Erfolg im Gelände setzte sich mit dem erneuten Sieg von Bud Ekins beim 153-Meilen-Off-Road-Rennen Big Bear Run fort. Es war ein erstaunlicher Sieg, denn Ekins kam über eine halbe Stunde vor dem Zweitplatzierten ins Ziel, obwohl er eine Reifenpanne hatte und ein Rad brach. Zu den weiteren Erfolgen gehörte der Sieg von Buck Smith beim Greenhorn Enduro

1959 5TA Speed Twin
(Unterschiede zur 1958er 3TA Twenty-One)

Bohrung	69 mm
Hub	65,5mm
Hubraum	490 cm³
Leistung	27 PS bei 6500/min
Verdichtung	7,0:1
Vergaser	⅞ Zoll Amal 375/75
Getriebe	Viergang
Gabel	Teleskopisch
Hinterradaufhängung	Schwinge
Bremsen	7 Zoll vorne und hinten
Räder	WM 2x17 Zoll vorne und hinten
Reifen	3.25x17 Zoll vorne, 3.50x17 Zoll hinten
Radstand	1314 mm
Trockengewicht	159 kg
Farbe	Amarantrot
Motor und Rahmennummern	5TA H5 785 bis H11032; 3TA H3 761 bis H11511

1959 T20, T20C, CA und T20S Tiger Cub, T20J Junior Club *(Unterschiede zu 1958)*

Verdichtung	9:1 (T20S)
Vergaser	7/8 Zoll Amal 332 (T20S); Zenith MXZ (T20J)
Räder	WM 1x19 Zoll vorne und WM 2x18 Zoll hinten (T20S)
Reifen	3.00x19 Zoll vorne und 3.50x18 Zoll hinten (T20S)
Trockengewicht	95 kg (T20S)
Farbe	Elfenbein und Azurblau (T20S)
Motor- und Rahmennummern	T20 45312 bis 56359; T20C 45312 bis 56359; T20CA 45312 bis 56359; T20S 45312 bis 56359; T20J 45312 bis 56359

Die T20 Tiger Cub erhielt für 1959 das ungeliebte verkleidete Heckteil.

Beim 50-jährigen Bestehen des schottischen Sechstagerennens belegten die Tiger Cubs den ersten, vierten und siebten Platz. Hier Arthur Ratcliffe, der Siebter wurde, während der Sieger Roy Peplow (rechts) zusieht.

1959 5TA Speed Twin 500 und 3TA Twenty-One 350

Aus der T21 wurde die 3TA und die 5T Speed Twin wurde in diesem Jahr durch die auf der Twenty-One basierenden 5TA ersetzt. Beide Modelle bildeten die C-Reihe von Triumph. Da sie auf der 350er basierte, war die neue 5TA deutlich kleiner und leichter als ihre Vorgängerin und abgesehen vom üblichen Amarantrot waren das Styling und die Bathtub-Karosserie von 5TA und 3TA identisch. Der kurzhubige 500er-Motor erwies sich als äußerst zuverlässig und war für Rennfahrer sehr attraktiv. Im Mai 1959 erhielten die Händler ein Bulletin, in dem beschrieben wurde, wie man den 5TA auf die Straßen- oder Geländespezifikation der Klasse C umrüsten konnte. Der erste Sieg einer 500er-Einheit wurde 1959 auf der Halbmeile in Ascot errungen. Sammy Tanner gewann auf einem von JoMo vorbereiteten 5TA. TriCor bereitete den 5TA ebenfalls vor und Everett Brashear war der zweitschnellste in der Qualifikation für das 59er Daytona 200. Er beendete das Rennen aufgrund eines Getriebeschadens nicht. Das veranlasste das Werk, das Getriebe für 1960 zu verbessern.

1959 T20, T20C, CA und T20S Tiger Cub, T20J Junior Cub 200

Die Basisversion der T20 erhielt in diesem Jahr ein bedeutendes Styling-Update, wobei das Heck nun wie bei der TA und 5TA teilweise verkleidet war. Die limitierte T20J erhielt einen Zenith-Vergaser. Es wurden noch ein paar T20J gebaut (166), aber der Erfolg war nicht wirklich groß. Die T20C und die CA blieben unverändert. Neu war in diesem Jahr eine Hochleistungs-T20S mit einer »R«-Sportnockenwelle, einem Amal-Monobloc-Vergaser und einem eng übersetzten Getriebe. Optional war auch ein Getriebe mit geänderter Übersetzung für Trialeinsätze erhältlich. Zu den weiteren Neuerungen gehörten die stärkere Vorderradgabel der C-Twins. Die meisten in diesem Jahr produzierten Tiger Cubs waren T20, die in den USA nicht so beliebt waren wie die sportlichen T20S. Trotz ihrer bescheidenen Leistung hatte die Tiger Cub immer noch eine große Anhängerschaft. Im August 1959 stellte der kalifornische Händler Bill Martin in Bonneville auf einer Streamliner einen AMA-Rekord von 223,71 km/h über eine Meile in der 200-cm³-Klasse C auf.

1960

Nach einem Boom-Jahr erlebte Großbritannien 1960 einen unerwarteten Einbruch der Motorradverkäufe, was Triumph dazu zwang, sich noch stärker auf den US-Markt zu konzentrieren. TriCor und JoMo, die nach wie vor starke Konkurrenten waren, begannen Maschinen nach individuellen Vorgaben anzufordern. Dazu zählten unterschiedliche Sitze, Auspuffanlagen, Motortuning, Getriebe, Schutzbleche und Farbgebungen. Das überforderte die Qualitätskontrolle in Meriden, was unzählige Garantieansprüche nach sich zog.

Die T120 Bonneville wurde 1960 erheblich überarbeitet, doch die Probleme blieben bestehen. Dieses britische Modell verfügt nicht über den optionalen Drehzahlmesser, der in den USA Standard war.

Außerdem zeichnete sich eine neue Bedrohung für die britische Industrie ab, nämlich die aus Japan. Edward Turner war sich des Wachstums der japanischen Motorradindustrie wohl bewusst – die Erfolge von Honda auf der Isle of Man waren weithin bekannt – und unternahm 1960 eine Reise ins Land der aufgehenden Sonne, um die dortige Industrie genauer unter die Lupe zu nehmen. Turners Plan war es, Informationen für Gegenmaßnahmen zu sammeln, mit denen er seinen Anteil am Weltmarkt bewahren konnte. Er fand hochmoderne Fabriken vor, die qualitativ hochwertige Produkte herstellten und Turner war besonders beeindruckt von der Geschwindigkeit, mit der japanische Techniker neue Konstruktionen herstellen, testen und entwickeln konnten. Später schrieb er in einem Bericht: »Ich habe lange darüber nachgedacht, was wir tun könnten, um diese Situation zu bekämpfen, und ich muss gestehen, dass diese Antworten schwer zu finden sein werden.« Und Turner fuhr fort: »Die Maschinen selbst sind umfangreicher als unsere eigenen, was die Ausstattung angeht, wie zum Beispiel den elektrischen Anlasser. Und sie sind wahrscheinlich besser gebaut, aber sie werden den sportlichen Fahrer nicht im gleichen Maße ansprechen wie unsere eigenen.« Turner muss gewusst haben, dass die Japaner irgendwann in das Sportgebiet von Triumph eindringen würden, aber er entschied sich, dies zu ignorieren. Die Gewinne passten, er war immer noch Geschäftsführer, aber im Alter von 60 Jahren und mit Diabetes schien Turner den Antrieb verloren zu haben, Triumph in eine neue, wettbewerbsfähigere Ära zu führen.

1960 T120 Bonneville 650, TR7A und TR7B

Die Bonneville wurde 1960 erheblich überarbeitet, nicht nur mechanisch, sondern auch stilistisch. Die ungeliebte Mandarin-Farbe wurde durch Blau ersetzt, aber auch das Scheinwerfergehäuse und die tiefen Kotflügel entfielen. Mit dem separaten, schnell abnehmbaren Scheinwerfer und den Instrumenten sowie den Aluminium-Kotflügeln im TR6-Stil war die neue Bonneville leichter und sah viel sportlicher aus. Ein neuer Doppelschleifenrohrrahmen sorgte für einen deutlich flacheren Lenkkopfwinkel und verkürzte den gesamten Radstand um mehr als 2,5 Zentimeter. Leider war der gelötete Rahmen mit verschraubtem hinteren Hilfsrahmen nicht stabil genug und neigte dazu, im Bereich des Lenkkopfs zu brechen. Als Turner sah, wie ein Fahrer beim Big Bear Run im Dezember 1959 stürzte und starb, nachdem der Rahmen gerissen war und brach, veranlasste er noch direkt an der Strecke

Die nur in den USA erhältliche TR7B war eine Scrambler-Version der T120 Bonneville mit hohem Auspuff.

eine Analyse des Rahmens. Das Ergebnis war ein zusätzlicher Rahmenquerträger (ab D1563), der die Risse verhinderte und zu einer insgesamt verbesserten Maschine beitrug.

Die Bonneville sah vielleicht besser aus und ließ sich besser handhaben als ihre Vorgängerin, aber die Einführung der Lichtmaschinenelektrik war umstritten. Die an der Kurbelwelle montierte Lucas-RM12-Lichtmaschine ließ eine angemessene Spannungsregelung vermissen und die Batterien kochten manchmal über. Die Modelle ab D5975 wurden mit zwei Amal-Monobloc-Vergasern mit einzelnen Schwimmerkammern ausgestattet.

Zu den weiteren Änderungen gehörte eine neue Vorderradgabel mit externen Gummifaltenbälgen, ähnlich wie bei den Twins der C-Reihe. In diesem Jahr unterschieden sich die Maschinen mit britischer und US-amerikanischer Spezifikation erheblich, wobei die britischen Exemplare einen größeren 18-Liter-Tank und einen niedrigeren Lenker hatten. Um sie vom 59er Modelljahrgang zu unterscheiden, wurde die T120 in diesem Jahr in den USA als TR7A und TR7B verkauft. Beide hatten einen kleineren Tank, einen höheren Lenker, einen serienmäßigen Drehzahlmesser und ein 18-Zoll-Hinterrad. Die T120 wurde ihrem Namen mehr als gerecht: Gary Richards stellte mit 239,21 km/h in Bonneville einen nicht bestätigten Rekord auf, den er 1961 mit einer Geschwindigkeit von 255,26 km/h übertraf.

1960 T120 Bonneville, TR7A, TR7B

(Unterschiede zu 1959)

Vergaser	Zwei 1¹⁄₁₆-inch Amal 376/233 Monobloc (ab D5975)
Hinterrad	WM 3x18 Zoll hinten (TR7A, TR7B)
Reifen	4.00x18 Zoll hinten (TR7A, TR7B)
Radstand	1384 mm
Trockengewicht	178 kg
Farbe	Königsblau und Grau
Motor- und Rahmennummern	T120 029634 bis 030424; dann D101–D7726 (D für Duplex)

1960 T110 Tiger 650 und 6T Thunderbird 650

Sowohl die T110 Tiger als auch die 6T Thunderbird teilten sich den neuen Doppelschleifenrohrrahmen und die Gabel der T120 Bonneville, aber die Optik unterschied sich erheblich von der T120. JoMo beschrieb die T110 nun als »Road Cruiser Streamliner«. Sowohl die T110 als auch die 6T verfügten nun über die C-Range Bathtub-Heckverkleidung und einen großen vorderen Kotflügel. Beide erhielten in diesem Jahr auch kleinere 18-Zoll-Räder, wobei der Thunderbird die 7-Zoll-Vorderradbremse beibehielt und nun in Dunkelgrau lieferbar war. Der Motor der T110 Tiger enthielt die Lucas-Lichtmaschine der T120 und behielt die Magnetzündung bei. Der 6T-Motor blieb weitgehend unverändert. Es sollte das letzte Jahr für den ehrwürdigen Grauguss-Zylinderkopf sein.

1960 TR6A und TR6B Trophy 650 (Trophybird)

Da die TR6 immer noch auf der T110 Tiger basierte, verfügte der Rahmen nun auch über die Doppelschleife, die Gabel war neu und der Motor enthielt die an der Kurbelwelle montierte Lichtmaschine. Die TR6 behielt die Magnetzündung bei und wurde in zwei Varianten weiter gebaut: die straßentaugliche TR6A und die Scrambler TR6B. Dier TR6A erhielt in diesem Jahr auch einen serienmäßigen Drehzahlmesser.

1960 T110 Tiger und 6T Thunderbird

(Unterschiede zu 1959)

Vergaser
1¹⁄₁₆ Zoll Amal 376/244 (T110);
1 ¹⁄₁₆ Zoll Amal 376/246 (6T)
Räder
WM 2x18 Zoll vorne und hinten
Reifen
3.25x18 Zoll vorne und 3.50x18 Zoll hinten
Radstand
138 cm
Trockengewicht
178 kg (6T)
Farbe
Dunkelgrau (6T)
Motor- und Rahmennummern
T110 029634 bis 030424, dann D101–D7726;
6T D507 bis D7711

Eine nagelneue TR6A Trophy von 1960, fast 55 Jahre später immer noch in der Kiste. Dieses abgespeckte Modell war vordergründig eine Bonneville mit einem Vergaser und zweifellos ein hervorragendes Motorrad.

1960 TR6A und TR6B Trophy *(Unterschiede zu 1959)*

Radstand
138 cm
Trockengewicht
178 kg
Motor- und Rahmennummern
TR6 029364 bis 029688, dann D904 bis D6500

1960 T100A Tiger 100, 5TA Speed Twin und 3TA Twenty-One *(Unterschiede zu 1959)*

Leistung
32 PS bei 7000/min (T100A)
Verdichtung
9,0:1 (T100A)
Vergaser
$\frac{7}{8}$ Zoll Amal 375/35 (T100A und T5A)
Trockengewicht
165 kg (T100A)
Farbe
Schwarz und Elfenbein (T100A); Rubinrot (5T)
Motor- und Rahmennummern
T100A H11512 bis H18611; 5TA H11962 to H18626, 3TA H11512 to H18611

Die TR6C von 1960 hatte auf der linken Seite eine hochgezogene 2-in-1-Auspuffanlage.

1960 T100A Tiger 100, 5TA Speed Twin und 3TA Twenty-One

Nach dem Ende der »pre-unit« 500er wurde die T100 als T100A in Einheitsbauweise wiederbelebt. Dieser leistungsstärkere 500er Kurzhubmotor hatte nicht nur eine höhere Verdichtung, sondern auch E3325-Nockenwellen. Unter Beibehaltung des Lucas-Verteilers

Neu für 1960 war der erste leistungsfähige Twin, die Tiger 100 auf 5TA-Basis. Eine verwirrende Mischung aus verkleidetem Rahmen und Sportmotor, die es in dieser Form nur ein Jahr lang gab.

und der Lichtmaschine bot die T100A auch eine ungewöhnliche Energy-Transfer-Zündung, die den Betrieb ohne Batterie oder Licht ermöglichte. Die temperamentvolle ET-Zündung und das umstrittene Styling führten zu einer unverstandenen Maschine, denn die T100A war nicht wirklich ein echtes Sportmodell im Sinne der T100. In diesem Jahr verfügten die T100A und die 5TA auch über einen primären Kettenspanner. Der erwies sich als unbefriedigend, da er häufig nachgestellt werden musste, was jedes Mal ein Ablassen und Erneuern des Kettenkastenöls erforderte. Nach 22 Jahren löste bei der Speed Twin Rubinrot das bekannte Amarantrot ab.

1960 T20 Tiger Cub 200, T20S Scrambler 200, T20W Woods 200, T20J Junior Cub 200

In diesem Jahr gab es nicht mehr die Wettbewerbsmodelle T20C und T20CA. Die T20S Scrambler war nun in drei verschiedenen Ausführungen erhältlich, und die Palette wurde um die T20W Woods erweitert. Diese für Trial und Geländefahrten gedachte Maschine hatte einen niedrig verdichteten Motor mit hoher Auspuffanlage. In diesem Jahr wurde die gesamte Baureihe überarbeitet, insbesondere durch einen neuen Zylinderkopf, ein zweiteiliges Kurbelgehäuse und einen größeren Zenith-Vergaser bei den Modellen T20 und T20W. Alle Modelle erhielten die längeren T20S-Stoßdämpfer und die T20S war in Straßenspezifikation, in Trial-Spezifikation mit niedriger Kompression und als Scrambler Racing erhältlich. Alle T20S verfügten über das Energy Transfer-Zündsystem, eine »R«-Nockenwelle und eine hohe Auspuffanlage. Da die T20S für unterschiedliche Aufgaben spezifiziert werden konnte, war sie in den USA deutlich beliebter als die Standard-T20. Das Jahr 1960 sollte mit knapp über 13.000 verkauften Exemplaren den Höhepunkt der Tiger Cub darstellen. Doch die Zeichen standen auf Sturm. Im Juni 1960 kostete eine 305-cm³-Honda-CB77 595 Dollar, weniger als eine T20S Sports Tiger Cub.

1960 T20, T20S, T20W Tiger Club, T20J Junior Club *(Unterschiede zu 1959)*

Vergaser
18 mm Zenith MXZ (T20, T20W)
Motor- und Rahmennummern
T20 56360 bis 69516; T20S 56360 bis 69516; T20J 56360 bis 69516

1961

Kein anderes Jahr war so entscheidend für die Zukunft von Triumph Engineering wie 1961. Jack Sangster trat als Vorsitzender der BSA-Gruppe zurück und ernannte Eric Turner (nicht verwandt mit Edward) zu seinem Nachfolger. Der Buchhalter Eric Turner versuchte die BSA- und Triumph-Geschäfte zu rationalisieren. Charles Granfield ging als Chefkonstrukteur in den Ruhestand und Edward Turner überredete Bert Hopwood, Norton zu verlassen und als Geschäftsführer nach Meriden zurückzukehren. Beide Persönlichkeiten sollten das nächste Jahrzehnt von Triumph prägen, wobei Eric Turner einige fragwürdige Entscheidungen traf und Bert Hopwood maßgeblich an der Entwicklung des Dreizylinder-Trident beteiligt war. Das wirtschaftliche Klima in Großbritannien war ebenfalls besonders düster, die Motorradverkäufe brachen aufgrund von Steuererhöhungen sowie der negativen Assoziationen mit Rockerbanden ein. Entsprechend orientierte sich Triumph noch stärker an den USA und baute mehrere Modelle nur noch für Amerika.

1961 T120R und T120C Bonneville 650

Mit neuen, attraktiven Farben (Blau und Silber) war die T120R (»Road«) in diesem Jahr wohl der Inbegriff der »pre-unit« Triumph-Twins. Die T120C (»Competition«) war für den US-Markt mit geringfügig überarbeitetem Motor und hohen Auspuffrohren versehen. Der Zylinderkopf wurde bei allen 650ern verstärkt, während im Getriebe Nadellager statt Bronzebuchsen zum Einsatz kamen. Der Rahmen war immer noch der modifizierte Doppelschleifenrohrrahmen von Ende

Die T20S war 1960 in drei Versionen erhältlich. Hier die Scrambler/Racing-Spezifikation mit einem Amal-Vergaser mit abgesetztem Schwimmergehäuse.

1960, aber der Lenkkopfwinkel wurde auf 25 Grad reduziert, um einen besseren Kompromiss zwischen Straßen- und Geländelenkung zu erreichen. Der kleinere Benzintank wurde für alle Märkte vereinheitlicht. Eine weitere Verbesserung betraf die Bremsen, die nun sowohl vorne als auch hinten mit schwimmend gelagerten Bremsbacken ausgestattet waren.

Die T120R hatte auch die Leistung, die zu ihrem atemberaubenden Aussehen passte. Im Juni 1961 erreichte *Motor Cycling* eine durchschnittliche Höchstgeschwindigkeit von 187 km/h. Das war die schnellste Straßenmaschine, die getestet wurde. Die Leistung der T120R wurde auch beim Thruxton-500-Rennen unter Beweis gestellt. In diesem Jahr gewannen Tony Godfrey und John Holder mit einer Geschwindigkeit von 108 km/h, wobei die Bonnevilles auch die Plätze zwei, vier, fünf und sechs belegten.

OBEN: Bis 1961 hatte sich die Bonneville zu einem schönen und hocheffizienten Motorrad entwickelt.

LINKS: Die Bonnevilles von 1961 hatten zwei Amal-Monobloc-Vergaser ohne Luftfilter.

Die 1961er T120R sah aus jedem Blickwinkel gut aus.

1961 T120R Bonneville *(Unterschiede zu 1960)*

Vergaser
Zwei $1\frac{1}{16}$ Zoll Amal 376/257 Monobloc
Leistung
50 PS bei 6500/min (mit Abgasanlage ohne Schalldämpfer)
Radstand
1403 mm
Farben
Himmelblau und Mattsilber
Motor- und Rahmennummern
T120R D7727 bis D15788

1961 T110 Tiger 650 und 6T Thunderbird 650

Im Zuge des Rückgangs des britischen Marktes war 1961 das letzte Jahr für die einst mächtige T110 Tiger. Auf Grund des unbeliebten Scheinwerfergehäuses und der Bathtub-Verkleidung war sie nicht mehr in der US-Produktpalette vertreten. Der T110-Motor blieb weitgehend unverändert und das Fahrgestell wurde weiterhin mit der 6T geteilt. Da die 6T Thunderbird in diesem Jahr einen Aluminium-Zylinderkopf erhielt, gab es nun kaum noch Unterschiede zwischen den beiden, abgesehen von neuen Farben: Gletscherblau und Silber für dien T110.

Zusätzlich zum Alu-Zylinderkopf erhielt die 6T Thunderbird eine etwas höhere Verdichtung und anfangs sportliche E3325-Nockenwellen. Diese wurden später gegen mildere »Dowson«-Nocken ausgetauscht, aber in keiner der beiden Formen stieg die Leistung – wahrscheinlich, um den Absatz der teureren T110 zu schützen. Sowohl die T110 als auch die 6T erhielten den neuen, verstärkten Doppelschleifenrohrrahmen und die 6T teilte mit den anderen 650er-Twin-Modellen die 8-Zoll-Vorderradbremse.

1961 T110 Tiger und 6T Thunderbird *(Unterschiede zu 1960)*

Verdichtung
7,5:1 (6T)
Vergaser
Amal 376/255 (6T)
Radstand
1390 mm
Farben
Gletscherblau/Silber (T110); Schwarz/Silber (6T)
Motor- und Rahmennummern
T110 D7727 bis D15788; 6T D9259 bis D15754

1961 TR6A und TR6B Trophy *(Unterschiede zu 1960)*

Verdichtung
8,5:1
Leistung
45 PS bei 6500/min (mit Abgasanlage ohne Schalldämpfer)
Radstand
1403 mm
Trockengewicht
174 kg
Farben
Rubinrot und Silber
Motor- und Rahmennummern
TR6, TR6R, TR6C, TR6SR, TR6SC; D8432 bis D15756

1961 TR6R (SR) und TR6C (SC) Trophy 650

Die TR6 war in Großbritannien 1961 nicht gelistet, wurde aber in den USA in zwei Versionen, als TR6R und als TR6C mit hohem Auspuff, weitergeführt. Beide teilten sich die Motor-Updates und den Rahmen der T110 und T120R. Irgendwann im Laufe des Jahres tauchte ein zusätzliches »S« in der Bezeichnung auf, aber an der Spezifikation wurde nichts geändert.

1961 »C« Range: T100A Tiger, 5TA Speed Twin, TR5AR, TR5AC, 3TA Twenty-One 350

Die 5TA Speed Twin und die 3TA Twenty-One wurden unverändert weiter gebaut, während die T100A einen größeren Vergaser, schärfere Nockenwellen und mehr Leistung erhielt und nicht mehr mit der Energy Transfer-Zündung ausgestattet war. Der Rahmen aller C-Modelle hatte außerdem einen etwas steileren Lenkkopf (27 Grad) und die Bremsen verfügten rundum über schwimmend gelagerte Backen.

T20, T20S T20SL T20T Tiger Cub, T20J Junior Cub *(Unterschiede zu 1960)*

Leistung
14,5 PS bei 6500/min (T20SL)
Verdichtung
9:1 (T20SL)
Vergaser
$\frac{15}{16}$ Zoll Amal 375/317 (T20SL)
Farben
Mattsilber und Schwarz (T20); Rubinrot und Silber (T20SL und T20T)
Motor- und Rahmennummern
T20 69517 bis 81889; T20SL 64592 bis 81889; T20T 69570 bis 81889; T20J 69570 bis 81889

OBEN: Das traditionelle Scheinwerfergehäuse blieb bei der Thunderbird und Tiger 110.

GANZ OBEN: Die Thunderbird erhielt 1961 einen Aluminium-Zylinderkopf und Hochverdichtungskolben.

Obwohl vor allem in den USA nicht beliebt, hielt Triumph 1961 am »karossierten Motorrad« (Bathtub-Styling) fest.

1961 T100A Tiger 100, 5TA Speed Twin, TR5AR, TR5AC, 3TA Twenty-One

(Unterschiede zu 1960)

Leistung	34 PS bei 7000/min (T100A, TR5AR, TR5AC)
Vergaser	1 Zoll Amal 376/273 (T100A, TR5AR, TR5AC)
Räder	WM 2x19 Zoll vorne und WM3x18 Zoll hinten (TR5AR, TR5AC)
Reifen	3.25x19 Zoll vorne und 4.00x18 Zoll hinten (TR5AR, TR5AC)
Radstand	1358 mm
Trockengewicht	147 kg
Farbe	Gletscherblau und Silber (T100A, TR5AR, TR5AC)
Motor- und Rahmennummern	T100A H18612 bis H25251; TR5AC H18635 bis H23103 5TA H19215 bis H24755; 3TA H18612 bis H25251

Neu in den USA waren in diesem Jahr zwei Tiger mit 500ern in Einheitsbauweise, die TR5AR und TR5AC. Beide hatten den leistungsstärkeren T100A-Motor, die TR5AR mit zwei niedrigen Auspuffrohren und die TR5AC mit einem einseitigen, niedrigen System. Der TR5AR-Tank war Teil des Rahmens, die TR5AC mit ihrem winzigen 10-Liter-Tank verfügte über eine angeschraubte röhrenförmige Verstärkungsstrebe. Ansonsten waren sie kleinere Trophys, mit 19- und 18-Zoll-Rädern und ähnlichem Design. Da die TR5AC deutlich leichter war als die 57er Trophy, war sie bei Wettbewerben sehr erfolgreich und gewann Goldmedaillen bei Sechstagerennen sowie Siege bei Enduro-Turnieren in den USA. Sowohl der TR5AR als auch der TR5AC wurden nur 1961 angeboten, bevor sie zu spezifischeren Versionen weiterentwickelt wurden.

1961 T20 Tiger Cub, T20S, T20SL Scrambler, T20T Trials, T20J Junior Cub 200

In diesem Jahr explodierte die 200er A-Klasse geradezu. Die T20T Trial ersetzte die T20W Woods, und die T20SL Scrambler Light trat an die Stelle der T20S Scrambler. Die Standard T20 Tiger Cub und die T20J wurden wie zuvor weitergeführt. Mit einem Amal-Monobloc-Vergaser, einer Verdichtung von 9:1 und einer »R«-Nockenwelle stieg die Leistung um 45 Prozent gegenüber der T20. Die Vorderradgabel war verstärkt, Energy-Transfer-Zündung und batterieloser 6-Volt-Gleichstrom gehörten zur Serienausstattung. Bei einem Test durch *Motor Cycling* im April 1961 erreichte die T20SL eine Höchstgeschwindigkeit von 124,5 km/h und war damit die schnellste 200er, die getestet wurde. Die T20SL gab es in zwei Varianten, einer Straßen- und einer Scrambler-Version mit hohem Auspuff. Und wie die TR5AR und TR5AC wurde sie nur 1961 angeboten. In den nächsten Jahren sollte die T20S mehrere neue Modelle hervorbringen, oft in Bonneville- und Trophy-Farben und in drei Untergruppen: Straßen-, Gelände- und Allround-Modelle. Trotz der japanischen Herausforderung blieb der Tiger-Cub-Absatz in diesem Jahr mit 12.339 verkauften Exemplaren hoch.

1962

Eric Turner beauftragte die internationale Unternehmensberatung McKinsey & Company mit einer Studie über die Rationalisierung von BSA und Triumph und McKinsey schlug eine Fusion der beiden Unternehmen vor. Dies führte zu zunehmenden Spannungen zwischen der Gewerkschaft und dem Management, die das nächste Jahrzehnt und darüber hinaus bestimmen sollten. Das erste Anzeichen für eine Fusion war die Verlegung der Werbeabteilung von Triumph zu BSA. Ebenfalls 1962 kam Edward Turners genialer Tina-Roller auf den Markt, für dessen Produktion im Werk ein neuer Flügel gebaut wurde. Mit ihrem 100-cm³-Einzylinder-Zweitakter und dem Automatikgetriebe war die Tina bahnbrechend, aber wie viele von Turners Entwürfen wurde sie nicht richtig getestet, bevor sie in Produktion ging. Als die Probleme mit der 1965er T10 behoben waren, war der Roller-Boom praktisch vorbei.

Ebenfalls 1962 starb der JoMo-Gründer Bill Johnson an einem Herzinfarkt. Sein Partner Wilbur Cedar übernahm die Leitung im Westen, während Denis McCormack von TriCor in den Ruhestand ging und Earl Miller die Geschäftsführung übernahm.

1962 T120, T120R und T120C Bonneville 650

Dies war die finale Version der »pre-unit« Bonneville, es gab nur wenige Neuerungen. Um die Motorvibrationen zu unterdrücken und die Durchzugskraft zu erhöhen, bekam der Motor ein schwereres Schwungrad. Im Laufe des Jahres wurde eine neue Kurbelwelle mit einem noch breiteren Schwungrad eingeführt. Die Vibrationen wurden reduziert, allerdings auf Kosten einer knackigen Gasannahme. 1963 sollte eine völlig neue T120 erscheinen. Die »pre-unit« T120 behielt jedoch eine treue Fangemeinde, insbesondere unter den Tritons und Café-Racern, die die frühere, charismatische 650er bevorzugten.

Der krönende Abschluss für die »pre-unit« T120 war der Motorradweltrekord von 359,31 km/h, den Bill Johnson (nicht verwandt mit dem Gründer von JoMo)

Die Straßenversion der T20SL. Ein weiteres Modell, das nur einen Jahrgang Bestand hatte.

1962 T120, T120R und T120C Bonneville
(Unterschiede zu 1961)

Farbe
Feuerrot und Mattsilber (US)
Motor- und Rahmennummern
T120 D15789 bis D20308

Die TR5AC mit ihrem sehr kleinen Tank und dem rechtsseitigen Auspuff war nur 1961erhältlich, entwickelte sich aber zu einer sehr erfolgreichen Modellreihe.

Mit einem Drehzahlmesser und höherem Lenker unterschied sich die amerikanische T120R von 1962 von den britischen Versionen. Der vordere Kotflügel hatte kein Nummernschild mehr und die Sitzbank war nun zweifarbig.

am 5. September 1962 in Bonneville aufstellte. Das von Joe Dudek gebaut Stromlinienmotorrad, wurde von einem 667-cm³-Nitromethan-T120-Motor angetrieben. Der Rekord wurde von der FIM anerkannt.

1962 6T Thunderbird 650, TR6SS, TR6SR, TR6SC Trophy 650

Die letzte »pre-unit« Thunderbird wurde in zwei Versionen produziert, das britische Modell noch mit der alten Bathtub-Heckverkleidung und das US-Modell ohne. Beide behielten das Scheinwerfergehäuse und den tief heruntergezogenen vorderen Kotflügel bei. Alle 6Ts erhielten das schwerere Schwungrad der T120, und in diesem Jahr war nur die einzige 2-in-1-Auspuffanlage die der 6T und trat rechts aus. Die unpopuläre Slickshift-Automatik wurde endgültig abgeschafft; die 6T war das letzte Modell, das damit ausgestattet war.

Der TR6 Trophy wurde in diesem Jahr für den britischen Markt wieder eingeführt und als TR6SS bezeichnet. Es handelte sich dabei um eine Bonneville mit nur einem Vergaser. In den USA gab es weiterhin zwei TR6, die Straßen-TR6SR (ähnlich der TR6SS) und die TR6SC. Bud Ekins gewann auf einer TR6 1962 eine Goldmedaille bei der ISDT in Garmisch-Partenkirchen.

1962 6T Thunderbird; TR6SS, TR6SR, TR6SC Trophy *(Unterschiede zu 1961)*

Verdichtung
7,5:1 (6T)
Vergaser
Amal 376/285 (6T)
Trockengewicht
168 kg (6T)
Motor- und Rahmennummern
6T D16389 bis D20088; TR6SS, TR6SR, TR6SC D16189 bis D20308

1962 C Range: T100SS Tiger, 5TA Speed Twin, T100SR, T100SC, 3TA Twenty-One 350

In diesem Jahr wurde aus der TR5AR die T100SS, entwickelt. Sie ersetzte die sonderbare T100A Tiger und verfügte nun über verkürzte hintere Seitenteile, einen kleineren vorderen Kotflügel und wie die T120 vordere Gabelfaltenbälge. Der 34-PS-Motor blieb unverändert, aber die T100SS rollte auf den 19- und 18-Zoll-Rädern der TR5A und sah mit ihrem Doppelrohrauspuff viel sportlicher aus als die alte T100A. Die leichte T100SS war auch sehr sportlich: *Motor Cycling* erreichte Ende 1961 eine Spitzengeschwindigkeit von 156,8 km/h. Die T100SS war sowohl für den

Im September 1962 stellte Bill Johnson auf dem Streamliner von Joe Dudek mit 359,31 km/h einen neuen Geschwindigkeitsweltrekord für Motorräder auf.

Steve McQueen und *Gesprengte Ketten*

Schauspieler Steve McQueen war ein versierter Motorradfahrer und kaufte sein erstes neues Motorrad, eine TR5 Trophy, von Don Brown von Johnson Motors. Brown empfahl ihm, das Motorrad bei Bob Ekins in North Hollywood warten zu lassen. McQueen nahm erfolgreich an einer Reihe von Off-Road-Veranstaltungen teil, darunter Hare and Hound Scrambles sowie die Wüstenrennen Mint 400 und Baja 1000. Für den Weltkriegsfilm *Gesprengte Ketten* wünschte sich McQueen eine Motorradverfolgungsszene und Ekins lieferte zwei 61er TR6 an das Filmstudio Mirisch. Diese wurden so modifiziert, dass sie armeegrün lackiert und mit einem großen vorderen Kotflügel und Gepäckträgern deutschen Motorrädern ähnelten. Die Verfolgungsszenen gipfelten in der Überwindung des Stacheldrahtzauns und wurden außerhalb von Füssen in Bayern gedreht. Da McQueen den Sprung aus versicherungsrechtlichen Gründen nicht ausführen durfte, übernahm Ekins ihn. Da es jedoch an qualifizierten Motorradfahrern mangelte, die als Statisten zur Verfügung standen, fuhr McQueen eines der Motorräder der Verfolger.

Gesprengte Ketten kam im Juli 1963 in die Kinos und war einer der erfolgreichsten Filme des Jahres. Er machte Steve McQueen zum Superstar und der Motorradsprung wurde legendär. Als McQueen für den Film *Bullitt* von 1968 einen weiteren Stuntman brauchte, wandte er sich an seinen Kumpel Bud Ekins, um den Mustang bei der berühmten Verfolgungsjagd durch die Straßen von San Francisco zu pilotieren.

Steve McQueen mit der TR6, die für den Sprung in *Gesprengte Ketten* verwendet wurde. Bei dem Motorrad handelte es sich um eine 61er TR6, die einer Militär-BMW R12 oder einer Zündapp KS750 nachempfunden war. Da McQueen den Sprung im Film nicht ausführen durfte, war Bud Ekins der Stuntfahrer. *Triumph Motorcycles*

Die 62er 6T Thunderbird für die USA hatte keine hintere Verkleidung mehr, behielt aber das Scheinwerfergehäuse und den wuchtigen vorderen Kotflügel. Der Lenker war viel breiter als bei der britischen Versionen.

heimatmarkt als auch für den Export gedacht, wobei die US-Versionen die T100SC Trophy und die ähnliche T100SR waren. Sie waren weitestgehend identisch mit den früheren TR5AC und TR5AR, während die 5TA Speed Twin und die 3TA Twenty-One in diesem Jahr unverändert blieben.

Nachdem Don Burnett 1961 auf einer von Cliff Guild (TriCor) getunten Tiger Zweiter beim Daytona 200 wurde, boten beide US-Vertriebshändler für 1962 komplette 500-cm^3-Rennmotoren an. Diese wurden bei TriCor und JoMo gebaut und an Händler und Privatfahrer verkauft. Die Motoren waren entweder als »Ready to Race« oder als »Exchange« erhältlich und wurden unter der Bezeichnung T100S/RR geführt. Burnett kehrte 1962 nach Daytona zurück, wieder auf der von der Guild gebauten TriCor Tiger, und dieses Mal schlug er knapp Dick Manns Matchless G50 und holte damit den ersten Sieg für Triumph bei dieser wichtigen Veranstaltung. Das war der Beginn einer äußerst erfolgreichen Rennkarriere für die kurzhubige 500er.

1962 T20 Tiger Cub, T20SS Street Scrambler, T20SH Sports Home, T20SC, T20SR, TR20 Trials, TS20 Scrambler

Honda machte nun ernsthafte Anstalten, in den USA Fuß zu fassen und hatte 1962 in Amerika mehr als 50 Prozent Marktanteil. Die Tiger Cub war besonders betroffen, weshalb Triumph versuchte die Tiger-Cub-Baureihe erheblich zu erweitern, um dem Ansturm Einhalt zu gebieten. Dazu gehörten unter anderem neue Kurbelgehäuse. Die Modelle T20J, T20SL und T20T wurden eingestellt und aus der T20SL wurde das US-Modell T20SS (1962 nur für JoMo). Die T20SS hatte einen optionalen Hochleistungsauspuff und war ein universell einsetzbares Straßen-/Sportmodell mit dem hochverdichteten T20SL-Motor und 19- und 18-Zoll-Rädern. Die T20SH für den Heimatmarkt war ein reines Straßenmodell, ebenfalls mit dem Hochleistungsmotor.

1962 wurden zusätzlich vier weitere Versionen gebaut, zwei davon fast ausschließlich für die Ostküste

Bis auf einen Drehzahlmesser, einen höheren Lenker und einen Sitzgurt war die US-TR6SR der TR6SS ähnlich. Beide verfügten über eine rechtsseitige 2-in-1-Auspuffanlage.

Die sportliche T100SS von 1962 entwickelte sich aus der TR5SR und war wesentlich erfolgreicher als die alte T100A.

1962 T100SS Tiger 100, 5TA Speed Twin, T100SR, T100SC, 3TA Twenty-One

(Unterschiede zu 1961)

Trockengewicht
152 kg (T100SS)

Motor- und Rahmennummern
T100SS H25252 bis H27932; T100SC H26772 bis H28552; T100SR H25252 bis H27932; 5TA H25904 bis H29727; 3TA H25252 bis H27932

der USA. Die T20SC (»Scrambler Competition«) war das Ostküsten-Äquivalent zur T20SS an der Westküste, und die T20SR (»Road«) verfügte über das komplette Hochleistungspaket mit Hochverdichtungskolben, größeren Einlassventilen, größerem Vergaser, niedrigem Auspuff und Straßenreifen. Aus der T20SS wurden auch zwei spezielle Wettbewerbsmodelle entwickelt. Die als »Works Replica«-Modelle bezeichnete TR20 war eine Trial-Maschine und die TS20 war für Scrambles gedacht.

Doch für die Rettung der alternden Tiger Cub kam das alles zu spät. Ihre Verkaufszahlen waren 1962 nur noch halb so hoch wie im Vorjahr (6412) und Triumph konnte sie einfach nicht mehr zu einem wettbewerbsfähigen Preis verkaufen und dabei noch Gewinn machen. Die Zukunft der Tiger Cub lag in der Spezialisierung, dem Weg, den Triumph in der Zukunft einschlagen würde.

1962 T20, T20SS, T20SC, T20SR, TR20, TS20 *(Unterschiede zu 1961)*

Vergaser	11/16 Zoll Amal 32/1 (T20); 15/16 Zoll 376/272 (T20SS, T20SH, T20SC, T20SR)
Farben	Burgunderrot and Mattsilber (T20SS, T20SH, T20SC, T20SR, TR20, TS20)
Motor- und Rahmennummern	T20 81890 bis 88346; T20SS 82276 bis 88346; T20SH 82756 bis 88346; T20SC 84912 bis 88346; T20SR 84967 bis 88346; TR20 85108 bis 88346; TS20 85323 bis 88346

This is the brilliant new 650 c.c. twin cylinder Triumph engine used with varying specifications in the Thunderbird, Trophy and Bonneville 120.
Whilst retaining all the major and well tried engine and gearbox components from the design it supersedes, it encloses them in a completely new unit which is stiffer, cleaner in design and more efficient. At the same time a considerable saving in overall weight has been made. New features incorporated include a duplex primary chain, a more robust clutch with improved shock absorber and a new ignition system in which twin contact breakers are fitted in the timing cover.

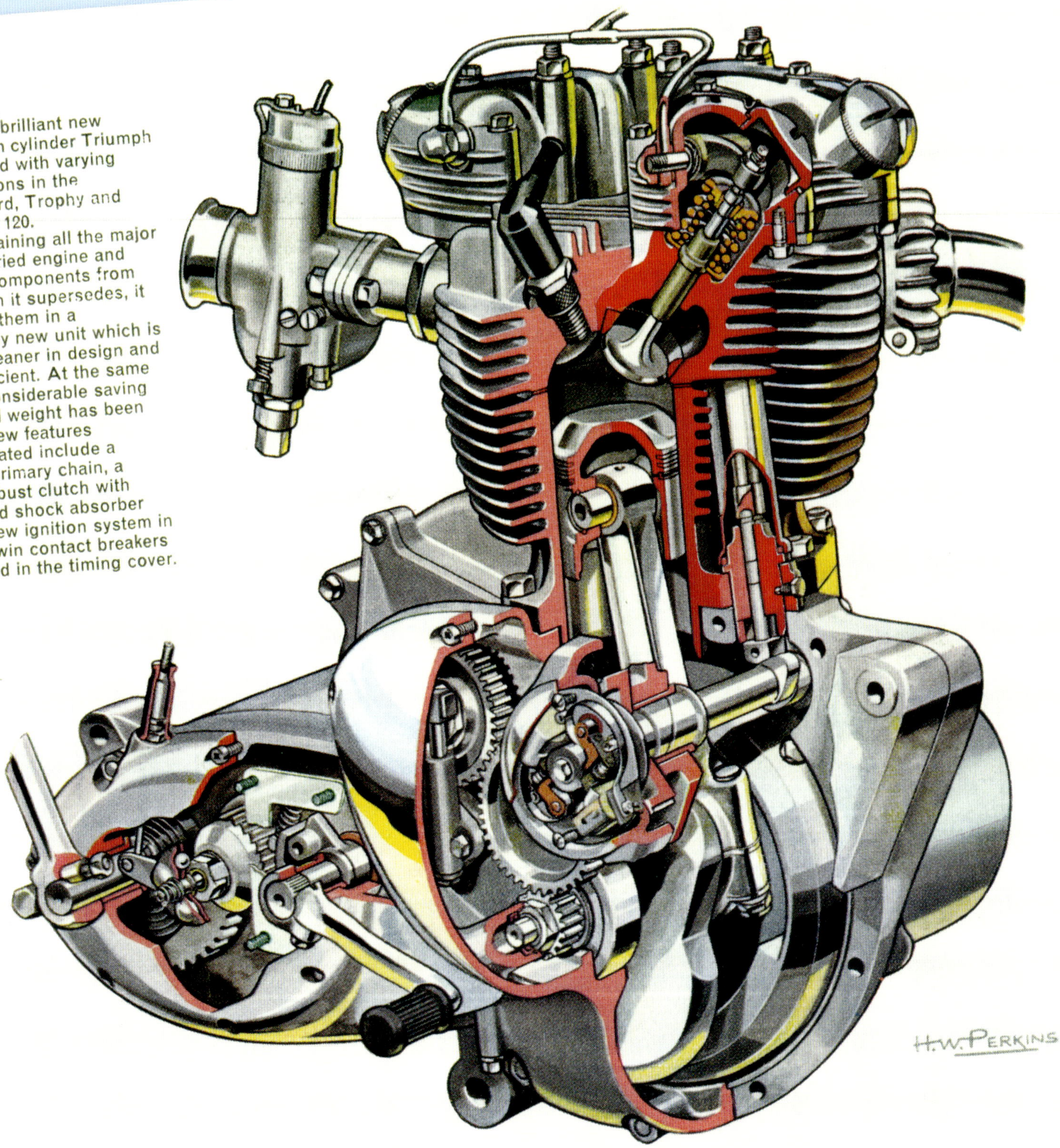

TRIUMPH

4

1963–1970

Einheits-bauweise-650er

Bonnevilles, Trophys und Tiger

Da die C-Twin-Baureihe seit 1957 in Einheitsbauweise hergestellt wurde und BSA die A65 in Einheitsbauweise fertig hatte, war es nur logisch, dass Triumph Edward Turners Parallel-Twin ebenfalls in Einheitsbauweise herstellen würde. Diese Bauweise war in mehrfacher Hinsicht sinnvoll, vor allem, um die Herstellungskosten zu senken. In Anbetracht Turners Vorliebe für wirtschaftliche Rationalisierung war es erstaunlich, dass eine entsprechende 650er so lange auf sich warten ließ. Turner und Bert Hopwood entwarfen den evolutionären und revolutionären neuen Motor innerhalb von acht Monaten, wobei ein großer Teil des Konzepts dem der Twenty-One entsprach. Der 650er Einheistbauweisen-Motor behielt die Form des Getriebes und des Steuergehäuses bei, bekam jedoch bedeutende Neuerungen, darunter ein steiferes Kurbelgehäuse, einen neunten Stehbolzen zur Befestigung des Zylinders (daher der Spitzname »nine-stud«) und einen neuen Aluminium-Zylinderkopf mit mehr Kühlrippen. Die Kurbelwelle erhielt ein leichteres Schwungrad, während die primäre Antriebskette auf ⅜ Zoll verbreitert wurde. Zum Leidwesen der Traditionalisten wurde der Magneto abgeschafft und alle 650er verfügten nun über eine Spulenzündung. Brian Jones, der von Norton zu Triumph kam, war für die Entwicklung eines neuen Einrohrrahmens verantwortlich. Und obwohl die ersten 650er anfangs nicht so gut bewertet wurden, fanden sie doch bald Anklang.

Ende 1962 kam Doug Hele als Entwicklungsingenieur zu Triumph. Hele hatte Norton nach der Schließung des Werks in Birmingham verlassen. Eines seiner ersten Projekte war die Planung der 750er Trident zusammen mit Bert Hopwood. Hele hatte auch großen Einfluss auf die Entwicklung der Bonneville, indem er schrittweise Verbesserungen vornahm, die die Bonneville als das kultigste britische Sportmotorrad jener Zeit etablierten. Die Anziehungskraft der Bonnie war so groß, dass sie sich in den 60ern dreimal so gut verkaufte wie vergleichbare Norton- und BSA-Twins.

GEGENÜBER: Der neue 650-cm³-Motor in Einheitsbauweise folgte konstruktiv des früheren Twenty-One. Im Inneren war er dem »pre-unit«-Aggregat ähnlich.

1963 T120, T120R, T120C, T120C TT Bonneville

Bohrung	71 mm
Hub	82 mm
Hubraum	649 cm³
Leistung	46 PS bei 6500/min
Verdichtung	8,5:1
Vergaser	Zwei 1 1/16 Zoll Amal 376/286-287 Monobloc
Zündung	Lucas MA6 Spulen, 4CA Unterbrecherkontakte
Getriebe	Viergang
Gabel	Teleskopisch
Hinterradaufhängung	Schwinge
Bremsen	8 Zoll vorne und 7 Zoll hinten
Räder	WM 2x18 Zoll vorne und WM 3x18 Zoll hinten (UK)
Reifen	3.25x18 Zoll vorne und 3.50x18 Zoll hinten (UK)
Radstand	1397 mm
Trockengewicht	165 kg
Farbe	Alaskaweiß
Motor- und Rahmennummern	T120 DU101 bis DU5824; T120R DU101 bis DU5824; T120C DU101 bis DU5824

1963

Drei 650er der B-Baureihe hatten in diesem Jahr den neuen Motor in Einheitsbauweise: die Bonneville mit zwei Vergasern sowie die Trophy und Thunderbird mit Einzelvergaser. Die kleinere C-Baureihe wurde um die T90 Tiger erweitert und in dem vergeblichen Bemühen, den Hondas und Yamahas Paroli zu bieten, erhielt die angeschlagene Tiger-Cub-Baureihe weitere Updates. Triumph leistete auch Pionierarbeit beim Angebot von offiziellem Zubehör, das Windschutzscheiben, Spiegel und Verkleidungen umfasste. 1963 verkaufte Triumph auf dem US-Markt 6300 Maschinen. Diese Zahl sollte sich in den nächsten vier Jahren vervierfachen.

1963 T120, T120R, T120C und T120C TT Bonneville 650

Mit ihrem neuen Einrohrrahmen erinnert die Bonneville an die erste T120 von 1959. Der 25-Grad-Lenkkopfwinkel des 62er Doppelschleifenrahmens wurde beibehalten, aber die neue Variante hatte ein viel dickeres 1⅝-Zoll-Unterrohr, und die zuvor freitragende Schwingenaufnahme war nun in die steiferen hinteren Motor-

Nach mehreren Jahren mit Zweifarblackierung wurde die erste Bonneville mit Motor in Einheitsbauweise nur einfarbig lackiert: Alaskaweiß. Dieses britische Exemplar hat ein 18-Zoll-Vorderrad.

LINKS: Der 650er Motor in Einheitsbauweise folgte dem Stil der »pre-unit-Version« und hatte ein attraktives Motorgehäuse aus Aluminium.

OBEN: Die Amal-Monobloc-Vergaser waren bei den britischen Bonnevilles von 1963 noch nicht mit Luftfiltern ausgestattet.

träger integriert. Das führte zu einer Verbesserung des Fahrverhaltens, doch es war noch Luft nach oben. Wie die erste Bonneville von 1959 enthielt auch die 1963 gebaute T120 eine Reihe von Teilen, die aus dem Vorjahr übernommen worden waren, insbesondere die schwache Vorderradgabel von 1962, was zu einer gewissen Instabilität bei hohen Geschwindigkeiten führte. Die Motorenspezifikationen der T120 in Einheitsbauweise blieben gegenüber dem Vorjahr weitgehend unverändert. Die überarbeiteten längeren Auspuffrohre enthielten größere Schalldämpfer, was die Leistung aber nicht beeinträchtigte.

Wie 1962 wurde die T120 in verschiedenen Varianten produziert. Die britischen Versionen erhielten ein 18-Zoll-Vorderrad, einen kleineren Hinterreifen, straffere hintere Stoßdämpfer und einen größeren 19-Liter-Tank, während die US-Modelle unverändert blieben. Das Geländemodell T120C wurde mit einem Motorschutzblech und höheren Auspuffrohren ausgestattet, während JoMo speziell die T120TT Special anforderte, um die Nachfrage für Wüstenrennen an der Westküste zu befriedigen. Dieses Modell hatte einen Hochleistungsmotor und wurde nur in kleinen Stückzahlen gebaut. Da die Wettbewerbsanforderungen in den einzelnen Ländern unterschiedlich waren, variierten auch die Spezifikationen der T120C. Die Modelle an der Westküste trugen in der Regel weder Licht noch Schalldämpfer, während die Versionen für die Ostküste eher Straßen-Scrambler waren. Auf einer JoMo-präparierten T120C gewann Eddie Mulder die nationale TT-Meisterschaft.

Die T120 mag zwar verbessert worden sein, aber da die gesamte Motoraufhängung steifer war, nahmen die Vibrationen zu. Und obwohl deutlich leichter und besser zu handhaben, hatte sie immer noch einige Probleme mit der Zuverlässigkeit. Trotz dieser Kleinigkeiten war die Bonneville 1963 immer noch das Motorrad schlechthin, und in den nächsten Jahren wurde sie zum Inbegriff des Sportmotorrads der 1960er Jahre.

1963 6T Thunderbird, TR6SS, TR6SR, TR6SC Trophy 650

Sowohl die 6T Thunderbird mit Einvergaser als auch die TR6 Trophy verfügten über den Einrohrrahmen der Bonneville und ihre Motoren waren mit neun Zylinderstehbolzen, Duplexketten-Primärantrieb sowie Spulenzündung ausgestattet. Die Trophy war auf den ersten Blick immer noch eine Bonneville mit nur einem

Vergaser, während die Thunderbird weitgehend unverändert blieb. Sie näherte sich dem Ende ihres Produktionszykluses und das Styling war nun weniger klobig, da die Seitenteile nur noch einen Teil des Hecks umschlossen. Das Scheinwerfergehäuse wurde beibehalten, ebenso wie der voluminöse vordere Kotflügel. Die Thunderbird gab es 1963 auch als einsitziges 650er Polizeimotorrad, der Saint. Als sie im August desselben Jahres von *The Motor Cycle* getestet wurde, erreichte sie eine Höchstgeschwindigkeit von 163 km/h und der niedrig verdichtete 650er-Twin lieferte eine Leistung, »die so sanft einsetzte, als ob sie flüssig wäre«. Da die Vibrationen reduziert wurden, war dieser 6T-Motor in Einheitsbauweise in vielerlei Hinsicht angenehmer als die Versionen TR6 und T120.

Die TR6SS Trophy in Einheitsbauweise für den innländischen und europäischen Markt war ein Straßenmotorrad mit einer rechtsseitigen, niedrigen Auspuffanlage. Wie üblich gab es in den USA eine TR6SR

OBEN: Die 63er TR6SS Trophy für den in- und ausländischen Markt hatte eine niedrige Auspuffanlage.

RECHTS: Der T20-Motor hatte 1963 neue Gussteile mit gerippten Kipphebelabdeckungen. Das hier ist ein Meriden-Werbefoto.

1963 6T Thunderbird; TR6SS, TR6SR, TR6SC Trophy *(Unterschiede zu 1962)*

Radstand
140 cm (6T); 141 cm (TR6)
Trockengewicht
167 kg (6T); 165 kg (TR6)
Farben
Königspurpur und Silber (TR6)
Motor- und Rahmennummern
6T DU764 bis DU5824; TR6SS, TR6SR, TR6SC DU102 bis DU5790

(mit 2-in-1-Abgasanlage im Bonneville-Stil) und eine TR6SC. Der Erfolg des TR6 bei der ISDT, die dieses Jahr in der Tschechoslowakei stattfand, setzte sich fort: Bud Ekins und Ken Heanes gewannen beide.

1963 T100SS Tiger, 5TA Speed Twin, T100SR, T100SC 500, T90 Tiger 90, 3TA Twenty-One 350

Die Palette der kleineren Twin-Motoren wurde 1963 durch die sportliche Tiger 90 350 erweitert. Diese folgte dem Stil der T100SS mit 3TA-basiertem Motor. In diesem Jahr übernahmen auch die T100SS, T100SR und T100SC das Doppelkontakt-Unterbrecher-Zündsystem, was eine neue Abdeckung erforderte. Die Produktion des T100SC war sehr niedrig, wahrscheinlich wurden in diesem Jahr nur etwa 70 Stück hergestellt. Das Fahrgestell des T90 war identisch mit dem der T100SS, beide hatten nun ein 18-Zoll-Vorderrad. Aber keines der beiden Modelle wurde in Amerika verkauft. Alle 1963er 350er- und T100-Modelle erhielten neue Stoßdämpfereinheiten, die eine verbesserte Dämpfung boten.

Die 5TA Speed Twin und die 3TA Twenty-One behielten für ein weiteres Jahr die Verteilerzündung bei und kehrten zu zwei einzelnen Auspuffrohren zurück. Sie waren auch die letzten Modelle, die die unbeliebte »Bathtub«-Heckverkleidung beibehielten – es sollte aber das letzte Jahr der Bathtubs sein. Die 3TA wurde in diesem Jahr in Amerika nicht mehr angeboten, und die Speed Twin verschwand aus der US-Produktpalette von 1964. Im Wettbewerb machte die T100SC dort weiter, wo sie 1962 aufgehört hatte. Bill Baird gewann seine zweite nationale Enduro-Meisterschaft, und John Giles holte eine Goldmedaille bei der ISDT. In den Händen von Brian Davis und Bill Scott gewann eine T100SS Tiger die 500er-Klasse beim Thruxton 500 Production Race.

1963 T100SS Tiger 100, 5TA Speed Twin, T100SR, T100SC, T90 Tiger, 3TA Twenty-One *(Unterschiede zu 1962)*

Leistung	27 PS bei 7500/min (T90)
Verdichtung	9:1 (T90)
Vergaser	15/16 Zoll Amal 376/300 Monobloc (T90)
Zündung	Lucas MA6 Spule, 4CA Unterbrecherkontakte (T100SS, T100SR, T100SC, T90)
Räder	WM 2x18 Zoll vorne (T100SS und T90)
Reifen	3.25x18 Zoll vorne (T100SS und T90)
Radstand	1358 mm (T90)
Trockengewicht	151 kg (T90)
Farben	Alaskaweiß (T90); Königspurpur und Silber (T100SR, T100SC); Silberbronze (3TA)
Motor und Rahmennummern	T100SS H27933 bis H32464; T100SC H30214 bis H30284; T100SR H27933 bis H32464; 5TA H30289 bis H32361; 3TA H27933 bis H32464

1963 T20 Tiger Cub, T20SS Street Scrambler, T20SH Sports Home, T20SC, T20SR, TR20 Trials, TS20 Scrambler 200

Die Tiger-Cub-Baureihe wurde 1963 in mehreren Punkten überarbeitet. Eine Lucas 4CA-Einheit ersetzte am Ende der Nockenwelle den früheren Verteiler oben auf dem Kurbelgehäuse. Der als »Side-Points«-Motor bekannte Antrieb verfügte außerdem über ein neues Kurbelgehäuse und Kipphebelgehäuse mit gerippten Aluabdeckungen. Die T20SS wurde nun in der gleichen Spezifikation für JoMo und TricCor gebaut, während auf dem heimischen Markt die Modelle T20SH, T20SC, T20SR, TR20 und TS20 im Wesentlichen so weiterliefen wie bisher. Dies reichte aus, um den Absatz fast auf dem Niveau von 1962 zu halten.

1963 T20, T20SS, T20SC, T20SR, TR20, TS20 *(Unterschiede zu 1962)*

Farben
Feuerrot und Silbergrau (T20, T20SS)
Motor- und Rahmennummern
T20 88347 bis 94599; T20SS 88347 bis 94599; T20SH 88347 bis 94599; T20SC 88347 bis 94599; T20SR 88347 bis 94599; TR20 88347 bis 94599; TS20 88347 bis 94599

1964

In diesem Jahr ging die Ära Edward Turner zu Ende. Er behielt eine Direktorenstelle und arbeitete weiterhin als freiberuflicher Designer. Obwohl er seine Gegner hatte, war Turner ein begeisterter Motorradfahrer und verstand die Branche. Bert Hopwood hatte erwartet, Turners Platz einzunehmen, aber Eric Turner ernannte Harry Sturgeon, einen ehemaligen Manager von de Havilland Aircraft. Sturgeon war insofern ungewöhnlich, als er nie in den Midlands sesshaft wurde, sondern es vorzog, auf einem Bauernhof in Hertfords-

Die »Desert Sled« war eine Trophy, die von Händlern und Privatleuten erfolgreich für kalifornische Wüstenrennen modifiziert wurde. 1964 produzierte das Werk seine eigene Version, die hier gezeigte TR6SC Desert Sled, mit batterieloser Zündung und offenen Auspuffrohren.

hire zu leben und in einem Hotel zu übernachten, wenn er Birmingham besuchte. Er führte sofort Veränderungen ein, die tiefgreifende Auswirkungen haben sollten. Er wollte die Produktion drastisch steigern und verdoppelte schließlich Edward Turners Optimum von etwa 2000 Stück pro Monat. Dies führte zu einer Verschlechterung der Fertigungsqualität. Ein weiteres Problem, das mit der drastischen Produktionssteigerung einherging, war die Ausweitung der Belegschaft von Meriden und damit der Macht der sie vertretenden Gewerkschaften. Seine Politik, den Verkauf in den Vordergrund zu stellen, erwies sich letztlich als kurzsichtig, ebenso wie seine Umsetzung des McKinsey-Berichts, in dem die Zusammenlegung von BSA und Triumph empfohlen wurde. Und da der Inlandsmarkt nach wie vor schwach war, würde ein noch größerer Teil der Triumph-Produktion für den Export in die USA bestimmt sein.

Doch trotz dieser Mängel brachte Sturgeon auch einige positive Impulse ein. Er unterschied sich deutlich von Edward Turner, indem er den Rennsport förderte, insbesondere den von Straßenmaschinen, und er wurde mit den Worten zitiert: »Win on Sunday, sell on Monday«.

1964 T120, T120R, T120C und T120C TT Bonneville 650

Der Einfluss von Doug Hele wurde in diesem Jahr deutlicher: Die Bonneville erhielt eine stärkere Vorderradgabel, um die Stabilität bei hohen Geschwindigkeiten zu verbessern. Der Motor wurde ebenfalls überarbeitet, einschließlich neuem Kurbelgehäuse mit einer verbesserten Kurbelgehäuseentlüftung, um das ewige Problem der Ölleckage zu lösen. Öllecks plagten Triumph in den 1960er-Jahren und wurden nie vollständig behoben. Zu den weiteren Neuerungen am Motor in diesem Jahr gehörten größere Einlass- und Auslassventile, größere Amal-Monobloc-Vergaser und ein verbessertes Kupplungsbetätigungssystem. Bei einem Test durch *Motor Cycle* im Mai 1964 beeindruckte die neue Bonneville mit einer Höchstgeschwindigkeit von 179 km/h. Sie fassten die Bonneville mit den Worten zusammen: »Das Gesamtbild ist das einer Maschine, die dem ultimativen Supersport-Luxus in nichts nachsteht.« Für die USA gab es weiterhin mehrere T120-Varianten, wobei sich die T120C für Ost- und Westküste in kleinen Details unterschieden. Wie 1963 war auch eine T120C TT Special erhältlich, mit hochgezogenen offenen Auspuffrohren, einer höheren Verdichtung (12:1) und zwei 1³⁄₁₆ Zoll Amal-Monoblocs. Die angegebene Leistung betrug 54 PS bei 6500/min.

1964 6T Thunderbird, TR6SS, TR6R, TR6SR, TR6C, TR6SC Desert Sled Trophy 650

Das Styling der 6T Thunderbird wurde weiter verfeinert. Die britischen Versionen bekamen einen kleineren Kotflügel, die US-Exemplare erhielten jetzt einen im sportlichen Trophy-Stil. Die Vorderradgabel trug außenliegende Federn, das Scheinwerfergehäuse wurde beibehalten, aber verändert, um die neue Gabel aufnehmen zu können. Der Motor wurde nur minimal überarbeitet. Die 6T war der Vorreiter der 12-Volt-Elektrik bei Triumph. Dieses frühe System bestand aus zwei in Reihe geschalteten 6-Volt-Batterien. *Cycle World* testete die Thunderbird im August 1964 und kommentierte: »Wir können einfach keinen Fehler am Fahrverhalten finden, und alles funktioniert mit großer Präzision. Alles in allem beeindruckte uns die Thunderbird als ein Motorrad für den Gentleman. Sie ist das angenehmste Motorrad, das uns je zum Testen angeboten wurde.«

Auch die TR6 erhielt eine Vorderradgabel mit externen Federn und einen neuen Smiths-Tachometer mit vibrationsdämpfender Befestigung. Der Amal-Mo-

1964 T120, T120R, T120C, T120C TT Bonneville *(Unterschiede zu 1963)*

Vergaser
Zwei 1⅛ Zoll Amal 389/203 Monobloc (T120R); Amal 389/95 (T120C TT)
Farben
Gold und Alaskaweiß
Motor- und Rahmennummern
T120 DU5825 bis DU13374; T120R DU5825 bis DU13374; T120C DU5825 bis DU13374

1964 6T Thunderbird, TR6SS TR6R TR6SR TR6C TR6SC Trophy *(Unterschiede zu 1963)*

Vergaser
Amal 373/303 (6T); 1⅛ Zoll 389/97 Monobloc (TR6)
Farben
Scharlachrot und Silber (TR6)
Motor- und Rahmennummern
6T DU6329 bis DU13210; TR6SS, TR6R, TR6SR, TR6C, TR6SC DU6127 bis DU13287

Steve McQueen bei der ISDT

Die ISDT 1964 fand in Erfurt, auf dem Höhepunkt des Kalten Krieges statt. Schauspieler Steve McQueen vertrat mit vier der besten amerikanischen Offroad-Fahrer die USA im Vase A-Team. Neben McQueens Freund Bud Ekins waren das Buds Bruder Dave, John Steen und Cliff Coleman. Nach *Gesprengte Ketten* befand sich McQueen auf dem Höhepunkt seiner Popularität und fand dennoch die Zeit, vor der Veranstaltung nach England zu reisen, um mit den Technikern des Meriden-Werks die zwei TR6SC und drei T100SC vorzubereiten. Es handelte sich um Motorräder des Jahrgangs 1964 mit Gabeln von 1965. Jedes dieser Motorräder war mit einer zusätzlichen Zündspule sowie einer Verdichtung von 7:1 ausgestattet, um mit dem oktanarmen Kraftstoff fertig zu werden. Bei der offiziellen Eröffnung trug McQueen stolz die Stars and Stripes für das US-Team. McQueen nahm mit einer TR6SC an der Veranstaltung teil, schied aber nach einem Unfall am dritten Tag aus. Bud Ekins stürzte mit seiner T100SC und brach sich ein Bein, aber Dave Ekins (T100SC) und Coleman (TR6SC) gewannen beide Goldmedaillen, John Steen eine Silbermedaille. Trotz seiner Berühmtheit wirkte Steve McQueen in der Gesellschaft von Motorradfahrern stets sehr entspannt und gelassen.

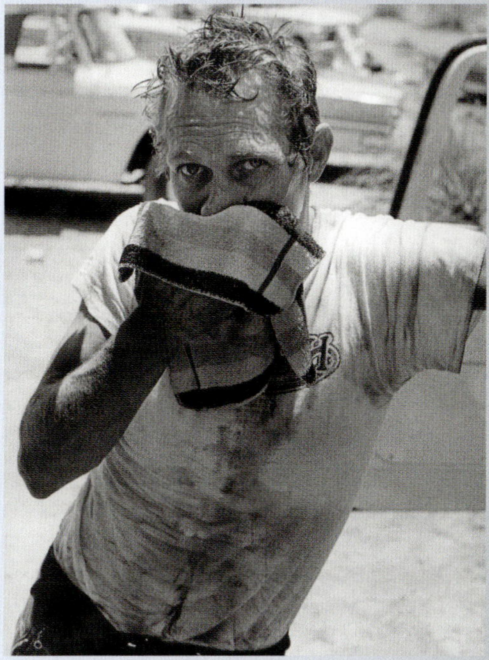

OBEN RECHTS: Steve McQueen war Triumph-Fan und ein äußerst kompetenter Offroad-Fahrer. *Triumph Motorcycles*

RECHTS: McQueen vor der Abfahrt auf einen ISDT-Etappe auf der Triumph Trophy.

RECHTS AUßEN: Heiß und verschwitzt und weit weg von Hollywood. McQueen während der ISDT 1964. *Triumph Motorcycles*

Bob Dylan mit seiner T100SR von 1964. Mit ihr stürzte er 1966, ein Ereignis, das seine Karriere acht Jahre lang beeinträchtigte. *Triumph Motorcycles*

1964 verlor die T100SS ihre Verkleidung und ähnelte der TR6.

nobloc-Vergaser wurde auf 1⅛ Zoll vergrößert, und die TR6C und SC wurden mit dem neuen batterielosen Energy Transfer-Zünd- und Beleuchtungssystem ausgestattet. Es gab eine Reihe von Varianten, mit unterschiedlichen Ost- und Westküstenversionen. Neu war die abgespeckte TR6SC Trophy Special »Desert Sled«. Die TR6 waren in diesem Jahr im kalifornischen Offroad-Rennsport völlig unbesiegbar und gewannen jedes größere Rennen, und Bud Smith holte sich die 500-Meilen-Meisterschaft der AMA Enduro National.

1964 T100SS Tiger, 5TA Speed Twin, T100SR, T100SC 500, T90 Tiger 90, 3TA Twenty-One 350

Nach der verwirrenden Mischung von Zündsystemen bei den kleineren Zweizylindern von 1963 verfügten nun alle Modelle über eine von der Nockenwelle angetriebene Unterbrecherzündung. Alle Modelle verfügten außerdem über einen verbesserten Kupplungsmechanismus, neu gestaltete Stößelstangenrohre mit besserer Öldichtung und eine neue Gabel wie bei den 650er-Twins. Die 5TA Speed Twin und die 3TA Twenty-One verfügten nun über ein Heck ähnlich dem der 64er Thunderbird, während die Tiger 100 und Tiger 90 im Stil der TR6 Trophy daherkamen. Als sich die Speed Twin dem Ende ihrer Produktionszeit näherte, änderte sich auch die Farbe: von Rot zu Silber und Schwarz. Die 3TA war in diesem Jahr silber-beige. Wie schon 1963 wurden 1964 in den USA nur die T100SR und die T100SC als C-Range-Twins angeboten. Der Erfolg der T100 Tiger im Rennsport setzte sich fort, als Gary Nixon im September das 20-Meilen-Rennen der nationalen Meisterschaft auf der Dirt Track in Sacramento, Kalifornien, gewann. Nixon sollte später einer der erfolgreichsten Rennfahrer von Triumph werden.

Ein prominenter Besitzer der 1964er T100SR war Bob Dylan. Am 29. Juli 1966 war der Musiker in der Nähe von Woodstock unterwegs und stürzte mit seiner Tiger T100, nachdem er von der Sonne geblendet wurde. Er erlitt Schnittwunden im Gesicht, und nach dem Unfall sagte Dylan: »Mir wurde klar, dass ich nur für all diese Blutsauger arbeitete, und das wollte ich nicht mehr. Außerdem hatte ich eine Familie, und ich wollte meine Kinder einfach sehen.«

1964 T20 Tiger Cub, T20SS Street Scrambler, T20SH Sports Home, T20SC, T20SR, TR20 Trials, TS20 Scrambler, T20SM Mountain Cub 200

Die Verkaufszahlen der Tiger Cub stagnierten in Amerika und mit weniger als 1300 verkauften Exemplaren im Jahr 1963 erwog Edward Turner, die Cub in den USA einzustellen. Doch JoMo-Verkaufsleiter Don Brown überzeugte ihn davon, dass es einen Markt für ein leichtes Trail-Bikes gab, das steilere Hügel erklimmen und schneller fahren konnte als die untermotorisierte Honda CA105T Trail 55, die bei den Jägern und Anglern in Nordkalifornien gerade *en vogue* war. Turner stimmte einer Erstbestellung von 400 Exemplaren eines neuen Modells zu, das auf der Ostküsten-T20SC basierte. Der Motor war mit 7:1 geringer verdichtet, hatte aber eine Sportnockenwelle und einen größeren Amal-Vergaser. Die »Mountain Cub« erfreute sich bald großer Beliebtheit und verhinderte das vorzeitige Aussterben der Tiger Cub.

1965

Im Januar 1965 erwarb die BSA-Gruppe eine Mehrheitsbeteiligung an Johnson Motors. Damit waren sowohl das West- als auch die Ostküstenvertriebsnetz im Besitz der BSA. Harry Sturgeon gab den Anstoß, die im früheren McKinsey-Bericht empfohlene Zusammenlegung von BSA und Triumph weiter voranzutreiben. Dies geschah zunächst in England, wo Ersatzteile und Produktionsmaterial im Laufe des Jahres 1964 im BSA-Werk in Small Heath zusammengefasst wurden. Sturgeon wollte außerdem, dass sich Meriden ausschließlich auf Zweizylindermodelle konzentrierte und beschloss im Juli 1964 die Tiger-Cub-Produktion nach Small Heath zu verlegen. Ab Februar 1965 wurde sie dort produziert und zunächst aus von Meriden gelieferten Komponenten zusammengebaut. Dies war die erste von mehreren umstrittenen Entscheidungen, die sich aus dem McKinsey-Bericht ergaben. In der Zwischenzeit brachten der Produktionsboom von Sturgeon und die Konzentration auf den US-Markt BSA und Triumph den *Queen's Award for Export* ein. Da Herstellung und Verkäufe gut liefen, gab es nur wenig Zeit und Ressourcen, um die Twins weiterzuentwickeln.

Angesichts der unverminderten Bedrohung durch die Japaner, setzten Hopwood und Hele die Entwicklung der 750er Trident fort. Diese folgte Hopwoods »modularem« Konzept, bei dem aus einem Zylinder der bestehenden Speed Twin 500 drei werden konnten. Ende 1965 wurde ein Prototyp gebaut.

1964 T100SS Tiger 100, 5TA Speed Twin, T100SR, T100SC, T90 Tiger, 3TA Twenty-One *(Unterschiede zu 1963)*

Farben	Scharlachrot und Silber (T100SS, T100SR, T100SC); Silber und Schwarz (5TA); Gold und Alaskaweiß (T90); Silber u. Beige (3TA)
Motor- und Rahmennummern	T100SS H32465 bis H35986; T100SC H32793 bis H35489; T100SR H32465 bis H35986; 5TA H32918 bis H35986; 3TA H32465 bis H35986

1964 T20, T20SS, T20SC, T20SR, TR20, TS20, T20SM *(Unterschiede zu 1963)*

Vergaser	15⁄16 Zoll Amal 376/314 Monobloc (T20SM)
Trockengewicht	101 kg (T20SM)
Farben	Scharlachrot und Silber (T20, T20SH, TR20, TS20); Kristallblau und Silber (T20SS, T20SM); Gletscherblau o. Scharlachrot (T20SC, T20SR)
Motor- und Rahmennr.	T20 94600 bis 99719; T20SS 94600 bis 99732; T20SH 94600 bis 99732; T20SC 94600 bis 99732; T20SR 94600 bis 99732; TR20 94600 bis 99732; TS20 94600 bis 99732; T20SM 94600 bis 99732

De Bonneville erhielt 1965 attraktive neue Farben. Es war das letzte Jahr, in dem die »Mundharmonika« auf dem Tank angebracht wurde.

OBEN: Eine wunderschöne 65er T120R in US-Ausführung mit klassischem kurzen Auspuff und Luftfilter für die Amal-Vergaser.

GEGENÜBER OBEN LINKS: Die klassische Bonneville-Instrumentenanordnung. Die britischen Exemplare erhielten in diesem Jahr auch einen Drehzahlmesser.

GEGENÜBER OBEN RECHTS: Diese ungewöhnliche, größere Rückleuchte wurde 1965 bei den US-Modellen verbaut.

GEGENÜBER UNTEN: Die meisten T120R von 1965 hatten einen zweifarbigen Sitz wie diesen. Mit ihrem blau-silbernen Farbschema ist die 65er Bonneville sehr begehrt.

1965 T120, T120R, T120C und T120C TT Bonneville 650

Neben einem neuen Farbschema erhielt die Bonneville für 1965 auch eine Reihe kleinerer Aktualisierungen. Um den Verschleiß der Primärantriebskette zu verringern, wurde das Festlager der Kurbelwelle nach links verlegt, wobei das Antriebskettenrad direkt an das Hauptlager stieß. Da der obere Totpunkt (OT) für die Einstellung des korrekten Zündzeitpunkts von entscheidender Bedeutung ist, verfügte das rechte Kurbelgehäuse nun über eine verschlossene Gewindebohrung, durch die ein Metallstößel bei OT in einen Schlitz im Schwungrad eingreifen konnte. In diesem Jahr erschien auch eine überarbeitete Vorderradgabel mit mehr Federweg und alle 650er verfügten über ein neu gestaltetes hinteres Bremsgestänge, was die Wirkungsgrad verbesserte. Die US-Versionen erhielten

1965 T120, T120R, T120C, T120C TT Bonneville

(Unterschiede zu 1964)

Verdichtung
11:1 (T120C TT)

Leistung
47 PS bei 6700/min, 52 PS bei 6500/min (US)

Trockengewicht
163 kg (T120C TT)

Farbe
Pazifikblau und Silber

Motor- und Rahmennummern
T120 DU13375 bis DU24874; T120R DU13375 bis DU24874; T120C DU13375 bis DU24874

1965 6T Thunderbird, TR6, TR6SS, TR6R, TR6SR, TR6C, TR6SC Trophy

(Unterschiede zu 1964)

Leistung
37 PS bei 6700/min (6T)
Farben
Burnished Gold und Weiß (TR6)
Motor- und Rahmennummern
6T DU14635 bis DU24874; TR6, TR6SS, TR6R, TR6SR, TR6C, TR6SC DU14226 bis DU23732

ein größeres Rücklicht und die britischen Modelle einen Drehzahlmesser. Der lange Resonanzschalldämpfer wurde in Großbritannien beibehalten, während die US-T120R einen kürzeren Schalldämpfer erhielt.

Wie im Vorjahr trug die Straßen-Bonneville in den USA die Bezeichnung T120R, für die Ostküste gab es eine Scrambler T120C und für die Westküste eine T120C TT. Die T120C TT Special verfügte über größere Ventile, Rennnockenwelle und -stößel sowie nach unten gezogene, offene 1¾-Zoll-Auspuffrohre.

1965 6T Thunderbird, TR6, TR6SS, TR6R, TR6SR, TR6SC Desert Sled Trophy 650

Die 6T Thunderbird erhielt in diesem Jahr die gleichen Neuerungen wie die B-Reihe und abgesehen von einem größeren Rücklicht für die US-Version blieb sie ansonsten unverändert. Trotzdem wurde eine höhere Leistung angegeben. Die TR6 wurde im Großbritannien als Bonneville mit einem Vergaser und in den USA als TR6SR und TR6SC weitergeführt. Sie konkurrierte immer noch mit der beliebteren Bonneville mit zwei

Thruxton Bonneville

Aufgrund der großen Bedeutung von Rennen in England und der Überzeugung von Doug Hele, dass Rennen die Modelle verbessern, stellte Triumph Ende 1964 auf der Earls Court Show eine Thruxton Bonneville aus. Die Thruxton Bonneville, benannt nach der Rennstrecke in Hampshire, auf der die Bonneville 1961 Erfolge feierte, ging im Mai 1965 in Produktion. Es wurden nur etwa 50 Stück produziert und die Ausstattung war beeindruckend. Jedes Exemplar verfügte über einen werkseitig blau lackierten Motor mit speziellen Nockenwellen und Schlepphebeln, Amal-Monobloc-Vergasern mit zentraler, abgesetzter Schwimmerkammer (wie bei der T120 von 1960) und eine spezielle Auspuffanlage. Die angegebene Leistung betrug 54 PS. Der Lenkkopfwinkel des Rahmens war steiler und die Dämpfung der Gabel wurde verändert. Diese beiden Merkmale wurden später in die Serienversion der Bonneville übernommen. Zu den weiteren Änderungen gehörten 19-Zoll-Räder vorne und hinten sowie eine belüftete Vorderradbremse. Einige wenige Exemplare wurden 1966 auch mit Aluminiumfelgen und einer Avon-Verkleidung hergestellt.
1965 wurde das 500-Meilen-Rennen von Thruxton auf den Castle Combe Circuit in Wiltshire verlegt. Dort gewann Dave Degens zusammen mit Barry Lawton auf einer Thruxton Bonneville. Heute ist die Thruxton Bonneville eine der seltensten und begehrtesten Triumph-Serienmaschinen.

Die Thruxton Bonneville wurde erstmals Ende 1964 mit einer Avonaire-Verkleidung vorgestellt.

Vergasern, aber *Cycle World* stellte fest, dass die Käufer »mit der T120R einen Fehler machen; die TR6SR lässt sich leichter starten, läuft ruhiger und hat von unten heraus Drehmoment, das das Fahren zum Vergnügen macht. Es ist eines der angenehmsten Motorräder, die man den ganzen Tag fahren kann.«

Die TR6SC Desert Sled (oder Trophy Special) wurde wie bisher angeboten. *Cycle World* testete die TR6SC Trophy Special in diesem Jahr ebenfalls und stellte fest: »Die Triumph ist vielleicht nicht der handlichste Scrambler auf der Welt, aber sie hat mehr Haare auf der Brust als King Kong und immer wieder bewiesen, dass sie ihre besser zu beherrschenden Konkurrenten aus dem Lander der aufgehenden Sonne einfach übertrumpfen kann, wenn ihr Fahrer eine ähnlich behaarte Brust hat.«

1965 T100SS Tiger, 5TA Speed Twin, T100SR, T100SC 500, T90 Tiger 90, 3TA Twenty-One 350

Die Neuerungen bei den 350er und 500er Twins konzentrierten sich auf das Fahrwerk: Der Rahmen erhielt eine Versteifungsstrebe (wie bei der TR5AC von 1961), um Brüche des Benzintanks zu verhindern und eine weichere Vorderradgabel mit progressiverer Dämpfung. Der Benzintank war nun an vier Punkten mit Gummilagern am Rahmen befestigt. Der vordere Kotflügel der 5TA und 3TA war nun kleiner und sportlicher ausgeführt und die beiden Versionen für die USA waren wie zuvor die Straßenversion T100SR und die als »Jack Pine«-Modell bekannte Geländeversion T100SC. Wie bei den amerikanischen Modellen üblich, hatten beide ein 19-Zoll-Vorderrad.

1965 T100SS Tiger 100, 5TA Speed Twin, T100SR, T100SC, T90 Tiger, 3TA Twenty-One *(Untersch. zu 1964)*

Reifen
3.25x19 Zoll vorne und 4.00x18- Zoll hinten (T100SR); 3.50x19 Zoll vorne (T100SC)
Farben
Burnished Gold und Weiß (T100SS, T100SR, T100SC); Pazifikblau und Silber (T90)
Motor- und Rahmennummern
T100SS H35987 bis H40527; T100SC H36434 to H40098; T100SR H35987 bis H40527; 5TA H36615 bis H39838; 3TA H35987 bis H40527

1965 T20, T20SS, T20SC, T20SR, TR20, TS20, T20SM *(Unterschiede zu 1964)*

Farben
Pazifikblau und Silber (T20SS);
Jagdgelb und Schwarz (T20SC, T20SM)
Motor- und Rahmennummern
T20 101 bis 2001 (BSA-Nummern); T20SS 99733 bis 100013 und ab 101 (BSA-Nummern); T20SH 99733 bis 100013 und 101 bis (BSA-Nummern); T20SC 99733 bis 100013 und ab 101 (BSA-Nummern); T20SR 99733 bis 100013 und ab 101 (BSA-Nummern); TR20 99733 bis 100013 und ab 101 (BSA-Nummern); TS20 99733 bis 100013 und ab 101 (BSA-Nummern); T20SM 99733 bis 100013 und ab 101 (BSA-Nummern)

GANZ OBEN: Die 65er T100SC, in diesem Jahr mit Aluminium-Kotflügeln und dem unbeliebten Rücklicht.

OBEN: Die Tiger Cub T20SM wurde speziell für den US-Markt gebaut und war unglaublich beliebt. 1965 war sie gelb mit polierten Aluminium-Kotflügeln und einem neuen Kickstarter.

1965 T20 Tiger Cub, T20SS Street Scrambler, T20SH Sports Home, T20SC, T20SR, TR20 Trials, TS20 Scrambler, T20SM Mountain Cub 200

Die Tiger Cub wurde nun bei BSA in Birmingham zusammengebaut. Während die T20 und T20SH weitgehend unverändert blieben, erhielten die sportlichen T20SS, T20SC, T20SR, TR20, TS20 und T20SM eine Gabel mit außenliegenden Federn. Die Sport Cubs erhielten außerdem einen neuen Rahmen mit verstärktem Lenkkopf. Der Kickstarterhebel war nur in diesem Jahr gekröpft und drehbar. Anfang 1965 wurden die Modelle T20SS, TR20 und TTS20 eingestellt, und die Modelle T20SR und T20SC liefen im Juli aus. In diesem Jahr war die gelbe T20SM Mountain Cub mit 3219 produzierten Exemplaren bei weitem der beliebteste aller Tiger Cubs.

1966

Anfang 1966 setzte Sturgeon seine Pläne für die Verschmelzung von BSA und Triumph weiter um, indem er JoMo von ihrem Hauptsitz in Pasadena in eine neue Konzernzentrale in Duarte, Kalifornien, verlegte. Außerdem kündigte er an, dass die Triumph-Händler BSA verkaufen müssten und umgekehrt. Das war im Vereinigten Königreich, wo es mehr BSA-Händler als Triumph-Händler gab, unpopulär, und löste unter den Triumph-Händlern in den USA, wo es eine echte Antipathie zwischen den beiden Marken gab, sogar einen Aufruhr aus. Schließlich lenkte Sturgeon ein – was die USA anging ein – und Pete Colman und Meridens Service Manager John Nelson beschwichtigten die Triumph-Händler mit dem Versprechen, sie müssten keine BSA verkaufen. Nachdem Wilbur Cedar im Mai 1966 gestorben war, wurde Sturgeon sein Nachfolger als Präsident von Johnson Motors. Die BSA/Triumph-Fusion war nun abgeschlossen und Triumph gewann erneut den *Queen's Award for Export.*

In diesem Jahr gab es auch andere fragwürdige Entscheidungen des Managements. Eric Turner legte sein Veto gegen Hopwoods vielversprechenden modularen 250-cm³-Dreizylinder mit obenliegender Nockenwelle zugunsten von Edward Turners OHC P30 und 350 cm³ ein. Während die zweite Version des 750-cm³-Triple entwickelt wurde und bis Mitte 1966 drei Prototypen auf der Straße waren, bevorzugte Eric Turner immer noch das Aufbohren der vorhandenen 650er Twins.

1966 T120, T120R, T120C und T120 TT Bonneville 650

Die Politik der kontinuierlichen Weiterentwicklung der Bonneville erreichte 1966 ihren Höhepunkt, als die T120 zahlreiche Aktualisierungen erhielt. Im Inneren des Motors befanden sich eine neue Kurbelwelle und ein leichteres Schwungrad, was für eine bessere Gasannahme sorgte, allerdings auf Kosten von Vibrationen bei höheren Geschwindigkeiten. Zu den weiteren Aktualisierungen gehörten Sportnockenwellen und

Die Gyronaut X-1

Triumphs Erfolg mit Streamlinern in Bonneville setzte sich 1965 und 1966 mit der radikalen zweimotorigen *Gyronaut X-1* fort. Mit ihrer maßgeschneiderten aerodynamischen Fiberglasverkleidung und einem großen Sponsorenbudget läutete sie eine neue Ära der professionellen Rekordjagd ein. Der Grundstein wurde 1959 gelegt, als der Detroiter Triumph-Händler Bob Leppan einen Triumph-Doppel-650-Motor-Dragster baute, den erfolgreichen *Cannibal Mark II*. Doch 1962 wurde dieser von der neuen Welle der Auto-Dragster überholt und Leppan wandte sich den Bonneville-Geschwindigkeitsrekorden zu. Er nahm 1963 einen einmotorigen 650 Streamliner mit nach Bonneville und lernte dort den ehemaligen Leiter des Ford Advanced Styling, Alex Tremulis, kennen. Zusammen mit Jim Brufoldt machten sie sich daran, einen zweimotorigen Streamliner zu entwickeln, der den damals gültigen Rekord von Johnson und Dudek von 368 km/h übertreffen sollte.

Bob Leppan with the Gyronaut X-1 at Bonneville in 1965. This year he set a new gasoline record of 217.62 miles per hour. *Triumph Motorcycles*

Angetrieben wurde der *Gyronaut X-1* von zwei TR6-Twins, die mit einer einreihigen Renolds-Kette gekoppelt waren. Diese Motoren hatten sich im Laufe der Jahre als äußerst zuverlässig erwiesen und verfügten über Hepolite-Kolben, Harman & Collins-Nockenwellen und vier Amal 289-Vergasern. Mit Lucas-Magnetos und Methanol betrieben, leisteten die Motoren 1965 jeweils rund 60 PS. Die Aggregate waren in ein spezielles Rohrrahmenchassis und ursprünglich einer Airheart-Scheibenbremse hinten eingebaut. Die Borrani WM 3x19 Zoll Leichtmetallfelgen waren mit speziellen Goodyear Land-Speed-Reifen bestückt. In Bonneville stellte er 1965 einen neuen AMA-Verbrennungsmotor-Rekord von 348,198 km/h auf, bevor er verunfallte. Leppan kehrte im August 1966 nach Bonneville zurück, wobei die Motoren nun jeweils rund 65 PS leisteten. Diesmal stellte er mit 393,067 km/h einen neuen Motorrad-Weltrekord auf, der inoffiziell vier Jahre lang Bestand haben sollte. Da die *Gyronaut X-1* mehr als 1000 cm³ Hubraum hatte, wurde der Rekord von der FIM nicht anerkannt. In den nächsten vier Modelljahren erhielten die Triumph T120R Bonneville einen neuen Aufkleber mit der Aufschrift »World's Fastest Motorcycle«. Nachdem er 1969 mit der neuen Trident sieben Rekorde aufgestellt hatte, brachte Leppan 1970 die *Gyronaut X-1* nach Bonneville. In diesem Jahr stürzte Leppan mit dem 820 cm³ großen und rund 180 PS starken Motor bei rund 430 km/h, als seine Vorderradaufhängung kollabierte. Leppan zog sich dabei schwere Verletzungen zu und verlor fast seinen linken Arm. Der frühere Rekord ging zunächst an Don Vescos Yamaha und dann an Cal Rayborns Harley-Davidson verloren. Obwohl sich Leppan wieder erholte, war dies das Ende für die *Gyronaut X-1*.

1966 T120, T120R, T120C, T120TT Bonneville
(Unterschiede zu 1965)

Verdichtung
9:1
Vergaser
Zwei 1³⁄₁₆- Zoll Amal 389/95 Monobloc (ab DU29738)
Trockengewicht
166 kg
Farben
Weiß und Grenadierrot
Motor- und Rahmennummern
T120 DU24875 bis DU44393; T120R DU24875 bis DU44393; T120TT DU24875 bis DU44393

Schlepphebel im Thruxton-Stil, eine höhere Verdichtung und größere Amal-Vergaser (im Laufe des Jahres).

Doug Heles allmähliche Verbesserung des Rahmens durch die in Rennen gewonnenen Erfahrungen wurde auch in diesem Jahr deutlich, mit einem Lenkkopfwinkel von 28 Grad, um das gefährliche Flattern zu beseitigen. Zu den weiteren Neuerungen gehören das 12-Volt-Bordnetz der 6T, ein größerer Öltank (3 Liter) und eine neue 8-Zoll-Vorderradbremse, die eine um 44 Prozent größere Bremsfläche bietet. Edelstahl-Kotflügel ersetzten die lackierten Stahlkotflügel und ein viel attraktiveres, gegossenes und poliertes Aluminium-Rückleuchtengehäuse wurde eingeführt. Die US-Versionen erhielten einen schönen, aber unpraktischen 11-Liter-Tank. Es gab keine Gepäckbrücke, obwohl die britischen Modelle mit größerem Tank eine hatten und neue »Eyebrow«-Tankembleme sowie hellgraue Handgriffe läuteten eine neue Ära

OBEN: Auch wenn die Reichweite mickrig war, sah die 66er Bonneville mit ihrem kleinen, »schlanken« Tank äußerst zweckmäßig aus.

LINKS: Die auffälligen Farben der US T120R. Im Gegensatz zur überwiegend weißen US-Version hatten die britischen Exemplare rote Tanks mit weißer Unterseite.

OBEN LINKS: Die Rückleuchtenhalterung aus Aluguss war eine willkommene Verbesserung gegenüber 1965. Es war auch das letzte Jahr für den zweifarbigen Sitz.

OBEN MITTE: Die T120R erhielt 1966 größere Vergaser und nur für dieses Jahr hellgraue Handgriffe.

OBEN RECHTS: Die Vorderradbremse wurde für 1966 ebenfalls verbessert.

ein. In diesem Jahr wurde die TT Special als T120TT bezeichnet und erfreute sich weiterhin großer Beliebtheit. Das *Cycle Magazine* schrieb: »Die 1966er Bonneville ist der Beweis dafür, dass Triumph alles daran setzt, seinen Anspruch auf das ›beste Motorrad der Welt‹ zu untermauern.«

1966 6T Thunderbird, TR6, TR6SS, TR6R, TR6SR, TR6C, TR6SC Trophy 650

Die drei 650er mit Einvergasermotor hatten den gleichen neuen Rahmen wie die Bonneville, eine verbesserte Vorderradbremse, einen größeren Öltank

1966 6T Thunderbird; TR6, TR6SS, TR6R, TR6SR, TR6C, TR6SC Trophy

(Unterschiede zu 1965)

Trockengewicht
166 kg (TR6)
Farben
Pazifikblau und Weiß (TR6)
Motor- und Rahmennummern
6T DU25877 bis DU44393; TR6, TR6SS, TR6R, TR6SR, TR6C, TR6SC DU24876 bis DU43161

Die Heckansicht der 66er US-TR6SR. Dieser hatte ursprünglich hellgraue Handgriffe, wie alle Modelle in diesem Jahr.

Das 1966er Daytona-200-Rennen

Da die neue 450er von Honda den Triumphs Marktherrschaft in den USA ernsthaft bedrohte, überzeugten Bert Hopwood und Doug Hele Harry Sturgeon davon, dass ein großer Rennerfolg in den USA nötig war. Sie konzentrierten sich darauf, das Daytona 200 von 1966 zu gewinnen, das zu diesem Zeitpunkt für 500er OHC-Twins und 750er mit Seitenventilen ausgeschrieben war. Eine 500er mit obenliegender Nockenwelle wurde gebaut, aber da die Zeit für die Entwicklung nicht ausreichte, entschied man sich, aus der vorhandenen T100 eine Rennmaschine zu bauen. Der Zylinder wurde für zwei Vergaser angepasst und erhielt größere Ventile. Das Verdichtungsverhältnis betrug 9,75:1, zwei Amal-GP-Vergaser sorgten für die Gemischaufbereitung. Nach umfangreichen Entwicklungsarbeiten leistete der Motor 45,6 PS bei 8500/min. Dieser Motor wurde in einen neuen Rahmen eingebaut, der niedriger und stärker war als die Serienversion, versehen mit 19-Zoll-Rädern und einem BSA-Aluminiumtank.

Meriden bereitete vier T100R für das Daytona 200 1966 vor. Sie hatten modifizierte Rahmen und neue Zylinderköpfe. Die Amal-GP-Vergaser waren auf langen Saugrohren montiert. Unter dem Steuergehäusedeckel befand sich eine spezielle Lucas-Rennunterbrechereinheit, die über eine Oldham-Kupplung mit der Auslassnockenwelle verbunden war.

Vier T100-Rennmaschinen wurden von Meriden nach Daytona geschickt, wobei TriCor und JoMo jeweils zwei erhielten. Cliff Guild von TriCor baute außerdem zwei weitere Motorräder, wobei diese und die JoMo-Versionen unterschiedliche Rahmen hatten. Im Vorfeld des Rennens stellte sich bald heraus, dass die von Hele in Meriden gebauten Maschinen zwar schnell, aber auch anfällig waren, da sie alle von Pleuel- oder Stößelbrüchen betroffen waren. Das veranlasste Gary Nixon dazu, mit einer der langsameren, aber zuverlässigeren Maschine von Guild ins Rennen zu gehen, während Buddy Elmore und Dick Hammer von JoMo bei den Meriden-Maschinen blieben. Da sie sich als anfällig erwiesen hatten und sich nicht gut qualifiziert hatten, rechnete man nicht mit einem Sieg der Triumphs. Aber sie waren schnell. Zu Beginn des Rennens ging der Motor von Hammer kaputt und nachdem die führenden Harleys ausgeschieden waren, wechselten sich Elmore und Nixon an der Spitze ab, bis Nixon mit einem Reifenschaden ausschied. Elmore gewann das Rennen mit einer Rekordgeschwindigkeit von 154,531 km/h.

Der Rest der 66er Saison verlief für Triumph auch in den USA gut, wo Elmore in Loudon und Nixon in Greenwood, Iowa, gewannen. Nixon glänzte auch bei den Dirt Track Nationals mit einem Sieg in Springfield und einem zweiten Platz in der Meisterschaft. Triumph war nun bereit, Harley-Davidson die Nummer eins streitig zu machen.

Die TR6SR in US-Ausführung von 1966 in den neuen Farben Pazifikblau und Weiß.

Diese TR6SR von 1966 trug noch die Motorbezeichnung TR6SR.

1966 T100 Tiger 100, 5TA Speed Twin, T100R, T100C, T90 Tiger, 3TA Twenty-One

(Unterschiede zu 1965)

Räder
WM 2x18- Zoll vorne und hinten (5TA und 3TA)
Reifen
3.25x18 Zoll vorne, 3.50x18 Zoll hinten (5TA und 3TA)
Radstand
1358 mm (3TA)
Trockengewicht
153 kg (T100SS, T90); 155 kg (3TA)
Farben
Sherbournegrün und Weiß (T100, T100R, T100C); Grenadierrot und Weiß (T90); Pazifikblau und Weiß (3TA)
Motor- und Rahmennummern
T100 H40528 bis H49832; T100C H40528 bis H48215; T100R H40528 bis H49832;
5TA H42227 bis H46431; 3TA H40528 bis H49832

und eine leichtere Kurbelwelle. Es war das letzte Jahr für die 6T Thunderbird und während sie das Scheinwerfergehäuse bis zum Ende beibehielt, wurden nun die hinteren Verkleidungen entfernt. Da ein Großteil der Gesasmtproduktion für Amerika bestimmt war, wo man abgespeckte Hochleistungsmodelle liebte, verschwand die Thunderbird still und leise.

Die TR6 Trophy erhielt auch einige Motor-Updates, darunter neue Ventilfedern und Stößel sowie die größeren T120-Ventile. Augenscheinlich waren TR6C und TR6SC identisch, ebenso TR6R und TR6SR. Später im Modelljahr wurde das S aus den Modellbezeichnungen gestrichen. Die TR6C und die TR6SC hatten nun den 11-Liter-Tank der Bonneville, während die TR6, die TR6R und die TR6SR schlankere 20- (TR6) und 16-Liter-Tanks (TR6R und TR6SR) erhielten. Alle hatten die neue Tankembleme. Abgesehen von der TR6C und SC verfügten nun alle TR6 über eine 12-Volt-Elektrik. Die TR6C und SC für die Ostküste hatten weiterhin zwei hochgelegte Auspuffrohre, während die TR6C und SC für die Wüstenrennen an der Westküste über eine offene Abgasanlage auf der linken Seite, Aluminium-Kotflügel und klappbare Fußrasten verfügten. Diese recht verwirrende TR6-Baureihe sollte 1967 vereinfacht werden

Eine attraktive grün-weiße 1966er T100R, noch mit einem einzelnen Amal-Monobloc-Vergaser. *Lorin Smith*

Nicht nur von BSA hergestellt, sondern jetzt auch zur Hälfte BSA: die 1966er Tiger Cub mit einem BSA-Bantam-Chassis.

1966 T100 Tiger, 5TA Speed Twin, T100R, T100C 500, T90 Tiger 90, 3TA Twenty-One 350

Zu den Neuerungen an allen kleineren Twins gehörten ein 12-Volt-Ladesystem, ein größerer Öltank, neue Tankembleme, hellgraue Handgriffe und eine Rücklichthalterung aus Gussmetall. Der neue Rahmen verfügte statt eines angeschraubten über ein geschweißtes zusätzliches Oberrohr. Die Tiger hieß nun T100, die US-Versionen hießen T100R und T100C und in diesem Jahr wurden die umstrittenen Heckplatten der 5TA und 3TA endlich abgeschafft. Beide erhielten 18-Zoll-Räder vorne und hinten (anstelle der 17-Zoll-Räder) und zusammen mit der Thunderbird sollte 1966 ihr letztes Jahr sein. Da die 5TA und 3TA noch immer Instrumente im Scheinwerfergehäuse trugen, war ihr Styling eine misslungene und verwirrende Mischung aus alt und neu. Die meisten Triumph wurden nun nach Amerika exportiert, wo die 5TA und 3TA nicht mehr verkauft wurden, und überall begannen die Japaner, den Markt für kleine und mittelgroße Pendlerfahrzeuge zu dominieren. Nach fast 30 Jahren ging die illustre Reihe der Speed Twins 1966 zu Ende. Ihre Karriere begann großartig, doch endete wenigg ruhmreich. Die T100R und die T100C liefen in Amerika jedoch gut und die C-Baureihe sollte im nächsten Jahr einen gewaltigen Aufschwung erleben, als Triumph den Erfolg von Daytona nutzte.

1966 T20B Tiger Cub, T20SH Sports Home, T20SM Mountain Cub 200

Als die Tiger-Cub-Produktion in Small Heath in vollem Gange war, beschlossen die BSA-Verantwortlichen, das Modell einzustellen und es durch eine hybride BSA Bantam D7 mit Cub-Motor zu ersetzen, wodurch die T20B entstand. Obwohl dies wirtschaftlich sinnvoll gewesen sein mag, war die T20B von Anfang an zum Scheitern verurteilt, da sowohl Triumph- als auch BSA-Enthusiasten sie mit Misstrauen betrachteten.

1966 T20B, T20SH, T20SM

(Unterschiede zu 1965)

Vergaser
25/32 Zoll Amal 375/61 Monobloc (T20B)
Räder
WM 1x18 Zoll vorne und hinten (T20B)
Reifen
3.25x18 Zoll vorne und hinten (T20B)
Radstand
1297 mm (T20B)
Trockengewicht
100 kg (T20B)
Farben
Nutleyblau und Weiß (T20B); Metallicblau und Weiß (T20SH); Alaskaweiß (T20SM)
Motor- und Rahmennummern
T20B ab 101 (BSA numbers); T20SH ab 101 (BSA numbers); T20M ab 2001 (BSA numbers)

Die Sport Cubs behielten ihre Meriden-Rahmen und die Produktpalette wurde in diesem Jahr erheblich gestrafft, wobei die T20SH im Februar auslief. Als einzige verbliebene Sport Cub wurde die T20SM Mitte des Jahres in T20M umbenannt.

Trotz des Umzugs nach Small Heath wurden einige Neuerungen am Tiger Cub-Motor vorgenommen, wobei die wichtigste Verbesserung eine Ölpumpe mit größerer Förderleistung war. Da der Basis-Cub nun in einem BSA-Bantam-Fahrgestell untergebracht war, maßen die Räder vorne und hinten 18 Zoll und die Bremsen waren breiter. Die gesamte Maschine war größer – und unpopulär. Die Verkaufszahlen der Tiger Cub waren angesichts der neuen japanischen Konkurrenz bereits rückläufig und nur die US-amerikanische T20SM Mountain Cub konnte die Verkaufszahlen in diesem Jahr hochhalten.

Neue Kolben und eine verbesserte Elektrik machten 1967 zu einem weiteren großen Jahr für die Bonneville. Die Farben waren anfangs Aubergine und Gold, das später durch Weiß ersetzt wurde.

1967

Trotz zunehmender Probleme bei der Qualitätskontrolle, die durch die Auslastung der Produktionsanlagen in Meriden verursacht wurden, surfte Triumph in den USA auf der Welle des Erfolgs. Warum? Die Engländer waren im Rennsport erfolgreich und ihre Zweiräder galten als die begehrtesten und vielseitigsten Hochleistungsmotorräder auf dem Markt. Von den 33.406 britischen Motorrädern, die in diesem Jahr nach Amerika importiert wurden, waren 24.700 Triumph und mehr als die Hälfte davon T120R. Triumph-Twins, insbesondere die Sportversionen, waren schon immer wunderschöne Motorräder. Durch die ständige Verfeinerung hatten sie sich aber auch zu wirklich brauchbaren, alltagstauglichen Motorrädern entwickelt. Die japanischen Superbikes waren noch nicht auf dem Vormarsch, BSA kämpfte mit seiner Qualitätskontrolle, Norton entwickelte noch immer seine Commando – daraus machte Triumph das Beste. Im Jahr 1967 war man einfach konkurrenzlos.

Aber es gab nicht nur gute Nachrichten. Nachdem Harry Sturgeon im Februar 1967 aus gesundheitlichen Gründen das Unternehmen verlassen hatte (er starb im April an einem Gehirntumor), wurde mit Lionel Jofeh ein weiterer Mann aus der Luftfahrtindustrie zum neuen Geschäftsführer der BSA-Gruppe ernannt. Mehr noch als Sturgeon war Jofeh entschlossen, die vollständige Verschmelzung von BSA und Triumph voranzutreiben. Eines von Jofehs ersten Projekten war die Einrichtung eines Forschungs- und Entwicklungszentrums in Umberslade Hall. Obwohl die Gewinne immer noch hoch waren, stiegen auch die Ausgaben und viele in Meriden hatten das Gefühl, dass sie die Hauptlast zu tragen hatten. Außerdem mobilisierten die mächtigen Gewerkschaften zunehmend die Belegschaft. In den USA ging Denis McCormack von TriCor im Juli im Alter von 65 Jahren in den Ruhestand; Earl Miller wurde sein Nachfolger. McCormack, kehrte später zurück, um in schwierigeren Zeiten die Leitung zu übernehmen. Nach einer kurzen Zeit bei Suzuki kehrte Don Brown als Geschäftsführer von BSA, Inc. zurück.

Die Arbeiten an der neuen Trident schritten ebenfalls voran. Während die ersten Prototypen den Linien der Bonneville folgten, beschloss der BSA-Vorstand, das Styling an Ogle Design in Hertfordshire zu vergeben. Dort hatte man keine Erfahrung mit Motorrädern, entsprechend wenig Begeisterung fand das Design der Trident und der BSA Rocket 3. Ursprünglich war geplant, die neuen Triple-Motorräder Ende 1967 auf den Markt zu bringen, doch die Unentschlossenheit in Bezug auf das Styling führte zu einer Verzögerung von einem Jahr. Ende 1967 wurden für Tests vier Vorserien-Triple in die USA geschickt.

1967 T120, T120R, T120TT Bonneville 650

Trotz der Ungewissheit in Bezug auf den Status von Triumph innerhalb der BSA-Gruppe entwickelte sich die Bonneville immer besser. Sie wurde ständig verbessert und 1967 gab es eine neue Einlassnockenwelle mit dem Profil E3134, eine neu gestaltete Ölpumpe und Hepolite-Kolben. Außerdem wurden im Laufe des Jahres die Monobloc-Vergaser durch neue Amal-Vergaser ersetzt und eine 160-Grad-Nockenwelle löste endlich die Probleme mit der Zündung. Die britischen Versionen erhielten nun das 19-Zoll-US-Vorderrad. 1967 sollte das letzte Jahr für die T120TT Special Competition Bonneville sein.

In puncto Leistung enttäuschte die Bonneville nicht. *Motor Cycle* erreichte eine Höchstgeschwindigkeit von 176 km/h und der ehemalige MV Agus-

1967 T120, T120R, T120TT Bonneville

(Unterschiede zu 1966)

Vergaser
Zwei 30 mm Amal R/L930 Concentric (ab DU59320)

Räder
WM 2x19 Zoll vorne und WM 3x18 Zoll hinten (T120 UK)

Reifen
3.00x19 Zoll vorne und 3.50x18 Zoll hinten (T120 UK)

Farben
Aubergine und Gold (Weiß ab DU48157)

Motor- und Rahmennummern
T120 DU44394 bis DU66245; T120R DU44394 bis DU66245; T120TT DU44394 bis DU66245

Die US T120R mit kleinem Tank und blanken Edelstahlkotflügeln. Die britischen Versionen waren größer und lackiert.

Frühe 67er Bonneville wie diese hatten noch Amal-Monobloc-Vergaser.

ta-Werksfahrer John Hartle pilotierte eine T120 zum Sieg beim Hutchinson 100 mit 134,19 km/h und bei der Isle of Man Production TT mit 155,36 km/h. Die Bonneville gewann auch zum dritten Mal in Folge das 500-Meilen-Rennen in Brands Hatch. Sie gewannen mit einer Geschwindigkeit von 126,64 km/h, wobei ihre Bonneville mit einer neuen, doppelten Vorderradbremse ausgestattet war, die 1968 Einzug in die Serie hielt. Doch es war nicht nur die Leistung, die die Bonneville an der Spitze hielt. Sie war der Inbegriff von Stil und kam im Film *Coogans großer Bluff* von 1968 zum Einsatz, in dem Clint Eastwood auf einer auberginefarbenen und weißen 67er T120R durch den New Yorker Central Park fuhr.

In der Silvesternacht 1967 versuchte Evel Knievel über die Springbrunnen des Caesars Palace in Las Vegas zu springen. Knievel sagte später, dass seine

1967 TR6 TR6R TR6C Trophy *(Unterschiede zu 1966)*

Leistung
43 PS bei 6300/min, 45 PS bei 6500/min (US)
Verdichtung
9:1
Vergaser
1 3/16 Zoll Amal 389/239 Monobloc, 30 mm Amal R30/9-B Concentric (nach DU63043)
Farben
Nebelgrün und Weiß
Motor- und Rahmennummern
TR6, TR6R, TR6C, DU46201 bis DU66246

T120TT beim Erreichen der Startrampe unerwartet langsamer wurde, was dazu führte, dass er etwas weniger als die geplanten 43 Meter hoch sprang. Er landete auf der Sicherheitsrampe und erlitt einen Becken- und Oberschenkelbruch sowie mehrere Frakturen. Knievel lag einen Monat lang im Koma, doch dieser Fehlschlag war der Startschuss für seine Karriere. Voller verrückter Ideen baute Knievel auch eine experimentelle Triumph Bonneville mit Nitro-Antrieb, die mit Flügeln und zwei Düsentriebwerken ausgestattet war. Er hoffte, mit ihr den Grand Canyon überspringen zu können. Obwohl Knievel nach 1970 Harleys für seine Stunts benutzte, sagte er später, die Triumph sei das beste Motorrad, mit dem er je gesprungen sei.

1967 TR6, TR6R, TR6C Trophy 650

In diesem Jahr verfügte die Einvergaser-Trophy auch über die Hepolite-Kolben und die aktualisierte Ölpumpe der T120 sowie über größere Ventile und zunächst einen größeren Amal-Monobloc-Vergaser. Im Laufe des Modelljahres erhielt sie einen Amal Concentric. Die Auspuffrohre der TR6C waren nun auf der linken Seite versetzt angeordnet und obwohl die TR6R augenscheinlich eine Bonneville mit einem Vergaser war, hatte sie einen größeren 13-Liter-Tank, der immer noch mit einer Gepäckbrücke ausgestattet war. Die Trophy war für Fahrer gedacht, die ihr erstes Hochleistungs-Motorrad kaufen wollten oder von einem Leichtkraftrad aufstiegen und sie erwies sich als äußerst beliebt. Von Triumphs US-Verkäufen in diesem Jahr waren 30 Prozent Trophys.

1967 T100S Tiger 100, T100T Tiger Daytona, T100R Daytona Super Sport, T100C 500 T90 Tiger 90 350

Mit dem Ende der Speed Twin und der Twenty-One begann für die T100 eine dreijährige Phase der Verfeinerung. Die wichtigste Neuerung in diesem Jahr war die Einführung des Zwei-Vergaser-Zylinderkopfs von Doug Hele für die T100T Tiger Daytona und die US T100R Daytona Super Sport. Dies war die erste 500er mit zwei

OBEN: Die TR6C wurde als Einstieg in den Markt der Großmotorräder konzipiert und war 1967 die beliebteste Triumph in Amerika.

GANZ LINKS: Die beiden hoch aufragenden, versetzten Auspuffrohre auf der linken Seite trugen zweifellos zur Attraktivität der TR6C bei.

LINKS: Die frühen TR6C von 1967 hatten noch den älteren Amal-Monobloc-Vergaser.

Gary Nixon und die Nummer 1

Der Daytona-Sieg von Triumph 1966 überraschte viele und spornte Doug Hele und sein Team an, ihre Anstrengungen für 1967 zu verstärken. Sie bauten sieben Motorräder für die Saison, sechs für die USA und eines für Percy Tait in Großbritannien. Zu den Neuerungen gehörten eine höhere Verdichtung (11:1), ein Squish-Zylinderkopf und neue polierte Kurbelwellen. Die Leistung verbesserte sich mit 48,5 PS bei 8700/min nicht wesentlich. Weitere Verbesserungen waren eine neue, niedrige Auspuffanlage, ein niedrigerer Rahmen, eine verkürzte Gabel, eine 210-mm-Fontana-Vorderradbremse mit vier Bremsbacken sowie eine schlankere Verkleidung und ein schlankerer Benzintank aus Glasfaser. Sie wurden mit 18-Zoll-Rädern ausgeliefert, aber in Daytona wurden diese gegen einen 19-Zoll-Satz (mit Goodyear-Reifen) ausgetauscht. Sie ließen sich hervorragend fahren und erreichten bei Tests eine Höchstgeschwindigkeit von 208 km/h. Drei Maschinen gingen an TriCor, für Gary Nixon, Larry Palmgren und Buddy Elmore, und drei gingen an JoMo für Eddie Mulder, Dick Hammer und Gene Romero. Das Rennen war von Anfang bis Ende eine Triumph-Show, bei der sich Nixon und Hammer die Führung teilten, bis Hammer stürzte. Elmore setzte sich dann auf den zweiten Platz und Nixon gewann mit einer Rekordgeschwindigkeit von 157,162 km/h.

Nach Daytona setzte Nixon seine Dominanz in der AMA-Meisterschaft fort: Er gewann in einem regennassen Loudon, dazu kamen überraschende Flachbahnsiege in Portland, Oregon. Ein zweiter Platz beim Saisonfinale auf der Halbmeile in Oklahoma besiegelte die AMA Grand National Championship, die erste für Triumph.

Der 26-jährige Gary Nixon mit dem legendären TriCor-Tuner Cliff Guild nach seinem Sieg bei der Loudon-Lacona Classic im Juni 1967. *Triumph Motorcycles*

Vergasern seit der TR5AD von 1959. In Großbritannien war eine Tiger T100S mit einem Vergaser erhältlich, in den USA eine T100C, die die batterielose Zündung beibehielt. Sie war immer noch eine konkurrenzfähige Enduro, wie Bill Baird mit seinem sechsten Sieg in Folge bei der Nationalen Enduro-Meisterschaft bewies.

1967 T100S Tiger, T100T, T100R, T100C, T90 Tiger *(Unterschiede zu 1966)*

Leistung	39 PS bei 7400/min (T100T); 41 PS bei 7200/min (T100R); 38 at 7000/min (T100C)
Vergaser	Zwei 1 1/16 Zoll Amal 376/325/5 Monobloc (T100T); 1 1/8 Zoll (T100R)
Trockengewicht	155 kg (T100T und T100R)
Farben	Pazifikblau und Alaskaweiß (T100); Scharlachrot (T90)
Motor- und Rahmennummern	T100T H49833 bis H57082; T100R H49833 bis H57082; T100C H49834 bis H57082; T100S H49833 bis H57082

Der neue Zylinderkopf der Daytona verfügte über größere Einlassventile sowie parallele statt gespreizte Einlasskanäle. Dafür wurden die Ansaugstutzen gespreizt, um ein Paar »Pancake«-Luftfilter zu ermöglichen. Bei den Vergasern handelte es sich um Amal Monoblocs, mit einem Paar E3134-Nockenwellen und Rennstößeln. Parallel zu den Motor-Updates wurde ein neuer Rahmen entwickelt, der ebenfalls Merkmale der Daytona-Rennmaschinen aufwies und für die gesamte Modellreihe verwendet wurde. Der Durchmesser des Ober- und des Vorderrohrs wurde vergrößert, wobei das Oberrohr nun direkt zum Lenkkopf führt und der Lenkkopfwinkel auf 28 Grad erhöht wurde. Mit einer stärkeren Schwinge und einer verbesserten Vorderradgabel versprach die T100 ein deutlich verbessertes Handling. Die Zeitschrift *Cycle* testete im Februar 1967 eine T100R und schrieb: »Sie ist in fast jeder Hinsicht ein großartiges Motorrad. Selbst in schnellen, holprigen Kurven, in denen sich manche Motorräder so verhalten, als ob ihr Rahmen gebrochen wäre, ist es stabil wie ein Fels.« Ihr Hauptkritikpunkt war die

7-Zoll-Vorderradbremse: »Ein so starkes und sportliches Motorrad verdient eine maximale Anstrengung in der Bremsenabteilung.«

1967 T20B Tiger Cub, T20B Super Cub, T20M Mountain Cub 200

Da sich die T20B Bantam Cub als unpopulär erwies, wurde 1967 eine Luxusversion, die T20B Super Cub, angeboten. Dabei handelte es sich um eine BSA D10 Bantam mit einem Cub-Motor. Die Basisversion der T20B wurde weiterhin gebaut und obwohl die Produktion im Juni 1967 endete, waren unverkaufte Bestände noch mehr als ein Jahr lang verfügbar. In den USA war die T20M Mountain Cub die einzige angebotene Version. Das Erscheinungsbild des Motors wurde durch die Einführung eines äußerlich quadratischen Zylinders mit entsprechendem Zylinderkopf verändert. Doch für das BSA-Management hatte die Tiger Cub keine Zukunft, und man plante bereits, sie durch neue BSA-Angebote zu ersetzen. Auch in den Vereinigten Staaten von Amerika war die Tiger Cub zum Scheitern verurteilt, denn die Verkaufszahlen der 650er Twins übertrafen die der Tiger Cub im Verhältnis zwölf zu eins deutlich.

1967 T20B, T20B SC, T20M
(Unterschiede zu 1966)

Farben
Buschfeuerrot (T20B SC); Grenadierrot und Alaskaweiß (T20SM)
Motor- und Rahmennummern
Ab T20B 101 (BSA numbers); ab T20SC 10 (BSA-Nummern); ab T20M 3001 (BSA-Nummern)

Die T100C von 1967 teilte die Fahrwerksverbesserungen mit der Daytona, hatte aber weiterhin einen einzelnen Amal-Monobloc-Vergaser. Der Sitz war in diesem Jahr komplett schwarz. *Lorin Smith*

Triumph war 1968 an der Spitze und verkündete dies stolz in dieser Anzeige.

1968

JoMo und TriCor glaubten 1968 35.000 Triumph in den USA verkaufen zu können, aber Meriden litt immer noch unter Problemen mit der Belegschaft und der Qualitätskontrolle. Die Schwierigkeiten dort waren jedoch nichts im Vergleich zu denen von BSA in Small Heath. Während die Bonneville ihre Blütezeit erlebte, sah die Zukunft der BSA düster aus. Nicht nur, dass Umberslade Hall die Ressourcen aufbrauchte, nein, auch mussten 4000 BSA, die in den USA einen Wasserschaden erlitten hatten, nach Small Heath zurückgeschickt werden. Zusammen mit den US-Garantieansprüchen, die nun der Muttergesellschaft in Rechnung gestellt wurden, brachen die Gewinne ein. Der einzige Lichtblick war die Produktionsvorbereitung für die neue 750-cm³-Dreizylindermaschine. Die Entscheidung, getrennte BSA- und Triumph-Versionen zu produzieren, erwies sich aber als kostspielig und ineffizient. Außerdem wurde ein Großteil des umstrittenen Ogle-Designs übernommen, was sich letztlich nachteilig auf den Absatz auswirkte. Mit der Einführung der TR25W Single ein weiterer Beweis für die zweifelhaftes »Badge Engineering« erbracht. Bei ihr handelte es sich praktisch um eine BSA B25, die für den US-Markt bestimmt war, wo BSA- und Triumph-Händler noch getrennt waren.

1968 war das letzte Jahr der Superbike-Vorherrschaft der Bonneville. Im April brachte Norton seine innovative 750er Commando auf den Markt und im Oktober kündigte Honda die CB750 Four an. In der nächsten Saison würde Triumphs eigene T150 Trident die Bonneville als Flaggschiff ablösen.

Die neue 8-Zoll-Vorderradbremse mit zwei Backen bot eine deutlich bessere Bremsleistung. Die 68er Version hatte eine gerade Zugseilbetätigung, die manchmal problematisch war, da das Seil von der Ankerplatte abspringen konnte. Später wurde ein Splint an der Verankerung angebracht. *Triumph Motorcycles America*

1968 T120, T120R Bonneville 650

Wie bei guten Weinen gibt es auch bei den besten Motorrädern herausragende Jahrgänge und bei der T120 Bonneville waren das die Jahre '68 bis '70. Die Bonneville wurde 1968 volljährig und verfügte nun über eine für den Rennsport entwickelte 8-Zoll-Duplexbremse und eine Vorderradgabel mit Zwei-Wege-Dämpfung. Die Bremse verfügte über Luftein- und -auslässe und bot eine deutlich verbesserte Leistung gegenüber ihrer Vorgängerin. Später im Modelljahr optimierte eine längere und stärkere Schwinge das Handling weiter. Außerdem wurden mehrere Motor-Updates vorgenommen, mit denen nach und nach kleine Probleme behoben wurden, die im Laufe der Jahre aufgetreten waren. Dazu gehörten neue Hepolite-Kolben, eine verbesserte Ölzufuhr zu den Nockenwellen, um den Verschleiß zu minimieren und modifizierte Ventilfedern. Eine weitere wichtige Neuerung war die Einführung von Lucas 6CA-Unterbrecherkontakten. Zusammen mit zahlreichen Getriebeverbesserungen verfügte die

Die Bonneville von 1968 ist aus jedem Blickwinkel wunderschön. Das hier abgebildetet Modell wurde von Graham Cousens von Restoration Cycle Works, Michigan, restauriert. *Triumph Motorcycles America*

1968 T120, T120R Bonneville *(Unterschiede zu 1967)*

Bremse vorne
8 Zoll Duplexbremse
Farbe
Hi Fi Scharlachrot
Motor- und Rahmennummern
T120 DU66246 bis DU85903; T120R DU66246 bis DU85903

OBEN: Die Sitzbank von 1968 verfügte um eine umlaufende Chromleiste. US-Modelle wie dieses hatten immer noch ein Rücklichtgehäuse aus Aluminium, jetzt aber mit roten Reflektoren, um den gesetzlichen Vorschriften zu entsprechen. Die britischen Versionen behielten die frühere Rücklichthalterung bei.
Triumph Motorcycles Amerika

LINKS: Obwohl einige Bonneville des Jahrgangs 1967 schon mit Amal-Concentric-Vergasern ausgestattet waren, gingen sie erst 1968 in Serie. Anfängliche Probleme, wie beispielsweise klemmende Schieber, löste man schnell.

Bonneville nun endlich über die zum Stil passende Substanz. Der 11-Liter-Tank der US-Versionen beschränkte zwar die Reichweite auf 160 Kilometer, aber das tat ihrer Beliebtheit keinen Abbruch. Wie üblich unterschieden sich die britischen Exemplare im Detail, immer noch mit den längeren Schalldämpfern und dem größeren Benzintank mit einer Gepäckbrücke.

1968 TR6, TR6R, TR6C Trophy 650

Zur Vereinheitlichung der Trophy mit der Bonneville wurde in diesem Jahr eine E3134-Rennnockenwelle eingebaut, die mit den Ventilfedern der Bonneville, der Kipphebel-Ölzufuhr und den Lucas 6CA-Unterbrecherkontakten zusammenpasste. Die Trophy erhielt auch die neue Vorderradgabel der Bonneville und

1968 TR6, TR6R, TR6C Trophy *(Unterschiede zu 1967)*

Bremse vorne
8 Zoll Duplexbremse
Farben
Rivierablau und Silber
Motor- und Rahmennummern
TR6, TR6R, TR6C, DU68364 bis DU85903

Die TR6R von 1968 strahlte in Blau und Silber. Die US-Versionen bekamen in diesem Jahr Seitenreflektoren. Die vordere Bremse war aus rein optischen Gründen mit einer verchromten Kappe ausgestattet.

die 8-Zoll-Duplexbremse vorne sowie später die längere, verstärkte Schwinge. Die TR6R hatte weiterhin lackierte Kotflügel und einen 16-Liter-Tank mit Gepäckbrücke, während die TR6C in diesem Jahr Edelstahl-Kotflügel und einen kleineren Tank erhielt.

Als das *Cycle Magazine* im Februar 1968 eine TR6R testete, stellte es fest, dass der neue Amal-Concentric-Vergaser Mängel aufwies: Er surrte, starb im Leerlauf ab und überhitzte im Verkehr. »Leider funktioniert der Amal (neueste Serie ›900‹) einfach nicht zufriedenstellend.« Für die Viertelmeile aus dem Stand vergingen 14,2 Sekunden bei 147,36 km/h deutete darauf hin, dass das Ein-Vergaser-Tourenmodell der rasanteren Bonneville wenig entgegenzusetzen hatte.

1968 T100S Tiger 100, T100T Tiger Daytona, T100R Daytona Super Sport, T100C 500 T90 Tiger 90 350

1968 kehrte Triumph mit vier Motorrädern nach Daytona zurück, um den dritten Sieg in drei Jahren einzufahren. Die Motoren verfügten über Durchgangsbolzen, die den Zylinderkopf und die Zylinder fixierten und zur besseren Gewichtsverteilung wurden die Öltanks vor das Kurbelgehäuse verlegt. Der neue Rahmen war komplett geschweißt, ohne den üblichen angeschraubten hinteren Hilfsrahmen. Doch die Triumph waren von Anfang an unterlegen. Harley-Davidson gab Berichten zufolge 500.000 Dollar für die Entwicklung der neuen Motorräder aus und sie erreichten in der Qualifikation 241 km/h im Vergleich zu Nixons 219 km/h. Im Rennen kam es bei allen Triumphs zu Zündaussetzern. Die bestplatzierte Maschine kam auf den siebten Platz. Obwohl Triumph mit dem Ergebnis von Daytona nicht zufrieden war und damit drohte, aus allen Wettbewerben auszusteigen, sorgte Nixon dafür, dass Triumph das zweite AMA Grand National Championship gewann. Diesmal triumphierte er zwar nur in Houston (auf einer TR25W) und in Columbus, aber die Beständigkeit brachte ihm den Titel ein.

Die T100 erhielt in diesem Jahr auch viele der Verbesserungen, die bei den 650-cm³-Twins zum Einsatz kamen, insbesondere die beidseitig gedämpfte Vor-

1968 T100S Tiger, T100T, T100R Daytona, T100C, T90 Tiger
(Unterschiede zu 1967)

Vergaser
Zwei 26 mm Amal R626/10 L626/9 Concentric (T100T, T100R); ein 26 mm R626/8 Concentric (T100S and T100C); 24 mm Amal Concentric R624/2 (T90)
Bremse vorne
8 Zoll (T100T, T100R)
Farbe
Aquamaringrün und Silber (T100); Rivierablau und Silber (T90)
Motor- und Rahmennummern
T100T H57083 bis H65572; T100R H57083 bis H65572; T100C H58017 bis H65572; T100S H57083 bis H65572

dergabel und die Lucas 6CA-Kontakte. Die Vergaser waren nun Amal Concentrics und die T100S und die T100C mit Einzelvergasern übernahmen den Zylinderkopf der Daytona mit dem engeren Ventilwinkel und dem größeren Einlassventil. Die T100T und T100R Daytona erhielten die 8-Zoll-Bremse von der T120 und TR6. Eine weitere Verbesserung der T100C in diesem Jahr war die 12-Volt-Spulenzündung, die das lästige Energy Transfer System ersetzte. Die 350 cm³ T90 erhielt außerdem einen Amal Concentric-Vergaser. Es sollte das letzte Jahr der T90 sein.

1968 TR25W Trophy 250, T20B Super Cub 200

Da es nur noch die T20B Super Cub gab und die Verkaufszahlen allmählich zurückgingen, beschloss BSA, die Lücke für eine Einzylinder-Triumph mit der Einführung der TR25W Trophy zu schließen. Obwohl sie die vertrauten Triumph-Tankembleme und die T90-Vorderradgabel trug, konnte man nicht verkennen, dass es sich bei der TR25W eigentlich um eine BSA B25 handelte, die wie ein Trailbike aussah.

Inspiriert von der Terrier und der Tiger Cub, wurde die C15 1967 zur BSA B25 weiterentwickelt. Neue Kurbelgehäuse beherbergten eine einteilige, geschmiedete Kurbelwelle, die Leistung wurde um 50 Prozent gesteigert und mit einer 12-Volt-Elektrik sah die TR25W zumindest auf dem Papier gut ausgestattet aus. Leider führte das Streben nach höherer Motorleistung zu einer erheblichen Unzuverlässigkeit. Pleuellager zerstörten sich selbst und Ölleckagen waren an der Tagesordnung. Obwohl BSA in Birmingham die TR25W baute, wurden die Garantie und die damit verbundenen Kosten von Meriden übernommen, was den Unmut zwischen den beiden Unternehmen nur noch verstärkte.

Gary Nixon verschaffte Triumph 1968 erneut die Meisterschaft, aber Harley-Davidson war in diesem Jahr die weitaus stärkere Konkurrenz, und Nixon gewann nur durch Beständigkeit.

Die TR25W Trophy, augenscheinlich eine BSA, war unzuverlässig und ungeliebt.

1968 TR25W, T20B SC *(Unterschiede zu 1967)*

Bohrung	67 mm (TR25W)
Hub	70 mm (TR25W)
Hubraum	247 cm³ (TR25W)
Leistung	22 PS bei 8250/min (TR25W)
Verdichtung	8,5:1 (TR25W)
Vergaser	26 mm Amal R626 (TR25W)
Getriebe	Viergang (TR25W)
Gabel	Teleskopisch (TR25W)
Hinterradaufhängung	Schwinge (TR25W)
Bremsen	7 Zoll vorne und hinten (TR25W)
Reifen	3.25x19 Zoll vorne und 4.00x18 Zoll hi. (TR25W)
Radstand	1320 mm (TR25W)
Trockengewicht	129 kg (TR25W)
Farben	Scharlachrot (TR25W); Feuerwerksrot (T20B SC)

1969

1969 war das Jahr des Superbikes. Fast alle Hersteller produzierten große, schnelle Motorräder und Triumph und BSA waren mit ihrer neuen Triple ganz vorne mit dabei. Trotzdem wurden sie in Amerika zunächst nicht mit besonderer Begeisterung aufgenommen, stattdessen erreichte die Nachfrage nach Triumph-Twins ihren Höhepunkt. Meriden baute nun 900 Motorräder pro Woche und verkaufte in diesem Jahr 24.407 Motorräder in den USA (im Vergleich zu 2143 in Großbritannien). Die Probleme von BSA hielten an und nach einigen schlechten Geschäftsentscheidungen sanken die Aktien des Konzerns und die Gewinne drastisch. Im Juli 1969 kündigte Jofeh die Entlassung von 1200 Mitarbeitern in Small Heath an, einen Monat später gab er Pläne zur Zusammenlegung der vier separaten US-Vertriebsgesellschaften zu einer Organisation,

Die Trident Triple kam 1969 auf den Markt, aber das kastenförmige Design erwies sich als unpopulär. Der passende Vorderreifen zum hinten montierten Dunlop K81 erschien erst 1970. Die seitlichen GFK-Abdeckungen umschlossen einen Luftfilter, der alle drei Vergaser bediente.

RECHTS: Obwohl die Trident- und Rocket-3-Motoren ähnlich waren, standen die Trident-Zylinder aufrecht, während die BSA-Zylinder nach vorne gekippt waren. Der Ölkühler gehörte zur Serienausstattung.

RECHTS UNTEN: Diese Explosionszeichnung des T150-Motors zeigt die Ursprünge von Triumph und die Komplexität der Konstruktion.

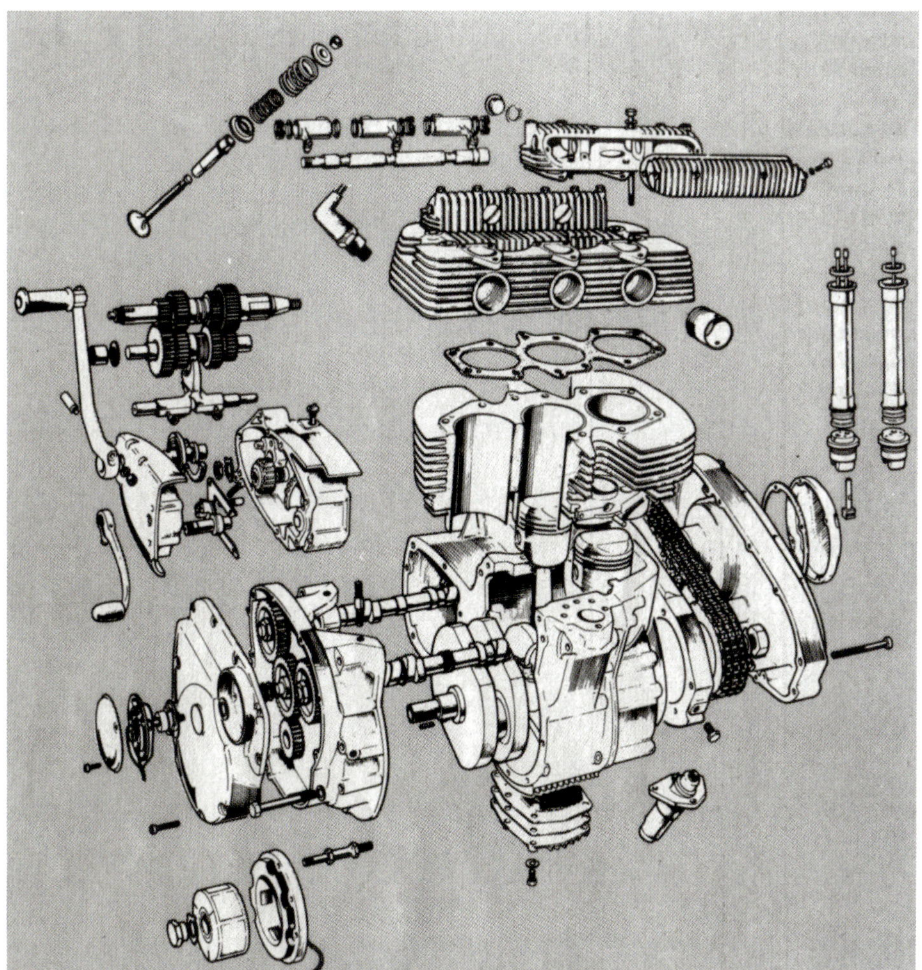

der Birmingham Small Arms Company Incorporated (BSACI), bekannt. An deren Spitze: Peter Thornton.

1969 T150 Trident 750

Die Produktion der Triumph Trident und Rocket 3 begann im August 1968. Die neue Triple wurde dringend benötigt, vor allem von BSA, die seit sieben Jahren kein neues Modell mehr vorgestellt hatten. Doch auch von Triumph, da die Bonneville nun an ihre Grenzen im Rennsport gestoßen war. Die Trident, die ursprünglich als Überbrückungsmodell für fünf Jahre gedacht war, ähnelte der Rocket 3, unterschied sich aber in Aussehen und Details. Diese Forderung kam aus den USA, wo die Händler die Trident in zwei verschiedenen Versionen anboten. Der Dreizylindermotor wurde in Meriden von Bert Hopwood, Doug Hele und Jack Wickes entwickelt und war »a Tiger and a half«, bei dem ein dritter Zylinder zum bestehenden Zweizylinder hinzugefügt wurde. Der Ventiltrieb folgte dem Doppelnockenwellenmuster von Edward Turner, jedoch mit einer kleineren Bohrung und einem längeren Hub, um die Motorbreite zu minimieren. Das Herzstück war eine geschmiedete 120-Grad-Kurbelwelle. Da die Zylinder bei der Trident aufrecht und bei der BSA schräg nach vorne standen, wurden nur wenige Gussteile des Motors geteilt. Das Motorgehäuse war immer noch vertikal geteilt wie bei einem Twin.

Die Motor-Getriebe-Einheit der Trident war in einem verschraubten Rahmen auf Bonneville-Basis mit einem einzigen Unterrohr montiert (der komplett geschweißte Rahmen der Rocket 3 war ein Doppelschleifenrahmen), mit einer Vorderradgabel und einer 8-Zoll-Duplexbremse, die ebenfalls der Bonneville ähnelte. Und obwohl das Ogle-Styling allgemein missbilligt wurde, blieben der kastenförmige Benzintank und die »Ray-Gun«-Schalldämpfer erhalten.

Der Dreizylinder Trident war zwar eine Meriden-Entwicklung, wurde aber größtenteils in Small Heath gefertigt. Viele Komponenten waren äußerst schwierig und komplex zu fertigen. Die Herstellung war sehr arbeitsintensiv: Der Zusammenbau des Motors erforderte 56 Arbeitsschritte und als Folge davon war die fertige Trident mit 1750 Dollar teuer, verglichen mit 1439 Dollar für eine Norton Commando und 1495 Dollar für die CB750 von Honda. Außerdem litten frühe Exemplare unter einer Reihe von Herstellungsproblemen, die zu einer Reihe von teuren Garantieansprüchen führten.

Die Trident war zwar teuer, schlecht verarbeitet und ungewöhnliche gestylt, aber sie war unbestreitbar schnell. Im bahnbrechenden Superbike-Vergleich-

Die 750er Trident war das erste Superbike, das eine neue Ära einläutete. Aber mit ihrer Rechtsschaltung, dem fehlenden Elektrostarter und der Trommelbremse vorne wirkte sie nicht so modern wie Hondas neue 750 Four.

1969 T150 Trident

Bohrung	67 mm
Hub	70 mm
Hubraum	740 cm³
Leistung	58 PS bei 7250/min
Verdichtung	9,5:1
Vergaser	Drei 27 mm Amal 626 Concentric
Zündung	Lucas 7CA Unterbrecherkontakte
Getriebe	Viergang
Gabel	Teleskopisch
Hinterradaufhängung	Schwinge
Bremsen	8 Zoll TLS vorne und 7 Zoll hinten
Räder	WM 2x19 Zoll vorne und WM 3x19 Zoll hinten
Reifen	3.25x19 Zoll vorne und 4.10x19 Zoll hinten
Radstand	1428 mm
Trockengewicht	213 kg
Farbe	Aquamaringrün

Eines der Ogle-Designmerkmale, das auch bei der Serienversion beibehalten wurde, war der charakteristische »Ray-Gun«-Auspuff. Dieser sah zwar ungewöhnlich aus, war aber überraschend effektiv und hatte einen berauschenden Klang.

stest der Zeitschrift *Cycle* vom März 1970 erzielte die T150 mit 12,78 Sekunden und 166,27 km/h die zweitschnellste Viertelmeilezeit (hinter der leichteren Norton Commando). Nachdem vier serienmäßige BSA Rocket 3 in Daytona mehrere neue Geschwindigkeitsrekorde aufgestellt hatten, lobte die Triumph-Tochtergesellschaft an der Westküste ein Preisgeld von 25.000 Dollar für jeden Rekord aus, den eine Maschine mit Trident-Motor während der Bonneville Speed Week aufstellte. Zu den neuen Rekorden gehörten auch Rusty Bradleys 270,22 km/h für eine 750er mit Serienmotor und teilweiser Verkleidung, aber das führte noch immer nicht zu einer Steigerung der Verkaufszahlen. In Amerika verkaufte BSA/Triumph in diesem Jahr 7000 Triple-Motorräder, verglichen mit 30.000 Fours von Honda. Und in einer Leserumfrage der Zeitschrift *Cycle* stuften nur 4,6 Prozent die Trident als das beste Superbike ein, gegenüber 36 Prozent für die Honda Four.

1969 T120, T120R Bonneville 650

In diesem Jahr entstand die wohl beste Bonneville. Inzwischen waren fast alle Gewinde auf den UNF-Standard (Unified Fine Thread) umgestellt und Amal hatte die unzuverlässigen Vergaser verbessert. Die Nockenwellen waren gehärtet, um den Verschleiß zu minimieren. Zur Geräuschreduzierung enthielten die Auspuffrohre ein Ausgleichsrohr. Dadurch konnten die britischen Versionen endlich mit den kürzeren US-Schalldämpfern betrieben werden. Ein elektrischer Öldruckschalter befand sich nun am vorderen Kurbelgehäuse, verbunden mit einer Warnleuchte im Scheinwerfergehäuse. Die US-Versionen waren außerdem mit den unzuverlässigen SIBA-Zündspulen aus deutscher Produktion ausgestattet. Der vordere Bremszug wurde neu verlegt und das »Eyebrow«-Tankemblem machte Platz für ein neues aus Aluminium.

1969 war nicht nur ein Höhepunkt für die Bonneville in Bezug auf die technischen Daten, sondern auch in Bezug auf die Rennerfolge. Malcolm Uphill gewann die Isle of Man Production TT auf einer Bonneville mit einer Durchschnittsgeschwindigkeit von 160,92 km/h und fuhr damit die erste 100-Meilen-pro-Stunde-Runde auf einem Serienmotorrad überhaupt. Aus diesem Grund benannte Dunlop seinen K81-Reifen in TT100 um. Uphill holte sich außerdem zusammen mit Steve

Seriennummern ab 1969

Mit der Trident und der TR25W begann Anfang 1969 ein neues Seriennummernsystem im BSA-Stil. Dieses bestand aus einem zweistelligen Präfix, das den Monat und das Jahr der Produktion angab, gefolgt von einer Zahlenreihe. 1981 wurde ein dritter Buchstabe (A) hinzugefügt, um Wiederholungen zu vermeiden.

	Monat		**Jahr (Modelljahr, vom Vorjahres-September bis August)**
A	Januar	C	1969
	Februar	D	1970
C	März	E	1971
D	April	G	1972
E	Mai	H	1973
G	Juni	J	1974
H	Juli	K	1975
J	August	N	1976
K	September	P	1977
N	Oktober	X	1978
P	November	A	1979
X	Dezember	B	1980
		DA	1981–Jan 1982
		EA	Feb 1982–1983

OBEN: Die Verlegung der vorderen Bremszugs wurde 1969 verbessert.

RECHTS: Die Kotflügel wurden 1969 lackiert und die hinteren Girling-Stoßdämpfer erhielten verchromte Federn.

UNTEN: Die Bonneville von 1969 war in den neuen Farben Olympic Flame (Orange) und Silber lackiert.

1969 wurde die TR6R zur Tiger und war in Trophyrot lackiert. Sie unterschied sich von der Bonneville nur durch den einzelnen konzentrischen Amal-Vergaser.

1969 T120, T120R Bonneville *(Unterschiede zu 1968)*

Farben
Olympic Flame und Silber
Motor- und Rahmennummern
T120, T120R DU85904 bis DU90282, dann NC00100 bis HC24346

Jolly den Klassensieg beim 24-Stunden-Langstreckenrennen von Barcelona und gewann zusammen mit Percy Tait das Thruxton 500-Rennen mit einer Rekordgeschwindigkeit. Dies war ein großartiges Ereignis für die Triumph Bonneville, gefolgt von vier T120, die auf den Plätzen zwei, fünf, sechs und sieben folgten.

Die Trident mag als neues Spitzenmodell der britischen Marke angekommen sein, aber die beliebte und geschätzte Bonneville war immer noch ein ernsthafter Konkurrent um die interne Krone. Die Zeitschrift *Cycle* resümierte in ihrem Test vom März 1969: »Schon lange gehört die Triumph Bonneville zu den zwei oder drei begehrtesten Motorrädern, die heute auf der Welt hergestellt werden.«

Das klassische Instrumentenlayout der Triumph Bonneville und TR6R umfasste einen Smiths-Tachometer und -Drehzahlmesser sowie ein Amperemeter im Scheinwerfergehäuse.

1969 TR6, TR6R Tiger, TR6C Trophy 650

In diesem Jahr wurde der Name »Trophy« für die TR6 und TR6R durch »Tiger« ersetzt, obwohl »Trophy« weiterhin für die US TR6C verwendet wurde. Die TR6 verlor die Gepäckbrücke, nachdem Triumph nach einem Unfall wegen Verletzungen an den Hoden eines Fahrers verklagt wurde.

Die TR6R hatte auch die 8-Zoll-Duplexbremse der Bonneville mit überarbeiteter Zugführung. Die Farbe des TR6 war in diesem Jahr attraktiver als die der Bonneville.

1969 TR6, TR6R Tiger, TR6C Trophy

(Unterschiede zu 1968)

Farbe
Trophyrot
Motor- und Rahmennummern
TR6, TR6R, TR6C, DU87124 bis DU88524; dann NC02352 bis HC2434

1969 T100S Tiger 100, T100T Tiger Daytona, T100R Daytona, T100C Trophy 500

Nach dem enttäuschenden Daytona-Resultat 1968 beschloss Meriden, sich auf Rennen mit Serienmaschienen zu konzentrieren. Gary Nixons neunter Platz beim Daytona 200 von 1969 war das schlechteste Ergebnis seit 1960. Die Rennsport-Zukunft von Triumph lag nun bei der Trident. Was die Serien-T100 anbelangt, so führten Aktualisierungen wie gehärtete Nockenwellen, neue Kugellager auf der Steuerseite und eine verbesserte Abdichtung der Stößelrohre zu einer deutlich verbesserten Maschine. Mit der 8-Zoll-Duplexbremse vorne waren die T100T und die T100R zweifellos die bisher besten T100. Die T100S und T100C erhielten eine kleinere 7-Zoll-Vorderradbremse. Was die Leistung anbelangte, war die Daytona eine der schnellsten 500er auf dem Markt. *Motor Cycle* erreichte im Oktober 1968 eine Spitzengeschwindigkeit von 172,2 km/h.

1969 TR25W Trophy 250

Aufgrund der vielen Zuverlässigkeitsprobleme war die Einführung der TR25W im Jahr 1968 unglücklich, und für 1969 wurden zahlreiche kleinere Motoraktualisierungen vorgenommen. Ebenfalls neu in diesem Jahr waren eine außerhalb des Rahmens verlaufende Auspuffanlage und eine vordere Duplexbremse. Die TR25W Trophy litt jedoch immer noch unter einer sehr schlechten Verarbeitungsqualität. Und obwohl sie als Einsteigermodell gedacht war, wurde sie von vielen Problemen geplagt, die sich negativ auf den Ruf von Triumph auswirkten.

1969 T100S, T100T, T100R, T100C
(Unterschiede zu 1968)

Bremse vorne
8 Zoll Duplexbremse (T100T, T100R); 7 Zoll TLS (T100S, T100C)
Trockengewicht
1600 kg (T100T, T100S)
Farben
Lincolngrün und Mattsilber (T100)
Motor- und Rahmennummern
T100C H66124 bis H66976 dann XC07583 bis EC19426; T100T, T100R, T100S H65573 bis H67330 dann XC06297 bis HC24527

1969 TR25W *(Unterschiede zu 1968)*

Vergaser
28 mm Amal R928
Bremsen
7 Zoll Duplexbremse vorne
Trockengewicht
141 kg

Für ihre zweite Saison erhielt die ungeliebte TR25W eine neue Vorderbremse und eine überarbeitete Auspuffanlage.

Das 1970er Modell der UK T150 war der 69er Version sehr ähnlich, immer noch mit abgedeckten hinteren Stoßdämpferfedern. Die Seitenabdeckungen aus GFK waren schwarz.

1970

Gegen Ende 1969 war Lionel Jofeh so besorgt über die Effizienz von Umberslade Hall, dass er Bert Hopwood bat, sich die Situation anzuschauen und die Probleme zu beheben. Hopwood war entsetzt über das, was er vorfand und im Januar 1970 trat er entnervt zurück. Umberslade Hall vergeudete die Ressourcen von BSA mit zweifelhaften Projekten wie dem Ariel 3 Trike oder der Entwicklung von Edward Turners 350-cm^3-DOHC-Twin. Da der Gesamtabsatz von Motorrädern in Amerika weiter anstieg und 1969 und 1970 zusammen 638.763 Stück erreichte, blieb BSA-Chef Eric Turner optimistisch. Eine neue Trident/Rocket 3-Montageabteilung wurde in Small Heath gebaut. Meriden arbeitete mit Hochdruck daran, die US-Nachfrage nach 500- und 650-cm^3-Twins zu befriedigen. Oft produzierte man sieben Tage die Woche, weshalb in der ersten Jahreshälfte 1970 die britischen Motorrad-Exportrekorde gebrochen wurden. Im Juni 1970 schaltete Peter Thornton eine ganzseitige Anzeige in der Zeitschrift Cycle, in der es hieß: »Seit Dezember haben wir die Produktion verdoppelt und liefern die Maschinen per Luftfracht aus, sobald sie vom Band laufen.«

1970 T150 Trident 750

Aufgrund des Feedbacks der US-Händler sah sich Triumph gezwungen 1970 124 technische Verbesserungen an der T150 und der Rocket 3 vorzunehmen. Diese reichten von neuen Gussteilen und überarbeiteten Dichtungen zur Reduzierung von Ölleckagen bis hin zum Kauf einer teuren neuen Kurbelwellen-Schleifmaschine aus deutscher Produktion. Während die britische T150 optisch unverändert blieb, war die wichtigste Neuerung für die USA die Einführung eines Optik-Pakets im Februar 1970. Das bestand aus einem traditionellen Tiger 650 16-Liter-Tank und Schalldämpfern, runderen Seitendeckeln und individuellen Luftfiltern und wurde ein voller Erfolg. *Cycle Guide* stellte in seinem Test vom Juli 1970 fest: »Das Motorrad sieht leichter, schlanker und viel moderner aus.«

1970 T150 Trident
(Unterschiede zu 1969)

Leistung
60 PS bei 7250/min (US)
Reifen
3.60x19 Zoll vorne, Dunlop K81
Farben
Aquamaringrün oder Olympic Flame und Silber (UK); Frühlingsgold und Schwarz (US)
Motor- und Rahmennummern
T150 JD24849 bis ND60540

1970 T120, T120R Bonneville 650

Bis 1970 hatte sich die Bonneville zum Inbegriff der Triumph-Twin entwickelt. Da die 69er T120 bereits

GANZ OBEN: Für viele stellte die 1970er Bonneville das Ende der echten Meriden-Twins dar.

OBEN: Die Bonneville in UK-Spezifikation mit einem größeren, ovalen Tank und leicht veränderten Farben.

sehr ausgereift war, wurden nur geringfügige Änderungen vorgenommen. Der Motor erhielt eine Kurbelgehäuseentlüftung ähnlich der der Trident. Die vorderen Motorhalterungen waren nun angeschraubt und die Vorderradgabel erhielt kleinere Änderungen. Leider waren nicht alle Neuerungen Verbesserungen. Später im Modelljahr ersetzten schwarz lackierte Smiths-Instrumente die grauen Armaturen.

Die AMA erlaubte nun 750-cm³-OHV-Motoren für Dirt-Track-Wettbewerbe, verlangte für die Homolgation aber 200 Exemplare. TriCor schloss sich dafür 1970 mit dem Drag-Racer Sonny Routt zusammen, um die erforderliche Anzahl an 750-cm³-T120RT zu produzieren. Die Zusammenarbeit wurde von Rod Coates eingefädelt. Routt verfügte über ausgezeichnete Referenzen, denn zu dieser Zeit war seine zweimotorige

Frühe Renn-Triples

Nach der Niederlage in Daytona 1968 war Meriden nicht allzu begeistert von einer weiteren Beteiligung an AMA-Rennen, aber eine Änderung der Regeln, die 750er-Maschinen mit obenliegenden Ventilen erlaubte, brachte einen Sinneswandel. Der Anstoß zum Einsatz der Trident kam von Pete Colman, der den BSACI-Präsidenten Peter Thornton überredete, ein gemeinsames BSA/Triumph-Projekt zu genehmigen. Thornton stimmte einem Budget von 440.000 Dollar für die Saison 1970 zu und der BSA/Triumph-Vorstand in England beschloss, einen ernsthaften Angriff auf die neue 750er-Klasse zu starten. Gegen Ende des Jahres 1969 begann Doug Hele in Meriden mit der Entwicklung der Triple, mit der Absicht, 1970 am Daytona 200 teilzunehmen. Hele ließ die Erfahrungen aus den Rennen mit den 500er-Twins einfließen, erhöhte das Verdichtungsverhältnis auf 11:1 und bohrte die Zylinder auf maximales Übermaß auf (wie vom Reglement erlaubt). Mit einem Trio von 1³⁄₁₆ Zoll Amal-GP-Vergasern und einer speziellen 3-in-1-Auspuffanlage leisteten die Motoren rund 84 PS bei 8250/min. Ein Quaife Fünfgang-Getriebe übertrug die Leistung und Hele beauftragte Rob North mit der Herstellung von sechs Spezialrahmen. Vorne gab es eine Fontana 10-Zoll-Vorderradbremse mit vier Bremsbacken, hinten eine Lockheed-Scheibenbremse. Da die Aerodynamik immer wichtiger wurde, entwickelte man die Verkleidung im RAF-Windkanal in Farnborough. Bei ersten Tests erreichte Percy Tait mit der 170 kg schweren Triple eine Spitzengeschwindigkeit, die für Daytona ausreichen sollte.

OBEN: Fred Swift bei der Arbeit an einer der Triumph-Rennmaschinen 1970 in der Rennwerkstatt in Meriden. Jack Shemans steht in der Mitte und Arthur Jakeman im Hintergrund.

UNTEN LINKS: Gene »Burrito« Romero setzte sich in einer zermürbenden AMA-Saison 1970 gegen seine Konkurrenten durch und wurde AMA Grand National Champion.

UNTEN RECHTS: Malcolm Uphill fuhr auf einer Trident zum Sieg beim Isle of Man TT Production Race 1970.

Für Daytona stellten BSA/Triumph ein All-Star-Team zusammen, zu dem Mike Hailwood, Dave Aldana und Jim Rice auf BSA sowie Gene Romero, Gary Nixon und Don Castro auf Triumph gehörten. Percy Tait überredete Rob North, einen zusätzlichen Rahmen zu bauen und Triumph stellte schnell ein siebtes Motorrad zur Verfügung. Romero, Spitzname »Burrito«, qualifizierte sich als Schnellster, verlor aber das Rennen um drei Sekunden gegen Dick Mann auf der Honda Four.

Die Trident verlor zwar in Daytona, aber die Triple waren in der restlichen AMA-Straßenrennsaison 1970 erfolgreicher. Aldana gewann in Talladega und Nixon in Loudon. Die Triple wurde auch für Dirt-Track-Rennen angepasst, aber alle Fahrer fanden sie zu breit und schwer, mit ungeeigneter Leistungsentfaltung. In dieser Saison kämpfte Romero mit Jim Rice von BSA um die AMA-Vorherrschaft und gewann knapp die Meisterschaft. Nach einigen Versuchen die Trident 1969 im Rennsport einzusetzten, meinte es Triumph 1970 ernst. Nachdem Percy Tait beim North West 200 Production Race den zweiten Platz hinter Uphills Bonneville belegte, wurden zwei Tridents für das Isle of Man TT Production Race im Juni vorbereitet. In diesem Jahr fuhr Uphill auf einer Trident und schlug die Norton Commando von Peter Williams um nur 1,6 Sekunden. Werks-BSA- und Triumph-Triple waren auch beim 24-Stunden-Rennen Bol d'Or 1970 in Montlhéry am Start, wo Paul Smart und Tom Dickie gewannen. Die Saison 1970 hatte bewiesen, dass die Trident ein konkurrenzfähig war, doch erst 1971 wurde sie dominant.

Die 70er Bonneville unterschied sich von der 69er Version durch die neue Motorgehäuseentlüftung. Der teilverchromte Haltegriff für den Sozius war in diesem Jahr in die hintere Kotflügelstrebe integriert.

1970 T120, T120R Bonneville *(Unterschiede zu 1969)*

Farben
Sternenrot und Silber
Motor- und Rahmennummern
T120, T120R JD24849 bis ND60540

Bonneville mit 280 PS und Nitro-Methan-Antrieb das schnellste Dragster-Motorrad der Welt und schaffte die Viertelmeile in 9,10 Sekunden bei 265,54 km/h. Seine 750er-Bausätze enthielten neue Zylinder und 76-mm-Kolben und wurden in serienmäßige T120R eingebaut. Die Modifikation war so gut, dass die T120RT praktisch nicht vom Original zu unterscheiden war.

1970 TR6, TR6R Tiger, TR6C Trophy 650

Wie üblich spiegelten die TR6-Updates die der T120 wider, wobei sie auch die überarbeitete Motorentlüftung enthielt. Die US TR6C hatte nur einen Tachometer und Kotflügel aus Edelstahl.

1970 TR6, TR6R Tiger, TR6C Trophy *(Unterschiede zu 1969)*

Vergaser
30 mm Amal R930/45 Concentric (ab AD39329)
Farbe
Frühlingsgold
Motor- und Rahmennummern
TR6, TR6R, TR6C HD23795 bis ND60540

1970 T100S Tiger 100, T100T Daytona Super Sport, T100R Daytona, T100C Trophy 500

Die 500er Twin erhielt ebenfalls die neue Motorentlüftung, doch anscheinend war die Entwicklung ins

LINKS: Neu für die 70er Bonneville waren die kuppelförmigen Windtone-Hupen. Die vorderen Motoraufhängungen waren nicht mehr geschweißt sondern geschraubt.

OBEN: Die 1969 und 1970 in den USA gebauten Bonnevilles verfügten über von Lackkünster Gurley inspirierte Streifen, sogenannte Scallops, auf dem Tank.

UNTEN: Obwohl die Tiger im Schatten der Bonneville stand, erhielt sie 1970 alle Neuerungen der T120.

Das Jahr 1970 sollte auch das letzte für die Triumph 8-Zoll-Duplexbremsen an der TR6R Tiger und Bonneville sein.

Stocken geraten. Da die Arbeiten an der neuen 350 Bandit/Fury voranschritten (sie sollte die T100 ersetzen), war das Ende der T100 absehbar. Im Februar 1970 stellte *Cycle World* fest: »Die T100 ist auf der gleichen Stufe wie der Austin-Healey-Sportwagen. Beide sind so konservativ weiterentwickelt worden, dass sie vor dem Aussterbens stehen.«

1970 TR25W Trophy 250

In ihrem dritten Jahr erhielt die TR25W weitere erfolglose Modifikationen, um die Öllecks zu beheben, sowie eine neue, linksseitige Auspuffanlage. Doch nun war der Schaden angerichtet: Einige Triumph-Händler bezeichneten das Motorrad als »BSAs Rache« und es sollte die Turbulenzen von 1971 nicht überleben.

OBEN: 1970 war die T100 am Ende ihres Entwicklungszyklus, aber die Umstände sorgten für ein paar weitere Produktionsjahre. *Triumph Motorcycles America*

UNTEN: Die 70er TR25W hatte einen neuen großen Schalldämpfer auf der linken Seite mit einem Hitzeschild.

1970 T100S, T100T, T100R, T100C
(Unterschiede zu 1969)

Trockengewicht
161 kg (T100R); 154 kg (T100C)
Farben
Jacarandaviolett und Mattsilber
Motor- und Rahmennummern
T100C KD28652 bis KD60261; T100T, T100R, T100S HD27850 bis KD60280

1970 TR25W *(Unterschiede zu 1969)*

Verdichtung	10:1

Made in England

5 1971–1975

Turbulente Zeiten

Norton Villiers Triumph und die Blockade von Meriden

1971

Im November 1970 präsentierte BSA die Modellreihe 1971 mit aufwendigen Pressevorstellungen auf beiden Seiten des Atlantiks. Unter den neuen Modellen befand sich Edward Turners letzter Entwurf, die unglückselige Triumph Bandit/BSA Fury, ein 350-cm³-Twin mit doppelter obenliegender Nockenwelle, der es nie in die Produktion schaffte, und die neue Bonneville, die von Anlaufschwierigkeiten geplagt wurde. Nachdem 1970 die Produktion ausverkauft gewesen war, erwartete BSACI-Chef Peter Thornton für 1971 einen Absatz von völlig unrealistischen 50.000 Stück. Denn bis 1971 kamen BSA und Triumph in den USA auf nur noch 6,9 Prozent und lagen damit hinter allen japanischen Herstellern an fünfter Stelle des Marktes. Und im Vereinigten Königreich befand sich die BSA-Gruppe in ernsten finanziellen Schwierigkeiten. Ein Verlust von mehr als drei Millionen Pfund führte dazu, dass auf Druck der Barclays Bank Köpfe rollten, zunächst im Juni der des exxtravaganten Thornton, der von Jofeh folgte kurz darauf im Juli, während der angesehene Finanzier Lord Shawcross Ende des Jahres die Nachfolge von Eric Turner übernahm. Bei BSA-Fabrik in Small Heath mussten 3000 Arbeiter gehen, während der langjährige Triumph-Mitarbeiter Denis McCormack aus dem Ruhestand geholt wurde, um das US-Geschäft von BSACI zu leiten. Doch alles Maßnahmen kamen zu spät, Ende 1971 hatte die Gruppe 22 Millionen Pfund Schulden. Anfang 1972 musste die Produktion in Small Heath zurückgefahren werden, während Umberslade Hall schloss: BSA war praktisch tot. Auch in Meriden gab es Probleme und Streiks, doch die Marke Triumph überlebte. Und dazu holte man im Dezember 1971 Bert Hopwood zurück in den BSA-Vorstand. Er übernahm das Ressort Motorraddesign und -technik.

OBEN: Edward Turners 350-cm³-Bandit mit doppelter obenliegender Nockenwelle war sein endgültiger Entwurf. Hier zu sehen mit seiner rechten Hand, Jack Wickes (links). Der Film »The Bandit« wurde zwar groß angekündigt, aber nie gedreht.

GEGENÜBER: Nicht nur die Gabel war neu, auch der Kotflügel war jetzt kürzer, leichter und weniger ausladend. Neue Haltestreben für Scheinwerfer und Kotflügel sparten ein wenig an Gewicht, während die neue, konische 8-Zoll-Vorderradbremse zwar effizient aussah, aber tatsächlich weniger effektiv war als ihre Vorgängerin.

Die Trident wurde 1971 neu gestaltet. Alle Versionen hatten nun den kleineren Benzintank. Zu den weiteren Neuerungen gehörte eine Ceriani-Gabel mit freiliegenden Standrohren.

1971 T150 Trident 750

Wegen der Schwierigkeiten bei der Einführung der 1971er 650er Twins, die zu einem dreimonatigen Produktionsstopp geführt hatten, beließ man es bei der Trident hauptsächlich bei etwas Kosmetik. Später im Jahr wurde auch ein Fünfganggetriebe als Option angeboten, das aber erst 1972 verfügbar war. Außerdem erhielten alle Tridents den klassischen Benzintank und die vereinfachten Seitendeckel des 1970er Modelljahres. Neu war jedoch die moderner aussehende Vorderradgabel im Ceriani-Stil ohne Faltenbälge, reduzierte Schutzbleche, Schutzblech- und Scheinwerferstreben aus Stahl, zwei megaphonartige Schalldämpfer und eine zum Fading neigende konische 8-Zoll-Vorderradbremse. Der Test vom Juli 1971 im Cycle Magazine hielt die Bremse angesichts der Trident-Fahrleistungen und auch des Gewichts für ungenügend und riet, die »super effektive Scheibenbremse« aus dem Motorsport zu verbauen, denn die Leistungen war beeindruckend. Kein anderes Motorrad absolvierte die Viertelmeile in 12,9 Sekunden und hatte dann 165,33 km/h auf dem Tacho.

1971 T150 Trident *(Unterschiede zu 1970)*

Verdichtung	9:1
Reifen vorne	4.10x19 Zoll Dunlop K81
Radstand	1447 mm
Trockengewicht	209 kg
Farben	Spring-Gold oder Schwarz
Motor- und Rahmennummern	T150 NE01436 bis HE30869

Der P39-Rahmen: 1971 T120R Bonneville, TR6R Tiger, TR6C Trophy 650

1969 kündigte BSA an, für die vorhandenen Motoren neue Rahmen zu konstruieren. Erstes Resultat dieser Bemühungen war der Rahmen mit der internen Bezeichnung »P39«. Er war in Umberslade Hall in dreieinhalbjähriger Arbeit entwickelt worden. Erstmals war ein Triumph-Rahmen komplett geschweißt, außerdem handelte es sich um den ersten Duplex-

Rundstreckenrennen 1971: Das Jahr der Triple

BSA/Triumph litt zwar unter Finanznot, aber betrachtete den Rennsport immer noch als wichtiges Verkaufsinstrument und 1971 sollte Triumphs bestes Jahr auf der Rennstrecke werden. Für das Daytona 200 von 1971 baute Meriden vier neue Motorräder, zwei Triumph und zwei BSA, die neben sechs modifizierten 1970er-US-Modellen laufen sollten. Rob North fertigte neue Rahmen und konstruierte, da die Fontana-Trommelbremse zum Fading neigte, eine breitere, niedrigere Gabel zur Aufnahme einer Lockheed-Doppelscheibenbremsanlage. Da der neue Vorderbau auch niedriger war, gab's den Spitzenamen »Low Boy« dafür. Dazu kamen spezielle »Squish«-Kolben mit speziellen Brennräumen und Amal Concentric-Vergaser, obwohl die meisten Motorräder in Daytona mit den früheren GP-Vergasern liefen. Die Leistung des »Squish«-Motors lag bei rund 85 PS, die Haltbarkeit war ob der hohen Verdichtung aber ungewiss.

Hattrick für BSA/Triumph in Daytona. Auf dem Siegerpodest nach dem Rennen (von links): der Zweitplatzierte Gene Romero, Sieger Dick Mann (auf einer BSA) und der Drittplatzierte Don Emde, ebenfalls auf einer BSA. Emdes fuhr ein 70er-Modell, noch mit einer Fontana-Vorderradbremse.

Das Aufgebot für Daytona war beachtlich. Für Triumph starteten Paul Smart, Gene Romero, Don Castro, Tom Rockwood und der verletzte Gary Nixon. BSA hatte ein ebenso starkes Team, darunter der Sieger von 1970, Dick Mann, der großartige Mike Hailwood, Jim Rice, Dave Aldana und Don Emde. Nur Smart, Romero, Mann und Hailwood erhielten die neuen »Low Boys«, und Smart stellte sich mit einer Runde von 169,28 km/h auf die Pole. Im Rennen lag Smart bis elf Runden vor Schluss in Führung, dann platzte sein »Squish«-Motor. Mann übernahm die Führung und gewann mit 167,57 km/h mit einem konservativer abgestimmten Motor und GP-Vergasern. Romero wurde erneut Zweiter, gefolgt von einem jungen Don Emde als Dritter, was BSA/Triumph das komplett Podium sicherte. Dick Mann gewann 1971 mit seinem BSA-Triple die Grand National Championship, wobei Romero Zweiter wurde – zum letzten Mal hatten britische Bikes bei den AMA-Meisterschaft triumphiert.

Auf der anderen Seite des Atlantiks punktete BSA/Triumph bei den »Easter Anglo-American Match Races«. Bei dieser Serie, die in Brands Hatch, Mallory Park und Oulton Park ausgetragen wurde, trat ein Team aus Großbritannien gegen ein Team aus Amerika an. Da alle Fahrer auf BSA- und Triumph 750-Triples saßen, war diese Serie in erster Linie eine Marketingveranstaltung mit dem besseren Ende für die Briten, denn den Amerikanern fehlte die Erfahrung auf den eher kurzen britischen Kursen. Auf der Isle of Man war die Konkurrenz härter, doch Tony Jeffries siegte auf seiner Triumph Trident im F750-Rennen mit 164,57 km/h, während Ray Pickrell das 750er-Serienrennen auf Slippery Sam gewann. Im gesamten Jahr 1971 dominierten die BSA/Triumph-Triple in britischen 750er-Meisterschaft scheinbar nach Belieben, und mit North-Rahmen waren die Briten auch beim Bol d'Or in Le Mans nicht zu schlagen. Percy Tait holte sich gemeinsam mit Ray Pickrell den Sieg. Doch so spektakulär die Erfolge 1971 auch waren – die Kosten waren es auch: Für die AMA-Saison 1972 meldeten Triumph und BSA jeweils nur einen Werksfahrer, mehr war nicht drin.

Attraktivere, konische Schalldämpfer im Megaphon-Stil ersetzten 1971 die »Ray Gun«-Schalldämpfer.

1971 erhielten nur die 650er-Modelle den neuen P39-Rahmen. Abgesehen von der attraktiven blauen Farbe und dem Einzelvergaser war die TR6R identisch mit der T120R.

Rahmen seit 1962. Das wichtigste Merkmal war jedoch ein 4-Zoll-Rückgratrohr, das als Ölreservoir diente. Das machte den Rahmen viel stabiler als zuvor, doch die Meriden-Ingenieure Bert Hopwood und Doug Hele waren eigentlich dagegen. Zumal es anfangs Probleme gab. Es dauerte drei Monate, bis Meriden die Zeichnungen von Umberslade Hall erhielt; das Werk stand mehr oder minder still. Man baute einige 500er Daytonas und Bonneville-Motoren auf Halde und als die Rahmen schließlich gebaut werden konnten, verloren die ersten Motorräder viel Öl und die Motoren passten nicht. Erst kurz vor Weihnachten 1970 lief die Serienfertigung an. Leider war die verspätete Einführung nur eines der Probleme, mit denen die Bonneville 1971 zu kämpfen hatte. Der P39-Rahmen erhöhte die Sitzhöhe um drei Zentimeter und machte die Bonneville zum hochbeinigsten Straßenmotorrad in dieser Hubraumklasse. Da der Rahmen steifer war, waren auch die Motorvibrationen stärker ausgeprägt. Später im Jahr wurde ein Fünfganggetriebe als Option für die T120RV angeboten, geliefert aber wurde es erst 1972.

Andere Fahrwerkskomponenten ähnelten denen der T150 Trident, darunter die Gabel im Ceriani-Stil, konische Nabenbremsen, schmale Kotflügel und konische Schalldämpfer. Blinker und neue Lucas-Schalter aus Aluminiumguss gehörten nun ebenfalls zur Standardausrüstung. Der Hauptständer war völlig unbrauchbar. Da dieser aus dünnwandigem Rahmenrohr geschweißt war, brach er öfter, was dazu führte, dass man den Seitenständer nutzte. Nach Händleraussagen brachen die unterdimensionierten Kotflügel- und Scheinwerferstreben ebenso wie die Nähte an der

1971 T120R, TR6R, TR6C
(Unterschiede zu 1970)

Vergaser
Amal R930/66 Concentric, R930/67 30 mm (T120R); R930/60 (TR6)
Radstand
1422 mm
Trockengewicht
173 kg (T120R); 172 kg (TR6)
Farben
Tiger-Gold (T120R); Pacific-Blau (TR6)
Motor- und Rahmennummern
T120R NE01436 bis HE30869; TR6R, TR6RV, TR6C PE003157 bis HE028817

GANZ LINKS: Mit ihrem schmalen Benzintank folgte die TR6RI der bisherigen traditionellen Linie.

LINKS: Die konische 8-Zoll-Vorderradbremse stellte keine Verbesserung dar.

Tankunterseite wegen der starken Vibrationen, auch wenn die Gabel und die Schalldämpfer als Verbesserungen galten. Doch in der Gesamtheit waren die neuen Maschinen so überstürzt und unausgereift auf Band gelegt worden, dass der Modelljahrgang 1971 nur als Desaster bezeichnet werden konnte. Ein düsterer Auftakt zum Niedergang der gesamten englischen Motorradindustrie. Der Presse damals indes gefiel die neue Bonneville: Cycle World lobte im Mai 1971 die »präzisen Fahreigenschaften« der T120 und stellte fest: »Diese Maschine ist eine der besten von Triumph.«

Auch die TR6R Tiger und die TR6C Trophy erhielten den P39-Rahmen. Die Tiger war eine anders lackierte Bonneville mit anderem Zylinderkopf und Einfachvergaser. Bei der Trophy handelte es sich um eine Tiger mit linksseitig nach oben gezogenem Auspuff und verchromten Kotflügeln.

1971 T100R, T100C
(Unterschiede zu 1970)

Trockengewicht
161 kg (T100R); 155 kg (T100C)
Farbe
Olympic Flame
Motor- und Rahmennummern
T100C KE00058 bis GE25135; T100R KE00001 bis HE25250

Die T100C von 1971 war im Grunde ein Überbleibsel aus dem Jahr 1970, verfügte nun aber über Blinker sowie neue Schalter und Rücklichter. Es war das letzte Jahr für die T100C.

1971 T100R Daytona, T100C Trophy 500

Während Meriden auf die P39-Rahmen wartete, konzentrierte sich die Produktion auf die T100R 500 Daytona und die T100C Trophy. In diesem Jahr wurde die T100R Daytona für UK- und US-Markt vereinheitlicht. Sie und die T100C waren quasi Übernahmen aus dem Vorjahr. Die Motoren erhielten stärkere Pleuel, alle Modelle bekamen Blinker serienmäßig.

Die T25T Trail Blazer kam 1971 und blieb nur ein Jahr. Der Aluminiumtank, das 20-Zoll-Vorderrad und die kleine Vorderradbremse unterschieden sie von der T25SS. Der Rahmen fungierte auch als Ölreservoir. Die Kettenspannung wurde über eine Nockenplatte am Schwingendrehpunkt reguliert.

1971 T25SS Blazer, T25T Trail Blazer 250

Zur umfangreichen Produktpalette, die Ende 1970 eingeführt wurde, gehörten auch zwei neue 250er: die T25SS Blazer Street Scrambler und die T25T Trail Blazer. Dabei handelte es sich um BSA -Victor-Varianten. Während der 250-cm^3-Einzylinder-Vollaluminiummotor von der vorherigen TR25W stammte, war der Rahmen eine Version der Mk IV BSA-Werksmotocross. Der Unterzug diente als Ölreservoir, der Lenkkopf lief in Kegelrollenlagern und der Kettenexzenter war am Schwingendrehpunkt gelagert. Beide Modelle verfügten über eine neue Aluminium-Vorderradgabel, doch während die T25SS ein 18-Zoll-Vorderrad und die doppeltwirkende 8-Zoll-Vorderradbremse von Trident und Bonneville hatte, verfügte die T25T über eine geländetauglicheres 20-Zoll-Vorderrad und eine kleine, einfach wirkende Vorderradbremse. Doch während das Fahrwerk eine Verbesserung darstellte, blieb der lästige BSA-Motor erhalten und realistisch betrachtet hatte dieser keine Chance gegen die neue Generation japanischer Straßen- und Trail-Bikes. Nach nur einem Jahr wurde die Blazer eingestellt und es sollte keine leichten Triumph mehr geben.

1971 T25SS, T25T
(Unterschiede zu 1970)

Leistung
22,5 PS bei 8250/min
Bremsen vorne
8 Zoll TLS (T25SS); 6 Zoll SLS (T25T)
Reifen
3,25x18 Zoll vorne und 3,50x18 Zoll hinten (T25SS);
3,00x20 Zoll vorne und 4,00x18 Zoll hinten (T25T)
Radstand
1371 mm
Trockengewicht
132 kg (T25SS); 130 kg (T25T)
Farbe
Tangerine

1972

Produktionsverzögerungen, die durch die Einführung des P76-Rahmens verursacht wurden, führten dazu, dass BSA und Triumph den größten Teil der US-Verkaufssaison 1971 verpassten. Deshalb standen im Mai 1971 11.000 BSA und Triumph in den USA auf Halde. Hinzu kam, dass bei den 71er Modellen alarmierend viele Garantieansprüche geltend gemacht wurden. Der Händler John McCoy erinnert sich: »Der durchschnittliche BSA/Triumph-Händler in den USA war so enttäuscht von den Motorrädern, dass er so wenig Aufwand wie möglich betrieb … und die Erfahrungen des Kunden … waren nicht immer so, wie sie hätten sein sollen.«

Im April 1972 ging Denis McCormack in den Ruhestand, die Barclays Bank ersetzte ihn durch Dr. Felix Kalinski. Der leitete zwar sofort einen Ausverkauf der Lagerbestände ein, konnte aber dadurch die ernste finanzielle Lage des Konzerns kaum verbessern. Darüber hinaus ging ein Großteil der 72er Verkaufssaison in den USA verloren, da gut 5000 Maschinen fehlten, die wegen der Arbeitskämpfe im überbesetzten Werk Meriden nicht produziert wurden. Um Geld zu beschaffen, verkaufte BSA das Gelände in der Armoury Road und die Sportplätze in Birmingham und hoffte ansonsten auf bessere Zeiten, die mit Hopwoods neuer modularer Motorenbaureihe von 200 cm³ bis zu einem Fünfzylindertriebwerk mit 1000 cm³ reichen sollte. Außerdem hatte man eine Lizenz von Audi-NSU zur Entwicklung eines Kreiskolbenmotors gekauft und sinnierte über eine Dreizylinder-Thunderbird III mit 830 cm³. Nichts davon klappte und angesichts der zunehmenden Verluste wandte sich Lord Shawcross an die britische Regierung, um ein Rettungspaket zu erhalten. Da sich ganz Großbritannien in einer Wirtschaftskrise befand, lehnte die konservative Regierung ein Eingreifen ab, bot aber bis zu 20 Millionen Pfund für eine Fusion von BSA mit der Firmengruppe Norton-Villiers von Dennis Poore.

Die Gespräche zwischen BSA und Norton-Villiers begannen Ende November 1972 und weil Poore, der selbst ernannte Retter des britischen Motorradsports mit starken Verbindungen zur Tory-Partei, sich durchsetzte, kam es zum Zusammenschluss. Die Fusion wurde von der stark gewerkschaftlich organisierte Belegschaft in Meriden sehr kritisch gesehen, denn seit den Tagen von Edward Turner waren Norton und Triumph schärfste Rivalen und Poore hatte das falsche Parteibuch. So war es nicht verwunderlich, dass der gesamte Deal in Meriden mit großem Misstrauen betrachtet wurde.

1972 T150, T150V Trident 750

Obwohl die BSA Rocket 3 im Januar 1972 serienreif war, entstanden in Small Heath weiterhin nur Dreizylinder, während die Produktion der Trident nach Meriden verlegt wurde – keine gute Idee angesichts der häufigen Streiks. Neu in diesem Jahr war ein größerer, flacherer Benzintank für britische Tridents und später im Jahr die T150V mit Fünfganggetriebe. Die ersten Exemplare dieser Schaltbox, die auf einem Entwurf des Rennfahrers Rod Quaife basierten, waren äußerst problematisch, da sie schon bei mäßiger Beanspruchung kaputtgingen und zu Garantieproblemen führten. Wenn es aber funktionierte, stellte das enger gestufte Fünfganggetriebe einen wesentlichen Fortschritt dar. Laut Cycle Guide war die T150 von 1972 ein enormer Fortschritt gegenüber der Rocket 3: »Wenn wir eine große Tourenmaschine suchen würden, würden wir am ehesten diese kaufen.«

Trotz aller Probleme stellte BSA 1971 britischen Rennfahrern noch Renn-Triples und Werksmechaniker zur Verfügung. In den US setzte die Triumph Corporation in Duarte, Kalifornien, die Unterstützung der Fahrer Romero und Mann fort. Ihre 1972er Maschinen waren mit in den USA hergestellten Versionen des North-Rahmens ausgestattet. In Daytona konnten die BSA/Triumph-Maschinen dennoch nicht an ihre Glanzvorstellung aus dem Vorjahr anknüpfen und Eddie Mulder wurde als Sechster der bestplatzierte Fahrer.Zumindest in den USA endeten die Tage der Triumph-Dominanz, da die Viertakter unter der Welle neuer Zweitakter untergingen. Im Vereinigten Königreich blieb Ray Pickrell mit seiner von Arthur Jakeman vorbereiteten F750 Trident an der Spitze, gewann die Formel 750 TT auf der Isle of Man mit 167,74 km/h und stellte mit 170,08 km/h einen neuen Rundenrekord auf. Tony Jeffries wurde auf einer ähnlichen Maschine Zweiter.

Die Trident von 1972 wurde im trendigen Königsviolett lackiert. US-Versionen wie diese behielten den kleineren Benzintank bei, britische Exemplare hatten jedoch einen größeren mit Seitenpads.

Die Seitenabdeckungen bekamen für dieses Jahr eigene Aufkleber.

Die Fünfgang-T150V erschien erst spät in der Saison '72. Das Getriebe war zunächst problematisch, da viele der Zahnräder schlecht gehärtet und spröde waren.

1972 T150, T150V Trident
(Unterschiede zu 1971)

Getriebe
Fünfgang (T150V)
Farbe
Regal-Violett

1972 unterstützte BSA nur noch den TT-Einsatz, Ray Pickrell gewann erneut die Production TT, dieses Mal mit einem Schnitt von 160 km/h.

1972 T120R, T120RV Bonneville, TR6R, TR6RV Tiger, TR6C Trophy 650, T100R Daytona 500

Wegen der zahlreichen unverkauften Modelle des 71er Jahrgangs wurden die 650er für 1972 kaum geändert. Im Laufe des Jahres kamen ein neuer Zylinderkopf und ein neues Kipphebelgehäuse ohne separate Wartungsdeckel, die sich immer losvibriert hatten. Außerdem wurde die Fünfgang-Bonneville und die ähnliche TR6V Tiger nun endlich eingeführt, zum Aufpreis von 200 Dollar. Die bedeutendste Änderung betraf jedoch das Fahrgestell. Meriden reduzierte endlich die Sitzhöhe auf 79 cm, die durch eine Kombination aus kürzeren Gabel-

Die Bonneville hatte 1972 eine deutlich niedrigere Sitzhöhe und optional war ein Fünfganggetriebe erhältlich.

1972 T120R, T120RV, TR6R, TR6RV, TR6C, T100R
(Unterschiede zu 1971)

Getriebe
Fünfgang (T150V)
Trockengewicht
175,5 kg (T120R); 175 kg (TR6)
Farben
Tiger-Gold und Weiß (T120R); Polychromatic und Weiß (TR6); Cherry-Rot und Weiß (T100R)
Motor- und Rahmennummern
T120R T120RV ab HG30870; TR6R, TR6RV, TR6C JG033084 bis EG057252; T100R JG32303 bis GG59646

federn und Dämpfern, einer abgepolsterten Bank und einem um 7,5 cm niedrigeren Heckrahmen erzielt wurde. Inlandsmodelle wiesen noch immer den typischen großen Tank mit seitlichen Auflagen auf, gegen Ende der Saison wurde für die US-Versionen ein schmalerer Tank mit 9,5 Litern Volumen angeboten. Dies war auch das letzte Jahr für die TR6C Trophy. Da in Meriden weiterhin Produktionsprobleme auftraten, entstand lediglich eine einzige Halbliter-Triumph, und bei der handelte es sich um die Vorjahres-T100R Daytona.

Das Urteil der Presse über den 1972er Jahrgang fiel überraschend positiv aus, doch nicht nur Cycle World störte sich am Preis von 1725 US-Dollar für eine

OBEN: Die Triumph Trident F750 mit North-Rahmen aus dem Jahr 1972 entstand angeblich schon 1971. Sie war wohl die beste 750-cm^3-Viertakt-Rennmaschine der frühen 1970er-Jahre.

LINKS: Ray Pickrell war einer der besten Triple-Piloten, hier 1972 in Cadwell zu sehen. Ein schwerer Unfall beim Mallory Race of the Year 1972 beendete Pickrells glänzende Karriere. Seine Popularität sorgte aber dafür, dass er trotzdem den englischen *Motor Cycle News* »Man of the Year«-Preis gewann.

Mit Fünfganggetriebe und vorderer Scheibenbremse war die Trident endlich den anderen Superbikes ebenbürtig. Die britische Version erhielt 1973 eine neue Optik und zwei verschiedene Arten von Schalldämpfern standen zur Wahl.

T120RV. Auch wenn die Bonneville »eindeutig einer der Roadster mit dem besten Fahrverhalten in ihrer Klasse« darstellte und sie die erste Bonneville war, die den Standardsprint über die Quartermile in unter 14 Sekunden absolvierte (13,91 Sekunden bei 152,13 km/h), wirkte sie zusehends veraltet in einer sich verändernden Welt: »Sicher vibriert sie, und ganz bestimmt verliert sie Öl. Aber sie ist britisch. Was soll's.«

1973

Im März 1973 kam es zu Kursstürzen an der Börse. Die Aktien der BSA Group brachen dramatisch ein, was sich unmittelbar auf die Produktion in Meriden auswirkte und den Deal mit Norton-Villiers beschleunigte. Weitere 300 Arbeiter verloren ihren Job, aber etwas überraschend erzielte Triumph in diesem Quartal noch Gewinn. Die britische Regierung pumpte außerdem fast fünf Millionen Pfund in das neue Unternehmen. Im Juli 1973 erstand Norton Villiers Triumph (NVT) aus der Asche des einst großen BSA-Konzerns. Einen Monat später, im Alter von 72 Jahren, starb Edward Turner und Bert Hopwood trat zurück, nachdem er mit Dennis Poore keine gemeinsame Linie über die zukünftige Ausrichtung des Unternehmens hatte finden können. Poore indessen plante, Meriden an Jaguar zu verkaufen und die gesamte Motorradproduktion nach Small Heath und zu Norton nach Wolverhampton zu verlagern. Am 14. September 1973 teilte er in Meriden der schockierten Belegschaft mit, dass die Belegschaft bis zum 30. November um ein Drittel und bis zum 1. Januar 1974 um ein weiteres Drittel reduziert werden würde. Vier Wochen später, am 1. Februar, sollte die komplette Schließung des Werks erfolgen. Die Reaktion der Arbeiter erfolgte umgehend: Sie besetzten sofort die Fabrik und stellten Streikposten auf. Die Aktion dauerte 18 Monate, wovon sich Meriden nie wieder erholt hat. In Amerika fusionierten Norton-Villiers und BSACI im Dezember 1973 zum neuen Unternehmen Triumph-Norton Inc. (TNI) mit Hauptsitz im kalifornischen Duarte.

1973 T150V Trident 750

Die Trident war endlich so gut, wie sie schon vier Jahre zuvor hätte sein sollen. Alle Modelle verfügten nun über das Fünfganggetriebe und eine vordere Scheibenbremse von Lockheed. Die britischen Versionen erhielten neue Schalldämpfer, die US-Varianten hatten einen Hochlenker und für alle gab es neue Farben, eine polierte Hinterradnabe und größere verchromte Kotflügel vorne und hinten. Das Cycle-Magazin verglich die neue Trident mit den Superbikes der Saison 1973 und kommentierte: »Die Triumph Trident gefiel im Test am besten.« Auch in puncto Handling überzeugte sie, denn sie bot »die beste Kombination aus Kurvenverhalten und Fahrstabilität.« Und trotz neuer, leiserer Schalldämpfer lief die Fünfgang-Trident erheblich schneller als zwei Jahre zuvor und absolvierte die Quartermile in 12,718 Sekunden bei 170,6 km/h. Das reichte im Vergleich zu einem dritten Platz. Trotz dieses guten Ergebnisses war aber jedem klar, dass auch eine Trident mit Scheibenbremse und Fünfganggetriebe gegenüber den japanischen 750ern veraltet war. Die Werbung machte aus der Not eine Tugend und umschmeichelte potenzielle Kunden mit den Worten: »Sie (die Trident) ist sehr selten. Sie ist eine Expertin.«

1973 gab es kein offizielles Rennbudget mehr, und während Percy Tait, Tony Jeffries und die anderen sich in der F750 weiterhin mit North-Frame-Triples abmühten, wurden sie in England von Peter Williams' John-Player-Nortons deklassiert und in den USA von den Zweitaktern überholt. Immerhin: Tony Jeffries gewann auf *Slippery Sam* die Production TT.

Trotz eines Hagelsturms und extrem nasser Straßen holte sich Tony Jeffries 1973 den Sieg bei der Production TT auf der *Slippery Sam*, der Trident von Les Williams. *Slippery Sam* gewann dieses Rennen fünf Jahre in Folge, von 1971 bis 1975. Die Vorderradbremse stammte von Fontana, sie hatte vier Bremsbacken anstelle einer Scheibe und die Schalldämpfer entsprachen dem früheren »Ray-Gun«-Design.

1973 T150V Trident
(Unterschiede zu 1972)

Bremse vorne
10 Zoll Lockheed-Scheibe
Radstand
1473 mm
Farben
Jet-Schwarz und Rot

1973 T120R, T120RV, T140V Bonneville, TR6R, TR6RV, TR7RV Tiger 650 and 750

Angesichts der Lage rund um BSA und Meriden war es überraschend, dass die Twins dieses Jahr so viele Updates erhielten. Die 650 T120R Bonneville und die 650 TR6R Tiger wurden 1973 sowohl für den Heimatmarkt als auch für den Export meistens mit dem alten (hohen) Rahmen weitergebaut. Die wichtigste Entwicklung war die Einführung der neuen 750

weiter auf Seite 140

Die TRX75 Hurricane 750

Die X75 Hurricane entstand auf Privatinitiative von Don Brown und Craig Vetter. Kurz nach Premiere der Rocket 3/Trident hatte Don Brown (in den USA verantwortlich für den BSA-Verkauf an der Westküste) dem Verkleidungshersteller Craig Vetter eine neue Rocket 3 zur Verfügung gestellt mit der Maßgabe, daraus ein Custom-Sportbike im US-Stil zu machen. Brown schwebte dabei eine Custom-Thunderbird vor, wie er sie Anfang der 50er gefahren hatte: eine schlanke Maschine mit perfekten ausgewogenen Linien. Niemand bei BSA wusste von dem Projekt, es wurde aus der Portokasse von BSA Inc. finanziert.

1969 bereitete Vetter einen Prototyp vor und präsentierte seine Kreation im Oktober der BSACI. Der Prototyp wurde an Stephen Mettam, den Chef-Stylisten der BSA Group, in Umberslade Hall verschickt. Hier wurde der Prototyp sorgfältig vermessen und analysiert, bevor er nach Amerika zurückgeschickt wurde, um auf dem Cover der Septemberausgabe 1970 von *Cycle World* zu erscheinen. Als die Produktion der Rocket 3 auslief, wurde das Projekt Meriden übertragen. Nach einer dreijährigen Entwicklungszeit schaffte es die X75 schließlich

OBEN: Craig Vetters X75 Hurricane war das erste werkseitig angebotene Custombike und eines der erfolgreichsten. Die Abgasanlage war einzigartig und die einteilige Glasfaser-Tank- und Sitzeinheit bahnbrechend. Dabei hatte Vetter eigentlich nur beabsichtigt, der Triple einen neuen Look zu verpassen.

RECHTS: Nicht unbedingt praktisch – der Benzintank fasste nur 6,3 Liter. Die GFK-Verkleidung sorgte für eine schmale Taille, die Sitzbank war eher etwas für Solisten.

LINKS OBEN: Als Rennfahrer hätte Vetter eine Scheibenbremse bevorzugt, aber BSA liefert sie nicht. Vetters Prototyp verfügte daher über eine massive Trommelbremse. Da die Maschine genau so gebaut werden sollte, wie Vetter sie entworfen hatte, kam eine Trommelbremse anstelle der Lockheed-Scheibe der T150 Trident zum Einsatz. Außerdem gab es leichte Borrani-Aluminiumfelgen, einen kurzen Kotflügel sowie neue, polierte Gabelbrücken.

LINKS UNTEN: Die rechtsseitig verlegte Drei-in-Drei-Auspuffanlage basierte auf der 1969er BSA Rocket 3 Flat Tracker und schränkte die Schräglagenfreiheit ein. Da damit die neuen amerikanischen Lärm- und Emissionsvorschriften nicht einzuhalten waren, wurden alle nach Januar 1973 gebauten US-Hurricanes rückdatiert.

im September 1972 in die Produktion. Und obwohl zunächst nur 500 Exemplare vorgesehen waren, wurden schließlich rund 1200 Stück gebaut (je nach Quelle zwischen 1154 und 1175 Stück). Die Hurricane sorgte 1973 für Aufsehen, denn, so das *Cycle Magazine*: »Der Bau des Bikes erforderte viel Mut – jede Maschine, die vom sorgfältig ausgefeilten Mittelweg der stilistischen Normalität abweicht, geht beim Verkauf ein großes Risiko ein und genau das tut die Hurricane. Sie vollzieht den größten Bruch mit der Normalität in der jüngeren Motorradgeschichte.«

Craig Vetters Konzept mag unpraktisch gewesen sein, aber die X75 Hurricane war der Inbegriff eines Werks-Custom-Motorrads.

1973 TRX75 Hurricane
(Unterschiede zur 1973er T150V)

Leistung
60 PS bei 7250/min

Getriebe
Viergang (bei frühen Modellen)

Bremse vorne
8 Zoll Duplexbremse

Radstand
1524 mm

Trockengewicht
208 kg

Farbe
Camaro-Hugger-Rot

OBEN: Mit den nach vorne geneigten Zylindern erinnerte der Motor der X75 eher an BSA Rocket 3 als an Triumph Trident. Er verfügte wie bei Vetters Prototyp über verlängerte Zylinderkopfrippen. Der Doppelschleifen-Rahmen stammte von BSA.

LINKS: Diese Seitenansicht war die Schokoladenseite des Entwurfs, denn nichts lenkte vom Motor ab. Die fünf Zentimeter längere Vordergabel betonte den Chopper-Look der X75. Offiziell wurde die Hurricane schon 1972 gebaut, doch das nur, um den Anbau der ab 1973 vorgeschriebenen Blinker zu vermeiden.

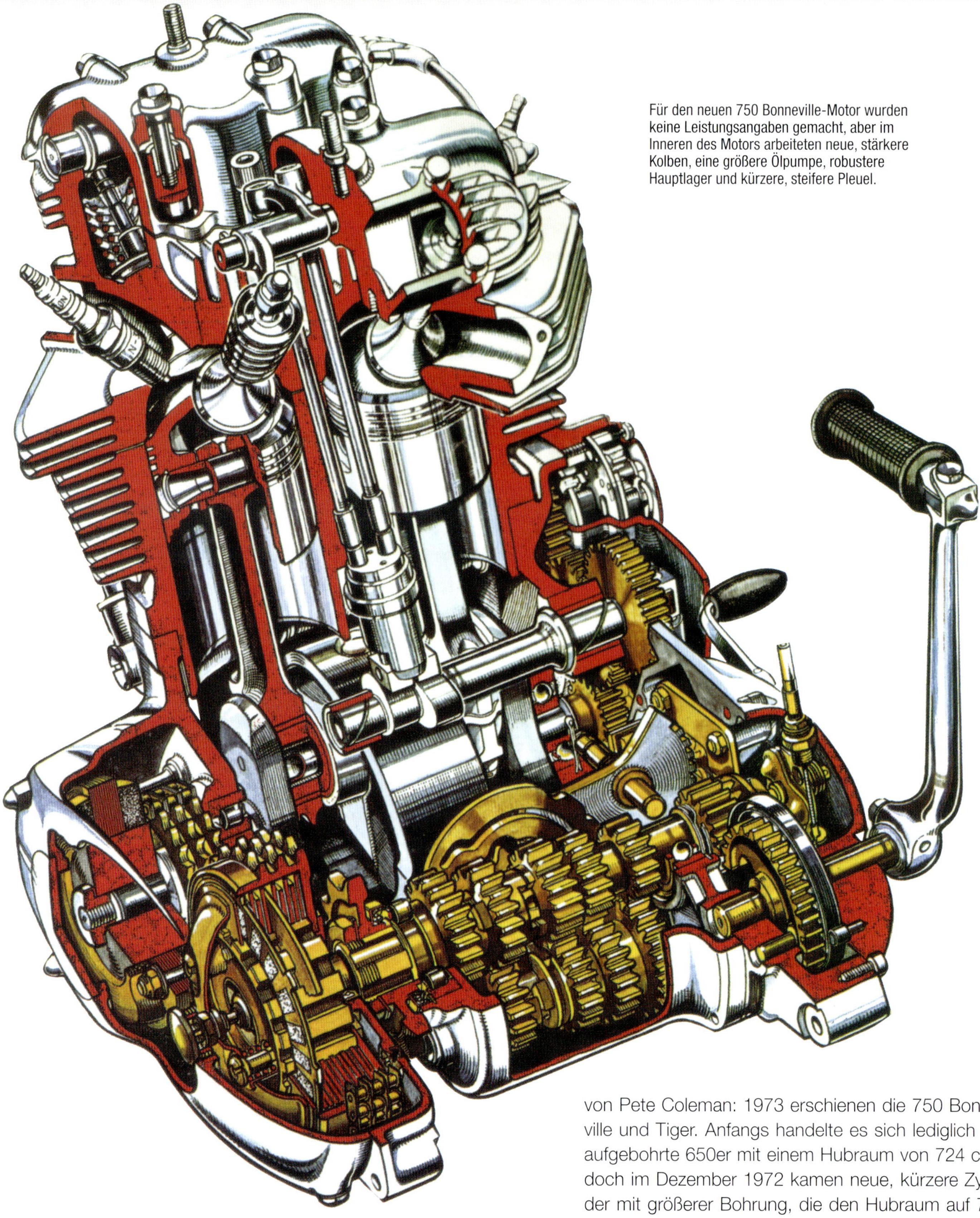

Für den neuen 750 Bonneville-Motor wurden keine Leistungsangaben gemacht, aber im Inneren des Motors arbeiteten neue, stärkere Kolben, eine größere Ölpumpe, robustere Hauptlager und kürzere, steifere Pleuel.

GEGENÜBER: Der 750er-Motor hatte überarbeitete Wartungsdeckel für die Kipphebel, kürzer bauende Zylinder und einen mit zehn Bolzen verschraubten Zylinderkopf. Dieses Exemplar vom März 1973 hat zwar die kürzeren Zylinder, aber weder den anderen Zylinderkopf noch das neue Kurbelgehäuse.

Fortsetzung von Seite 137

T140V und TR7RV Tiger. Alle Modelle hatten die T150 Trident-Gabel und die Lockheed-Scheibenbremse. Optional für die T120R und TR6R war ein verstärktes und verbessertes Fünfganggetriebe. Nach Einführung der überarbeiteten 750er im Dezember 1972 erhielten die 650er deren Kurbelgehäuse. Die britischen 650er-Twins aus dem frühen 73er Modelljahr behielten die Farben und lackierten Kotflügel von 1972 bei.

Die Amerikaner forderten schon seit mehreren Jahren einen 750-cm^3-Twin und trotz Bert Hopwoods Widerwillen beugte sich Meriden schließlich dem Druck von Pete Coleman: 1973 erschienen die 750 Bonneville und Tiger. Anfangs handelte es sich lediglich um aufgebohrte 650er mit einem Hubraum von 724 cm^3, doch im Dezember 1972 kamen neue, kürzere Zylinder mit größerer Bohrung, die den Hubraum auf 744 cm^3 erhöhten. Durch diesen insgesamt weniger hoch bauenden Motor konnten die Kipphebelgehäuse beim Ein- oder Ausbau des Motors an Ort und Stelle belassen werden. Der neue Zylinderkopf verfügte über zehn Stehbolzen. Neu war auch die Ölpumpe.

Optisch fielen sofort die dickeren verchromten Kotflügel auf. Wie gehabt, unterschieden sich die englischen und amerikanischen Modelle bei der Ausführung von Lenker und Tank.

Die Tester des *Cycle*-Magazins waren von ihrer TR7RV weniger begeistert: »Vibrationen sind überall spürbar«, lautete ihr Urteil, während *Cycle World*

TRIUMPH
NEVILLE 750
TRIUMPH

OBEN: Die mit der T150V Trident gemeinsam genutzte Lockheed-Scheibe war eine deutliche Verbesserung gegenüber der Trommelbremse. Der Bremssattel trug eine verchromte Abdeckung.

RECHTS: Die Sitzbank wurde 1973 neu profiliert und die größere Rücklichthalterung aus Aluguss bekam ein größeres Lucas-Glas. Die Scheinwerferhalterungen waren jetzt gummigelagert.

1973 T120R, T120RV, T140V, TR6R, TR6RV, TR7RV *(Unterschiede zu 1972)*

Bohrung	75 mm (T140RV ab JH15345, TR7V ab KH17122); 76 mm (T140RV ab XH22019, TR7V ab AH23727)
Hub	85 mm (T140RV und TR7V)
Hubraum	724 cm³ (T140RV ab JH15345, TR7V ab KH17122); 744 cm³ (T140RV ab XH22019, TR7V ab AH23727)
Verdichtung	7,9:1 (UK 750er); 8,6:1 (US 750er)
Vergaser	Amal Concentric R930/87, R930/88 30 mm (T140RV); R930/89 (TR7V)
Bremsen vorne	10 Zoll Lockheed-Scheibe
Trockengewicht	187 kg (T140V, T120V); 183 kg (TR7RV); 177 kg (T140V, TR7RV US)
Farben	Hi Fi Vermilion-Rot und Gold (T140V); Astral-Blau und Weiß (TR7RV)
Motor- und Rahmennummern	T120R T120RV ab JH15366; T140V ab JH15435 bis GH36466; TR6R, TR6RV, TR7RV JH15475 bis GH35466

die T140V als »Triumphs beste Bonneville« lobte. Das Handling gefiel, und schnell war sie auch. Schneller als jede andere zuvor getestete Bonneville (aber nicht ganz so schnell wie die Test-TR7RV von *Cycle*, die die Viertelmeile in 13,513 Sekunden und 153,92 km/h absolvierte). Die ungeschliffene 750er wurde auf Wunsch der US-Kundschaft entwickelt, war aber dennoch nicht in der Lage, gegen die immer ausgefeiltere japanische Konkurrenz zu bestehen.

1973 TR5T Trophy Trail 500 (Adventurer) and T100R Daytona

Die 500 Twin Trail kehrte als TR5T Trophy Trail oder Adventurer mit Einzelvergaser zurück. Sie kombinierte Triumph- und BSA-Teile. Der Rahmen mit Ölreservoir stammte von der BSA Victor, die Alu-Bremsen steuerte Rickman bei und den 8,5-Liter-Alutank die BSA B50. Eine Premiere für Triumph war der Einsatz von Instrumenten von Nippon Denso. Obwohl die TR5T wegen ihres Gewichts und der Auspuffführung für ernsthafte Geländeeinsätze ungeeignet schien, lieferte Meriden sechs TR5T nach Duarte, die dort für die

OBEN: Es hatte sich wenig geändert seit 1968. Die 73er T100R Daytona war immer noch mit dem Einschleifenrahmen, der alten Faltenbalg-Gabel und der früheren gusseisernen Duplexbremse ausgestattet. Deren Bremsankerplatte wurde dieses Jahr schwarz lackiert. Die berühmten Tropfenschalldämpfer kamen 1973 an der Daytona zu ihrem letzten Einsatz.

LINKS: 1973 erhielt die T100R Daytona verchromte Kotflügel und ein größeres Lucas-Rücklicht. Einige wenige Maschinen, wie diese hier, bauten die Händler von der unbeliebten Einzelvergaser-TR5T-Trophy in Straßenversionen um. Die Daytona war vielleicht veraltet, aber sie sah immer noch äußerst gut aus.

1973 T100R und TR5T
(Unterschiede zur 1972er T100R)

Verdichtung	7,5:1 (UK)
Vergaser	28 mm Amal 928/21 Concentric (TR5T)
Bremse vorne	6 Zoll Trommel (TR5T)
Vorderrad	WM 1x21 Zoll vorne (TR5T)
Reifen vorne	3.00x21 Zoll (TR5T)
Radstand	1371 mm (TR5T); 1390 mm (TR5T US)
Trockengewicht	146 kg (TR5T); 145 kg (TR5T US)
Farben	Veermilion-Rot oder Astral-Blau und Weiß (T100R); Hunting-Gelb mit poliertem Aluminium (TR5T)
Motor- und Rahmennummern	T100R JH15597 bis DH31460; TR5T KH16597 bis GH34399

Die TR5T Trophy Trail war sehr attraktiv, doch der begrenzte Federweg, eine schwache Vorderradbremse und das hohe Gewicht waren Schwachpunkte. Obwohl nur wenige Exemplare gebaut wurden, war sie das einzige Modell, das 1973 in den USA nicht Mangelware war.

1973er Sechstagefahrt vorbereitet wurden. Tatsächlich belegten die Briten den zweiten Platz hinter einem erstklassigen tschechischen Team, wobei TR5T-Fahrer drei Goldmedaillen und eine Silbermedaille gewannen. Die Zeitschrift *Motorcyclist* indes war nicht zufrieden. Ihre Testmaschine machte viele Probleme, was auf die übermäßigen Vibrationen zurückzuführen war. Sie brachten es auf den Punkt: »Die Triumph ist ein Kompromiss … Sie ist gegenwärtig der beste Allrounder, doch ihre Leistung liegt weit unter der der Konkurrenz.«

Bei der T100R Daytona blieb alles wie gehabt. Der seit 1968 praktisch unveränderte gebaute Veteran wirkte im Vergleich zu den neuen Achtventil-Modellen mit doppelter obenliegender Nockenwelle aus Japan, wie zum Beispiel der Yamaha TX500, wie ein Dinosaurier. Während die 650er der B-Reihe dank neuer Rahmen, Gabeln, Bremsen und Fünfganggetrieben als einigermaßen zeitgemäß gelten konnten, war die 500er mit altem Rahmen – immer noch mit Seitenwagenanschlüssen –, Trommelbremsen und Naben aus Gusseisen, der alten Gabel und dergleichen mehr aus der Zeit gefallen. Für Triumph-Einsteiger wirkte sie wie die Restverwertung irgendwelcher noch im Lager befindlicher Teile. Das *Cycle Magazine* konnte keinen überzeugenden Grund finden, warum jemand die T100R der Yamaha TX500 vorziehen sollte und kommentierte: »Alles, was die Triumph kann, kann die Yamaha besser – außer eine Triumph zu sein.«

1974

Die Schwierigkeiten in England 1973 führten dazu, dass die Lager an vergleichsweise populären Modelle wie den Zweizylinder-Roadstern in den USA leer waren. Die Auslieferung des Modelljahrgangs 1974 sollte daher etwas vorgezogen werden. Doch die Werksbesetzung schob dem einen Riegel vor. Nach dem Sieg der Labour Partei bei den Parlamentswahlen unterstützte die Regierung vor allem die rebellische Arbeiterschaft. NVT und Meriden befanden sich in einer Sackgasse, aber immerhin gelang es NVT-Boss Dennis Poore, einige Trident-Werkzeugmaschinen aus Meriden loszueisen und schließlich auch etwa 1000 auf Halde stehende Zweizylinder ausliefern zu können, die vor der Blockade gebaut worden waren. Die Politik indes gab Kredite und Subventionen zur Gründung einer Arbeitergenossenschaft in Meriden. Die Streikposten wurden kurzzeitig aufgehoben, kehrten jedoch im November 1974 zurück, als die Finanzverhandlungen mit NVT abgeschlossen waren. Da Meriden über ein Jahr lang praktisch keine Motorräder mehr geliefert hatte, war die Situation in Amerika katastrophal.

Im Februar gab es einen Wechsel in der Führung, Norton-Mann Roger ersetzte Felix Kalinsky. Obwohl es genügend neue Tridents gab, fehlten doch die Bonnevilles und im November '74 gaben 68 US-Händler ihre Konzessionen zurück: Triumph war in den USA praktisch über Nacht ausgelöscht.

1974 T150V Trident 750

Obwohl in Small Heath bereits Hunderte von Trident-Motoren lagerten, konnten sie nicht nach Meriden verschifft werden. Im November 1973 plante NVT daher die Einrichtung eines neuen T150-Bandes in Small Heath, was sich jedoch als schwierig und kostspielig erwies. Da viele Zeichnungen nicht verfügbar waren, mussten Werkzeuge und Vorrichtungen nachgefertigt werden, was Gerüchten zufolge

1974 T150V Trident
(Unterschiede zu 1973)

Verdichtung	8,25:1 (UK)
Trockengewicht	210 kg (UK)
Farben	Schwarz und Gold

Norton Villiers Triumph schaltete 1974 diese Anzeige und teilte die Bestände der amerikanischen Händler auf Grundlage früherer Verkäufe zu. Aber niemand verlangte nach einer Trident: Gefragt war die Bonneville – und die gab es nicht.

500.000 Pfund kostete. Im April 1974 liefen endlich Tridents vom provisorischen Produktionsband, und bis auf die gelben Tankverkleidungen waren sie nahezu identisch mit der Merdien-Version von 1973. *Motor Cycle World* testete eine der neuen Small Heath Tridents und war überrascht: »Kurz gesagt: Sie hat uns sehr gut gefallen.«

Auf der Isle of Man setzte *Slippery Sam* seinen Siegeszug fort, dieses Mal in den Händen der TT-Legende Mick Grant. Die Hubraumgrenze lag nun bei 1000 cm^3 und – erstmals mit Scheibenbremsen ausgestattet – gewann Grant mit einem Mittel von 160,48 km/h und schlug ein Feld von 900-cm^3-BMW, Kawasaki Z1 und 1000er Laverda.

Diese Trident, die im Mai 1974 auf der provisorischen Produktionslinie in Small Heath gebaut wurde, war nahezu identisch mit der 73er Version.

Gelbe Tankstreifen zeichneten die Trident von 1974 aus. US-Modelle hatten hohe Lenker.

1974 T120V, T140V, TR7RV
(Unterschiede zu 1973)

Farben
Rot und Weiß (T140V); Lila und Weiß (T120V); Grün und Weiß (TR7RV)

Motor- und Rahmennummern
T120V GJ55101 bis KJ59067; T140V GJ55101 bis NJ60032; TR7RV JJ58039 bis JJ58064

1974 T120V, T140V Bonneville, TR7RV Tiger 750

Obwohl die wenigen 650- und 750-cm³-Twins vor der Blockade (oder während der Blockadepause im Juni und Juli 1974) entstanden, hatten sie kleinere Verbesserungen erhalten, um die Öldichtigkeit zu verbessern. Diese Modelle, insbesondere die 750er, sind aber so selten, dass sich kaum jemand von diesen Fortschritten überzeugen konnte. Bei den nach Juli 1974 an NVT übergebenen Beständen handelte es sich größtenteils um T120V mit neuen, leiseren Schalldämpfern. Von der TR7RV Tiger gab es nur einige Exemplare mit Produktionsdatum August 1973, Von der TR6 Tiger entstand in diesem Zeitraum kein einziges Exemplar.

In Cherokeerot mit goldfarbenen und weißen Akzenten sah die 750-cm^3-Bonneville von 1974 umwerfend aus – aber näher als auf dem Prospektbild kam ihr kaum jemand.

1974 T100R, T100D Daytona, and TR5T Trophy Trail Adventurer 500

Da die TR5T Trophy Trail Adventurer schon im Juli 1973 gebaut wurde, waren die Stückzahlen sehr gering und bis auf die Farbe des Tanks identisch mit der 73er Version. Ungeliebt beim Publikum und daher ein Verkaufsflop, stellte NTI ausgerechnet diesen Typ den Zeitschriften zu Testzwecken zur Verfügung, während der Bestand aller anderen Triumphs zur Neige ging. Es hätte kaum schlechter laufen können, die Maschine der *Cycle Guide* war ständig defekt: »Jeden Tag, an dem wir mit die TR5T fuhren, ging etwas kaputt oder funktionierte nicht mehr. Wenn es die 50er-Jahre wären, könnte man damit noch leben, aber wir sind im Jahr 1974...« Abgesehen von längeren, zigarrenförmigen Schalldämpfern blieb die US-Daytona unverändert, die britische 74er T100 sollte Vorderbau und Bremse der T140 erhalten. Doch von dieser T100D wurden vor der Blockade von 1973 kaum welche gebaut.

1974 T100R, T100D, und TR5T *(Unterschiede zu 1973)*

Bremse vorne
10 Zoll Scheibe (T100D)
Trockengewicht
171 kg (T100D)
Farben
Blau und Weiß (T100R, T100D); Rot mit poliertem Aluminium (TR5T)
Motor- und Rahmennummern
T100R, T100D HJ56408 bis JJ58103; TR5T HJ56408 bis HJ57336

Die TR5T blieb gegenüber 1973 nahezu unverändert. Vor Beginn der Meriden-Blockade war sie nur einen Monat lang produziert worden, doch mangels Nachfrage machte sich das nicht weiter bemerkbar. Selten hat es eine unpopulärere Triumph gegeben.

1974 TR5MX Avenger 500

Noch zu BSA-Zeiten ergänzte die TR5MX Avenger die 74er Triumph-Palette. Der für die USA konzipierte Wettbewerbs-Motocrosser entsprach, bis auf einige kleinere Änderungen, der BSA B50MX. Der Motor ging auf den BSA-Victor-Single mit 441 cm^3 zurück,

OBEN: Leicht und leistungsfähig, aber weitgehend eine BSA B50MX: Die TR5MX Avenger war das letzte große britische Trailbike. Die Abgasanlage hatte definitiv keine Straßenzulassung.

RECHTS: Der von der BSA abgeleitete Motor war ein klassisches britisches Halbliter-Triebwerk mit US-konformer Funkentstörung.

hatte jetzt aber 499 cm³. Ebenfalls erhältlich war ein 560 cm³ Hochleistungs-Kit (mit 89-mm-Kolben).

Der Rahmen kam von der 1971er Trail Blazer, jedoch versehen mit einem Aluminiumtank, leicht konischer Vorderradnabe und einem Paar Racingstoßdämpfern von Girling. Es gab keine Batterie, aber eine nachrüstbare Beleuchtungsanlage samt Lichtmaschine. Die TR5MX Avenger war ein tolles Motocross-Bike und doch beendete sie die Ära großvolumiger britischer Viertakt-Dirtbikes.

1975

Während die Fabrik in Meriden blockiert war, arbeitete NVT in Small Heath weiter an der Entwicklung einer Trident mit E-Starter. Die Idee entstand bereits 1969, nahm aber erst nach Ende des Rennprogramms 1972 an Fahrt auf. Ursprünglich war geplant, den Hubraum auf 830 cm³ zu erhöhen und die neue Trident unter der Bezeichnung »Thunderbird III« zu verkaufen, doch Ford stellte sich quer. Zur gleichen Zeit wurde in Meriden bei der Bonneville die Gangschaltung auf die linke Seite verlegt und die Bremse nach rechts, um der neuen US-Gesetzgebung zu entsprechen. Die Labour-Partei gewann die Parlamentswahlen im Oktober 1974 und da

1974 TR5MX Avenger

Bohrung	84 mm (optional 89 mm)
Hub	90 mm
Hubraum	499 cm³ (optional 560 cm³)
Verdichtung	9:1
Vergaser	32 mm Amal 932 Concentric
Reifen	3.00x21 Zoll vorne und 4.00x18 Zoll hinten
Bremsen	6 Zoll vorne, 7 Zoll hinten
Trockengewicht	118 kg
Farben	Blau mit poliertem Aluminium

Industrieminister Tony Benn weiterhin die Arbeitergenossenschaft unterstützte, stimmte Dennis Poore widerwillig schließlich zu, die Fabrik im März 1975 an die Arbeiterkooperative zu veräußern. Meriden zahlte NVT 3,9 Millionen Pfund und räumte Norton Villiers Triumph das Recht ein, die Bonneville zu bauen. Während deren Produktion in Meriden fast sofort anlief, steckte NVT nun in ernsthaften Schwierigkeiten. Die britische Regierung nämlich weigerte sich nun, eine Ausfallbürgschaft über vier Millionen Pfund für Exportgeschäfte zu geben. Im August 1975 wurde das Norton-Werk in Wolverhampton unter Konkursverwaltung gestellt, im September musste NVT dann Small Heath schließen. Das Unternehmen war praktisch am Ende, und die letzten NVT-Motorräder waren spezielle, allesamt weiß lackierte Trident für Saudi-Arabien, die bis Februar 1976 gebaut wurden. Für den US-Vertrieb der in Meriden entstehenden Triumph gründete Dennis Poore im Dezember die NVT Motor Cycles Ltd. Diese belieferte die amerikanische Norton-Triumph Inc. (NTI), die dann die Bonneville ebenso verkaufte wie die auf Halde stehenden Tridents (und Commandos). Das gelang aber nur durch drastische Preissenkungen – das würdelose Ende einer traditionsreichen Geschichte.

1975 T150V und T160 Trident 750

Aufgrund der verzögerten Markteinführung der T160 Trident mit Elektrostarter wurde die alte T150V mehrere Monate lang praktisch unverändert weitergebaut. Die Produktion der E-Starter-T160 begann im November 1974 zunächst nur für den Export und umfasste mehr als 200 Änderungen der T150.

Doug Hele war verantwortlich für die Technik des T160-Projekts, Brian Jones leitete das Design-

OBEN: Mit ihrer gestreckteresn Linienführung gegenüber der T150 wies die T160 nahezu perfekte Proportionen auf. Und die Technik deckte sich mit der Optik.

OBEN: Neu war die gummigelagerte Instrumentenkonsole mit standartisierten Warnleuchten und Zündschloss sowie NVT-Uhren.

Die Führung der Auspuffanlage war bei der T160 mit dem Y-förmigen Krümmer am mittleren Zylinder völlig neu gestaltet. Auch die Gabel war kürzer, die Lockheed-Vorderradbremse blieb jedoch unverändert. Obwohl die T160 nun mit einem E-Starter ausgestattet war, behielt man den Kickstarter bei. Hinten verzögerte jetzt eine Lockheed-Scheibe mit einem unten angebrachten Bremssattel.

team und das Styling stammte von Jack Wickes. Er adaptierte viele Designelemente von Craig Vetters totgeborener Bonneville TT, darunter den wunderschönen Tropfentank, die geneigten Instrumente, den Scheinwerfer und den Haltegriff. Um Platz für den Lucas M3 Elektrostarter zu schaffen, kamen die nach vorne geneigten Zylinder der BSA Rocket 3 und Hurricane zum Einsatz. Um regelkonforme Geräuschwerte mühten sich vier Fächerkrümmer und ein Endrohr im Norton-Stil. Abgeleitet von der legendären Rennmaschine *Slippery Sam* wurden die Rahmenunterzüge etwas höher geführt, um die Bodenfreiheit zu verbessern und das Handling durch kürzere Gabelstandrohre, Kegelrollen-Lenkkopflager und eine längere Schwinge verfeinert. Der Motor wanderte leicht nach vorne und oben, was die Balance verbesserte. Der einzige Nachteil bestand in der deutlichen Gewichtszunahme. Der Schalthebel saß nun gesetzlich vorgeschrieben links und der Bremshebel für das Hinterrad rechts, der eine 10-Zoll-Scheibenbremse bediente. Zu haben mit kleinem 11,3-Liter-Tank oder 19,5 Liter-Tank, war die T160 zweifellos eines der schönsten und handlichsten Motorräder ihrer Zeit. Der größte Nachteil bestand im Preis, der zunächst bei 2870 US-Dollar lag. *Cycle World* lobte das Handling und sagte: »Sie ist einfach fantastisch.« Auch der Motorradfahrer Bob Greene war der Meinung, dass das Handling hervorragend war, fand aber: »Sie ist kein Leichtgewicht und fühlt sich auch nicht so an. Für die Triumph spricht das geringe Gewicht und auf kurvigen Straßen schafft sie ein überragendes Vertrauen.« Der einzige Bereich, in dem die neue Trident enttäuschte, war die Motorleistung,

1975 T160 Trident
(Unterschiede zu 1974)

Verdichtung	9,5:1 (8,25:1 UK)
Bremse hinten	10 Zoll Scheibe
Trockengewicht	228 kg
Farben	Sunflower-Gelb und Ice-Weiß; Cherokee-Rot und Ice-Weiß

Die leisen, aber ein wenig zugestopften T160-»Black Cap«-Schalldämpfer kannte man schon von der Norton Commando.

die *Cycle World* kam über die Viertelmeile auf 13,954 Sekunden bei 153,92 km/h – das war weit unter dem Durchschnitt eines Superbikes im Jahr 1975.

In diesem Jahr gelang *Slippery Sam*, lackiert in den Farben von John Player, der fünfte Sieg in Folge im TT-Produktionsrennen. Unterstützt von Poore und NVT gewannen Dave Croxford und Alex George das 10-Runden-Rennen mit 160,29 km/h – der letzte große Sieg für *Slippery Sam*, bevor ihn ein neues Reglement in den Ruhestand schickte.

1975 T120V, T140V Bonneville, TR7RV Tiger 750

Obwohl Meriden die Produktion im März wieder aufnahm, lief dort die erste Triumph erst im April vom Band. Meridens vordringlichste Aufgabe bestand in der Fertigstellung von rund 1500 teilmontierten Modellen des Jahrgangs 1974. Die Produktion dauerte bis Juni und umfasste neben der T140V auch eine Reihe von 650-cm^3-T120V, fünf TR7RV-Tiger und sogar einige übrig gebliebene Daytona. So verging viel Zeit, bis man 1976 die in den USA zulassungsfähige Bonneville einführen konnte.

1975 T120V, T140V, TR7RV

(Unterschiede zu 1974)

Motor- und Rahmennummern

T120V DK61000 bis NJ60070; T140V DK61000 bis GK62239; TR7RV GK62244 bis GK62248

It's Here!
TRIUMPH
BONNEVILLE 750
It was known as the Bonnie. The production hot rod of the motorcycle industry. You couldn't mistake that lean look, its powerful vertical twin engine and its distinctive tank. The Bonneville had class. It was light, stable, with incredible acceleration. And the guy who rode one knew he had the most responsive, best handling motorcycle ever built. Others have tried to copy the Bonneville for 20 years, but haven't come close. Today, you can still enjoy the classic styling, the raw power and the unmatched handling that sets the legendary 750cc Bonnie apart. Make your own legends. See your Triumph dealer, now.
The Bonnie.
THEY NEVER FORGOT IT.
Also available…single carburetor model, the Triumph Tiger.
NVT AMERICA
1261 State College Parkway

6

1976–1987

Das letzte Aufgebot

Die Meriden-Kooperative und die Bonnevilles von Les Harris

Nach dem dramatischen Ende von Norton Villiers Triumph blieb die Meriden Cooperative als einziges Überbleibsel der einst großartigen britischen Motorradindustrie übrig. Das grundlegende Problem bestand nun darin, dass die Bonneville mittlerweile eine exzentrische Kuriosität darstellte: ein leichtes, einfaches Motorrad für Enthusiasten, aber nichts für die breite Masse. Chef Dennis Johnson verglich die Triumph-Twins mit dem MGB-Sportwagen: Auch der wurde seit den Sechzigern praktisch unverändert gebaut, war aber immer noch für einen kleinen Kreis von Liebhabern interessant. Und wie bei MG musste man auch bei Triumph einen Weg finden, die in die Jahre gekommene Konstruktion fit für das Zukunft zu machen, ohne den Charakter des Bikes zu verfälschen.

1976

Als die Meriden Cooperative mit der Einführung einer Bonneville in US-Ausführung begann, wurde sie ein Opfer der Schwierigkeiten bei Norton Villiers Triumph. Die Genossenschaft musste nämlich ihre gesamte Produktion an NVT verkaufen, und die Preisverhandlungen waren schwierig. Außerdem hakte es in der Produktion, da die 400 Mitarbeiter nicht in der Lage waren, die erforderlichen 230 Motorräder pro Woche zu bauen: So viele mussten es sein, um die Gewinnschwelle zu erreichen. Die finanziellen Schwierigkeiten hielten das ganze Jahr 1976 über an. Im Mai 1976 verzeichnete Meriden einen Verlust von einer Million Pfund, auch wenn sich die Verhandlungen über eine Koproduktion mit Moto Guzzi (zu der es allerdings nie kam) auf Besserung hoffen ließ. Allen Schwierigkeiten zum Trotz liefen in Meriden zwischen Juni 1975 und Juni 1976 immerhin 9782 Twins vom Band und NVT-Boss Dennis Poore stimmte einem höherer Stückpreis zu. Weil aber Ende 1976 die Belegschaft auf rund 700 Mitarbeiter angewachsen war, die völlig unrealistische 350 Bonnevilles pro Woche hätten bauen müssen, war das Geld gleich wieder weg.

GEGENÜBER:
NVT und später TMA betrieben massive Zeitschriftenwerbung. Diese Anzeigen waren fast überall zu sehen und betonten die Tradition der Bonneville.

OBEN: 1976 ebenfalls neu war die hintere Scheibenbremse, die den Ausbau des Hinterrads zusätzlich erschwerte.

OBEN RECHTS: Die 76er Bonneville trug nun gesetzlichen Vorgaben folgend den Schalthebel links.

Der US-Vertrieb war für Triumph immer noch von zentraler Bedeutung, doch die Norton-Triumph Inc. hatte es schwer. Nachdem es fast zwei Jahre lang keine Bonnevilles gab, sröhnten die US-Händler über die 1895 Dollar Verkaufspreis für eine neue Bonneville.

1976 T140V Bonneville, TR7RV Tiger 750

Die T120V fiel aus dem Programm, während die bestehenden T140V und TR7RV auf Schaltung links und Bremse rechts umgebaut wurden. Gleichzeitig kam hinten eine 10-Zoll-Lockheed-Scheibe zum Einsatz, sie entsprach der am Vorderrad, der Bremssattel saß aber tiefer. Die Änderung der Schaltung erfolgte über eine Kreuzwelle an der Rückseite des Getriebes, und da ein Teil der Schaltpräzision im Gestänge verloren ging, murrten die traditionell konservativen Käufer. Ansonsten entsprachen die 1976er Bonneville und die Einvergaser-TR7RV den Vorjahresmodellen.

1976 T140V, TR7RV
(Unterschiede zu 1975)

Verdichtung
7,9:1 (TR7RV)
Bremse hinten
10 Zoll Lockheed-Scheibe
Trockengewicht
177 kg
Motor- und Rahmennummern
T140V HN62501 bis GN72283; TR7RV DN70186 bis EN71867

1977

1977 stand die Genossenschaft kurz vor der Gewinnschwelle – aber eben nur kurz davor, denn der Kapitalmangel war chronisch. Meriden wollte den Namen Triumph und die Vermarktungsrechte von NVT kaufen, doch dieses Mal verweigerte die Regierung die finanzielle Unterstützung. Viele Beschäftigte wurden mehrere Wochen nachhause geschickt, da man gezwungen war, den Lagerbestand zu reduzieren. Glücklicherweise kaufte und bezahlte der Großhändler GEC gleich 2000 Motorräder, was für dringend benötigte Liquidität sorgte. Im Gegenzug wurde die ungenutzte Fabrikfläche für den Bau von Puch Maxi-Mopeds genutzt. Die Bonneville-Produktion lief im März mit 250 Motorrädern pro Woche wieder an. Einer der Vorteile des GEC-Engagements war die Unterstützung durch ein professionelles Management, einschließlich der unentgeltlichen Hilfe des ehemaligen britischen Leyland-Chefs Lord Stokes. Er unterstützte Direktorin Brenda Price bei der Gründung einer neuen US-Tochtergesellschaft, die Triumph Motorcycles America (TMA). Trotz der Werksschließung gelang es Meriden bis Juni 1977 11.931 Motorräder zu bauen.

1977 T140V Bonneville, TR7RV Tiger 750

Für die Twins gab es nur wenige technische Neuerungen, lediglich der vordere Kotflügel war neu und anders

LINKS: Abgesehen von einem neuen vorderen Kotflügel änderte sich an der Bonneville 1977 wenig. Der bekannte 750-cm³-Twin hatte zu diesem Zeitpunkt noch Amal Concentric-Vergaser.

UNTEN: Zuverlässigkeits- und insbesondere Elektrikprobleme hielten bis 1977 an. Obwohl die Motorräder charismatisch und teuer waren, blieben Vibrationen ein Ärgernis. Die Bonneville klammerte sich an die Vergangenheit und stand für Tradition, hatte aber nur begrenzte Anziehungskraft.

1977 T140V, TR7RV

(Unterschiede zu 1976)

Verdichtung
7,9:1 (alle Versionen)
Farben
Pacific-Blau (T140V); Signal-Rot (TR7RV
Motor- und Rahmennummern
T140V GP75000 bis JP84931; TR7RV HP74444 bis HP84475

befestigt. Da sich die technische Entwicklung auf die Einhaltung neuer Umweltschutzbestimmungen (EPA = Environmental Protection Agency) von 1978 konzentrierte, beschränkte sich Meriden für die Bonneville auf die Einführung neuer Farben (Polychromblau beziehungsweise Pazifikblau) und Signalrot bei der Tiger. Die bestehenden Farben Rot und Weiß (T140V) und Grün und Weiß (TR7RV) waren weiterhin erhältlich. Erstaunlicherweise stellte Triumph auf den Salt Flats von Bonneville auch neue Rekorde auf, gleich vier davon in dieser Saison, was die deren Gesamtzahl auf 37 ansteigen ließ.

1978

Nach Dennis Johnsons Rücktritt kehrte der frühere Serviceleiter John Nelson als Geschäftsführer in die Genossenschaft zurück, Brian Jones wurde Chefingenieur. Die Zuversicht war groß und 1978 versprach

das bisher beste Jahr zu werden. Die Produktion stieg auf fast 12.000 Motorräder und erreichte mit 320 Motorrädern pro Woche ihren Höchststand. Doch wieder geriet Meriden ins Straucheln, diesmal unverschuldet: Der Großteil der Produktion ging in die USA, wo sie sich zu den riesigen, unverkauften Lagerbeständen des Vorjahres gesellten. Da die Händlerabnahmen

weiter auf Seite 158

1977er T140J Bonneville Silver Jubilee Limited Edition 750

Es war mal wieder soweit: 1977 brauchte Meriden dringend Geld in der Kasse und GEC-Vertriebsleiter Brian Reilly schlug vor, aus dem Silberjubiläum der Königin (25. Jahrestag) Kapital zu schlagen. Meriden saß auf großen Lagerbeständen und Reilly wollte diese mit einem umgearbeiteten Sondermodell abbauen. Dank Lord Stokes genehmigte der Palast dieses limitierte Modell, das im August auf den Markt kam und jeweils mit einem besonderen Zertifikat ausgestattet war. Obwohl es sich nur um kosmetische Änderungen handelte, verhalf dieser brillante Marketing-Schachzug Meriden zu viel positiven Schlagzeilen, insbesondere im Vereinigten Königreich. Und immerhin machte dieses Sondermodell auch 25 Prozent der Jahresproduktion aus.

Im Grunde genommen war die »Jubilee« eine serienmäßige 750 Bonneville mit farbenfrohen Details, darunter glänzend verchromte Motordeckel, Gabelrohre und Rücklichthalterung. Blaue und rote Streifen betonten den eher unauffälligen silbernen Lack. Streifen wiesen auch die 19- und 18-Zoll-Felgen auf. Aufgezogen waren Dunlop K91»Red Arrow«-Reifen. Ein ungewöhnliches Designmerkmal waren die blaue Sitzbank mit roten Paspeln und der dreifarbig akzentuierte, silber lackierte Kettenschutz. Bei einigen der letzten Jubilee verbaute Triumph Upside-Down-Gasdruckstoßdämpfer von Girling mit oberer Verstellmöglichkeit, wie sie spätere Bonnevielles erhielten.

Ursprünglich sollten nur 1000 Jubilee-Modelle entstehen, weshalb jede Maschine den stolzen Beinamen »One in a Thousand« trug. Die Nachfrage hielt jedoch an, weshalb Meriden weitere 1000 und schließlich noch einmal 400 Stück für den allgemeinen Export produzierte. Bei diesen letzten Exemplaren ersetzte Triumph das Emblem durch »Limited Edition«. Offensichtlich klang »One in about Two and Half Thousand« nicht ganz so gut. Tausend Exemplare waren für die Vereinigten Staaten bestimmt, verkauften sich aber nur sehr schleppend, da sich die Amerikaner nicht wirklich mit dem königlichen Ereignis identifizieren konnten. Wer eine kaufte, spekulierte auf ein Sammlerstück und fuhr sie nicht. Wie Brian Jones, Chefingenieur von Meriden, später sagte: »Fünfzig Prozent der Besitzer stellten sie weg und nahmen sie nie in Betrieb, daher war die Reklamationsquote minimal.«

GANZ OBEN: Die »Silver Jubilee«-Bonneville für die USA hatte den kleinen Benzintank. *Triumph Motorcycles*

OBEN: Britische und allgemeine Exportmodelle hatten einen größeren Benzintank und Gabelmanschetten.

LINKS: Frühe Exemplare trugen diesen Seitendeckelaufkleber, später folgten 1400 weitere Exemplare, die hatten exklusive »Limited Edition«-Aufkleber. *Triumph Motorcycles*

1977 T140J *(Unterschiede zur T140V)*	
Farben	Silber und Royal-Blau

OBEN: Obwohl frühe Jubilees NVT-Instrumente hatten, verfügten spätere Exemplare wie dieses über neue Smiths-Armaturen.

LINKS: Die Kettenabdeckung war königlich gestreift und das Cover des Primärantriebs verchromt.

UNTEN: Der Jubilee-Bonneville war ein großer Marketing-Coup und viele wurden als Investition weggestellt. EINSCHUB: Der blaue Sitz des Jubilee trug rote Paspeln und eine spezielle Grafik. *Triumph Motorcycles*

GANZ OBEN: Die 78er UK-Tiger, hier in Crimson und Silber, hatte einein U-förmigen Streifen auf dem vorderen Kotflügel. Die frühen 78er Exemplare verfügen noch nicht über die umgedrehten Girling-Stoßdämpfer.

OBEN: Für 1978 wurden seltsame Farben eingeführt, darunter diese US-Bonneville in Chocolate und Gold mit braunem Sitz. Typisch für die US-Modelle war der halbhohe Lenker.

Fortsetzung von Seite 155

1977 weit hinter den Planungen zurückgeblieben waren, konnte TMA die neuen Maschinen aus England nicht bezahlen. Die Ernennung von Ex-Honda-Mann Jack Hawthorne zum neuen TMA-Präsidenten verhinderte zwar eine geplante Händlerrevolte, doch der ungünstige Dollarkurs führte zu einem massiven Rückgang der Einnahmen.

1978 T140V, T140E Bonneville, TR7RV Tiger 750

Da für Meriden der Markt in den Vereinigten Staaten von Amerika essentiell war, lag der Schwerpunkt darauf, die Bonneville den ab Januar 1978 geltenden EPA-Vorschriften anzupassen. Große Änderungen darüber hinaus waren nicht drin. Es gab daher nur neue, gewöhnungsbedürftige Farben für Bonneville und Tiger, eine neue Zylinderkopfdichtung aus Verbundwerkstoff anstelle der problematischen Kupferdichtungen und im Laufe des Jahres erhielt das Jubilee-Modell umgedrehte Girling-Stoßdämpfer.

1978 T140V, T140E, TR7RV *(Unterschiede zu 1977)*

Vergaser
30 mm Amal R2930 Mark II (T140E)
Leistung
49 PS bei 7000/min (T140E)
Trockengewicht
187 kg (T140V, TR7RV); 179 kg (T140V T140E US)
Farben
Schwarz und Crimson-Rot, Chocolate-Braun und Gold, Blau und Silber (T140V, T140E); Crimson-Rot und Silber (TR7RV)
Motor- und Rahmennummern
T140V, T140E HX00100 bis JX10747; TR7RV PX02117 bis HX10584

Um die neuen US-Abgasnormen erfüllen zu können, entwarfen Brian Jones und Jock Copeland einen neuen Zylinderkopf mit parallelen Einlasskanälen, die zwei eckige Amal Mark II Concentric-Vergaser aufnehmen konnten. Sie wurden auf Gummistutzen montiert und bekamen veränderte Schwimmer. Die Gehäuseentlüftung wurde überarbeitet, wobei die Entlüftung nun in das Luftfiltergehäuse führte und nicht mehr über den Schlauch am hinteren Kotflügel ins Freie erfolgte. Der neue Motor wurde in die T140E (E für EPA) eingebaut und war bis Dezember 1977 einem 9500 Meilen langen Dauertest unterzogen worden. Die T140E wurden ab März 1978 in die Vereinigten Staaten und ab 1979 in weitere Länder geliefert.

Als die Bonneville wieder in den USA erhältlich war, zeigte sich *Cycle World* so beeindruckt, dass sie sie in ihrer Liste der zehn besten Motorräder des Jahres 1978 lobend erwähnte und anmerkte: »Der Twin klingt immer noch so, als ob Menschen ihn gebaut hätten, und wir können ihm verzeihen, dass kein Öl austritt.«

1979

Der ehemalige Vorstandsvorsitzende von Jaguar, der Labour-Abgeordnete Geoffrey Robinson, wurde Ende ‘78 zum unbezahlten Geschäftsführer ernannt. Er sollte der Genossenschaft im Zuge des Regierungswechsels von der Labour- zur Tory-Regierung von Margaret Thatcher im Frühjahr 1979 auf die Finger schauen. Meriden hoffte indes, die im Juli 1979 fällige Zinsrate in Höhe von mehr als einer Million Pfund erlassen zu bekommen, zumal man sich wieder einmal mit einem bedrohlichen Rückgang der Verkäufe und etwa 8000 unverkauften Motorrädern konfrontiert sah. Robinson wollte 200 Mitarbeiter entlassen und die Produktion auf drei Tage und 200 Motorräder pro Woche reduzieren. Gegen die Widerstände der Belegschaft zog er das auch durch, die Thatcher-Regierung war unerbittlich. Die Genossenschaft suchte nun nach einer langfris-

OBEN: Mit ihren Alugussrädern, den stilvollen Farben und dem Auspuff im TT-Stil sah die T140D zwar gut aus, gefiel aber den Traditionalisten nicht.

LINKS: Der gerippte Deckel, der die Zündung verbarg, wurde schwarz akzentuiert und der Benzintank trug ein einfacheres Triumph-Emblem. Alle Bonnevilles dieses Jahres waren mit dem neuen Zylinderkopf und den Mark II Amal-Vergasern ausgestattet.

tigen Lösung in Form einer Partnerschaft mit einem größeren Unternehmen und begann mit dem Verkauf in die Dritte Welt, darunter ein äußerst profitables Geschäft von 1300 Militärmotorrädern nach Nigeria.

Inmitten dieser Aufregung versuchte Meriden die Bonneville-Familie grundlegend zu modernisieren. Den Anfang machte die T140D Bonneville Special. Sie zeugte von einem unverbesserlichen Optimismus, musste aber aufgrund des ungünstigen Wechselkurses in Amerika zu einem unhaltbar hohen Preis (3225 Dollar) verkauft werden. Die Händler bestellten nur wenige Motorräder und die Lagerbestände wuchsen.

1979 T140D Bonneville Special, T140E Bonneville, TR7RV Tiger 750

Alle Bonneville wurden in diesem Jahr mit dem T140E-Zylinderkopf und neuen Vergasern ausgestattet, während die Tiger den früheren Amal-Concentric-Vergaser behielt und in Amerika nicht mehr verkauft wurde. Eine spezielle 27-PS-Tiger entstand für den deutschen Markt. Die andere wichtige Neuerung bestand in der Einführung der elektronischen Lucas Rita-Zündung. Eine nützliche Verbesserung war der Austausch der Kreuzschlitz-Motorschrauben gegen Inbus-Schrauben. Weil Smiths keine Instrumente mehr liefern konnte, kaufte man bei Veglia ein. Die Lenkerschalter stammten von Lucas, die Schutzbleche aller Modelle waren verchromt, es gab ein Sitzbankschloss und einen serienmäßigen Gepäckträger. Die 1979er Bonneville erwies sich als recht erfolgreich, zumindest in Großbritannien. Dort sorgte der Patriotismus dafür, dass jede dritte verkaufte 750er eine Triumph war. Beeindruckend, bedenkt man Konkurrenten wie die Suzuki GS 750 und die Yamaha XS 750. Das *Bike*-Magazin lobte die 79er Bonneville, fürchtete jedoch um ihre Zukunft: »Wenn Triumph von einer unnötig pedantischen Bürokratie in den Ruin getrieben wird, wird das vielen leidtun.«

GANZ OBEN LINKS: Bei der T140D saß die Bremszange oberhalb der Schwinge. Der Schalldämpfer erinnerte an den der T160 Trident.

GANZ OBEN RECHTS: Ein gekürzter vorderer Kotflügel ist ebenfalls typisch für die T140D. Die Höckersitzbank ist ebenso wenig serienmäßig wie es die Stoßdämpfer sind.

OBEN: Eine der schönsten Farbkombis des Jahres 1979 war Schwarz und Silber, zu sehen an dieser T140E. Sie hatte elektronische Zündung und Amal Mk II-Vergaser, erfüllte die EPA-Vorschriften und sprrach Traditionalisten an. Der Preis lag bei wettbewerbsfähigen 2615 US-Dollar, reichte aber nicht aus, um die Rentabilität zu gewährleisten.

Der Erfolg der japanischen »Werks-Customs« auf dem US-Markt, insbesondere der Yamaha XS 650 SE, war der Auslöser für die T140D Bonneville Special. Sie kam im März 1979 und war vordergründig eine Softchopper-Variante der T140E, ausgestattet mit amerikanischen Lester-Siebenspeichen-Aluminiumgussrädern, Stufensitzbank, einer Zwei-in-Eins-Auspuffanlage im Stil der TT Special und passenden Farben. Die Schwinge wurde verstärkt (was ab 1980 bei allen Modellen der Fall war) und der hintere Bremssattel befand sich nun oberhalb der Schwinge. Die T140D sah gut aus, mehr aber auch nicht. Weil sie weder Fisch noch Fleisch war, mochte sie niemand, viele schimpften über die Gussräder und fanden die Auspufftüte unmöglich. Damit standen sie nicht allein da, im Lager von TMA in Placentia stapelten sich die Triumph-Chopper. Die T140D war auch von einer Rückrufaktion betroffen, denn der dicke Hinterreifen streifte bei nachlässig montierten Motorrädern am Kotflügel. Die Werkstattanweisung aus Meriden war auch nicht gerade vertrauenerweckend: Die Reparatur wurde mit Hilfe eines Holzklotzes und einer Schraubzwinge empfohlen. Dafür erhielt der Auspuffhersteller Jardine den Auftrag, einen Ersatz für den leisen Standardschalldämpfer zu bauen

1979 T140D, T140E, TR7RV
(Unterschiede zu 1978)

Zündung
Elektronische Lucas Rita
Räder
Lester-Aluguss in 19 und 18 Zoll (T140D)
Reifen hinten
4.25x18 Zoll TT100 (T140D)
Trockengewicht
181 kg (T140D)
Farben
Schwarz und Rot, Blau und Silber, Schwarz und Silber (T140E, TR7RV); Schwarz und Gold (T140D)
Motor- und Rahmennummern
T140D, T140E HA11001 bis KA24999; TR7RV HA1109 bis XA24608

1980

Anfang 1980 bemühte sich Meriden um Partner und sprach mit Honda, Kawasaki und Marubeni/Suzuki sowie dem Produzenten von Auspuff- und Aufhängungskomponenten Armstrong Equipment. Die Lagerbestände in den USA führten dort zu einem drastischen Rückgang des Geschäfts, die Produktion in Meriden musste auf 100 Motorräder pro Woche

T140E Bonneville European

gedrosselt werden, wobei zunächst keine US-Modelle gebaut wurden. Die Bonneville schaffte kaum die neuen Emissionsvorschriften und die 1980er Modelle konnten in Kalifornien (wo der neuen Vertrieb angesiedelt war) nicht verkauft werden.

Suzuki war sehr an einer Partnerschaft interessiert, wollte aber die vollständige Kontrolle haben. Nach einer massiven Abwertung des Yen im Juni verlor aber auch Suzuki das Interesse, so dass Armstrong der einzige realistische Käufer blieb. Armstrong-Chef Harry Hooper wollte die Belegschaft auf 150 Mitarbeiter reduzieren, einen Teil des Werks verkaufenmund die Zinszahlungen einstellen. In Erwartung des Ergebnisses der Verhandlungen zwischen Armstrong und der Regierung wurde eine Zweitagewoche eingeführt und die Produktion auf 50 Motorräder pro Woche reduziert. Letztendlich weigerte sich die Regierung, die Übernahme durch Armstrong zu unterstützen, und die Genossenschaft war gezwungen, 300 Entlassungen vorzunehmen. Die Zukunft war immer noch ungewiss, aber da der Staat die Ausfallbürgschaft übernommen hatte, war er daran interessiert, das US-Geschäft am Leben zu erhalten. So erklärte sich die Regierung bereit, auf Kreditraten und Zinszahlungen zu verzichten. Meriden überlebte mit knapper Not, aber mehr als 2572 Motorräder wurden in diesem Katastrophenjahr nicht gebaut.

Nachdem die Zukunft gesichert schien, kam mit John Rosamond ein neuer Vorstandsvorsitzender ans Ruder, während Bob Lindsay, ein ehemaliger Ford- und Jaguar-Mann, die Geschäftsführung übernahm. Die öffentliche Unterstützung für die Genossenschaft blieb stark und die Triumph Bonneville gewann die renommierte Auszeichnung »*Motor Cycle News* Machine of the Year«.

1980 T140D, T140E Bonneville, TR7RV Tiger 750

In diesen schwierigen Zeiten gelang es Brian Jones die Bonneville für 1980 mit einer Reihe bedeutender Neuerungen auszustatten, darunter eine leistungsfähigere Ölpumpe, eine verbesserte Einstellung der Primärkette, eine verstärkte Schwinge, ein neuer Kettenspanner, ein über der Schwinge montierter hinterer Bremssattel und gummigelagerte Blinker hinten.

Für 1980 wurden nur Bonnevilles nach britischer Spezifikation gebaut, entweder mit europäischer Optik wie diese oder in amerikanischem Look mit hohem Lenker und kleinem Benzintank. Beide Versionen verfügten über Gabelfaltenbälge.

1980 T140D, T140E, TR7RV *(Unterschiede zu 1979)*

Farben
Schwarz und Rot, Grau und Rot (T140E); Silberblau und Gold (TR7RV)
Motor- und Rahmennummern
T140D, T140E PB25001 bis KB27500; TR7RV PB25193 bis JB27513

Außerdem war der Hauptständer versetzt worden und dadurch schräglagenfreundlicher. Um die Bestände an T140D abzubauen, wurden sie für England mit anderem Tank und einer Auswahl an Standard- oder Zwei-in-Eins-Auspuffanlagen angeboten. Die T140E Bonneville gab es als T140E Bonneville European und T140E Bonneville American. Nur die Europa-Ausführung hatte Gabelfaltenbälge, einen hinteren Nummernschildhalter und Tankembleme.

In diesem Jahr erschienen schließlich die Bonneville und die feine Executive mit Elektrostarter, pompös enthüllt am 23. Mai 1980 in London in Anwesenheit des Popstars David Essex und des ehemaligen F1-Champions James Hunt. Obwohl der Bestelleingang für die Elektro-Bonnies sehr gut war, verzögerte sich die Markteinführung bis zum Modelljahr 1981 aufgrund von Problemen bei der Komponentenversorgung.

1981

Eine Kombination aus geringer Nachfrage in den USA und einer Rezession in Großbritannien führte in den letzten drei Monaten des Jahres 1980 zu einem erheblichen Rückgang sowohl der Produktion als auch des Verkaufs von Motorrädern und Ersatzteilen. Das führte dazu, dass in den Wintermonaten in Meriden die Dreitagewoche eingeführt wurde.

Dazu kamen ständig sich verschärfende Umweltschutzbestimmungen. Kleinere europäische Unternehmen hatten alle Mühe, da Schritt zu halten. Kuriose Folge: Der US-Vertrieb von Triumph befand sich in Kalifornien, aber die 80er und 81er Modelle konnten wegen der noch strengeren Regeln dort nicht verkauft

Alle T140E hatten bis 1981 einen Zylinderkopf mit parallel geführten Einlasskanälen und Amal Mk II-Vergaser auf Gummistutzen. Eine klare Verbesserungen gegenüber der 1971 eingeführten Stecklösung waren auch die nun geschraubten Krümmerrohre.

warden. Als die Zertifizierung erreicht wurde, war die Begeisterung für die Bonneville bereits verflogen, denn das Motorrad war praktisch veraltet. Was in Kalifornien von 1980 bis 1982 verkauft wurde, waren nagelneue Modelle des Jahrgangs 1979. Auch der überschüssige Lagerbestand an T140D Special wurde bis Ende 1982 durch Verkäufe in Kalifornien größtenteils abgebaut.

Um die Regierung – die ja Exportkreditgarantien gegeben hatte und langsam nervös wurde – zu beruhigen, wurde bei TMA ein neuer Präsident installiert, der in Branchenkreisen bestens bekannte Wayne Moulton. Er kam von Kawasaki, wo er an der Entwicklung der Softchopper-Serie LTD und der Z1-R beteiligt gewesen war. Um den Misserfolg der T140D vergessen zu machen, begann Moulton mit der Arbeit an einem Projekt speziell für den US-Markt, das in Meriden zur TSX gedieh. Im März gingen die Bestellungen wieder ein, die Genossenschaft arbeitete fünf Tage die Woche, und um die Gläubiger zu besänftigen, präsentierte Meriden die 1982er Modelle schon im April 1981 auf der National Exhibition Centre (NEC) Show – ein Lichtblick für das gebeutelte Unternehmen, auch wenn die Nachfrage, nennen wir es mal »verhalten« blieb.

Im Juni gab es auch gute Nachrichten für die Genossenschaft in Bezug auf den Verkauf der in den USA auf Halde stehenden Motorräder, denn die konservative Regierung verlängerte die Rückzahlungen an den Exportkreditgarantiefond bis April 1982 und schrieb das Darlehen des Unternehmens und die aufgelaufenen Zinsen ab. Da die schlechte Wirtschaftslage in England jedoch für einen gedrückten Inlandsmarkt sorgte, sank der Marktanteil von Triumph weiter. Ein Jahr nach dem Schuldenerlass durch die Regierung befand sich die Genossenschaft noch immer in schwieriger Lage. Im Laufe des Jahres 1981 drohte Triumph mehrmals die Schließung, weil sowohl die Motorrad- als auch die Ersatzteilproduktion weit hinter den Budgetvorgaben zurückblieb, und auf der Jahreshauptversammlung im November wurde der Geschäftsführer Bob Lindsay entlassen. Die Genossenschaft sollte nun kollektiv geführt werden, und während dieses Umbruchs wurde die Entwicklung der neuen Achtventil-TSS fortgesetzt, wobei das Konstruktionsbüro auch mit der Arbeit an der TSX Custom von Wayne Moulton begann.

1981 T140D, T140E, T140ES Bonneville, Bonneville Executive Touring, TR7RV, TR7RVS Tiger 750

Im Modelljahr 1981 entstanden leidglich 1423 Motorräder. In Amerika waren sie praktisch unverkäuflich, weil mit einem Preis von 3995 Dollar viel zu teuer. Die Modellpalette umfasste die britische und US-amerikanische Bonneville Electro, die Tiger TR7RV, die britische Bonneville Executive Touring und die frühere amerikanische T140D. In diesem Jahr kamen die Tanks aus Italien und einige Modelle erhielten Marzocchi-Fahrwerke, während der Motor mit E-Starter unter Lizenz

1981 T140D, T140E, T140ES, TR7RV, TR7RVS

(Unterschiede zu 1980)

Anlasser
Lucas M3 E-Starter (T140ES, Executive ES, TR7RVS)
Trockengewicht
195 kg (T140ES); 219 kg (Executive ES)
Farben
Smoked-Rot oder Blau (T140ES, Executive)
Motor- und Rahmennummern
T140E, T140ES KDA28001 bis DDA29427; TR7RV KDA28097 bis DDA29398

in Indien entstand. Anhaltende Probleme mit den einschiebbaren Krümmerrohren führten dazu, dass man zu Modellen mit Gewinde zurückkehrte, und das rechte Kurbelwellenlager wurde von einem offenen auf ein geschlossenes Kugellager umgerüstet. Für die Modelle mit Elektrostarter gab es eine größere 14-AH-Batterie und eine dreiphasige 14,5-Ampere-Lichtmaschine. Die Bonneville Executive war mit einer schönen Brearley-Smith-Verkleidung aus GFK mit Staufach zu haben. Und die US-Versionen hatten allesamt einen E-Starter.

LINKS: Die traditionelle Kickstarter-Bonneville erreichte 1981 ihren Zenit, wobei die Farben Schwarz und Rot immer noch am beliebtesten waren.

UNTEN: Eines der Merkmale, das die 81er Bonneville vom Vorjahresmodell unterschied, waren die rechteckigen, schwarzen, in Deutschland gefertigten ULO-Blinker, welche die alten Lucas-Leuchten ersetzten. Die meisten 81er Bonnevilles hatten eine abgestufte Sitzbank.

RECHTS: Ein neuer Motorgehäusedeckel war Kennzeichen der T140ES. Der Elektrostarter passte genau dort hinter die Zylinder, wo einst der Magnetzünder saß. Ein Kickstarter war 1981 noch serienmäßig und später als Option erhältlich. Die Farbe? Rauchblau.

UNTEN: Die Kotflügel bestanden jetzt aus poliertem Edelstahl statt aus verchromtem Blech. Der kleine Elektrostarter beeinträchtigte die Ästhetik nicht; es war gerade noch unter den Amal-Schwimmerkammern sichtbar. Wenn er nur schon zehn Jahre früher erschienen wäre.

1981er T140LE Bonneville Royal Limited Edition

Da der Triumph-Vorsitzende John Rosamond ein starker Befürworter von Sondermodellen war, erbat er vom Prinzen von Wales die Genehmigung zum Bau einer Bonneville Royal Limited Edition anlässlich der königlichen Hochzeit am 29. Juli 1981, auch wenn sich das vorherige royale Sondermodell, die »Jubilee« nicht besonders gut verkauft hatte. Bei den Bonneville Royals, die Anfang Juli auf den Markt kamen, handelte es sich angeblich um T140ES mit Bing-Vergasern, Gabel ohne Manschetten und Marzocchi-Strada-Stoßdämpfern. Die britischen Versionen erhielten Morris-Alus und eine Dreischeiben-Bremsanlage von Lockheed. Außerdem war der Tank verchromt, zum ersten Mal seit Tagen der TR5 Trophy. Der Rahmen erstrahlte silberfarben, der Motor mattschwarz mit blankpolierten Kühlrippenkanten. Die US-Versionen verfügten über einen schwarzen Rahmen, den schmaleren Tank, einen polierten Motor und eine »King and Queen«-Sitzbank. Hier kamen Speichenräder zum Einsatz, vorne verzögerte eine einzelne Lockheed-Scheibe. Bei allen prangte ein besonderes Logo auf den Seitendeckeln und ein Echtheitszertifikat gab's mit dazu. Insgesamt wurden 250 Royals gefertigt, 125 Einheiten von jeder Version. Die Beliebtheit der Royals in England rettete Meriden vor einem potenziell katastrophalen Jahr. Weil die Nachfrage nicht abriss (und die erste Serie nicht in Kalifornienen hatte verkauft werden können), entstand im August 1981 eine zweite Serie (nur »Royal«, ohne »Wedding«) für die Vereinigten Staaten von Amerika. Die Spezifikationen entsprachen mit den Morris-Rädern, Dreifach-Scheibenbremsen, einem größeren Benzintank und einem schwarzen Rahmen nun der britischen Version, wurden aber schon als 1982er Modell verkauft.

Die US-Version der Royal war ziemlich schrill und hatte eine seltsame zweifarbige »King and Queen«-Bank. Kein großer Styling-Erfolg. *Triumph Motorcycles*

1982

Aufgrund zahlreicher Lieferschwierigkeiten bei den Komponenten hinkte Meriden weiterhin den Produktionszielen hinterher und geriet Anfang 1982 in eine schwere Liquiditäts-Krise. Und noch immer standen sich in Amerika mehrere hundert unverkaufte T140D die Reifen platt. Für die Einführung der neuen Achtventil-TSS fehlte das Geld, die Händler mussten sogar die neuen Verkaufsbroschüren für 1982-1983 kaufen. Um die Gemeinkosten zu senken, erwog Triumph, einen Teil des Werks zu verkaufen und den Standort zu verlegen. Die britischen Händler wurden außerdem aufgefordert, fertige Motorräder bei Lieferung zu bezahlen. Dennoch hoffte Triumph, das auf der NEC Show im April 1982 die nun aus elf Modellen bestehende Modellpalette vorstellte, auf einen Anstieg der Bestellungen. Zum ersten Mal wurden die TSS und die TSX Custom sowie die umstrittene TS8-1 gezeigt. Sie wurde optimistisch mit einem Preis von 3149 Pfund angegeben, sollte aber nicht in die Produktion gehen. Als jedoch weniger als 100 Bestellungen auf der Messe eingingen, brach die Stimmung in Meriden vollends ein. In den USA gelang es TMA ein letztes Mal, den Absatz zu stützen, weil man sich bereit erklärte, im Falle eines Zahlungsausfalls des Händlers neue, unverkaufte Bestände von den Finanzierungsgesellschaften zurückzukaufen. Doch das half alles nichts, denn die verspätete Ankunft der 1982er-Modelle mitten im Winter statt im September sorgte dafür, dass die Verkaufssaison praktisch verloren war: Eine Katastrophe jagte die nächste.

Eine kurze Verschnaufpause gab es im November 1982, als das West Midlands Enterprise Board zustimmte, den Export von Motorrädern in die USA und Entwicklungskosten in Höhe von 465.000 Pfund zu finanzieren. Die Belegschaft zählte nun nur noch 188 Mitarbeiter. Und auch wenn die Gesamtzahl von 1692 Maschinen für den Zeitraum 1981-1982 eine leichte Verbesserung gegenüber dem Vorjahr darstellte, war Triumph kaum mehr zu retten: Ende 1982 war die Kasse leer. Der größte Teil der Belegschaft wurde umgehend entlassen.

1982–1983 T140E, T140ES Bonneville, T140AV Bonneville Executive Touring, TR7RV, TR7RVS Tiger, TR7T Tiger Trail 750

Da die Motorräder in dieser Zeit auf Bestellung gebaut wurden, gab es eine viel größere Auswahl an Varianten und Farben als zuvor, garniert mit viel mehr Optionen. Die Modellpalette für 1982 wurde ursprünglich im April 1981 vorgestellt und umfasste die T140E und ES (UK und US), Executive Touring, TR7RV und TR7T sowie eine neue 650er, die TR65 (in UK- und US-Versionen). Wie im Jahr 1980 stand »US« für die Ausstattung und nicht für ein Exportmodell, denn tatsächlich wurde die TR650 in den USA nicht angeboten. Die Bonneville US hatte weiterhin den kleinen Tank, Speichenräder und eine einzelne Scheibenbremse vorne, während die Euro-Bonnie Morris-Gussräder, Dreifach-Scheibenbremsen und den neuen, größeren, in Italien hergestellten Tank besaß. Der britische Tanklieferant hatte aufgehört, Triumph-Tanks stammten seit Sep-

1982 waren die schwarz lackierten Gabeln, der 60-Watt-Sealed-Beam-Scheinwerfer mit neuer Gummilagerung und die Bing-Vergaser neu. Diese Bonneville ist eine T140 ES Elektrostarter in US-Spezifikation.

tember 1981 aus Italien. Girling stellte ebenfalls 1981 die Produktion ein, so sprang Marzocchi in die Bresche. Dabei verringerte sich der Bremsscheibendurchmesser leicht von 10 Zoll (254 mm) auf 9,8 Zoll (250 mm). Außerdem kamen Dunlop-Sintermetall-Bremsbeläge zum Einsatz. Die zunächst nur in der Executive verwendeten Bing-Gleichdruckvergaser anstelle der Amal Mark II-Vergaser kamen nach und nach auch bei den anderen Modellen mit zwei Vergasern zum Einsatz. Dazu gab es einen neuen Luftfilter und neue Seitendeckel. Die Bing-Vergaser waren bereits für einige ältere BMW zugelassen, was Triumph eine schnellere und kostengünstigere Einführung ermöglichte. Außerdem gab es neue 60/45-Watt-Lucas-Scheinwerfer samt neuen, mattschwarzen Haltern und eine von außen nicht wahrnehmbare Kaltschaum-Sitzbankauflage, welche den Fahrkomfort verbessern sollte.

1982 wurden in den USA drei Bonneville-Modelle verkauft, die T140ES Bonneville, die T140LE Royal und die T140EX Executive. Serienmäßig hatten sie die in Italien hergestellten Tanks mit aufklappbarem Tankdeckel. So lange aber noch die alten Tropfentanks am Lager waren, konnte auch dieser geordert werden. Die neue US-T140ES-Bonneville war eines der erfolgreichsten Modelle aus Meriden. Innerhalb von zwei Wochen nach Verkaufsstart gingen 389 Bestellungen ein – vielleicht auch, weil Richard Gere 1982 in dem Paramount-Film *Ein Offizier und Gentleman* eine T140E fuhr. Als der Film erschien, sah Geres 78er Bonneville nicht mehr sehr modern aus, was dem Verkauf von Triumph jedoch nicht schadete.

Die im Oktober 1980 erstmals vorgestellte, leuchtend gelbe TR7T Tiger Trail war Meridens kurzlebiger Versuch, ein Zweirad nach dem Vorbild der BMW R80 G/S zu bauen. Die TR7T war fehlerbehaftet und wurde als nicht sonderlich attraktiv befunden. Sie behielt den Amal Mark I Concentric-Vergaser der Tiger bei, war aber niedriger verdichtet dank einer anderen Einlassnockenwelle. Für den Offroadlook sorgten 21-Zoll-Radaelli-Stahlfelgen vorne, ein höher gelegter Kunststoff-Kotflügel und einer ungeschützte schwarze Auspuffanlage. Kurzzeitig war auch eine nach diesem Muster gestrickte leuchtend grüne TR65T Trail zu haben, im Grunde eine TR7T mit dem 650-cm³-Motor. Beide Modelle entstanden nur in geringen Stückzahlen. Weitere, ebenso selten zu sehende neue Modelle waren die T140AV Bonneville und die TR7AV Tiger mit einem gummigelagerten Motor, was Vibrationen reduzieren sollte. Dieser Antivibrationsrahmen sollte auch bei der geplanten T2000 Phoenix, einer DOHC-900er zum Einsatz kommen.

Im April 1982 folgten noch einige Neuerungen wie gekröpfte Brems- und Kupplungshebel sowie eine verbesserte elektronische Zündung. Ende 1982 entstanden Triumph-Modelle einfach aus Teilen, die gerade zur Verfügung standen. Auch die Tankfarben folgten keiner Systematik mehr.

1982/83 T140E, T140ES, T140AV Executive, TR7RV, TR7RVS, TR7T

(Unterschiede zu 1981)

Verdichtung	7,4:1 (TR7T)
Vergaser	32 mm Bing Typ 94 CV (Executive)
Reifen vorne	3.00x21 Zoll (TR7T)
Bremse hinten	7 Zoll Trommel (TR7T)
Trockengewicht	174 kg (TR7T)
Farbe	Gelb (TR7T)
Motor- und Rahmennummern	T140E, T140ES, T140AV EDA30001 bis BDA31693 (1982); T140E, T140ES, T140AV BEA33001 bis AEA34393 (1983); TR7RV, TR7RVS, TR7T JDA29428 bis BDA31917 (1982); TR7RV, TR7RVS, TR7T BEA33009 bis AEA34386 (1983)

1982–1983 TR65 Thunderbird 650

Ende Juni 1981 begann die Produktion des TR65 Thunderbird für 1982. Im Wesentlichen handelte es sich um eine Billigversion der TR7RV Tiger mit neuer Kurbelwelle und kürzerem Hub. Der Zylinder hatte eine Rippe weniger, der Zylinderkopf stammte aus dem Tiger-Regal: Simpler ging es kaum. Dieses Sparmodell verfügte außerdem über eine Einphasen-Lichtmaschine, Kontaktzündung, eine Trommelbremse hinten und ein einfacheres Instrumentenpaneel ohne Drehzahlmesser. Der Motor war mattschwarz lackiert, ebenso die Auspuffanlage mit Doppelrohren. Es gab zwei Ver-

LINKS: Die Bonneville Executive sah gut aus, wenn auch etwas schwer geraten, was ihre Sprtlichkeit schmälerte.

LINKS UNTEN: Die Bonneville T140ES Euro von 1982 mit dem Benzintank in neuen Optik, Morris-Rädern und doppelten Lockheed-Bremsscheiben vorne.

1982/83 TR65 Thunderbird

Bohrung	76 mm
Hub	71,5 mm
Hubraum	649 cm^3
Vergaser	Amal
Reifen vorne	3.25x19 Zoll
Reifen hinten	4.00x18 Zoll
Bremse vorne	9,8 Zoll Lockheed-Scheibe
Bremse hinten	7 Zoll Trommel
Trockengewicht	179 kg
Farbe	Smoked-Burgundy-Rot
Motor- und Rahmennr.	TR65 EDA30001 bis BDA31693 (1982); TR65, TR65T BEA33009 bis AEA34386 (1983)

sionen, die Euro-Version mit dem größeren Tank und die US-Version mit einem kleineren Tank.

1982–1983 T140 TSS 750

Weslake-Achtventil-Zylinderköpfe waren in den 60ern ein beliebter Umbau für 650er-Twin-Motoren. Und an Weslake wandte sich Meriden für die Entwicklung der Zylinderköpfe der TSS 750. Das Kurbelgehäuse mit E-Starter und das Getriebe beließ man serienmäßig, aber im Inneren des Motors befand sich eine verstärkte Kurbelwelle mit kürzeren, dickeren Lagerzapfen. Das reduzierte die Vibrationen und erhöhte die Maximaldrehzahl auf 10.000/min, was für einen Triumph-Twin bisher unerreicht war. Der neue Zylinderkopf verfügte über je vier, im 30-Grad-Winkel hängende Ventile, betätigt über Gabelkipphebel und gesteuert über Stößelstangen. Aluminiumzylinderkopf samt Kipphebelgehäuse bildeten eine Baugruppe, das verhinderte Ölleckagen. Neue Kolben mit flachem Boden und Aluminiumzylinder trugen zur höheren Leistung bei verringerter thermischer Belastung bei. Die britischen Versionen hatten Amal Mk II-, die amerikanischen Bing-Vergaser. Der Achtventilmotor saß im Fahrgestell der T140. Verzögert wurde über eine vordere Doppelscheibe von Lockheed, die Stoßdämpfer stammten von Marzocchi und auf Wunsch gab es Morris-Räder.

1982/83 T140 TSS

Bohrung	76 mm
Hub	82 mm
Hubraum	744 cm^3
Leistung	57 PS bei 6500/min
Verdichtung	9,5:1
Vergaser	34 mm Amal Mark II (UK); 32 mm Bing CV (US)
Reifen vorne	4.10x19 Zoll
Reifen hintene	4.10x18 Zoll
Bremse vorne	Doppelte 9,8 Zoll Lockheed-Scheibe
Bremse hinten	9,8 Zoll Lockheed-Scheibe
Trockengewicht	186 kg
Farben	Schwarz/goldfarbene Streifen, Schwarz und Rot
Motor- und Rahmennr.	T140TSS ab CEA33027

Nach der Markteinführung der TSS im Februar '82 verlief die Lieferung von Zylindern und Köpfen durch Weslake leider so schleppend, dass zum Zeitpunkt der Markteinführung im April nur die Hälfte der Bestellungen produziert hatte. Außerdem stellten Öllecks ein Problem dar und es gab viele Garantiefälle wegen undichter Zylinderköpfe, defekter Zylinderkopfdichtungen und fehlerhafter Nockenwellen. Meriden hatte ja vorgehabt, die TSS 1983 auf den neuen AV-Schwingungsdämpferrahmen umzustellen, doch das Werk wurde vorher geschlossen. Schade, denn die TSS hatte einen laufruhigeren Motor und Leistung. Sie war schnell und hatte das Zeug, die 190 km/h-Marke zu knacken, aber sie war immer noch teuer (3895 Dollar) und kaum zu bekommen (nur 112 wurden in die USA importiert). Jon Minonno gewann 1982 auf Jack Wilsons Big D Triumph TSS in Daytona den BoT (»Battle of Twins«) mit einer Geschwindigkeit von 249 km/h. Letztlich aber kam die TSS zu spät, um Triumph zu retten.

1982–1983 T140 TSX Custom 750

Die TSX, die zur gleichen Zeit wie die TSS auf den Markt kam, lehnte sich eng an Wayne Moultons Konzept eines Cruisers an, der sich auf europäischen Landstraßen ebenso wohl fühlte wie auf dem Boulevard. Technich betrachtete handelte es sich dabei um eine T140ES mit schwarz abgesetztem Motor, kürzeren Schalldämpfern und Kotflügeln, Morris-Gussrädern mit gedrungenem 16-Zöller hinten), 16-Liter-Tank aus italienischer Produktion und Stufensitzbank. Die TSX hatte auch Paioli-Stoßdämpfer und eine breitere Schwinge (um den dicken Reifen unterzubringen), und die Arbeiter in Meriden plünderten das Altteilelager auf der Suchen nach den klassischen Lucas-Blinkern und einem verchromten Scheinwerfer. Das bemühte Styling fand nie wirklich Anklang. Und in der Produktion klappte es auch nicht. Bei den ersten TSX gab es Probleme mit der Hinterradbremse. Traditionalisten stellten die Sinnfrage, und der Preis von 3695 Dollar trug auch nur wenig dazu bei, die Frage positiv zu beantworten. Von den anfänglichen Zuverlässigkeitsproblemen ganz zu schweigen. Für 1983 plante Meriden zwei Versionen der TSX, die TSX 8 Custom mit dem TSS-Achtventilmotor (immer noch in Schwarz) und die TSX 4 Custom. Keine der beiden Versionen ging in Produktion.

1983

Anfang 1983 sahen die 41 verbliebenen Mitarbeiter von Meriden in den Abgrund: Die letzten Bonneville und Tiger wurden am 7. Januar gebaut und keiner hatte einen Plan, wie es weitergehen könnte. Doch man träumte weiter und die Stadtverwaltung bot eine Million Pfund, wenn private Investoren die gleiche Summe aufbringen würden. Daher unternahm Triumph für die NEC-Show im März große Anstrengungen, um durch eine attraktive Modellpalette potenzielle Investoren anzulocken. Diese bekamen

OBEN: Als Einsteigermodell konzipiert, verfügte die Thunderbird TR65 über einen schwarz lackierten Motor und ebenso gefärbte Auspuffrohre. Diese TR65 US mit kleinerem Tank wurde übrigens nicht in USA verkauft.

LINKS: Hübsch in Schwarz und Gold, war die TSS zwar schnell, aber nicht zu Ende entwickelt. Alle TSS hatten eine Doppelscheibe vorn und Marzocchi-Strada-Stoßdämpfer. *Australian Motorcycle News*

UNTEN: Der TSS-Motor war nicht besonders attraktiv und verfügte über zwei zentral angeordnete 12-mm-Zündkerzen. Die Stößelstangen verfügten über eine verbesserte Abdichtung. Diese allgemeine Exportversion verfügt über Amal Mk II-Vergaser, während US-Modelle Bing CV-Vergaser erhielten. *Australian Motorcycle News*

1982/83 T140 TSX Custom

Verdichtung	7,4:1 (nach GEA33965)
Vergaser	32 mm Bing CV
Reifen vorne	MJ 90x19 Zoll
Reifen hintene	MT 90x16 Zoll
Bremse vorne	9.8 Zoll Lockheed-Scheibe
Bremse hinten	9.8 Zoll Lockheed-Scheibe
Trockengewicht	188 kg
Farben	Gipsy-Rot oder Midnight-Schwarz
Motor- und Rahmenner.	T140TSX ab GEA33528

dann eine abgespeckte 599-cm³-Daytona und eine Thunderbird im TSX-Stil, eine TSX 8 und eine TSX 4, eine TSS mit AV-Rahmen sowie diverse neue Bonnevilles in britischer und amerikanischer Ausführung zu sehen. Die T2000 Phoenix sollte dazu eine neue Ära einläuten, doch Großbritannien befand sich in einer Wirtschaftskrise: Die Türen der Genossenschaft wurden am 26. August 1983 endgültig geschlossen, als die Arbeiter die freiwillige Liquidation akzeptierten. Schließlich erwarb der 40-jährige Geschäftsmann John Bloor aus Staffordshire den Namen, alle Patente und die Herstellungsrechte. Die Fabrik in Meriden wurde verkauft, um Platz für eine moderne Wohnsiedlung zu schaffen.

Auch in den USA verabschiedet sich TMA mit Anstand, beglich seine Rechnungen und unterstützte die Händler auch noch nachdem das Ersatzteillager an JRC Engineering verkauft worden war.

The Harris Bonnevilles, 1985–1988

Kurz nachdem John Bloor den Namen und die Rechte erworben hatte, vergab er die Lizenz zum Bau der T140 Bonneville für fünf Jahre an einen der gescheiterten Bieter, Les Harris' Racing Spares in Devon. Harris beabsichtigte, die Bonneville mit TSS-Kurbelwellen und Aluminiumzylindern zu verbessern, aber in Bloors Lizenzvereinbarung war festgelegt, dass die Motorräder die gleichen Spezifikationen wie vor der Schließung Meridens aufweisen mussten. Dennoch investierte Harris erheblich in den Werkzeugbau und wollte seine ersten T140 schon 1984 ausliefern. Doch aufgrund von Problemen bei der Komponentenversorgung verzögerte sich der Termin. So verließ die erste Harris-Bonneville das Werk in Newton Abbot erst am 25. Juni 1985.

Der Motor der Harris-Bonneville war derselbe wie zuvor, enthielt jedoch eine TSX-Custom-Kurbelwelle mit gefrästen Gegengewichten und frühere Amal Concentric-Vergaser, die als Mark 1.5 bezeichnet wurden, da sie die Mark-II-Kaltstartschieber enthielten. Alle Harris-Bonnevilles verfügten lediglich über einen Kickstarter und obwohl der Rahmen noch in Großbri-

Die 83er T140 TSX traf zwar nicht wirklich ins Schwarze und bot mehr Style statt Funktion. Meriden durchstöberte scheinbar die Ersatzteillager, um alte Lucas-Blinker und verchromte Scheinwerfer zu finden. *Australian Motorcycle News*

tannien hergestellt wurde, waren die meisten anderen britischen Zulieferer 1984 bereits aus dem Geschäft. Deshalb musste Harris eine Vielzahl von Komponenten in Italien besorgen: Instrumente kamen von Veglia, die 38-mm-Gabeln und Federbeine von Pailoli, die Bremsen lieferte Brembo, die Felgen Radaelli und Lafranconi die Schalldämpfer. Es wurden zwei Versionen hergestellt, das britische Modell mit einem 18-Liter-Tank und das amerikanische mit neun Litern.

Das Unternehmen Harris war von Anfang an zum Scheitern verurteilt. Aufgrund der hohen Kosten für die Haftpflichtversicherung konnte die Harris-Bonneville nicht in den USA verkauft werden und die teure Herstellung machte es schwierig, sie im Vereinigten Königreich zu verkaufen. Im Jahr 1988 waren auch die vorhandenen Formen für Kurbelgehäuse, Zylinderköpfe und Kipphebelgehäuse verschlissen und mussten ersetzt werden. Da die Lizenz nur noch weniger als zwei Jahre lief, konnte Harris die Kosten für den Austausch der Formen nicht rechtfertigen. So wurde die letzte von rund 1250 Bonneville im März 1988 produziert. Mehr als 50 Jahre nach der Vorstellung von Turners Speed Twin endete die Ära einer der einflussreichsten Motorkonstruktionen aller Zeiten.

OBEN: Die Harris Bonnevilles hatten nur einen Kickstarter; viele Komponenten wurden aus Italien bezogen, darunter auch die großen Lafranconi-Schalldämpfer. *Australian Motorcycle News*

LINKS: Eine Brembo-Scheibe bremste hinten und die Stoßdämpfer kamen von Paioli. *Australian Motorcycle News*

1985–1988 Harris T140 Bonneville

Vergaser	Amal Mark 1.5
Reifen vorne	100/90H19
Reifen hinten	110/90H18
Bremsen vorne	Zwei 260 mm Scheiben
Bremse hinten	260 mm Brembo-Scheibe
Trockengewicht	186 kg
Farben	Schwarz/Rot, Schwarz/Gold, Silber/Schwarz
Motor- und Rahmennr.	EN000001 bis SN001258

TRIUMPH
750

TRIUMPH
Daytona
sport 1000

7 1990–1996

Wiedergeburt in Hinckley

Der moderne Ansatz: Drei- und Vierzylinder mit Zentralrohrrahmen

Nachdem John Bloor 1983 den Namen und die Rechte von Triumph erworben und diese anschließend auf Zeit an Les Harris vergeben hatte, machte er sich still und leise daran, eine neue Reihe von Motorrädern zu entwerfen, die nichts mit der vorherigen Bonneville zu tun hatten. Entschlossen, die Serie von »falschen Anfängen« nicht zu wiederholen, die viele Wiederbelebungen der britischen Motorradindustrie (insbesondere Hesketh und Norton) geprägt hatten, richtete Bloor eine Forschungs- und Entwicklungsabteilung ein und begann mit der Suche nach einem geeigneten Fabrikgelände. Es wurde schnell deutlich, dass sich Bloors Geschäftsmodell erheblich von Edward Turners Firmenphilosophie unterschied. Anstatt mit unterentwickelten Produkten kurzfristige Gewinne zu erzielen, genehmigte Bloor völlig neue Designs und übernahm die Entwicklungskosten für mehrere Jahre. Der Name Triumph war zwar hoch angesehen, hatte aber auch einen gewissen Makel, insbesondere in Bezug auf Zuverlässigkeit. Bloor entschied sich daher für einen konservativen Ansatz, indem er die neue Produktpalette als modern und nicht als retro bewarb und Triumph als kleinen, hochwertigen Hersteller einführte. Allerdings mit der Absicht, sich zu einem Mainstream-Hersteller zu entwickeln, der direkt mit den Japanern konkurriert. 1985 legte Bloor einen wirtschaftlich sinnvollen modularen Ansatz fest, bei dem viele Teile für die gesamte Modellpalette verwendet werden sollten. Die Grundlage bildeten ein gemeinsamer Rahmen und flüssigkeitsgekühlte Drei- und Vierzylindermotoren mit vier Hubräumen und einer Bohrung von 76 mm. Die gemeinsamen Komponenten der frühen Versionen erstreckten sich sogar auf die Kabelbäume. Der erste Vierzylinder-Prototyp lief 1987, 1988 erwarb Bloor ein ein Hektar großes Gelände in Hinckley, Leicestershire, und errichtete

OBEN: Die Tests vor der Produktion wurden mit professionellen Rennfahrern auf dem ehemaligen Stützpunkt der Royal Air Force und der US Air Force in Bruntingthorpe in Leicestershire durchgeführt. Neben dem langjährigen Triumph-Mitarbeiter Gary McDonnell (der 1969 als Monteurlehrling nach Meriden kam) stehen Mark Phillips, Keith Huewen und Steve Tonkin.

GEGENÜBER OBEN: Obwohl sehr ähnlich, war die Trident 750 nicht so beliebt wie die 900. Das 91er Modell gab es in den Farben Metallic Gunmetal-Grau und Schwarz.

GEGENÜBER UNTEN: Die Daytona 1000 war 1991 in den Farben Weiß, Blau und Schwarz erhältlich. Die Daytona war zu hoch und zu schwer für ein echtes Sportmotorrad, und da der Kurzhubmotor unter 8000/min nur wenig Leistung lieferte, war sie kaum beliebt. Im Vergleich zur Trident befand sich der hintere Bremssattel unter der Schwinge und die größeren Vorderradbremsen waren mit Vierkolben-Bremssätteln ausgestattet.

John Bloor

Der zurückgezogen lebende und geheimnisvolle John Bloor ist der Inbegriff des Tellerwäschers, der es zum Millionär bringt. Bloor wurde 1944 als Sohn eines Bergarbeiters in einem kleinen Dorf in Derbyshire geboren. Aufgrund seiner schlechten Gesundheit verließ er die Schule jedoch mit 15 Jahren, um Stuckateur zu werden. Innerhalb von zwei Jahren gründete er sein eigenes Unternehmen und baute sein erstes Haus im Alter von 20 Jahren. *Bloor Homes* expandierte und wurde zu einem der größten privaten Hausbauunternehmen in Großbritannien, das wesentlich zur Wiederbelebung der East Midlands beitrug. Sein Bestreben, das Fabrikgelände von Meriden für eine Wohnsiedlung zu kaufen, führte dazu, dass Bloor den Namen Triumph erwarb. Seine Erfolgsbilanz zeigte, dass es auf seiner Agenda keinen Platz für Selbstgefälligkeit und Sentimentalität gab. Triumph wurde als Unternehmen wiederbelebt, nicht als nostalgische Übung. 1995 wurde Bloor für seine Verdienste um den Motorradsport mit dem *Order of the British Empire* ausgezeichnet. Im Jahr 2002 verkaufte Bloor Homes 1870 Häuser, die größte Anzahl, die ein Einzelunternehmen je erreichte. Auch Triumph Motorcycles florierte unter Bloor weiter, die Produktion stieg auf über 50.000 Stück. 2014 belegte Bloor mit einem geschätzten Nettovermögen von 520 Millionen Pfund den siebten Platz auf der Liste der reichsten Menschen in Birmingham. Bloor ist bescheiden und zurückhaltend, gibt selten Interviews und ist in Hinckley nach wie vor aktiv. Sein Ansatz war schon immer eher konservativ, und das hat sich ausgezahlt.

Hinckleys modularer Ansatz wurde auf die neuen Drei- und Vierzylindermotoren ausgeweitet, die alle eine Bohrung von 76 mm, aber unterschiedliche Hübe hatten, wodurch vier Hubräume entstanden.

dort eine 14.000 Quadratmeter große Fabrik, die als T1 bekannt wurde. Der Betrieb wurde 1990 eröffnet, wobei zur besseren Qualitätskontrolle etwa ein Drittel der Komponenten im eigenen Haus hergestellt wurden. Die Renaissance von Triumph war geheimnisumwittert. Als man am 29. Juni 1990 der Presse die neue Produktpalette vorstellte, waren die Journalisten verblüfft. Bloor hatte das hochmoderne Werk privat mit 80 Millionen Pfund finanziert und die Motorräder im Geheimen entwickelt. Nach einer Reihe von Vorserienmodellen, die im September auf der Kölner Messe vorgestellt wurden, präsentierte Triumph im Dezember auf der NEC in Birmingham eine Palette von sechs Modellen, deren Produktion für das Modelljahr '91 geplant war.

Modelljahr 1991

Im Mittelpunkt der wiederbelebten Triumph-Reihe stand die Verbindung zu berühmten früheren Modellnamen. Das Portfolio bestand aus zwei unverkleideten Tridents (900 und 750 cm³), zwei sportlichen Daytonas (1000 und 750 cm³) und zwei Sporttouring-Trophys (1200 und 900 cm³). Bei der Motorkonstruktion wurde besonderer Wert auf Langlebigkeit gelegt. Die Ventile wurden von zwei obenliegenden Nockenwellen angetrieben, die direkt im Zylinderkopf liefen und über eine reibungsarme Hy-Vo-Kette auf der rechten Seite des Motors angetrieben wurden. Die Zylinderköpfe waren bei allen Motoren gleich, versehen mit zwei 32-mm-Einlassventilen und zwei 28-mm-Auslassventilen, die um 39 Grad geneigt waren. Die einteilige Kurbelwelle war mit Ausgleichswellen gekoppelt, eine für die Dreizylinder-Motoren und zwei für die Vierzylinder-Triebwerke.

Ein Beispiel für Triumphs Streben nach Zuverlässigkeit und Qualität war der Herstellungsprozess der Kurbelwellen, die plasmanitriert und bis auf fünf Mikrometer genau bearbeitet wurden. Da alle Motoren über die gleichen Befestigungspunkte verfügten, waren die Rahmen und Benzintanks zwischen allen Modellen austauschbar. Der Hauptrahmen und die Aluminiumschwingen entstanden sogar in einer firmeneigenen automatisierten Fertigungsstraße hergestellt, wobei die Schwinge zur Minimierung von Verformungen MIG- statt WIG-geschweißt wurde.

Da es in Großbritannien keine Zulieferer für Federungen oder Vergaser mehr gab, steuerte Kayaba die Vordergabel und die Stoßdämpfer, Shin Nippon die Räder und Mikuni die Vergaser bei. Der Schwerpunkt lag auf der Verarbeitungsqualität sowie der Praktikabilität, mit großen Wartungsintervallen bei 6000 Meilen und nur elf Wartungspunkten für die gesamte Modellreihe. Die Produktion begann im Februar 1991 mit nur fünf Motorrädern pro Tag, die erste Lieferung nach Deutschland erfolgte im März. Deutschland wurde als Testgebiet ausgewählt, um die Gesamtqualität zu bewerten. Die ersten Exemplare waren Vierzylinder-Trophy 1200, im Juni begann die Produktion von Dreizylindern. Neue Triumphs erschienen in den Ausstellungsräumen der britischen Händler und im weiteren Verlauf des Jahres begannen die Lieferungen in die Niederlande, nach Australien und Frankreich. 1991 verließen insgesamt bescheidene 2414 Motorräder die Fabrik in Hinckley, aber es war ein vielversprechender Anfang.

1991 Trident 900 und 750

Als einfache, unverkleidete Roadster mit aufrechter Sitzposition setzte die Trident den Stil der Meriden-Bonneville fort, jedoch mit deutlich mehr Leistung, erheblich verbesserten Bremsen und Federung sowie einer wesentlich höheren Leistung und Zuverlässigkeit. Mit mehr Drehmoment war die 900er viel beliebter als die 750er Trident, aber beide waren äußerst kompetente Erstlingswerke, wobei der hohe und schwere Zentralrohrrahmen für die nackte Optik hervorragend geeignet war.

1991 Daytona 1000 und 750

Das Sportmodell der Reihe war die Daytona, die in Drei- und Vierzylinderversionen mit jeweils kurzem Hub produziert wurde. Dadurch fehlte ihr das Drehmoment der 900er-Dreizylinder und 1200er-Vierzylinder. Außerdem trug der Zentralrohrrahmen seinen Teil zu einem hohen Motorrad bei, das zu unhandlich war, um als echtes Sportbike zu gelten. Die Daytona sollte mit japanischen Superbikes wie der Yamaha FZR und der Suzuki GSX-R konkurrieren, war aber einfach zu schwer und hatte eine ungeeignete Leistungscharakteristik. Obwohl das Ergebnis weder Fisch noch Fleisch war, glänzte die Daytona mit einigen hochwertigen Ausstattungsmerkmalen, darunter Nissin-Vierkolben-Bremssättel vorne, eine verchromte Motad-Auspuffanlage und eine voll einstellbare Kayaba-Federung. Triumph gab für die Daytona 1000 eine Höchstgeschwindigkeit von etwa 257 km/h an. Die von ICI entwickelte Verkleidung war für ihre Langlebigkeit und Flexibilität bekannt und verfügte über zwei 5,5-Zoll-Scheinwerfer.

1991 Trophy 1200 und 900

Einen weiteren berühmten Namen trug die erste Hinckley-Trophy, die 1200er-Vierer, gefolgt von der populäreren 900er-Dreier. Sie waren »Sporttourer« mit Vollverkleidung, niedrigem Schild und niedrigem Lenker. Der Motor hatte einen Ölkühler, und während die Kayaba-Vorderradgabel nicht verstellbar war, ließ sich die Hinterradeinheit in Vorspannung und Dämpfung verstellen. Im Gegensatz zur Daytona mit ihren Doppelscheinwerfern hatte die große Verkleidung der Trophy eine rechteckige Leuchteneinheit. Obwohl die Trophy groß und schwer war, erhielt sie positive erste Bewertungen und sollte das langlebigste der Modelle mit Zentralrohrrahmen werden.

Modelljahr 1992

Mit der Erschließung neuer Exportmärkte in Japan, Italien, Spanien und der Schweiz konnte Triumph erfolgreich weiter expandieren. Bei Design und Lackierungen blieb die Modellpalette jedoch unverändert, wobei die Farbpalette im Laufe des Jahres erweitert wurde, ebenso wie die Produktionszahlen, die 1992 auf 3098 stiegen.

Die erste der neuen Hinckley-Triumph war die Trophy 1200. Ungewöhnliche und auffällige Farben mit kräftigen Streifen zeichneten die 1991er Versionen aus.

1991 Trident 900 und 750

Modell	TC338 und TC333
Motorbauart	DOHC Reihen-Dreizylinder, vier Ventile pro wassergekühltem Zylinder
Bohrung	76 mm
Hub	65 mm (900); 55 mm (750)
Hubraum	885 cm³ (900); 749 cm³ (750)
Leistung	97 PS bei 9000/min (900); 89 PS bei 10.000 min (750)
Verdichtung	10,6:1 (900); 11:1 (750)
Vergaser	Drei Mikuni BST 36 Flachschieber
Zündung	Digital
Getriebe	Sechsgang
Rahmen	Hochfester legierter Stahl (600MPa)
Schwinge	Aluminium mit exzentrischem Kettenspanner
Gabel	43 mm, teleskopisch
Federung hinten	Gasdämpfer mit Zugstufendämpfung
Bremsen	2 x 296 mm Scheiben und 2 x Zweikolben-Schwimmsattel vorne, 255 mm Scheibe hinten
Räder	17x3.5 Zoll vorne und 18x4.5 Zoll hinten
Reifen	120/70x17 Zoll vorne und 160/60x18 Zoll hi.
Radstand	1491 mm
Trockengewicht	212 kg
Farben	Gunmetal-Grau und Schwarz, British-Racing-Grün und Schwarz

1991 Daytona 1000 und 750

Modell	TC343 und TC330
Motorbauart	DOHC Reihen-Drei- und Vierzylinder, vier Ventile pro wassergekühltem Zylinder
Bohrung	76 mm
Hub	55 mm
Hubraum	998 cm³ (1000); 749 cm³ (750)
Leistung	120 PS bei 10.500/min (1000); 89 PS bei 10.000/min (750)
Verdichtung	11:1
Vergaser	Drei oder vier Mikuni BST 36 Flachschieber
Zündung	Digital
Getriebe	Sechsgang
Rahmen	Hochfester legierter Stahl (600MPa)
Schwinge	Aluminium mit exzentrischem Kettenspanner
Gabel	43 mm, teleskopisch
Federung hinten	Gasdämpfer mit Zugstufendämpfung
Bremsen	2 x 310 mm Scheiben und 2 x Vierkolben-Schwimmsattel vorne, 255 mm Scheibe hinten
Räder	17x3.5 Zoll vorne und 18x4.5 Zoll hinten
Reifen	120/60x17 Zoll vorne und 160/60x18 Zoll hi.
Radstand	1491 mm
Trockengewicht	235 kg (1000); 218 kg (750)
Farben	Blau, Weiß und Schwarz; Schwarz, Gunmetal-Grau und Schwarz; Rot, Weiß und Schwarz

1991 Trophy 1200 und 900

Modell	TC340 und TC336
Motorbauart	DOHC Reihen-Drei- und Vierzylinder, vier Ventile pro wassergekühltem Zylinder
Bohrung	76 mm
Hub	65 mm
Hubraum	1180 cm³ (1200); 885 cm³ (900)
Leistung	140 PS bei 9000/min (1200); 99 PS bei 9000/min (900)
Verdichtung	10,6:1
Vergaser	Drei oder vier Mikuni BST 36 Flachschieber
Zündung	Digital
Getriebe	Sechsgang
Rahmen	Hochfester legierter Stahl (600MPa)
Schwinge	Aluminium mit exzentrischem Kettenspanner
Gabel	43 mm, teleskopisch
Federung hinten	Gasdämpfer mit Zugstufendämpfung
Bremsen	2 x 296 mm Scheiben und 2 x Zweikolben-Schwimmsattel vorne, 255 mm Scheibe hinten
Räder	17x3.5 zoll vorne und 18x4.5 Zoll hinten
Reifen	120/70x17 Zol vorne und 160/60x18 Zoll hinten
Radstand	1491 mm
Trockengewicht	240 kg (1200); 222 kg (900)
Farben	Gunmetal-Grau und Siber; Schwarz und Rot; Gunmetal-Grau, Schwarz und Silber; Gunmetal-Grau, Schwarz und Rot

1992 Trident 900 und 750
(Unterschiede zu 1991)

Farben
British-Racing-Grün, Cherry-Rot, Cherry-Schwarz

1992 Daytona 1000 und 750 *(Unterschiede zu 1991)*

Farben
Lancaster-Rot, Assam-Schwarz, Radiant-Rot

1992 Trident 900 und 750

1992 war klar, dass der Markt das Drehmoment des 900-cm³-Dreizylinders bevorzugte.

1992 Daytona 1000 und 750

Eine der Initiativen von Bloor bestand darin, auf die Marktkräfte und das Feedback der Verbraucher zu hören. Da die beiden Kurzhub-Daytonas weder bei

UNTEN: Abgesehen von den Farben blieb die Trident 1992 unverändert. Einige Exemplare hatten neue seitliche Aufkleber.

1992 Trophy 1200 und 900 *(Unterschiede zu 1991)*

Farben
Lancaster-Rot, Caribbean-Blau, Charcoal-Grau, Burgundy-Rot, Oxford-Blau (später)

Journalisten noch bei Kunden beliebt waren, sollte dies ihr letztes Jahr sein. Wie bei der Trident wurden beide Daytonas bis auf die Farben nicht verändert.

1992 Trophy 1200 und 900

Die Trophy, die weiterhin als 1200er und 900er erhältlich ist, war anfangs wie die Daytona mit auffälligen Streifen versehen, die im Laufe des Modelljahres weggelassen wurden. Zu diesem Zeitpunkt wurden Oxford-Blau und Burgundy-Rot zu den Farboptionen hinzugefügt, während Lancaster-Rot wegfiel.

Modelljahr 1993

Bis Oktober 1992 hatte Hinckley 5000 Motorräder gebaut. Unter Beibehaltung der Modulbauweise wurde die Daytona für das 93er Modelljahr überarbeitet und um die Langhubmodelle 900 und 1200 erweitert, eine verkleidete Trident Sprint wurde eingeführt und als Reaktion auf die deutsche und französische Nachfrage nach einem geländetauglichen Motorrad im Stil der BMW GS wurde die Tiger angekündigt. Das Programm wurde auf acht Modelle erweitert, allerdings mit nur drei Motoren (750er und 900er Dreizylinder und 1200er Vierzylinder). Im Juli 1993 feierte Hinckley den Bau des 10.000sten Motorrads und die Produktion stieg in diesem Jahr auf 6512 Einheiten.

1993 Trident 900 und 750, Trident 900 Sprint

Zu den kosmetischen Updates der Trident 900 und 750 gehörte der nun in schwarzem Schrumpflack gefärbte Motor. Der dunkle Kräsellack erstreckte sich bis

GANZ OBEN: Die 92er Daytona 1000 in Lancaster-Rot mit weißen und schwarzen Streifen. Die kurzhubige Daytona war unbeliebt und wurde nur zwei Jahre gebaut.

OBEN: Auch die Trophy blieb 1992 weitgehend unverändert. Anfangs hatte sie Streifen wie die Daytona, später im Modelljahr wurde sie jedoch einfarbig. *Triumph Motorcycles*

RECHTS: 1993 wurde die Trident Sprint mit einer im Windkanal entwickelten Halbverkleidung vorgestellt. Die Instrumente waren am Rahmen montiert und im Gegensatz zur Trophy enthielt die Sprint-Verkleidung zwei Halogenscheinwerfer. Hier die Version von 1994 mit Vierkolben-Bremssätteln.
Triumph Motorcycles

GEGENÜBER: Ein weiteres neues Modell für 1993 war die Tiger 900 im Enduro-Stil. Mit integrierter Verkleidung war die Tiger die erste Triumph mit einem Kunststoff-Benzintank. Hier eine 94er mit schwarzem Motorgehäuse.
Triumph Motorcycles

1993 Trident 900 und 750, 900 Sprint *(Unterschiede zu 1992)*

Modell
TC362 (Sprint)
Leistung
100 PS bei 9500/min (900); 97 PS bei 11.000/min (750)
Trockengewicht
215 kg (Sprint)
Farben
British-Racing-Grün, Cinnabar-Rot, Diablo-Schwarz, Caspian-Blau (Sprint)

zum Lenker und bildete einen Kontrast zu den polierten Aluminiumhebeln und verchromten Spiegeln. Die Tridents erhielten außerdem polierte Aluminiumfelgen, einen neuen Sitz, eine auf 77,5 Zentimeter abgesenkte Sitzhöhe, niedrigere Fußrasten und neu gestaltete Leitungen, um die Optik zu verbessern. Neu war die Trident Sprint 900, die eine obere Halbverkleidung und zwei Scheinwerfer trug. Die Sprint war das Ergebnis des Kundenfeedbacks, das einen gewissen Wetterschutz für die Trident forderte. Sie war eine Fusion unterschiedlicher Komponenten, schuf sich jedoch bald ihren eigenen Fankreis und war sehr erfolgreich. Alle Tridents hatten in diesem Jahr schwarze Motorgehäuse, Räder und Krümmerrohre. 1993 war die Sprint 900 noch mit Trident-Aufklebern versehen.

1993 Daytona 1200 und 900

Als Reaktion auf die Kritik wurde die Daytona in diesem Jahr erheblich überarbeitet. Nicht nur ersetzten die langhubigen 1200er-Vierer und 900er-Dreier die

1993 Daytona 1200 und 900 *(Unterschiede zu 1992)*

Modell
TC354 und TC357
Bohrung
76 mm
Hub
65 mm
Hubraum
1180 cm³ (1200); 885 cm³ (900)
Leistung
145 PS bei 9500/min (1200); 100 PS bei 9500/min (900)
Verdichtung
12:1 (1200); 10,6:1 (900)
Trockengewicht
228 kg (1200); 216 kg (900)
Farben
Racing-Gelb, Barracuda-Blau, Pimento-Rot

kurzhubigen 1000er und 750er, die Vierzylinder für die Trophy 1200 erhielten auch schärfere Nocken, eine höhere Verdichtung sowie bearbeitete Zylinderköpfe. John Mockett entwarf eine neue Verkleidung mit einem niedrigeren Windschild und eine überarbeitete Heckverkleidungen. Motor, Rahmen, Gabel, der hochgezogene Auspuff und die Räder in schwarz kontrastierten mit kräftigen Lackfarben. Alle Daytonas konnten optional mit einem Abdeckung für den Soziussitz ausgestattet werden und sahen deutlich sportlicher aus. Sie war immer noch schwer, aber da die Japaner ihre großvolumigen Sportmotorräder zu dieser Zeit freiwillig auf 125 PS beschränkten (zumindest in Großbritannien), war die große Daytona 1200 mit einer Höchstgeschwindigkeit von beeindruckenden 256 km/h das leistungsstärkste verfügbare Motorrad. Die neuen Daytonas waren hauptsächlich für den deutschen Markt bestimmt und wurden im Februar 1993 an fast 40 deutsche Händler ausgeliefert.

1993 Trophy 1200 and 900

Während das Profil der Trophy, immer noch mit einem rechteckigen Scheinwerfer, dem von 1992 ähnelte, umfassten die Aktualisierungen in diesem Jahr schwarzen Lack für den Motor, die Auspuffkrümmer und die Räder. Die überarbeitete Sitzposition der Trophy zeichnete sich durch einen höheren Lenker und niedrigere Fußrasten aus. Die Trophy 1200 teilte sich die vorderen Vierkolben-Nissin-Bremssättel und Scheiben mit der Daytona.

1993 Trophy 1200 und 900 *(Unterschiede zu 1992)*

Leistung
110 PS bei 9000/min (1200)
Bremsen
2 x 310 mm Scheiben, 2 x Vierkolben-Sattel (1200)
Trockengewicht
235 kg (1200); 220 kg (900)
Farben
Caspian-Blau, Candy-Apple-Rot, British-Racing-Grün

1993 Tiger 900

Obwohl die großvolumigen Enduros in Großbritannien nicht besonders beliebt waren, brachte Triumph mit der Tiger 900 das erste neue Motorrad seit dem Neubeginn auf den Markt. Triumph legte den Schwerpunkt auf die Expansion auf Festland-Europa. Um die Werkzeugkosten zu senken, wurde das von John Mockett entworfene Motorrad mit einem Kunststofftank versehen. Das war damals in Großbritannien nicht legal. Triumph ließ den Tank später homologieren, aber der eigentliche Markt war Deutschland, wo die Tiger 1993 große Beliebtheit genoss. Unter Beibehaltung der Modulbauweise wurde der Rahmen der Tiger mit einem längeren Radstand, Speichenrädern, einer längeren Sitzbank, einer nach oben geschwungenen Drei-in-zwei-Auspuffanlage und einer längeren Gabel verstärkt. Die vorderen Bremssättel waren schwimmend gelagert und mit zwei Kolben ausgestattet, der hintere Stoßdämpfer war voll einstellbar und mit einem externen Ausgleichsbehälter ausgestattet. Die Offroad-Ausstattung wurde um Motor- und Griffschutz erweitert, das Triebwerk wurde mit moderateren Steuerzeiten für mehr Drehmoment neu abgestimmt.

Modelljahr 1994

In diesem Jahr wurde eine neue Lackieranlage eingeführt und die Erweiterung des Werks in Hinckley mit der Baugenehmigung für eine zweite Fabrik, T2, vorangetrieben. Im Rahmen der Weiterentwicklung wurden neue Modelle wie die Speed Triple Café Racer und die Daytona Super III eingeführt, wodurch sich die Modellpalette auf zehn Modelle vergrgrößerte. Die Daytona Super III waren mit neuen, von Cosworth entworfenen Kurbelgehäusen und Zylinderköpfen ausgestattet, die bald in der gesamten Modellreihe zum Einsatz kommen sollten. Neben erhöhter Leistung verfügte die Super III auch über High-Tech-Feature wie Sechskolben-Festsättel des amerikanischen Herstellers Alcon sowie eine reihe Kohlefaserteile, darunter Kotflügel und an den Schalldämpfern. Die Produktion in Hinckley stieg weiter an, im Jahr 1994 auf 10.407

1993 Tiger 900

Motorbauart	DOHC Reihen-Dreizylinder, vier Ventile pro wassergekühltem Zylinder
Bohrung	76 mm
Hub	65 mm
Hubraum	885 cm^3
Leistung	84 PS bei 8500/min
Verdichtung	10,6:1
Vergaser	Drei Mikuni BST 36 Flachschieber
Zündung	Digital
Getriebe	Sechsgang
Rahmen	Hochfester legierter Stahl (600MPa)
Schwinge	Aluminium mit exzentrischem Kettenspanner
Gabel	43 mm, teleskopisch
Federung hinten	Einstellbares Federbein
Bremsen	2 x 276 mm Scheiben und 2 x Zweikolben-Schwimmsattel vorne, 255 mm Scheibe hinten
Räder	19x2.5 Zoll vorne und 17x3.0 Zoll hinten
Reifen	110/80x19 Zoll oder 100/90x19 Zoll vorne und 140/80x17 Zoll hinten
Radstand	1559 mm
Trockengewicht	209 kg
Farben	Sandstone, Caspian-Blau, Cinnabar-Rot

Abgesehen vom schwarzen Schrumpflack blieb die Trident 900 im Jahr 1994 weitgehend unverändert. Auch die Farben Schwarz und Rot blieben gleich, was sich auch in den Jahren 1995 und 1996 nicht ändern sollte. *Triumph Motorcycles*

1994 Trident 900 und 750, Sprint 900
(Unterschiede zu 1993)

Federung hinten
Einstellbares Federbein (900)
Bremsen
2 x 310 mm Scheiben, 2 x Vierko.-Sättel vo. (Sprint)
Radstand
1508 mm

Motorräder, und die Exporte nach Kanada begannen, wodurch sich die Zahl der Exportmärkte auf 33 erhöhte.

1994 Trident 900 und 750, Sprint 900

Wie üblich waren die meisten Aktualisierungen auch 1994 kosmetischer Natur. Die Sprint 900 wurde jetzt nicht mehr als Trident bezeichnet. Die Tridents erhielten einen neu profilierten Sitz, schwarzen Schrumpflack an Motor, Scheinwerfer und Gabelbrücke sowie silberfarbene Felgen. Außerdem war die Hinterradaufhängung des Trident 900 jetzt einstellbar, ebenso wie die Kupplungs- und Bremshebel. Die vorderen Bremsen der Sprint 900 wurden auf 310-mm-Scheiben mit Nissin-Vierkolben-Bremssätteln umgerüstet, und die Instrumentierung erhielt eine Digitaluhr. Abgesehen davon, dass Rot nicht mehr für die Trident 900 angeboten wurde, blieben die Farben unverändert.

1994 Daytona 1200 und 900

Die wichtigste Änderung an der Daytona 1200 und 900 war ein Paar 17-Zoll-Dreispeichen-Brembo-Räder, die

Nachdem die Daytona 1993 eine neue Verkleidung, einen Motor mit mehr Hub und neue Schriftzüge erhalten hatte, wurde sie 1994 mit neuen 17-Zoll-Rädern und breiteren Reifen ausgestattet.

1994 Daytona 1200 und 900 *(Unterschiede zu 1993)*

Leistung
97 PS bei 9000/min (900)
Räder
17x3.5 Zoll vorne und 17x5.5 Zoll hinten
Reifen
120/70xZR17 vorne und 180/55xZR17 hinten
Trockengewicht
225 kg (1200); 213 kg (900)

die Sechsspeichen-Räder ersetzten. Sie waren breiter und hatten hohle Speichen, die Hinterradabdeckung verfügte über einen integrierten Kettenschutz.

1994 Trophy 1200 und 900

Da die beiden Trophy-Modelle 1994 bereits gut etabliert waren, konzentrierten sich die Aktualisierungen auf Räder und Bremsen. Sowohl die 1200er als auch die 900er erhielten die neuen Brembo-Räder, die 900er Trophy bekam die verbesserten Vorderradbremsen der 1200er. Die Farben blieben unverändert, Rot entfiel.

1994 Tiger 900

Die Neuerungen für 1994 waren gering, lediglich das Motorgehäuse trug nun statt Verkleidungsfarbe schwarzen Schrumpflack.

1994 Daytona Super III

Entschlossen, aus der Daytona mit Zentralrohrrahmen ein echtes Sportmotorrad zu machen, brachte Triumph 1994 die Daytona Super III auf den Markt. Zylinderkopf und Kurbelgehäuse waren neu und stammten von Cosworth Engineering in Worcester. Durch geänderte Kolben, höhere Verdichtung sowie Vergaser- und Auspuff-Updates wurde die Leistung um 15 Prozent gesteigert. Neben Kotflügeln und Schalldämpfern aus Kohlefaser war der Super III die erste Triumph mit neuen, von Alcon hergestellten Sechskolben-Bremssätteln, die die Bremsleistung erheblich verbesserten. Alcon war auf Bremssysteme für Indy-Cars spezialisiert. Obwohl die neuen Kurbelgehäuse und Kohlefaserkomponenten etwa viereinhalb Kilo einsparten, war die Super III immer noch viel schwerer als vergleichbare japanische Superbikes, insbesondere die 185 Kilo schwere Honda Fireblade. Die Super III war auch extrem teuer und wurde im Vereinigten Königreich für 9699 Pfund verkauft, verglichen mit 8199 Pfund für eine Standard 900 Daytona.

1994 Trophy 1200 und 900 *(Unterschiede zu 1993)*

Leistung
107 PS bei 9000/min (1200); 97 PS bei 9000/min (900)
Bremsen
2 x 310 mm Scheiben, 2 x Vierko.-Sattel vo. (900)
Räder
17x3.5 Zoll vorne und 17x5.5 Zoll hinten
Reifen
120/70xZR17 vorne und 170/60xZR17 hinten
Trockengewicht
232 kg (1200); 217 kg (900)
Farben
Caspian-Blau, British-Racing-Grün

1994 Tiger 900 *(Unterschiede zu 1993)*

Farben
Caspian-Blau, Pimento-Rot

GANZ OBEN: Rot war auch eine beliebte Farbe für die 94er Daytona. *Triumph Motorcycles*

OBEN: Die Trophy 1200 erhielt 1994 neue Räder und Bremsen. *Triumph Motorcycles*

OBEN: Alle Daytona Super III trugen Racing-Gelb und Schwarz. Die Kotflügel und Schalldämpfer waren aus Kohlefaser.

RECHTS: Die Vorderradbremsen umfassten Scheiben und Sechskolben-Alcon-Bremssättel.

1994 Speed Triple 900

Während die Daytona Super III als hochmodernes Sportmotorrad nicht wirklich erfolgreich war, traf das andere neue 94er Modell, die Speed Triple für den Nischenmarkt, genau ins Schwarze. Triumph beschrieb die Speed Triple als »eine reine Enthusiastenmaschine« und mit ihrem niedrigen Lenker, den weit hinten angebrachten Fußrasten und dem einzelnen runden Scheinwerfer ebnete dieser nackte Café-Racer-Stil den Weg für einen neuen Markt. Inspiriert von einer modifizierten Trident Special des italienischen Händlers Carlo Talamo, der *Numero Tre*, war dies die Triumph Triple in ihrer ursprünglichsten Form – und sofort ein Hit. Die Speed Triple war mehr Daytona als Trident und nicht nur eine Stylingübung; sie verfügte auch über die breiteren Räder und die schwarzen, hochgezogenen Schalldämpfer der Daytona. Die Gabel war voll einstellbar und der hintere Bremssattel war unter der schwarzen Schwinge montiert. Während der 885-cm³-Dreizylinder mit dem neuen Cosworth-Kurbelgehäuse dem der Daytona sehr ähnlich war, befand sich im Inneren nur ein Fünfganggetriebe.

1994 Daytona Super III

Modell	TC310
Motorbauart	DOHC Reihen-Dreizylinder, vier Ventile pro wassergekühltem Zylinder
Bohrung	76 mm
Hub	65 mm
Hubraum	885 cm³
Leistung	115 PS bei 10.500/min
Verdichtung	12:1
Vergaser	Drei Mikuni BST 36 Flachschieber
Zündung	Digital
Getriebe	Sechsgang
Rahmen	Hochfester legierter Stahl (600MPa)
Schwinge	Aluminium mit exzentrischem Kettenspanner
Gabel	43 mm, teleskopisch
Federung hinten	Einstellbares Federbein
Bremsen	2 x 310 mm Scheiben, 2 x Sechsko.-Sättel, 255 mm Scheibe hi.
Räder	17x3.5 Zoll vorne und 17x3.5 Zoll hinten
Reifen	120/70xZR17 vorne und 180/55xZR17 hinten
Radstand	1491 mm
Trockengewicht	211 kg
Farbe	Racing-Gelb

1994 Speed Triple 900

(Unterschiede zu Daytona 900)

Model	TC301
Getriebe	Fünfgang
Trockengewicht	209 kg
Farben	Racing-Gelb, Diablo-Schwarz

OBEN: Die Daytona Super III-Instrumententafel war identisch mit der der Standard-Daytona. Die Verkleidung umfasste Innenverkleidungen aus Kohlefaser.

LINKS: Die Daytona Super III hatte das neue Cosworth-Kurbelgehäuse mit der halbrunden (statt flachen) Kupplungsabdeckung. Im Gegensatz zur regulären Daytona 900 war die Schwinge schwarz.

Im Juli kehrte Triumph mit der einmaligen Speed-Triple-Challenge im Rahmen des British Grand Prix in den Rennsport zurück. Das war der Vorläufer einer britischen Speed-Triple-Serie in den Jahren '95 und '96. Die Speed Triple war das bisher bedeutendste Modell aus Hinckley und machte mehr als 1500 der gesamten Jahresproduktion von 7800 Motorrädern aus.

Modelljahr 1995

Auf der Kölner Messe im Oktober 1994 stellte Triumph die Thunderbird vor. Gleichzeitig folgte die Rückkehr auf den US-Markt von Peachtree City, Georgia, aus. Die Thunderbird, die sich direkt an die US-Kunden richtete, verfügte über klassische Triumph-Attribute und erhielt angesichts der erwarteten starken Nach-

1994 ebenfalls neu war die Speed Triple. Der Name war eine clevere Anspielung auf Edward Turners inspirierende Speed Twin. Das Motorrad im Café-Racer-Stil erwies sich als äußerst beliebt, 1994 vor allem in Schwarz. *Triumph Motorcycles*

frage 25 Prozent der Produktionskapazität. Triumph investierte weiterhin in Fertigungsanlagen und schaffte sieben weitere CNC-Maschinen an, wodurch die Bearbeitungszeit von Motorgehäusen von 18 auf 7 Minuten reduziert werden konnte. Technische Aktualisierungen in diesem Jahr umfassten eine überarbeitete Freilaufkupplung, eines der hartnäckigsten Probleme bei den ersten Hinckley-Triumph-Motorrädern, und eine neue Zündbox. Nach der erfolgreichen Speed Triple Challenge in Donington wurde sie als Rennserie in Großbritannien fortgesetzt und 1995 in den USA, Frankreich und Deutschland etabliert. Auch in Südafrika und Singapur wurden Händler eröffnet und im August 1995 wurde die 30.000ste Hinckley-Triumph ausgeliefert (eine Thunderbird nach Australien). 1995 wurden insgesamt 13.525 Motorräder gebaut und die Bekleidungslinie Triple Connection eingeführt.

1995 Sprint, Tiger, Daytona, Trophy, Speed Triple *(Unterschiede zu 1994)*

Räder
17x3.5 Zoll vorne und 17x5.5 Zoll hinten Dreispeichen-Räder (Sprint)
Reifen
120/70xZR17 vorne und 170/60xZR17 hinten (Sprint)
Farben
Nightshade, Candy-Apple Rot, British-Racing-Grün (Sprint); Diablo-Schwarz (Tiger, Daytona); British-Racing-Grün, Nightshade (Trophy); Fireball-Orange (Speed Triple)

1995 Trident 900 und 750, Sprint 900, Tiger 900, Daytona 1200 und 900, Daytona Super III, Trophy 1200 und 900, Speed Triple 900

Während die Basis Trident 900 und 750 unverändert blieben, erhielt die Sprint 900 nun anthrazitfarbene Brembo-Dreispeichen-Räder und hauseigene Vierkolben-Bremssättel. Der Motor war anthrazitgrau, weitere Änderungen erstreckten sich auf zwei Beifahrer-Haltegriffe sowie eine rundere Heckpartie und ein abgerundetes Rücklicht. Die Tiger 900 gab es jetzt auch in Schwarz, trug immer eine schwarze Schwinge sowie schwarz ausgelegte Instrumente, blieb aber sonst unverändert, genau wie die Daytona 1200 und 900. Die leuchtend gelbe Daytona Super III blieb unverändert, wurde jedoch nur 300 Mal produziert. Die Trophy 1200 und 900 sollten 1996 aktualisiert werden und wurden lediglich in zwei neuen Farben angeboten, darunter ein eher ungewöhnliches Violett. Abgesehen davon, dass Orange das Gelb ersetzte, blieb die Speed Triple mit Fünfganggetriebe in diesem Jahr unverändert. Alle Modelle waren erstmals in den USA erhältlich. *Cycle World* testete eine Daytona 900 und kam zu dem Schluss: »Triumph hat ein grundlegend ausgereiftes Design mit ausgereifter Technologie aufpoliert und dabei keine neuen Wege beschritten, um ein sehr ansprechendes Motorrad herzustellen.«

1995 wurde die Speed Triple in leuchtendem Orange angeboten. Die kräftige Farbe wurde legendär und trug zum Kultstatus der Speed Triple bei. Dieses Exemplar verfügt über eine 3-in-1-Auspuffanlage aus dem Zubehörhandel, die die Leistung des Motors optisch noch stärker betont.

Die Sprint 900 wurde noch positiver aufgenommen: »Einfach, unprätentiös, schnell, nicht perfekt, aber es macht viel Spaß, damit zu fahren.« *Cycle World* verlieh ihr im selben Jahr den Best Bikes Award.

1995 Thunderbird

29 Jahre nach dem Ende der legendären Meriden-Thunderbird brachte Triumph die neue Retro-Thunderbird auf den Markt. Obwohl Teil von Hinckleys Baukastensystem, trug die Thunderbird Designelemente, die stark an frühere Triumph erinnerten und vor allem die amerikanischen Enthusiasten ansprach. Die Optik des Motors orientierte sich stark an früheren Vorbildern, den Kupplungsdeckel zierte ein vertiefter Triumpg-Schriftzug. Mit einem Fünfganggetriebe imitierte der Motor den entspannten Charakter des ursprünglichen Thunderbird, wobei er weniger Leistung und mehr Drehmoment erzeugte. Zu den weiteren Retro-Merkmalen gehörten viel Chrom, das Mundharmonika-Tankemblem im Stil von 1957, der klassische flache Sitz und die nostalgisch geformten Schalldämpfer. Eine niedrige Sitzhöhe (75 cm), ein verlängerter Radstand und spanische Akront-Speichenfelgen mit einer einzelnen Scheibe und Schwimmsattel machten die Thunderbird für den Cruiser-Markt attraktiver. Sie war auch eine der ersten Triumph-Motorräder, die mit einer Reihe von maßgeschneidertem Zubehör angeboten wurde.

Mit viel Chrom und zahlreichen Retro-Elementen war die Thunderbird äußerst erfolgreich und führte in der Folge zu weiteren Derivaten. Die Ausstattung war einfach und unter dem Retro-Design verbarg sich ein Dreizylinder mit Zentralrohrrahmen, der dem Rest der Modellreihe nicht unähnlich war. *Triumph Motorcycles*

Da die Markteinführung der Thunderbird mit der Rückkehr von Triumph auf den amerikanischen Markt zusammenfiel, war sie 1995 mit rund 3000 Einheiten das meistverkaufte Modell der Briten. Prominente wie Bruce Springsteen fuhren sie, und das Magazin *Motorcyclist* kürte die Thunderbird zum Cruiser des Jahres und beschrieb sie als »ein Meisterwerk aus poliertem Aluminium und glänzendem Chrom«. *Cycle World* war in seiner Begeisterung zurückhaltender und sagte: »Die Thunderbird funktioniert gut für das, was sie ist. Sie repräsentiert einen Ausblick auf Triumphs

1995 Thunderbird

Modell	TC339
Motorbauart	DOHC Reihen-Dreizylinder, vier Ventile pro wassergekühltem Zylinder
Bohrung	76 mm
Hub	65 mm
Hubraum	885 cm³
Leistung	69 PS bei 8000/min
Verdichtung	10:1
Vergaser	Drei Mikuni BST 36 Flachschieber
Zündung	Digital
Getriebe	Fünfgang
Rahmen	Hochfester legierter Stahl (600MPa)
Schwinge	Aluminium mit exzentrischem Kettenspanner
Gabel	43 mm, teleskopisch
Federung hinten	Federbein
Bremsen	1 x 320 mm Scheibe, Zweiko.-Sattel vo., 285 mm Scheibe hi.
Räder	18x2.5 Zoll vorne und 16x3.5 Zoll hinten
Reifen	110/80x18 Zoll vorne und 160/80x16 Zoll hinten
Radstand	1549 mm
Trockengewicht	220 kg
Farben	Cherry-Rot und Cream, Aegean-Blau, Diablo-Schwarz

Unternehmensgeschichte, ist eine Anspielung auf das Firmenerbe und auf eine wahrgenommene und anscheinend echte amerikanische Vorliebe für Nostalgie.«

Modelljahr 1996

Es war das letzte Jahr, in dem die gesamte Modellpalette auf dem Zentralrohrrahmen basierte. Obwohl die Gesamtzahl der in Hinckley hergestellten Motorräder nun 40.000 überstieg, ging die Produktion leicht auf 11.041 zurück. Neue Märkte wurden in Malaysia und Thailand erschlossen. Zu den neuen Modellen gehörten eine überarbeitete Trophy und die auf der Thunderbird basierende Adventurer. In Vorbereitung auf die zweite Generation, die 1997 vorgestellt werden sollte, wurden spezielle Auslaufmodelle angeboten.

Während die Trident 1996 weitgehend unverändert blieb, verfügte die überarbeitete Trophy nun über eine größere, geschwungene Verkleidung und einen speziellen Gepäckträger. *Triumph Motorcycles*

1996 Sprint, Tiger, Daytona, Speed Triple

(Unterschiede zu 1995)

Getriebe
Sechsgang (Speed Triple)

1996 Trident 900 und 750, Sprint 900, Tiger 900, Daytona 1200 und 900, Daytona Super III, Speed Triple 900 und 750

Zu den Neuerungen gehörte 1996 bei der Trident und der Sprint ein neuer, mit Stickstoff gefüllter Aluminium-Stoßdämpfer. Die 900er erhielt einen leichteren (2,7 kg) Stoßdämpfer mit zwölf Dämpfungseinstellungen und die Sprint eine leichtere Auspuffanlage. Abgesehen von einer schwarzen Schwinge blieben die Farben von Trident und Sprint unverändert. Mit nur 125 verkauften Exemplaren in den USA im Jahr 1995 war die Tiger 900 nicht besonders beliebt. Abgesehen von einem neuen Gepäckträger blieb sie auch unverändert.

In diesem Jahr erhielten die Daytona, Super III und Speed Triple auch den leichteren, mit Stickstoff gefüllten hinteren Stoßdämpfer und waren nun mit einer kürzeren, neu entwickelten Kayaba-Gabel ausgestattet. Die Bremssättel der Daytona und Speed Triple waren goldfarben statt schwarz, die Super III war nur in einer limitierten Auflage von 150 Stück erhältlich. Die Gesamtproduktion der Super III betrug in drei Jahren nur 805 Stück und bildete die Grundlage für die nächste Sport-Daytona. *Cycle World* hatte Folgendes über die Daytona 1200 zu sagen: »Die 1200 Four hat einen süchtig machenden mittleren und hohen Drehzahlbereich, der wirklich berauschend wirkt.«

In diesem Jahr wurde auch die Speed Triple 900 fertiggestellt, jetzt mit einem Sechsganggetriebe. Eine kleine Anzahl von Speed Triple 750 wurde mit den Sechsspeichen-Rädern der Trident (hinten 18 Zoll)

1996 Trophy 1200 und 900 *(Unterschiede zu 1995)*

Trockengewicht
235 kg (1200); 220 kg (900)
Farben
British-Racing-Grün, Merlot-Rot, Pacific-Blau

und Reifen mit kleinerem Querschnitt gebaut. Die Speed Triple 750 war nur in Diablo-Schwarz erhältlich, tauchte aber in keiner Broschüre auf.

1996 Trophy 1200 und 900

Bereits 1992 beschloss man bei Triumph, dass die Trophy einer Neugestaltung bedurfte, um sie stärker als Tourenmotorrad zu positionieren und sie von der sportlichen Daytona abzugrenzen. Die neu entworfene ergonomische Verkleidung mit zwei Scheinwerfern wurde im Windkanal des William F1-Teams getestet. Mit einem höheren, zurückgezogenen Lenker, einer etwas höheren Sitzbank und einem ausladenderen Winschild sowie integrierten Koffern wurde die Trophy endlich zu einem vollwertigen Tourenmotorrad. Die neuen Instrumente trugen verchromte Einfassungen und das Zubehör wurde um Verkleidungsverlängerung, einen vollständig geschlossenen Kettenschutz und eine Top-Box erweitert. Die neue Trophy war nicht gerade leicht oder besonders hübsch, aber sie war effektiv. Die britische Presse zeigte sich begeistert und das *Bike*-Magazin schrieb: »Die neue Trophy ist wirklich in die erste Liga des Motorradfahrens aufgestiegen.«

1996 Thunderbird und Adventurer

In diesem Jahr erhielt die Thunderbird kleinere Updates. Der klassische Look wurde durch eine Alu-Schwinge verbessert und der polierte Kupplungsdeckel wurde durch eine schlankere Abdeckung ersetzt. Der Erfolg der Thunderbird führte zur Markteinführung des Cruisers Adventurer. Der Tank der Adventurer, inspiriert durch frühere Triumph-Modelle,

1996 Thunderbird und Adventurer *(Unterschiede zu 1995)*

Modell
TC399 (Adventurer)
Reifen
150/80x16 Zoll hinten (optional)
Trockengewicht
225 kg (Adventurer)
Farben
British-Racing-Grün und Cream (Thunderbird); Heritage-Gold/Elfenbein, Violett/Elfenbein (Adventurer)

Mit ihrem hohen Lenker und dem geschwungenen Entenbürzel-Kotflügel war die Adventurer ganz klar für den US-Mrkt gedacht, aber sie kam nicht wirklich an. Hier ein 97er Modell, das bis auf die Farbe mit der von '96 identisch ist. Triumph Motorcycles

Das neue Gesicht des 1996er Trophy enthielt ein Paar sehr markant geformter Scheinwerfer. *Triumph Motorcycles*

verfügte über traditionelle geprägte Gummikniepolster und Eyebrow-Embleme entsprechend den Vorlagen von 1968. Und obwohl sie im Grunde eine Thunderbird war, vermittelte die Adventurer mit ihrem hoch aufragenden Lenker, dem Einzelsitz, den Auspufftüten und dem Entenbürzel-Kotflügel ein ganz anderes Bild. Die Adventurer wurde auch mit einer Vielzahl von Zubehör angeboten und war mit über 2000 verkauften Exemplaren im Jahr 1996 mäßig erfolgreich.

Gegen Ende 1996 kam Hinckleys anfängliche Renaissance zu einem Ende. Nach dem erfolgreichen Start mit einem wirtschaftlich sinnvollen Baukastensystem war die Zeit für einen pragmatischeren Modus gekommen. In einer Zeit zunehmender Spezialisierung und hoher Konkurrenz stieß der starke, effektive, aber schwere Zentralrohrrahmen an seine Grenzen. Während die Modelle noch einige Jahre lang existieren würden, sollte die nächste Episode von Hinckley neue Aluminium-Rohrrahmen und Motoren mit Kraftstoffeinspritzung umfassen.

Daytona
TRIPLE FUEL INJECTION

8 1997–2002

Konsolidierung

Zweite Generation: Neue Rahmen und Kraftstoffeinspritzung

Nach einer äußerst erfolgreichen Anfangsphase mit den ersten Zentralrohrrahmen-Modellen läutete Triumph mit der Vorstellung der neuen Daytona T595 und Speed Triple T509 auf der IFMA im Oktober 1996 die nächste Ära ein. Die deutlich moderneren Designs markierten einen Meilenstein für Triumph und im Gegensatz zur vorherigen Daytona konnte die T595 mit anderen Sportmotorrädern ihrer Zeit mithalten. Die deutlich geschmeidigere und modernere T595 ersetzte die frühere Daytona 900 und führte Triumph in ein neues Zeitalter. Die T509 ersetzte die Speed Triple, aber andere Modelle mit Zentralrohrrahmen blieben kurzfristig im Programm – die meisten bis 1998, als man die Palette der Modelle mit Kraftstoffeinspritzung allmählich erweiterte.

Modelljahr 1997

Der weltweite Export wurde in diesem Jahr auf die Tschechische Republik und die Türkei ausgeweitet und Hinckley feierte im März 1997 die Produktion des 50.000sten Motorrads (eine britische Daytona T595). Aufgrund der Nachfrage nach den neuen Modellen T595 und T509 stieg die Motorradproduktion 1997 um 37 Prozent auf 15.160 Einheiten, während die Briten das Zubehörsortiment für alle Modelle weiter ausbauten. Triumphs Ruf für Zuverlässigkeit und Langlebigkeit wurde im Juli des Jahre weiter gefestigt. Nick Sanders stellte einen neuen Weltrekord auf, indem er in erstaunlichen 31 Tagen und 17 Stunden auf einer Daytona 900 die Welt umrundete.

1997 Daytona T595

Bereits im Juli 1993 hatte Triumph beschlossen, sein Baukastenprinzip durch die Entwicklung von zwei neuen Modellen zu erweitern, die die Daytona 900 und die Speed Triple ersetzen sollten. Zu dieser Zeit war das Super-Sport-Segment das am schnellsten wachsende, und es wurde erwartet, dass sich das in den nächsten fünf Jahren fortsetzen würde. Harris Performance wählte die Honda Fireblade und die Ducati 916 als Referenzmodelle und stellte bis August 1993 einen fahrbaren Prototyp zur Verfügung. John Mockett begann im März 1994 mit der Arbeit am Design,

GEGENÜBER OBEN: Die Daytona T595 läutete die zweite Generation von Triumph ein und stellte eine deutliche Abkehr vom bisherigen Baukastensystem dar. *Triumph Motorcycles*

GEGENÜBER UNTEN: Im Mittelpunkt der T595 standen ein neuer Aluminiumrahmen und eine Einarmschwinge. *Triumph Motorcycles*

1997 Daytona T595

Motorbauart	DOHC Reihen-Dreizylinder, vier Ventile pro wassergekühltem Zylinder
Bohrung	79 mm
Hub	65 mm
Hubraum	955 cm³
Leistung	128 PS bei 10.200/min
Verdichtung	11,2:1
Einspritzung	41 mm Sagem-Drosselklappengehäuse
Zündung	Digital
Getriebe	Sechsgang
Rahmen	Stranggepresstes Aluminium
Schwinge	Einarm, Aluminium mit exzentrischem Kettenspanner
Gabel	45 mm, teleskopisch, einstellbar
Federung hinten	Einstellbares Federbein
Bremsen	2 x 320 mm Scheibe, Vierko.-Sättel vo., 220 mm Scheibe hi.
Räder	17x3.5 Zoll vorne und 17x6.0 Zoll hinten
Reifen	120/70 ZR17 vorne und 190/50 ZR17 hinten
Radstand	1440 mm
Trockengewicht	198 kg
Farben	Strontium-Gelb, Jet-Schwarz

das finale Modell wurde im März 1995 fertiggestellt. In der Zwischenzeit wurde mit der Arbeit an Motor und Fahrgestell begonnen.

Das Herzstück der T500-Serie war ein neuer Brückenrahmen, eine Aluminium-Konstruktion aus ovalen strangpressten Teilen und einer Einarmschwinge. Das Gesamtgewicht des Rahmens betrug nur elf Kilo. Um weiteres Gewicht zu sparen, wurde auf Upside-Down-Gabeln zugunsten konventioneller 45 mm Showa-Gabeln verzichtet. Dazu gab es dreispeichige Brembo-Räder mit Nissin-Bremsen. Der Dreizylinder wurde komplett neu konstruiert, mit dem Ziel 130 PS zu erreichen, was für 265 km/h Höchstgeschwindigkeit sorgte. Die Bohrung der Laufbahnen wurde vergrößert, nun bestehend aus Nikasil-beschichtetem Aluminium, und Lotus Engineering beriet bei der Neugestaltung des Ansaugtrakts und der Brennraumform. Zu den Neuerungen gehörten größere Ventile, kürzere Vetilführungen einlassseitig, neue Nockenprofile und eine Drei-in-Eins-Edelstahl-Abgasanlage. Durch die sorgfältige Formgebung der Drosselklappengehäuse wurden die Einlass- und Auslasskanäle effektiv verlängert. Magnesium-Motorabdeckungen trugen dazu bei, dass das Triebwerk 11,3 Kilo weniger wog als zuvor. Das hochentwickelte elektronische Motormanagementsystem Sagem MC2000 beinhaltete einen Siemens SAHC-Mikroprozessor mit zwei 41-mm-Einspritzdüsen. Um die Lebensdauer des Motors zu erhöhen, wurde ein Zwei-Wege-Kühlsystem entwickelt.

Die neue Daytona stellte einen großen Fortschritt dar: Sie war klein, leicht und auf Geschwindigkeit ausgelegt. Und für ein völlig neues Modell war sie überraschend ausgefeilt, wenn auch nicht perfekt. *Cycle World* schrieb: »Wunderschönes Motorrad, schade nur um die fehlerhafte Kraftstoffeinspritzung und die schwammige Federung.«

1997 Speed Triple T509

Die Speed Triple T509 teilte sich das Chassis mit der Daytona, hatte aber einen Motor mit weniger Hubraum und Leistung. Das radikale Design, das den abgespeckten Streetfightern nachempfunden war, die zu dieser Zeit in Großbritannien der letzte Schrei waren, sorgte für einige Verwunderung. Mit ihrer Buell-ähnlichen Mini-Verkleidung, den insektenartigen Scheinwerfern und den am Kühler befestigten Blinkern wirkte die T509 bizarr. Zu den Optionen gehörten ein hoher oder niedriger Lenker und eine Lampenmaske. In funktionaler Hinsicht erfüllte die T509 die meisten Kriterien, litt jedoch unter dem PS-Mangel und *Cycle World* war nicht überzeugt: »Sie sieht wirklich aus wie ein Eigenbau.« Motorradfahrer hingegen krönten die T509 zur besten Hooligan-Maschine des Jahres 1997.

Die neue Speed Triple T509 hatte das gleiche Chassis wie die Daytona, aber die Optik war umstritten. *Triumph Motorcycles*

Zetralrohrrahmen-Modelle 1997

Abgesehen von den üblichen Farbvariationen blieben die Modelle Trident, Tiger, Daytona 1200, Thunderbird und Adventurer weitgehend unverändert. Farblich blieb die Trophy gleich, aber sie erhielt einen Edelstahlkrümmer. Während die Standard-Sprint unverändert blieb, wurde gegen Ende 1996 auch eine limitierte Auflage einer preisgünstigen schwarzen Sprint Sports produziert, die zwei Jahre später wieder aufgelegt wurde.

Modelljahr 1998

Da für 1999 eine große Anzahl von Aktualisierungen geplant war, gab es in diesem Jahr keine Erweiterung der Modellpalette. Das einzige neue Modell war die Thunderbird Sport, während die Daytona 1200 mit einer limitierten Auflage auslief. Es war offensichtlich, dass Triumph ein moderneres Portfolio schaffen wollte und die weniger beliebten Modelle mit Zentralrohrrahmen nach und nach auslaufen ließ. Die Produktion stieg 1998 leicht auf 16.831 Stück an.

1998 Daytona T595 und Speed Triple T509

Für die 98er T595 ging Triumph auf frühere Kritikpunkte ein, indem die Sagem-Einspritzung neu abgestimmt, eine härtere Fahrwerksfeder eingebaut und der Krümmer gedreht wurde, wodurch die Rohre näher zusammenrückten. Die überarbeitete Motorabstimmung (#9822) korrigierte die Drehmomentschwäche im mittleren Bereich und die Freigängigkeit bei maximaler Schräglage wurde durch den geänderten Auspuff um gut einen Zentimeter erhöht. Die einzige weitere Änderung in diesem Jahr war die um Rot erweiteret Farbpalette. Die Speed Triple T509 blieb ebenfalls weitgehend unverändert, trug aber den zuvor optionalen hohen Lenker als Serienausstattung und erhielt zwei neue Farben. Carrie-Anne Moss fuhr eine Speed Triple in der 1999 erschienenen Verfilmung von »Matrix«.

1997 Speed Triple T509

(Unterschiede zur T595)

Bohrung	76 mm
Hubraum	885 cm³
Leistung	106 PS bei 9100/min
Verdichtung	11:1
Radstand	1437 mm
Trockengewicht	196 kg
Farben	Lucifer-Orange, Jet-Schwarz

1997 Trident, Sprint, Tiger, Daytona 1200, Trophy, Thunderbird, Adventurer

(Unterschiede zu 1996)

Farben	Quicksilver (Trident 750); Quicksilver/Blau, Schwarz/Rot, Grün/Cream (Trident 900); Chili-Rot, Khaki-Grün, Jet-Schwarz (Tiger); Jet-Schwarz (Daytona 1200); Cardinal-Rot, Imperial-Grün, Jet-Schwarz (Thunderbird); Bernstein/Kupfer, Türkis, Aubergine (Advent.)

OBEN: Die Tiger wurde 1997 mit optionalen Koffern angeboten, wodurch sich ihr Fokus auf Tourenfahrten verlagerte. *Triumph Motorcycles*

LINKS: Mit mehr als 7000 verkauften Exemplaren weltweit war die Thunderbird 1997 Triumphs erfolgreichstes Modell. *Triumph Motorcycles*

OBEN: 1998 hatte die Speed Triple serienmäßig einen höheren Lenker. *Triumph Motorcycles*

GEGENÜBER OBEN: Die Trident erhielt 1998 eine Heckverkleidung im Sprint-Stil mit Haltegriffen für den Sozius. *Triumph Motorcycles*

GEGENÜBER UNTEN: 1998 erhielt die Sprint Executive serienmäßig integrierte Koffer. *Triumph Motorcycles*

1998 Daytona T595, Speed Triple T509

(Unterschiede zu 1997)

Farben
Tornado-Rot (T595, T509); Roulette-Grün (T509)

1998 Trident 900 und 750, Sprint Sport und Sprint Executive, Tiger, Daytona 1200, Trophy 1200 und 900, Thunderbird, und Adventurer

Die Trident, die noch ein weiteres Jahr als Einstiegsmodell diente, erhielt 1998 die Heckverkleidung der Sprint, zwei Beifahrer-Haltegriffe und neue Farben. Im letzten Jahr ihres Bestehens wurde die Sprint in zwei verschiedenen Versionen angeboten: Sport und Executive. Die Sprint Sport erhielt einen niedrigeren Lenker, eine straffere Federung und einen höheren Auspuff, während der Executive mit serienmäßigen Koffern ausgestattet war. Beide trugen Motor, Rahmen und Räder in Schwarz. In diesem Jahr endete die Produktion der Zentralrohrrahmen-Tiger, die es nun mit mehr Zubehör gab.

Als Reaktion auf die Nachfrage nach der Daytona 1200 mit 145 PS, die 1997 erfolgreich auf den Markt kam, wurde 1998 eine limitierte Auflage von 250 1200SE verfügbar. Diese Modelle waren mit goldener (statt weißer) Beschriftung auf dem schwarzen Tank und der Verkleidung, goldenen Rädern, den Alcon-Sechskolben-Sätteln der Super III und einer nummerierten Plakette ausgestattet. In den USA

1998 Trident, Sprint Sport und Executive, Tiger, Daytona 1200, Trophy, Thunderbird, Adventurer

(Unterschiede zu 1997)

Radstand
1579 mm (Thunderbird und Adventurer)
Trockengewicht
218 kg (Sprint Executive); 220 kg (Tiger)
Farben
Pacific-Blau (Trident 750); Pacific-Blau und Silber (Trident 900); Pacific-Blau, Jet-Schwarz, Platin (Sprint); Volcanic-Rot, British-Racing-Grün (Tiger); Platin, Türkis (Trophy); Jet-Schwarz und Rot (Thunderbird); Jet-Schwarz und Silber (Adventurer)

wurden außerdem 150 Exemplare mit dem Namen Daytona 1200SP verkauft (als Modelljahr 1999).

Die beliebte Zentralrohrrahmen-Trophy blieb weitgehend unverändert, aber die hintere Aufhängung war auf Knopfdruck verstellbar und der Motor, der Rahmen und die Räder trugen Schwarz. Die erfolgreiche Thunderbird erhielt neue Farben und mehr Chrom, während die eher extreme Adventurer mit niedrigerem Lenker, Ledertaschen und einer Sissybar abgemildert wurde.

1998 Thunderbird Sport

Die Sport erweiterte die erfolgreiche Thunderbird-Reihe um ein weiteres Modell und verband traditionelles Design mit einer performanceorientierten Ausstattung. Die Thunderbird Sport ist eher ein Café Racer als ein Cruiser. Der 885-cm³-Motor leistete mehr und die fünf eng überetzten Gänge der Thunderbird wurden um einen sechsten Gang erweitert. Die Vergaser stammten von Keihin und nicht von Mikuni. Zu den Fahrwerksaktualisierungen gehörten eine voll einstellbare Federung mit längerem Federweg vorne und hinten, zwei vordere Scheibenbremsen und 17-Zoll-Speichenräder mit breiten Felgen. Das von klassischer Optik inspirierte Design wurde auch auf die beiden rechtsseitigen Schalldämpfer übertragen sowie auf gelochte und verchromte Luftfiltergehäuse. Die Thunderbird Sport überlebte alle

Abgesehen von der schwarzen Lackierung des Motors, die zu Rahmen und Rädern passte, blieb die Trophy 1998 unverändert. Platin gehörte in diesem Jahr zu den neuen Farben. *Triumph Motorcycles*

RECHTS: Der Sprint Sports von 1998 hatte einen niedrigeren Lenker und eine straffere Federung. *Triumph Motorcycles*

GEGENÜBER OBEN: Die erste Thunderbird Sport hatte charakteristische Doppelschalldämpfer. *Triumph Motorcycles*

GEGENÜBER UNTEN: Das extreme Styling der Adventurer wurde 1998 überarbeitet. Jetzt eher ein Cruiser als ein Custom, hatte sie eine Doppelsitzbank im Roadster-Stil und serienmäßige Lederpacktaschen. *Triumph Motorcycles*

1998 Thunderbird Sport
(Unterschiede zur Thunderbird)

Modell	TC398
Leistung	82 PS beit 8500/min
Vergaser	Drei 36 mm Keihin Flachschieber
Getriebe	Sechsgang
Gabel	43 mm, teleskopisch, einstellbar
Federung hinten	Einstellbares Federbein
Bremsen	2 x 310 mm Scheiben vorne
Räder	17x3.5 Zoll vorne und 17x4.25 Zoll hinten
Reifen	120/70 R17 vorne und 160/70 R17 hinten
Trockengewicht	224kg
Farben	Racing-Gelb/Schwarz, Tornado-Rot/Schwarz

anderen Modelle mit Zentralrohrrahmen und hat sich seitdem ihre eigene Fangemeinde aufgebaut.

Modelljahr 1999

Triumph entfernte sich weiter von der Modulbauweise und führte zwei neue Modelle der zweiten Generation ein: die Sprint ST und die neue Tiger. Und obwohl es klar war, dass die Zentralrohrrahmen aussterben würden, machte Triumph das Beste aus den bestehenden Modellen. So wurden die Ableger Trophy und Thunderbird mit stilistischen Aktualisierungen und der Ergänzung durch die Legend TT weitergeführt. Aber der Erfolg der neuen Generation zahlte sich aus, denn die Gesamtproduktion stieg 1999 auf 20.402 Stück. Triumph feierte außerdem sein fünfjähriges Bestehen auf dem US-Markt und expandierte auf 200 Händler, wobei die Vereinigten Staaten nun 20 Prozent des Umsatzes ausmachen.

OBEN: Die Einarmschwinge war zwar nicht neu, aber der Aluminium-Brückenrahmen der Sprint ST war eine Premiere für Triumph. *Triumph Motorcycles*

1999 Sprint ST

Nach dem Erfolg der Daytona T595 war die Sprint ST ein weiteres völlig neues Modell. Mit der Idee, die Sprint zu ersetzen, zeitweilig das drittbeliebteste Modell von Triumph, begannen die ersten Entwurfsarbeiten im April 1996, die ersten Prototypen liefen im April 1997. Während der überarbeitete 955-cm³-Motor mit neuen Nockenwellen, Gusskolben und Stahlbuchsen dem der Daytona ähnelte, wurde das Fahrgestell speziell für die Sporttourer entwickelt. Im Gegensatz zum ovalen stranggepressten Aluminiumrahmen der Daytona bestand der Brückenrahmen der Sprint ST aus Doppelholm-Alu, aber immer noch mit einer Einarmschwinge versehen. John Mockett für das Styling verantwortlich und die Verkleidung wurde so gestaltet, dass sie Sportlichkeit mit Touring-Ergonomie verbindet. Ein 25-Liter-Tank sorgte für große Reichweite und mit optionalen Koffern setzte die Sprint ST neue Maßstäbe im Sporttouring. Das sah auch *Cycle World* so. In einem Vergleichstest mit der BMW R1100S, der Du-

1999 Sprint ST

Motorbauart	DOHC Reihen-Dreizylinder, vier Ventile pro wassergekühltem Zylinder
Bohrung	79 mm
Hub	65 mm
Hubraum	955 cm³
Leistung	108 PS bei 9200/min
Verdichtung	11,2:1
Einspritzung	Sagem MC2000
Zündung	Digital
Getriebe	Sechsgang
Rahmen	Alu-Brückenrahmen
Schwinge	Einarm, Aluminium mit exzentrischem Kettenspanner
Gabel	43 mm, teleskopisch, einstellbar
Federung hinten	Einstellbares Federbein
Bremsen	2 x 320 mm Scheibe, Vierko.-Sättel vo., 225 mm Scheibe hi.
Räder	17x3.5 Zoll vorne und 17x6.0 Zoll hinten
Reifen	120/70 ZR17 vorne und 180/55 ZR17 hinten
Radstand	1470 mm
Trockengewicht	207kg
Farben	Tornado-Rot, Jet-Schwarz

RECHTS: Die Sprint ST war neu für ’99 und eines der bisher besten Modelle von Triumph. *Triumph Motorcycles*

1999 wurde eine völlig neue Tiger vorgestellt. Diese verfügte über den 885-cm³-Einspritzmotor der T509 und einen neuen Stahlrahmen.

cati ST4 und der Honda Interceptor hieß es: »Sie ist unglaublich komfortabel, hat ordentlich Leistung und ein stabiles Fahrwerk.« Cycle World kürte sie außerdem zur besten Sporttourer des Jahres 1999.

1999 Tiger

Neben der neuen Sprint gab es 1999 auch eine völlig neue Tiger, basierend auf einem modifizierten T509-Motor und einem neuen Zentralrohrrahmen. Triumph entwickelte das Triebwerk mit verschiedenen Nockenwellen, Auspuff- und Motorabstimmungen in Zusammenarbeit mit Lotus; Kayaba unterstützte bei der Fahrwerkskonstruktion und Nissin bei den Bremsen. Die Entwicklung begann im März 1996, wobei John Mockett erneut mit dem Design betraut wurde. Die Produktion begann im Dezember 1998. Die Ergonomie war ein wichtiger Gesichtspunkt, wobei der Sitz in Sekundenschnelle auf drei verschiedene Höhen zwischen 84 und 85,7 cm eingestellt werden konnte. Das Design der Tiger war minimalistischer als das

1999 Tiger

Motorbauart	DOHC Reihen-Dreizylinder, vier Ventile pro wassergekühltem Zylinder
Bohrung	76 mm
Hub	65 mm
Hubraum	885 cm³
Leistung	86 PS bei 8200/min
Verdichtung	11,3:1
Einspritzung	Sagem MC2000
Zündung	Digital
Getriebe	Sechsgang
Rahmen	Stahl-Zentralrohrrahmen
Schwinge	Zweiarm-Alu-Kastenprofil mit exzentr. Kettenspanner
Gabel	43 mm, teleskopisch
Federung hinten	Einstellbares Federbein
Bremsen	2 x 310 mm Scheibe, Zweiko.-Sättel vo., 285 mm Scheibe hi.
Räder	19x2.5 zoll vorne und 17x4.25 Zoll hinten
Reifen	110/80 R19 vorne und 150/70 R17 hinten
Radstand	1550 mm
Trockengewicht	215 kg
Farben	Lightning-Gelb, Jet-Schwarz

1999 Speed Triple
(Unterschiede zu 1998)

Bohrung	79 mm
Hubraum	955 cm^3
Leistung	108 PS bei 9200/min
Verdichtung	11,2:1
Radstand	1440 mm
Trockengewicht	196 kg
Farben	Roulette-Grün

des Vorgängermodells, wobei die elliptischen Doppelscheinwerfer den mit der T595 eingeführten Markenstil fortsetzten.

1999 Daytona 955i und Speed Triple

Die Daytona T595 wurde in diesem Jahr in 955i umbenannt und mit neuen Auslassnockenwellen und weiteren Motormanagement-Updates ausgestattet, um die Leistungsentfaltung zu optimieren. Alle Dreizylinder mit Einspritzung waren nun mit überarbeiteten Drosselklappengehäusen mit 5-Grad-Drosselklappen sowie einem neuen Luftbypass-System ausgestattet. Abgesehen von einer modifizierten Hinterradaufhängung und neuen Grafiken blieb die Daytona ansonsten unverändert. 1999 erhielt die Speed Triple den 955-cm^3-Motor der Daytona. Die Rahmenlackierung war neu, ebenso wie die Aufkleber und »T509« entfiel aus dem Modellnamen. Sowohl die Daytona 955i als auch die Speed Triple waren in dem äußerst erfolgreichen Film »Mission: Impossible 2« zu sehen, der im Jahr 2000 in die Kinos kam. Die letzte Verfolgungsjagd, in der Tom Cruise aufwändige Stunts vollführt, hat dem Verkauf der Speed Triple sicherlich nicht geschadet.

Nachdem sie zunächst nicht die 99er Modellpalette zierter, tauchte die beliebte Thunderbird im Laufe des Jahres wieder auf, nun mit Sechsganggetriebe und einstellbarer Federung.

1999 Trophy, Thunderbird, Thunderbird Sport, Adventurer
(Unterschiede zu 1998)

Getriebe
Sechsgang (Thunderbird)
Gabel
43 mm, teleskopisch, einstellbar (Thunderbird)
Federung hinten
Einstellbares Federbein (Thunderbird)
Vorderrad
19x2.5 Zoll (Adventurer)
Reifen vorne
110/90R19 (Adventurer)
Radstand
1620 mm (Adventurer)
Trockengewicht
211 kg (Adventurer)
Farben
Cardinal-Rot, Aston-Grün (Thunderbird)

1999 Trophy, Thunderbird, Thunderbird Sport, Adventurer

Da sich das Modell dem Produktionsende näherte, wurden nur geringfügige Änderungen vorgenommen, die sich auf eine neu gestaltete Verkleidung sowie auf neue Aluminiumlenker konzentrierten. Die Farben blieben gleich, Türkis entfiel. Nachdem sie '99 zunächst nicht in der Modellpalette auftauchte, erschien die Thunderbird gegen Ende des Modelljahres besser ausgestattet wieder. Sie verfügte nun über ein Sechsganggetriebe, eine niedrigere Sitzposition, einen pulverbeschichteten Motor, Knieschoner und eine voll einstellbare Federung. Die Thunderbird Sport blieb unverändert, während die Adventurer den neuen leichteren und niedrigeren Hilfsrahmen der Thunderbird erhielt, der eine Sitzhöhe von nur 67,3 Zentimeter bot. Zu den weiteren Neuerungen der Adventurer gehörte der vergrößerte Radstand und ein 19-Zoll-Vorderrad. Die Felgen waren jetzt aus verchromtem Stahl und der Motor silberfarben pulverbeschichtet.

1999 Legend TT

Die Legend TT wurde Mitte '98 als vorgezogenes 99er-Modell eingeführt und war eine preisgünstige Thunderbird ohne justierbare Federung, einem niedrigeren Sitz und einem Einstiegspreis von 7695 Dollar. Obwohl sie auf der Thunderbird basierte, war das Styling etwas mehr im Stil der 60er-Jahre gehalten, mit einem tropfenförmigen Benzintank, versteckten Seitenabdeckungen, Thunderbird-Sport-Rädern und konischen Schalldämpfern. Mit der Adventurer teilte sie die nicht verstellbare Federung und das Fünfganggetriebe. Wie *Cycle World* feststellte: »Die Legend TT macht Spaß beim Fahren.«

Die Legend TT war das preisgünstige klassische Modell im 99er Portfolio.

Modelljahr 2000

Zum ersten Mal wurde die 11-Motorräder-Reihe in Sport, Touring und Classic unterteilt. Neu war die Sprint RS sowie die von Grund auf neu gestaltete TT600. Zeitgleich mit dem zehnjährigen Produktionsjubiläum in Hinckley, stellte die TT100 auch einen Wandel in der Philosophie dar: Die Modulbauweise spielte keine Rolle mehr. Die Produktion in Hinckley stieg im Jahr 2000 mit 28.842 produzierten Motorrädern deutlich an und im Dezember 1999 wurde die 100.000ste Triumph gefertigt, eine Sprint RS für den italienischen Markt.

1999 Legend TT
(Unterschiede zur Thunderbird)

Modell	TC396
Getriebe	Fünfgang
Gabel	43 mm, teleskopisch
Federung hinten	Federbein
Reifen	120/70 R17 vorne und 160/70 R17 hinten
Trockengewicht	215 kg
Farben	Cardinal-Rot, Obsidian-Schwarz, Imperial-Grün

2000 Sport
TT600

Nach der Wiederbelebung in den 1990er Jahren hatte Triumph die Nischen genutzt, die die Japaner nicht bespielten. Doch all dies änderte sich mit der Markteinführung der TT600 im Jahr 2000. Sie verzichtete auf die Modulbauweise und war ein 600-cm³-Vierzylinder aus dem Lehrbuch – mit Einspritzanlage und optisch im typisch japanischen Sportstil gehalten. Das Konzept wurde erstmals Anfang 1996 diskutiert, knapp vier Jahre später, im August 1999, fanden die abschließenden Tests statt.

Der Kurzhubmotor verfügte über teure Kurbelgehäuse aus Hochdruckguss und Nikasil-beschichtete Aluminiumzylinder, wobei der ölgekühlte Lichtmaschine und der Anlasser in die Kurbelwellenenden integriert waren. Der erste serienmäßige Supersportler mit elektronischer Einspritzung, dem Sagem MC1000 Motorsteuergerät, verfügte über eine Einspritzdüse pro Zylinder, wobei vier 38-mm-Drosselklappengehäuse – in einem großen Luftfilterkasten untergebracht – für die Gemischaufbereitung sorgten.

Der neue Motor war in einem knapp 13 Kilo schweren, vierzelligen, stranggepressten Brückenrahmen mit einer Zweiarmschwinge, beide aus Aluminium, untergebracht. Weitere Maßnahmen zur Gewichtsersparnis betrafen einteilige Lenker und Dreispeichenräder aus Aluminiumguss. Kayaba lieferte die einstellbare Federung, eine konventionelle Gabel mit Sunstar-Bremsscheiben und Nissin-Bremssätteln. Nach umfangreichen Windkanaltests erreichte Triumph den niedrigsten jemals gemessenen cw-Wert und erste Eindrücke deuteten darauf hin, dass sie mit vergleichbaren Maschinen der japanischen Hersteller mithalten konnte. In Bezug auf Handling und Bremsen war die TT600 zweifellos tadellos, aber leider fehlte es dem Motor an Leistung im unteren Drehzahlbereich.Die endemischen Probleme mit der Kraftstoffeinspritzung, vor allem mit der hakeligen Gasannahme, machten die TT600 bei Kritikern unbeliebt.

Die TT600 war Triumphs erster Versuch, eine Supersportler im japanischen Stil zu bauen. Obwohl lobenswert, litten die ersten Exemplare unter Problemen mit der Kraftstoffeinspritzung. *Triumph Motorcycles*

2000 TT600

Motorbauart	DOHC Reihen-Vierzylinder, vier Ventile pro wassergekühltem Zylinder
Bohrung	68 mm
Hub	41,3 mm
Hubraum	599 cm³
Leistung	108 PS bei 12.750/min
Verdichtung	12:1
Einspritzung	Sagem MC1000
Zündung	Digital
Getriebe	Sechsgang
Rahmen	Stranggepresster Alu-Brückenrahmen
Schwinge	Alu-Zweiarm
Gabel	43 mm, teleskopisch, einstellbar
Federung hinten	Einstellbares Federbein
Bremsen	2 x 310 mm Scheiben, 2 x Vierkolben-Sättel vorne, 220 mm Scheiben hinten
Räder	17x3.5 Zoll vorne und 17x5.5 Zoll hinten
Reifen	120/70 ZR17 vorne und 180/55 ZR17 hinten
Radstand	1395 mm
Trockengewicht	170 kg
Farben	Jet-Schwarz/Gelb, Tornado-Rot/Silber

Sprint RS

Die Sprint RS mit Halbverkleidung wurde entwickelt, um die Lücke zwischen der Daytona 955i und der Sprint ST zu schließen. Die RS entstand aus der Sprint ST und verfügte über viele ihrer Komponenten, darunter den 955-cm³-Einspritzmotor und den Alu-Rahmen. Sie verfügte über eine günstigere Doppelschwinge, ein etwas schmaleres Hinterrad sowie einen um 0,5 Grad steileren Lenkkopfwinkel, der jetzt 24,5 Grad betrug. Mit einer breiten Palette an Sonderausstattungen und einem Verkaufspreis von nur 9499 US-Dollar sprach die Sprint RS diejenigen an, die sich eher für die sportliche Seite des Sporttourings interessierten.

Daytona 955i und Speed Triple

Bei der Überarbeitung der Daytona 955i für das Modelljahr 2000 wurde der Radstand reduziert und das Getriebe modifiziert, dazu gab es neue Grafiken, eine überarbeitete Motorsteuerung und einen runden Endschalldämpfer aus gebürstetem Edelstahl. Die Speed Triple blieb in diesem Jahr unverändert.

2000 Touring
Sprint ST, Tiger, Trophy 1200 und 900

Mit Ausnahme einiger zusätzlicher Farben blieben alle Touring-Modelle im Modelljahr 2000 unverändert.

2000 Classic
Thunderbird, Thunderbird Sport, Adventurer und Legend TT

Die Thunderbird Sport wurde so konzipiert, dass sie Nostalgie mit moderner Sportlichkeit mischt. Sie erhielt eine neue Auspuffanlage mit einzelnen Schalldämpfern auf jeder Seite anstelle des von der Hurricane inspirierten rechtsseitigen Doppelschalldämpfers. Die Farben erinnern bewusst an die 66er T120 Bonneville. Andere Classic-Modelle blieben in diesem Jahr unverändert, wobei die Sechsgang-Thunderbird etwas wertiger war als die Fünfgang-Adventurer und Legend TT.

Modelljahr 2001

Die große Neuigkeit in diesem Jahr war die Einführung der lang erwarteten neuen Bonneville. Sie kündigte eine Modellreihe an, die in den nächsten Jahren weiter ausgebaut werden sollte. Außerdem erhielt die Tiger 2001 den 955-cm³-Motor, während die Daytona im Laufe des Modelljahres erheblich aktualisiert wurde. Die Produktion stieg 2001 auf 29.082 Motorräder an.

2001 Sport
TT600

Triumphs Aufmerksamkeit galt in diesem Modelljahr der Vorstellung der lang erwarteten neuen Bonneville, die eine ganze Modellfamilie begründen sollte. Außerdem erhielt die Tiger im 2001 den 955-cm³-Motor, während die Daytona im Laufe des Modelljahres erheblich aktualisiert wurde. Die Produktion stieg im Jahr 2001 moderat auf 29.082 Motorräder an.

Daytona 955i

Zunächst blieb die Daytona 955i für das Modelljahr unverändert, abgesehen davon, dass das Caspian-Blau das Tornado-Rot ersetzte. Doch Anfang 2001 erhielt sie eine grundlegende Überarbeitung. Die dritte Generation des 955 übernahm viele Merkmale der TT600 und verfügte über neue Kurbelgehäuse, an der Kurbelwelle montierte Lichtmaschine und Anlasser, leichtere Pleuel und eine höhere Verdichtung. Der neue Zylinderkopf verfügte über ein Millimeter größere Einlassventile, ein Millimeter kleinere Auslassventile und einen reduzierten Ventilwinkel. Die Sagem-Einspritzanlage umfasste nun kleinere Einspritzdüsen und größere Drosselklappengehäuse. Durch eine größere, neu geformte Airbox konnte der neue Motor eine Leistungssteigerung von fast 13 Prozent vorweisen. Eine bedeutende Verbesserung war die Verlagerung der Freilaufkupplung an das Ende der Kurbelwelle, wodurch sowohl die Zuverlässigkeit als auch die Wartungsfreundlichkeit verbessert wurden.

2000 Sprint RS *(Unterschiede zur Sprint ST)*

Schwinge	Alu-Zweiarm
Hinterrad	17x5.5 Zoll
Trockengewicht	199 kg
Farben	Racing-Gelb, Lucifer-Orange, Eclipse-Blau

2000 Daytona 955i und Speed Triple *(Unterschiede zu 1999)*

Radstand	1431 mm (955i)
Farbe	Aluminum-Silber (955i)

2000 Sprint ST, Tiger, Trophy *(Unterschiede zu 1999)*

Farben	Sapphire-Blau (Sprint ST); Eclipse-Blau (Tiger)

2000 Thunderbird Sport, Adventurer *(Unterschiede zu 1999)*

Farben	Opal-Weiß und Tangerine (Thunderbird Sport); Jet-Schwarz und Lucifer-Orange (Adventurer)

2001 TT600 *(Unterschiede zu 2000)*

Verdichtung	12,5:1
Farben	Caspian-Blau, Racing-Gelb, Caspian-Blau und Silber

Die 2000er Thunderbird Sport erstrahlte in den Farben der 66er Bonneville und hatte außerdem eine neue Auspuffanlage mit einzelnen Schalldämpfern auf jeder Seite.

RECHTS: Die neue Daytona 955i, die Mitte 2001 auf den Markt kam, verfügt über mehr Leistung und eine neu gestaltete Verkleidung. *Triumph Motorcycles*

UNTEN: Zusammen mit einem etwas schmaleren Hinterrad und einem kleinen Reifen hielt bei der Daytona die Zweiarmschwinge Einzug. *Triumph Motorcycles*

2001 Daytona 955i *(Unterschiede zu 2000)*

Modell	T595NS
Leistung	147 PS bei 10.700/min
Verdichtung	12:1
Einspritzung	46 mm Sagem-Drosselklappengehäuse
Schwinge	Alu-Zweiarm
Hinterrad	17x5.5 Zoll
Reifen hinten	180/55 ZR17
Radstand	1417 mm
Trockengewicht	188 kg
Farben	Strontium-Gelb, Jet-Schwarz

Unter Beibehaltung des charakteristischen Alu-Rahmens wurde der Lenkkopfwinkel steiler (22,8 Grad statt 24 Grad) und eine steifere und leichtere doppelseitige Schwinge ersetzte die einseitige Ausführung, wodurch sich auch der Radstand verringerte. Neu waren auch ein Hinterradstoßdämpfer mit Aluminiumgehäuse und leichterer Feder, ein schmaleres Hinterrad sowie eine neue Verkleidung mit weniger auffälligen Doppelscheinwerfern. Obwohl sich die neue Daytona leichter, schneller und flinker präsentierte als zuvor, war sie immer noch den vergleichbaren japanischen Superbikes unterlegen.

Speed Triple und Sprint RS

Mit Ausnahme der Farben blieben sowohl die Speed Triple als auch die Sprint RS 2001 unverändert.

2001 Speed Triple, Sprint RS *(Unterschiede zu 2000)*

Farben
Neon-Blau, Nuclear-Rot (Speed Triple); Jet-Schwarz (Sprint RS)

2001 Touring

Tiger

Nach zwei Jahren mit 885-cm³-Dreizylinder erhielt die Tiger 2001 eine neu abgestimmte Version des Daytona-955-cm³-Motors. Der wies nun viele Merkmale der neuen Daytona 955i auf. Zu den weiteren Neuerungen gehörten eine kettengetriebene (anstelle einer zahnradgetriebenen) Ölpumpe, eine Closed-Loop-Einspritzanlage sowie überarbeitete Grafiken. Das Fahrgestell blieb weitgehend unverändert und immer noch eher auf die Straßenbetrieb als auf Geländefahrten abgestimmt.

Sprint ST, Trophy 1200 und 900

Mit Ausnahme einiger zusätzlicher Farben blieben alle Touring-Modelle 2001 weitgehend unverändert. Die Trophy erhielt einen Kupplungsdeckel im Stil der Adventurer und ein neues Entlüftungssystem.

Die 2001er Speed Triple in Neon-Blau. *Triumph Motorcycles*

2001 Classic
Bonneville

Nachdem Triumph die meisten der berühmten klassischen Namen wieder eingeführt hatte, war es nur eine Frage der Zeit, bis auch der berühmteste von allen, die Bonneville, wieder auftauchte. Mit 308.000 in Amerika verkauften Exemplaren war die Bonneville eine Ikone. Das Projekt begann im Juli 1997, als das Team eine restaurierte 69er T120R aus den Vereinigten Staaten importierte und sie als Vorlage in Sachen Design und Ergonomie verwendete. Zu den Vorgaben gehörte gutes Handling, was der alten Version fehlte, die für Geschwindigkeit und Leistung stand. Es wurden traditionelle Hubräume von 750 und sogar 650 Kubik in Betracht gezogen, bevor man sich für einen luftgekühlten Parallel-Twin mit zwei obenliegenden, kettengetriebenen Nockenwellen und 790 cm³ Hubraum entschied. Der Tradition entsprechend verwendete man eine 360-Grad-Kurbelwelle mit zwei Ausgleichswellen zur Vibrationsdämpfung. Die beiden 36 mm Keihin-Vergaser waren mit Drosselklappensensoren und elektrischer Vergaservorwärmung zur Vermeidung von Vereisung und einer digitalen Zündung von Sagem ausgestattet. Mit dem Retro-Look hat es Triumph allerdings nicht übertrieben. Über einen Kickstarter verfügte die neue Bonneville nicht, denn man wusste, dass die Kunden bei aller klassischen Optik doch moderne Bequemlichkeit lieben.

Die Tiger erhielt 2001 den 955-cm³-Motor, war aber der Vorgängerversion recht ähnlich. Jet-Schwarz war ein Dauerbrenner. *Triumph Motorcycles*

2001 Tiger *(Unterschiede zu 2000)*

Modell	T795NE
Bohrung	79 mm
Hubraum	955 cm³
Leistung	104 PS bei 9500/min
Verdichtung	11,65:1
Farben	Roulette-Grün, Jet-Schwarz

2001 Sprint ST, Tiger Trophy *(Unterschiede zu 2000)*

Farben	British-Racing-Grün (Sprint ST); Sunset-Rot (Trophy)

2001 Bonneville

Motorbauart	360° DOHC Parallel-Twin, vier Ventile pro wassergekühltem Zylinder
Bohrung	86 mm
Hub	68 mm
Hubraum	790 cm³
Leistung	61 PS bei 7400/min
Verdichtung	9, 2:1
Vergaser	zwei 36 mm Keihin
Zündung	Digital
Getriebe	Fünfgang
Rahmen	Stahlrohr-Doppelschleifenrahmen
Schwinge	Stahl-Zweiarm
Gabel	41 mm Kayaba, teleskopisch
Federung hinten	Zwei Kayaba Stoßdämpfer
Bremsen	310 mm Scheibe, Zweiko.-Sattel vo., 255 mm Scheibe hi.
Räder	19x2.5 Zoll vorne und 17x3.5 Zoll hinten
Reifen	100/90R19 vorne und 130/80R17 hinten
Radstand	1493 mm
Trockengewicht	205 kg
Farben	Scarlet-Rot und Silber, Forest-Grün und Silber

Die neue Bonneville wurde bewusst so designed, dass sie der legendären T120R von 1969 ähnelt.
Triumph Motorcycles

Das Fahrgestell war ebenfalls traditionell aufgebaut und bestand aus einem Stahlrohrrahmen mit zwei Unterzügen und einem Zentralrohr (das an die älteren Dreizylinder erinnerte). Die Lenkung war mit einem um 29 Grad geneigten Lenkkopfwinkel absichtlich wenig agil. Die Kastenprofilschwinge hatte ihren Drehpunkt im Kurbelgehäuse. Vorne und hinten gab es Scheibenbremsen, dazu gesellte sich vorne ein traditionelles 19-Zoll-Vorderrad. Wie üblich stammte das Design John Mockett, wobei der Stil und die Scarlet-Rot-Option die legendäre 69er Bonnie zum Vorbild hatten. Mit der neuen Bonneville hatte Triumph ein kompaktes, aber etwas schweres Retro-Motorrad mit komfortabler Federung und hervorragendem Handling geschaffen. Es ließ sich mit einer breiten Palette von Extras ausstatten, darunter ein kaum gedämpfter Auspuff, der angeblich zehn PS mehr Leistung brachte.

Thunderbird, Adventurer und Legend TT

Mit der Einführung der Bonneville verkleinerte Triumph die Palette der klassischen Dreizylinder-Motorräder mit Zentralrohrrahmen. In diesem Jahr wurde die Thunderbird Sport eingestellt, die Thunderbird wurde unverändert weitergeführt. Adventurer und Legend TT befanden sich in ihrem letzten Produktionsjahr.

Modelljahr 2002

In diesem Jahr feierte Triumph das hundertjährige Jubiläum mit zwei Sondermodellen. Für 2002 stand eine Palette mit zwölf Modellen parat und man erwartete eine Produktion von 37.000 Motorrädern. Doch am 15. März wurde die T1-Fabrik durch ein Feuer, das erst nach fünf Stunden unter Kontrolle gebracht werden konnte, zerstört und überzog einen Großteil des Geländes mit einer Rußschicht. Während der fünfmonatigen Wiederaufbauphase wurden keine Motorräder produziert, weshalb in diesem Jahr nur 14.174 Motorräder entstanden.

2002 Sport
TT600, Daytona 955i, 955i Centennial Edition, Speed Triple, Sprint RS

Während die TT600 mit den üblichen neuen Farben und Verbesserungen weitergeführt wurde, erhielten alle anderen Sportmodelle den 955-cm³-Motor der dritten Generation. Da die Daytona 955i 2001 umfassend aktualisiert worden war, blieb sie unverändert, wurde aber nun durch die limitierte Aston Green Centennial Edition ergänzt. Diese Maschine war eine Mischung aus Alt- und Neuteilen, verfügte über die bekannte Einarmschwinge und ein breiteres Rad, wodurch sowohl das Gewicht als auch der Radstand gegenüber der Standard-955i erhöht wurden. Auch die Sprint RS erhielt den neuen Motor, blieb aber ansonsten unverändert. Die meisten Aktualisierungen in diesem Jahr konzentrierten sich auf die Speed Triple, die nun mit dem Motor der dritten Generation und weniger Gewicht daher kam. Sie behielt auch die Einarmschwinge und das breitere Hinterrad bei, setzte aber mit einer lebhaften Lenkgeometrie und einem kürzeren Radstand neue Maßstäbe in Sachen Agilität. Neu waren außerdem die Verkleidung, digitale Instrumente und eine kompaktere Anordnung der Doppelscheinwerfer. Sie war ein brillantes Allround-Motorrad und wurde auch als Statistin ein Hit, als Natalie Imbruglia 2003 eine Speed Triple im Film *Johnny English* fuhr.

Obwohl die Speed Triple älteren Modellen ähnelte, wurde die Scheinwerfer-Anordnung überarbeitet und neu gestaltet. *Triumph Motorcycles*

GANZ OPBEN: Mit mehr Leistung und weniger Gewicht glänzte die 2002er Speed Triple und war wohl das beste Modell von Triumph. Das extrovertierte Lippenstiftrosa (Nuclear Red) war eine Farbe, die polarisierte. *Australian Motorcycle News*

OBEN: Die sportlichere Sprint RS war unterschätzt und nie so beliebt wie die Sprint ST. 2002 erhielt auch sie mehr Leistung, aber ihre Tage waren gezählt. *Triumph Motorcycles*

2002 TT600, Daytona 955i Centennial Edition, Speed Triple, Sprint RS

(Unterschiede zu 2001)

Leistung
118 PS bei 9100/min (Speed Triple, Sprint RS)
Verdichtung
12:1 (Speed Triple, Sprint RS)
Hinterrad
17x6.5 Zoll (955i Centennial Edition)
Reifen hinten
190/50 ZR17 (955i Centennial Edition)
Radstand
142 cm (955i Centennial Edition);
143 cm (Speed Triple)
Trockengewicht
191 kg (955i Centennial Edition);
189 kg (Speed Triple)
Farben
Jet-Schwarz (TT600); Acidic-Gelb (955i, Sprint RS); Aston-Grün (Centennial Edition)

2002 Touring
Sprint ST, Trophy 1200, Tiger

Die Sprint ST gehört zu den jüngsten Erfolgsgeschichten von Triumph und erhielt 2002 den leistungsstärkeren 955i-Motor der dritten Generation. Ihre Beliebtheit beschleunigte das Ende der Trophy 900, die zusammen mit dem einzigen modularen Zentralrohrrahmenmodell, der Trophy 1200, verschwand. Die Tiger wurde unverändert weitergebaut.

2002 Classic
Bonneville America

Was die ungeliebte Adventurer nicht schaffte, wollte Triumph mit der neuen Bonneville America erreichen, nämlich den US-Cruiser-Markt erobern. Die Idee für

2002 Sprint ST, Tiger, Trophy

(Unterschiede zu 2001)

Leistung	118 PS bei 9100/min (Sprint ST)
Verdichtung	12:1 (Sprint ST)
Farben	Azure-Blau, Emerald-Grün (Trophy)

Mit mehr Leistung zementierte die Sprint ST ihre Führung bei den Sporttourern.
Australian Motorcycle News

das Projekt entstand Ende 1998. John Mockett war erneut für das Design verantwortlich. 120 seiner Zeichnungen wurden Testkunden vorgelegt, um die Resonanz zu messen. Das Ergebnis deutete darauf hin, den unverwechselbaren Parallel-Twin-Motor mit einem schwereren und wuchtigeren Design zu kombinieren. Man war der Meinung, dass das besser zu einem Cruiser im US-Stil passen würde. So erhielt die America eine neu konstruierte 270-Grad-Kurbelwelle, neue Motorabdeckungen und doppelwandige Abgasanlagen, die ihr eine gewichtigere Optik als der Standard-Bonneville verliehen. Das Fahrgestell wurde überarbeitet, um zur Cruiser-Attitüde zu passen. Und mit drei Windschutzscheiben-, drei Sitz- und neun Kofferoptionen, die aus einer breitgefächerten Zubehörpalette ausgewählt werden konnten, lies sich die Bonneville America an die Bedürfnisse nahezu jedes Fahrers anpassen. Im namensgebenden Land war sie 2002 das meistverkaufte Motorrad.

2002 Bonneville America
(Unterschiede zur Bonneville)

Motorbauart
270° DOHC Parallel-Twin, vier Ventile pro luftgekühltem Zylinderd
Bremse hinten
285 mm Scheibe
Räder
18x2.5 Zoll vorne und 15x3.5 Zoll hinten
Reifen
110/80R18 vorne und 170/80R15 hinten
Radstand
1655 mm
Trockengewicht
226 kg
Farben
Jet-Schwarz und Silber, Cardinal-Rot und Silber

Bonneville, Bonneville T100 Centennial, Thunderbird

2002 war die einzige klassische Triple mit Zentralrohrrahmen die Thunderbird. Die Bonneville bekam keine Änderungen, wurde aber in diesem Jahr durch die Bonneville T100 Centennial ergänzt. Diese hatte eine etwas höhere Ausstattung, einschließlich eines Drehzahlmessers neben dem Standard-Tachometer.

Der zweite Abschnitt der Triumph-Wiederbelebung befasste sich zunächst mit einer Reihe neuer Sportmotorräder, doch ab 2002 verlagerte sich der Schwerpunkt auf klassische und Cruiser-Modelle. Obwohl der Brand die Produktion stark beeinträchtigte, wurde die Entwicklung fortgesetzt. Die meistverkauften Motorräder waren nun die America und die Speedmaster. Da der weltweite Markt für Cruiser inzwischen 40 Prozent ausmachte, würde sich Triumph in der nächsten Phase auf diese Sparte konzentrieren.

2002 Bonneville, Bonneville T100 Centennial, Thunderbird
(Unterschiede zu 2001)

Farben
Sky-Blau und Silber (Bonneville); Lucifer-Orange und Silber (T100 Centennial); Sunset-Rot und Weiß, Jet-Schwarz und Grau (Thunderbird)

OBEN: Mit ihrem fetten Hinterreifen und der niedrigen Sitzposition war der Bonneville America eher ein Cruiser als ein Retro-Motorrad.
Triumph Motorcycles

GANZ LINKS: Der luftgekühlte Zweizylindermotor ähnelte dem der Bonneville, hatte aber eine 270-Grad-Kurbelwelle, die bei niedriger Drehzahl und im Leerlauf anders klang.
Triumph Motorcycles

LINKS: Mit neuen Motorabdeckungen und doppelwandigen Auspuffanlagen wirkte die Bonneville America sehr massiv.
Triumph Motorcycles

www.triumph.co.uk
The Millennium Eye, an extraordinary new way to look at London. The Triumph Speed Four, an extraordinary new take on the naked middleweight bike.
A highly specified, fuel injected 600cc super sports engine complemented by a lightweight aluminium frame and fully adjustable suspension. True sports bike handling wrapped in streetfighter guise.
The Triumph Speed Four. In a class of its own.
THE ENGLISH REVOLUTION
A FEELING OF
TRIUMPH

9

2003–2009

Nach dem Brand – Cruiser und Klassiker

Die Rocket III, Thruxton, Daytona 675, Scrambler und Street Triple

RECHTS: Mit der erstaunlichen Rocket III läutete Triumph eine neue Ära ein und fokusierte sich auf eine neue Zielgruppe. Mehr als jede andere moderne Triumph wurde sie für Amerika gebaut. *Triumph Motorcycles*

GEGENÜBER: Triumph bewarb die neue Speed Four als revolutionäre Neuinterpretation des Naked-Bike-Mittelgewichts.

Der Wiederaufbau nach dem verheerenden Brand begann am 16. April 2002, die Produktion für das Modelljahr 20023 wurde im September wieder aufgenommen. In diesem Jahr wurden der TT600-Ableger Speed Four, die ursprünglich für 2002 vorgesehen war, und ein Derivat der Bonneville America, die Speedmaster, eingeführt. Die alte Thunderbird Sport kam zurück, aber das Ende von Trophy und Thunderbird mit Zentralrohrrahmen war unausweichlich. Im Jahr 2003 brachte Triumph die lang erwartete Daytona 600 Supersport auf den Markt und die Produktion in Hinckley stieg auf 150 Einheiten pro Tag, wobei 2003 insgesamt 30.309 Motorräder hergestellt wurden. Ebenfalls 2003 begann Triumph mit dem Bau einer Fabrik zur Herstellung von Baugruppen in Thailand.

Modelljahr 2003

2003 Sport

Speed Four

Da der Erfolg des Daytona-Ablegers Speed Triple anhielt, war es nur logisch, dass aus der viel geschmähten TT600 eine Speed Four werden würde. 2003 funktionierte die Einspritzanlage endlich tadellos und mit neuen Nockenwellen und Kennfeldern

2003 Speed Four *(Unterschiede zur TT600)*

Leistung	97 PS bei 11.750/min
Farben	Jet-Schwarz, Roulette-Grün, Tangerine-Orange

wurde der Vierzylinder auf mehr Leistung im mittleren Drehzahlbereich getrimmt. Die Gasannahme wurde gegenüber der TT600 verbessert und das Fahrgestell sorgte für hervorragendes Handling und Bremsverhalten. Mit ihren verchromten Scheinwerfern, dem kompakten Kombiinstrument und dem mattschwarzen Rahmen setzte die Speed Four den effektiven Streetfighter-Stil des Speed Triple fort.

Daytona 600

Obwohl lobenswert, sich mit den Japanern zu messen, galt die TT600 als unterdimensioniert, untermotorisiert, anfangs unterentwickelt und kam bei den Kunden nicht an. Mit der im April 2003 auf den Markt gebrachten Daytona 600 versuchte Triumph, die Mängel der TT600 zu beheben. Während die grundlegende Architektur übernommen wurde, verfügte der Vierzylindermotor über CNC-gefräste Brennräume, eine leichtere Kurbelwelle und einen leichteren Anlasser sowie Nockenwellenabdeckungen aus Magnesium. Die wichtigste technische Neuerung war ein Keihin-Kraftstoffeinspritzsystem, das das viel kritisierte Sagem-System ersetzte. Der dreizellige (statt vierzelliger) Doppelholm-Aluminiumrahmen sparte ebenfalls Gewicht, während die Kayaba-Gabel nun Aluminium-Innenteile enthielt. Aber um in diesem hart umkämpften Sektor erfolgreich zu sein, musste man auch bei Rennen Erfolge erzielen. Der 34-jährige Neuseeländer Bruce Anstey bescherte Triumph den ersten Sieg bei der Isle of Man TT seit 1975. Auf seiner ValMoto Daytona 600 gewann Anstey die Junior (Supersport 600) TT mit 192,57 km/h, der schnellsten je gefahrenen Zeit, und 10,96 Sekunden Vorsprung auf den Zweitplatzierten.

Unter dem kantigen Design der Daytona 600 verbarg sich ein komplett überarbeitetes Vierzylinder-Supersportmotorrad, das den Japanern mehr als nur gewachsen war.
Triumph Motorcycles

2003 Daytona 600
(Unterschiede zur TT600)

Leistung
110 PS bei 12.750/min
Einspritzung
38 mm Keihin-Gehäuse mit Doppel-Drosselklappen
Bremsen vorne
2 x 308 mm Scheiben
Radstand
1390 mm
Trockengewicht
165 kg
Farben
Racing-Gelb, Silber

Daytona 955i, Speed Triple, TT600, Sprint RS

Aufgrund der enttäuschenden Resonanz kehrte die Daytona 955i nach kaum mehr als einem Jahr mit der doppelseitigen Schwinge nun zur ursprünglichen Einarmschwinge mit einem breiteren Hinterrad zurück. Ein silbernes Exemplar war 2004 im Film »*Hart am Limit*« zu sehen, gefahren von Ice Cube. Andere Sportmodelle blieben unverändert; die TT600 sollte bald durch die Daytona 600 ersetzt werden. Zur Enttäuschung vieler Kunden war die Speed Triple nicht mehr in der ausgefallenen Farbe »Nuclear Red« erhältlich, während die Sprint RS immer noch darum kämpfte, ihre Nische zu finden.

2003 Touring
Sprint ST, Trophy 1200, Tiger

Die Touring-Reihe wurde wie bisher fortgesetzt, wobei es das letzte Jahr für die ehrwürdige Trophy 1200 war, die es in Kalifornien bereits nicht mehr gab.

2003 Classic
Speedmaster

Inspiriert von der inoffiziell als »Speedmaster« bezeichneten T120R von 1964 füllte die Speedmaster die Nische für einen leistungsorientierten Cruiser. Die Speedmaster wurde um die America herum gebaut und war minimalistisch konzipiert, mit flachem Lenker und nach vorne versetzten Fußrasten, die eine entspannte Sitzposition ermöglichten. Der Drehzahlmesser war im

2003 Speedmaster
(Unterschiede zur America)

Bremse vorne
2 x 310 mm Scheiben mit 2 x Zweikolben-Sätteln
Räder
Aluguss 18x2.5 Zoll vorne und 15x3.5 Zoll hinten
Trockengewicht
229 kg
Farben
Jet-Schwarz und Tornado-Rot, Jet-Schwarz und Racing-Gelb

Tank montiert, ein großer Tacho mit weißem Ziffernblatt dominierte die Sicht des Fahrers. Abgesehen von den vorderen Scheibenbremsen, den Gussrädern und dem abgedunkelten Motor war die Speedmaster ähnlich wie die America – nur etwas robuster.

2003 Daytona 955i, Speed Triple, TT600, Sprint RS *(Unterschiede zu 2002)*

Hinterrad	17x6.5 Zoll (955i)
Reifen hinten	190/50 ZR17 (955i)
Radstand	1426 mm (955i)
Trockengewicht	191 kg
Farben	Jet-Schwarz, Tornado-Rot (955i); Roulette-Grün, Aluminum-Silber (Speed Triple); Roulette-Grün, Tangerine-Orange (TT600); Caspian-Blau (Sprint RS)

2003 Sprint ST, Tiger, Trophy
(Unterschiede zu 2002)

Farben	Aluminum-Silber (Sprint ST); Lucifer-Orange, Aluminum-Silber (Tiger); Graphit (Trophy)

Die Speedmaster, die in die Nische für leistungsorientierte Cruiser stieß, war ähnlich der America, verfügte jedoch über eine nach vorne verlagerte Sitzposition, Gussräder und Doppelscheibenbremsen vorne. *Triumph Motorcycles*

2003 Bonneville, Bonneville T100, America, Thunderbird, Thunderbird Sport
(Unterschiede zu 2002)

Farben
Jet-Schwarz, Cardinal-Rot (Bonneville); Sapphire-Blau und Weiß, Goodwood-Grün und Gold (T100); Caspian-Blau und Silber (America); Cardinal-Rot und Silber, British-Racing-Grün und Cream (Thunderbird); Tangerine und Jet-Schwarz (Thunderbird Sport)

Bonneville, Bonneville T100, America, Thunderbird, Thunderbird Sport
Aufgrund der großen Nachfrage wurde die Thunderbird Sport nach einer einjährigen Pause neben der regulären Thunderbird wieder eingeführt. Sie waren mit einer breiten Palette an Zubehör erhältlich, blieben aber abgesehen von neuen Farben unverändert, ebenso wie die Bonneville und America. Die Bonneville T100 war eine höherwertige Bonneville mit Drehzahlmesser, zweifarbiger Lackierung und Tank mit Knieschützern.

Modelljahr 2004
Auf der EICMA-Motorradmesse in Mailand im September 2003 überrraschte Triumph alle mit der Präsentation der bemerkenswerten Rocket III, dem ersten Serienmotorrad mit mehr als zwei Liter Hubraum. Cruiser machten nun 63 Prozent aller in USA verkauften Motorräder mit mehr als 600 Kubik aus und Triumph wollte ein größeres Stück vom Kuchen abhaben. Die Produktion ging leicht auf 26.125 Stück zurück, aber mit einem neuen, eigens dafür errichteten Entwicklungs-Gebäude und 100 Designern blickte Triumph in die Zukunft.

2004 Rocket III

Motorbauart	DOHC Reihen-Dreizylinder, vier Ventile pro wassergekühltem Zylinder
Bohrung	101,6 mm
Hub	94,3 mm
Hubraum	2294 cm³
Leistung	140 PS bei 5750/min
Verdichtung	8,7:1
Einspritzung	Multipoint-Einspritzanlage
Zündung	Digital
Getriebe	Fünfgang
Hinterradantrieb	Kardan
Rahmen	Stahl-Brückenrahmen
Schwinge	Stahl-Zweiarmschwinge
Gabel	43 mm, Upside-down
Federung hinten	Zwei Federbeine mit verstellbarer Federbasis
Bremsen	2 x 320 mm Scheiben, 2x Vierkolben-Sättel vorne, 316 mm Scheibe hinten
Räder	17x3.5 Zoll vorne und 16x7.5 Zoll hinten
Reifen	150/80 V17 vorne und 240/50 V16 hinten
Radstand	1690 mm
Trockengewicht	320 kg
Farben	Cardinal-Rot, Jet-Schwarz

Rocket III
Die Idee für die Rocket III entstand 1998, als Triumph feststellte, dass es auf dem Markt für Power-Cruiser mit 1200 bis 1500 Kubik eine Lücke gab. Die Briten entschieden sich für einen 2-Liter-Reihen-Dreizylinder, da die bisherige Hubraum-Königin Honda Valkyrie mit 1500 cm³ antrat. Da man jedoch vermutete, dass Honda auf 1800 Kubik gehen könnte und man nicht übertrumpft werden wollte, erhöhte man den Hubraum auf 2300 cm³. Der erste Motor lief im Mai 2002, kurz nach dem Fabrikbrand und die ersten kompletten Motorräder wurden Ende 2003 gebaut.

Die Rocket III leitete für Triumph eine Reihe von Neuerungen ein. Sie hatte den ersten längs eingebauten Motor, war die erste moderne Triumph mit Trockensumpfschmierung und die erste mit Kardanantrieb. Die Kolben hatten die gleiche Größe wie die einer Dodge Viper V10, die 8-Zoll-Pleuel waren länger als die eines Small-Block-Chevys und eine elektronische Traktionshilfe schützt in den ersten drei Gängen den Hinterreifen. Die massive geschmiedete Kurbelwelle lief in vier Lagern und trug aufgrund ihrer niedrigen Lage (nur 20 cm über dem Boden) zu einem tiefen Schwerpunkt bei. Keihin entwickelte ein Kraftstoffeinspritzsystem mit 52-mm-Doppeldrosselklappen, das mit zwei Zündkerzen pro Zylinder zusammenarbeitete. Da der Platz begrenzt war und ein großer Kraftstofftank benötigt wurde, befanden sich der Luftfilterkasten und der Filter unter dem Fahrersitz.

Der fest montierte Motor war ein tragendes Element im Stahlrohrrahmen, während Kayaba die Federung (eine Upside-down-Gabel vorne), Nissin die Vorderradbremsen und Brembo die Hinterradbremse lieferte. Neben dem massiven Motor war auch der 240 Millimeter breite Hinterreifen eine wichtige visuelle Komponente. Zwar mag die ursprüngliche Rocket III eine BSA gewesen sein, aber der Name erfüllte eben auch bei Triumph alle Marketingkriterien und betonte das britische Erbe, die drei Zylinder und die hohe Leistung. Es reichte 2003 auf jeden Fall aus für 1500 Vorbestellungen.

2004 Sport und Sport Touring
Daytona 600, Speed Four, Daytona 955i, Daytona SE, Speed Triple, Speed Triple SE, Sprint ST, Tiger
Da die Daytona 600 bereits als vorgezogenes Modell für 2004 erhältlich war, wurde sie ansonsten nur um eine zusätzliche Farbe (Tornado-Rot) ergänzt. Ähnlich verhielt es sich mit der relativ neuen Speed Four, die

LINKS: Der fette 240er Metzeler-Marathon-Radialreifen dominiert das Heck der Rocket III, die hier die optionale orangefarbene »Tribal«-Sonderlackierung trägt. *Triumph Motorcycles*

UNTEN: Dieses Schnittmodell eines Antriebsstrangs wurde 2003 auf der EICMA in Mailand ausgestellt. Der Trockensumpf-Öltank befindet sich unter den Drosselklappengehäusen.

es jetzt in Gelb gab. Die Daytona 955i erhielt einen aerodynamischeren Sitz, ein neu gestaltetes Cockpit, überarbeitete Scheinwerfer und neuen Grafiken. Die Speed Triple blieb unverändert, war aber wie die Daytona 955i in einer speziellen Jet-Black-Edition mit schwarzem Rahmen, Schwinge und Rädern erhältlich. Da die Sprint ST und die Tiger kurz vor dem Modellwechsel standen, blieben beide 2004 unverändert.

2004 Classic
Thruxton 900

Die neue Thruxton 900, benannt nach dem Thruxton Circuit in Hampshire, erinnert an die Café-Racer der sechziger Jahre. Ein weiteres Modell, das aus einem der *Numero-Tre*-Konzeptmotorräder des verstorbenen Carlo Talamo hervorging, die Thruxton 900, war zwar streng genommen keine 900er, basierte aber auf der 360-Grad-Bonneville. Mit der Erhöhung des Hubraums hielten neue Nockenwellen und hochgezogene Schalldämpfer Einzug. Der Rahmen der Bonneville wurde beibehalten, die Gabel wurde nach hinten gezogen, die Stoßdämpfer verlängert und das Vorderrad auf 18 Zoll vergrößert, wodurch die Lenkgeometrie (27-Grad-Lenkkopfwinkel) steiler und der Radstand etwas kompakter wurde. Kürzere Kotflügel, polierte Motorabdeckungen, Stummellenker und nach hinten

2004 Daytona 600 und 955i, Speed Four, Speed Triple *(Unterschiede zu 2003)*

Farben	Tornado-Rot (Daytona 600, Speed Triple); Racing-Gelb (Speed Four)

Die 2004er Daytona 955i, nun in ihrem achten Jahr, verfügte über eine neu gestaltete Verkleidung, einen neuen Rücksitz sowie neue Schriftzüge.
Triumph Motorcycles

Mit dem Stummellenker, dem Solositz und dem Karostreifen eiferte die Thruxton den Café Racern der 1960er-Jahre nach.

2004 Thruxton 900
(Unterschiede zur Bonneville)

Bohrung	90 mm
Hubraum	865 cm³
Leistung	69 PS bei 7250/min
Verdichtung	10,2:1
Bremse vorne	320 mm Scheibe
Vorderrad	18 x 2.5 Zoll
Reifen vorne	100/90 R18
Radstand	1477 mm
Trockengewicht	205 kg
Farben	Jet-Schwarz und Silber, Sunset-Rot und Silber

versetzte Fußrasten sowie Streifen im Zielflaggen-Design trugen zum Café-Racer-Look bei.

Bonneville, Bonneville T100, America, Speedmaster, Thunderbird Sport

Neben der neuen Thruxton 900 blieb der Rest der Classic-Reihe bis auf die Farben unverändert. Die Bonneville war entweder mit polierten Motorgehäusen oder in schwarzer Ausführung erhältlich, während die T100 mit polierten Motorgehäusen und von Hand gezogenen Pinstripes eher traditionell blieb. Die America und Speedmaster blieben ebenfalls unverändert. Die Thunderbird wurde eingestellt und das einzige verbleibende Modell mit Zentralrohrrahmen war die Thunderbird Sport, die sich nun in ihrem letzten Jahr befand.

LINKS: Die Thruxton war funktional, ästhetisch ansprechend und eine der erfolgreichsten Retro-Klassiker der neuen Generation.

UNTEN: Durch einen um vier Millimeter aufgebohrten Bonneville-Motor erhielt die Thruxton mehr Leistung.

2004 Bonneville, Bonneville T100, America, Speedmaster, Thunderbird Sport

(Unterschiede zu 2003)

Farben

Jet-Schwarz (T100); Jet-Schwarz, Goodwood-Grün und Silber (America); Jet-Schwarz, Jet-Schwarz und Blau (Speedmaster); Jet-Schwarz und Gelb (Thunderbird Sport)

OBEN: Mit ihren Gummipads am Tank, polierten Motordeckeln und handgezogenen Pinstripes war die Bonneville T100 eine traditionelle Interpretation des klassischen Konzepts.
Australian Motorcycle News

LINKS: Die 2004er Thunderbird Sport umgedrehten Farbkleid der 1988er Originalversion daher, jetzt überwiegend schwarz mit gelben Akzenten. Es war das letzte Modell mit Zentralrohrrahmen und läutete das Ende von Hinckleys erstem Abschnitt ein.
Triumph Motorcycles

Für 2005 erhielt die Speedmaster den größeren 865-cm³-Motor und war in der neuen Farbkombination Jet-Schwarz und Neon-Blau erhältlich.
Triumph Motorcycles

2005 Rocket III, Speedmaster, America
(Unterschiede zu 2004)

Bohrung	90 mm (Speedmaster)
Hubraum	865 cm³ (Speedmaster)
Leistung	54 PS bei 6500/min (Speedmaster)
Farben	Graphit (Rocket III); Jet-Schwarz und Blau (Speedmaster); Mulberry-Rot und Graphit (America)

Modelljahr 2005

In diesem Jahr wurde in Hinckley mit 31.600 gebauten Motorrädern die höchste Produktionszahl aller Zeiten erreicht. Die neue Portfolio aus Cruisern, Urban Sports und Modern Classics war ein Zeichen dafür, dass Triumph das Sortiment neu ausrichtete und sich von seiner traditionellen Touren- und Sportpalette entfernte. Der 955er-Motor wurde für die Speed Triple und Sprint ST auf 1050 cm³ vergrößert, während die Speedmaster und Bonneville T100 den 865-cm³-Motor erhielten.

2005 Cruiser
Rocket III, Speedmaster, America

Die Rocket III bekam eine zusätzliche Farbe, die America blieb unverändert. Dafür bekam die Speedmaster eine schwächere Version des größeren Thruxten-Motors, versehen mit der 270-Grad-Kurbelwelle der Speedmaster.

2005 Urban Sport
Speed Triple, Sprint ST

An der Spitze der neuen Urban-Sports-Reihe standen in diesem Jahr eine deutlich überarbeitete Speed Triple und Sprint ST, jetzt mit einem völlig neuen, längeren 1050-cm³-Dreizylindermotor. Er verfügte über ein horizontal geteiltes, hochdruckgegossenes Kurbelgehäuse, eine vierfach gelagerte nitrierte Kurbelwelle mit 120° Hubzapfenversatz und neue Nockenwellenprofile. Der neue Zylinderkopf atmete durch 33,5-mm- und 27-mm-Ventile und das neue Keihin-Einspritzsystem beherbergte 46-mm-Drosselklappengehäuse. Der Motor der Speed Triple war auf mehr Spitzenleistung als der der Sprint ST ausgelegt.

Das schwarze Aluminiumchassis der Speed Triple war ebenso neu wie die Showa-Federung, eine 45-mm-Upside-down-Gabel vorne und ein Stoßdämpfer mit externem Ausgleichsbehälter hinten. Eine Premiere für Triumph waren die radial montierten Vierkolben-Nissin-Bremssättel vorne. Während die Einarmschwinge beibehalten wurde, reduzierte man das Hinterrad auf 5,5 Zoll Breite. Zu den neuen Merkmalen gehörten ein digitales Instrumentendisplay mit analogem Drehzahlmesser und eine unter der Sitzbank verlaufenden Auspuffanlage. *Cycle World* wählte sie zum besten Streetbike der offenen Klasse 2005.

Die Sprint ST erhielt außerdem einen neuen Aluminium-Brückenrahmen mit direkterer Lenkung und einem reduzierten Radstand. Am auffälligsten war die moderne Optik mit neuer, scharf gezeichneter Ver-

OBEN: Auch die Sprint ST erhielt den größeren Motor und ein neues, kantiges Design. Die Verkleidung umfasste Dreifach-Scheinwerfer. *Australian Motorcycle News*

LINKS: Die Speed Triple wurde 2005 umfassend überarbeitet, einschließlich größerem Hubraum und einer Upside-down-Gabel mit radialen Bremssätteln. Hier eine Version von 2007 in Roulette-Grün. *Triumph Motorcycles*

kleidung, dreifachen Projektionsscheinwerfern, einem LED-Rücklicht, einer völlig neuen Instrumentierung mit Bordcomputer und einem einzigartigen unter dem Sitz verlaufendem Auspuff mit dreifachem Schalldämpfer.

Daytona 955i, 955i SE, Tiger

Da sich die Daytona 955i dem Ende ihrer Produktionszeit näherte, beschränkten sich die Aktualisierungen auf eine graphitfarbene Lackierung für Rahmen und Schwinge sowie Gelb als Farboption für die 955 SE. Das schon im März 2004 lancierte 2005er Tiger-Modelljahr verfügte nun über eine überarbeitete Vorder- und Hinterradaufhängung, eine neue Lenkgeometrie (von 28 Grad auf 25,8 Grad verringerter Lenkkopfwinkel) und Gussräder mit schlauchlosen Reifen sowie eine härtere und verkürzte Federung. Mehr noch als zuvor war die Tiger ein großformatiger Adventure-Tourer, der sich deutlich besser für die Straße als fürs Gelände eignete.

2005 Speed Triple und Sprint ST

(Unterschiede zu 2004)

Hub	71,4 mm
Hubraum	1050 cm³
Leistung	128 PS bei 9100/min (Speed Triple); 123 PS bei 9250/min (Sprint ST)
Gabel	45 mm, Upside-down (Speed Triple)
Bremsen vorne	Radiale Vierkolben-Sättel (Speed Triple)
Hinterrad	5.50x17 Zoll (Speed Triple)
Reifen hinten	180/55ZR17 (Speed Triple)
Radstand	1457 mm (Sprint ST)
Trockengewicht	210 kg (Sprint ST)
Farben	Neon-Blau, Scorched-Gelb (Speed Triple)

2005 Daytona 955i, 955i SE, Tiger

(Unterschiede zu 2004)

Räder	14-Speichen-Gussrad 19x2.5 Zoll, 17x3.5 Zoll (Tiger)
Farben	Gelb (SE); British-Racing-Grün (Tiger)

Abgesehen von den schwarzen Rädern und der Schwinge, die zum Rahmen passten, war die Daytona SE identisch mit der Daytona 955i. 2005 war Triumphs Topsportler von der japanischen Konkurrenz abgehängt worden. *Triumph Motorcycles*

2005 gab es die überarbeitete Tiger auch in British-Racing-Grün. Givi-Koffer waren in den USA serienmäßig. *Triumph Motorcycles*

Abgesehen von neuen Schriftzügen unterschied sich die Daytona 650 kaum von der Daytona 600, doch die zusätzliche Leistung verbesserte die Performance im mittleren Drehzahlbereich. *Triumph Motorcycles*

Daytona 650, Speed Four

Während die einzige Änderung an der Speed Four in einer zusätzlichen Farbe bestand, folgte Triumph dem Beispiel von Kawasaki und vergrößerte den Hubraum der Daytona 600 auf 650 Kubik. Obwohl Werksfahrer Craig Jones die letzte Runde der British Supersport Championship 2004 auf der Daytona 600 gewann, markierte die 650er einen Strategiewechsel bei Triumph. Vor allem jenseits der Marke von 4000/min macht sich das Hubraumplus bemerkbar. Eine neue Siebenscheiben-Kupplung (bisher Neunscheiben-Kupplung) und ein verbessertes Schaltgestänge wurden ebenfalls positiv aufgenommen. Der Motor erhielt einen neuen Zylinderkopf und die Keihin Multipoint-Einspritzanlage. Da das Chassis der Daytona 600 nie Anlass zur Sorge gab, blieb es unverändert. Die Farben Rot und Gelb blieben ebenfalls wie 2004, Silber entfiel und 2005 sollte das letzte Jahr für die beiden kleinen Vierzylinder sein.

2005 Daytona 650, Speed Four
(Unterschiede zu 2004)

Hub	44,5 mm (Daytona 650)
Hubraum	646 cm³ (Daytona 650)
Leistung	112 PS bei 12.500/min (Daytona 650)
Verdichtung	12,85:1 (Daytona 650)
Farben	Neon-Blau (Speed Four)

2005 Modern Classic
Thruxton 900, Bonneville, Bonneville SE, Bonneville T100

Die Thruxton und die Bonneville erhielten die obligatorischen neuen Farben, wobei die Bonneville T100 eine neu abgestimmten Version des größeren

Die Bonneville SE war identisch mit der Standard-Bonneville, hatte aber einen schwarz lackierten Motor. *Triumph Motorcycles*

Thruxton-Motors erhielt, der immer noch mit einer 360-Grad-Kurbelwelle ausgestattet war. Zusätzlich gab es eine Bonneville SE mit schwarz lackiertem Motor statt des standardmäßig polierten Gehäuse.

Modelljahr 2006

Triumph setzte sein Wachstum fort und steigerte die Produktion in diesem Jahr um 18 Prozent auf 37.400 Einheiten. Neben drei neuen Modellen, der Rocket III Classic, Scrambler und Daytona 675 Triple, brachte Triumph die Sixty8-Zubehörkollektion für die Bonneville auf den Markt. Prinz Andrew, Herzog von York, eröffnete feierlich eine neue Produktionsstätte (Fabrik 4) in Thailand, um die Classic-Reihe zu bauen.

2006 Cruiser
Rocket III, Rocket III Classic, Speedmaster, America

Nachdem die Rocket III erfolgreich den Markt für Power-Cruiser erobert hatte, richtete sich die Rocket III Classic an diejenigen, die entspannteres Fahren bevorzugten. Trittbretter für den Fahrer, ein zurückgezogener Lenker und ein bequemerer Sitz sorgten für mehr Komfort, während handgezogene Pinstripes, ein gekürzter hinterer Kotflügel und viele verchromte Teile für eine individuelle Optik sorgten. Der Rest der Cruiser-Reihe blieb unverändert.

2006 Urban Sport
Daytona 675

Die lang erwartete Daytona 675 Triple ersetzte 2006 die Vierzylinder-Daytona. Nach mehreren Versuchen, den Japanern die Stirn zu bieten, war die 675 die sportlichste und leistungsorientierteste Maschine, die je aus Hinckley kam. Der neue Motor war, auch durch das sequentiellen Getriebe mit Ein- und Ausgangswelle übereinander, kompakter als sein Vorgänger und verfügte über vier Ventile pro Zylinder. Der Alu-Brückenrahmen mit Alu-Zweiarmschwinge war deutlich kompakter als der der Daytona 650 und die Federung erfolgte über eine Upside-down-Kayaba-Gabel und ein Zentralfederbein mit Hebelsystem. Die Bremsen kamen von Nissin, vorne mit radialen Vierkolben-Festsätteln. Das Design stammte von Chris Hennegan, die Fahrwerksabstimmung stammte von Testfahrer David Lopez. Das Ergebnis war brillant: Die Daytona 675 gewann den Vergleichstest der *Cycle World* in der Mittelgewichtsklasse und die Zusammenfassung resümierte: »Die 675 bietet die beste Allround-Leistung, Vielseitigkeit und das beste optische Flair in der Mittelgewichts-Sportmotorradklasse.« Die Daytona 675 erhielt zudem 2006 die höchste Auszeichnung und wurde in einer Umfrage von 15 internationalen Motorradmagazinen zum »International Bike of the Year« gekürt. Es war ein großartiges Jahr für Triumph und für Triumph-Fans auf der ganzen Welt. Die Urban-Sports-Maschinen blieben unangefochten.

2005 Thruxton, Bonneville, Bonneville SE, Bonneville T100 *(Unterschiede zu 2004)*

Bohrung	90 mm (Bonneville T100)
Hubraum	865 cm³ (Bonneville T100)
Leistung	63 PS bei 7250/min (Bonneville T100)
Radstand	1490 mm (Thruxton); 1500 mm (Bonneville, SE und Bonneville T100)
Farben	Blau und Silber, Gelb und Silber (Thruxton); Grün, Blau (Bonneville); Weiß und Tangerine (Bonneville T100)

2006 Rocket III, Classic, Speedmaster, America *(Unterschiede zu 2005)*

Farben	Gelb (Rocket III); Rot und Weiß, Rot und Schwarz (Classic); Jet-Schwarz und Sunset-Rot (Speedmaster); Goodwood-Grün und Silber (America)

2006 war die Rocket III Classic neu. Sie zeichnete sich durch einen schwarzen Motor, viele verchromte Teile, Trittbretter, einen bequemen Sitz und zweifarbige Lackierungen aus. *Triumph Motorcycles*

Speed Triple, Sprint ST, Daytona 955i, Tiger

Der Rest der Urban-Sports-Reihe war so gut wie 2005, die Daytona 955i immer noch mit dem alten Motor, aber dem Hochdruckguss-Kurbelgehäuse der Speed Triple, einem neuen Entlüftungssystem und einem verbesserten Gangwahlmechanismus. Trotzdem war es offensichtlich, dass die Daytona 955i ihren Zenit überschritten hatte. Auch die Tiger war in ihrer

2006 Daytona 675

Motorbauart	DOHC Reihen-Dreizylinder, vier Ventile pro wassergekühltem Zylinder
Bohrung	74 mm
Hub	52,3 mm
Hubraum	675 cm³
Leistung	123 PS bei 12.500/min
Verdichtung	12,65:1
Einspritzung	Elektronische Saugrohreinspritzung
Zündung	Digital
Getriebe	Sechsgang
Rahmen	Alu-Brückenrahmen
Schwinge	Alu-Zweiarmschwinge
Gabel	41 mm, Upside-down, einstellbar
Federung hinten	Einstellbares Federbein
Bremsen	2 x 308 mm Scheibe, 2 x radiale Vierkolben-Sättel vorne, 220 mm Scheibe hinten
Räder	17x3.5 Zoll vorne und 17x5.5 Zoll hinten
Reifen	120/70 ZR17 vorne und 180/55 ZR17 hinten
Radstand	1392 mm
Trockengewicht	165 kg
Farben	Graphit, Tornado-Rot, Scorched-Gelb

2006 Scrambler
(Unterschiede zur Bonneville)

Motorbauart
270° DOHC Parallel-Twin, vier Ventile pro luftgekühltem Zylinder
Bohrung
90 mm
Hubraum
865 cm³
Leistung
54 PS bei 7000/min
Farben
Caspian-Blau und Weiß, Tornado -Rot und Weiß

RECHTS: Triumphs bisher beste Sportlerin, die Dreizylinder-Daytona 675, war deutlich kompakter als die Vierzylinder-Daytona und wurde zum internationalen Motorrad des Jahres gewählt: *Australian Motorcycle News*

UNTEN: Die Front der Daytona 675 bestand aus einer Kayaba-Upside-Down-Gabel mit Nissin-Radial-Vierkolben-Bremssätteln. *Australian Motorcycle News*

2006 Speed Triple, Sprint ST, Daytona 955i, Tiger
(Unterschiede zu 2005)

Farben
Fusion-Weiß (Speed Triple); Sunset-Rot (Sprint ST); Jet-Schwarz (Tiger)

letzten Inkarnation als 955 unterwegs, während die kürzlich aktualisierten Speed Triple und Sprint ST unverändert weiterliefen.

2006 Modern Classic
Scrambler

Triumphs Ruf in Amerika basierte größtenteils auf dem Erfolg der Offroad-Modelle TR6C und Desert Sled und genau das war es, was die neue Scrambler inspirierte – und die Verbindung zu Legenden wie Steve McQueen schadete dabei nicht. Obwohl die Scrambler auf der Bonneville basierte, erhielt sie einige wichtige Aktualisierungen. Der Zweizylinder mit größerem Hubraum verfügte über eine 270-Grad-Kurbelwelle, um durch diesen Hubzapfenversatz mehr Auspuffgrollen zu erzeugen und war auf mehr Leistung im mittleren Drehzahlbereich abgestimmt. Was das Fahrwerk betrifft, so wurde der Lenkkopfwinkel leicht auf 27,8 Grad verringert und die Federung für mehr Bodenfreiheit abgestimmt. Die beiden hochgelegten Auspuffrohre verliefen auf der rechten Seite. Sie waren nicht so elegant wie die des Originals, verfügten aber zumindest über wirksame Hitzeschilde. Die lange Liste der Optionen wurde durch einen Satz Startnummern mit der Zahl 278, Steve McQueens alter ISDT-Nummer, ergänzt. Nach dem Auftritt der Speed Triple in *Mission: Impossible 2* bat Tom Cruise Triumph, ihm für den 2006 folgenden dritten Teil eine Scrambler zur Verfügung zu stellen. Dieses Modell war eine Einzelanfertigung, die speziell für den Blockbuster hergestellt wurde.

Thruxton 900, Bonneville, Bonneville T100

Während die bestehende Modern-Classic-Reihe aus Bonneville, T100 und Thruxton unverändert blieb, gab es in diesem Jahr eine erwähnenswerte neue Custom-Zubehörreihe für die Bonneville, die Sixty8. Diese modernen Accessoires verknüpften Tradition mit Moderne, mit stilvollen Laptoptaschen anstelle von Packtaschen und iPod-Haltern anstelle von Tankrucksäcken. Die Sixty8-Linie sprach eine stilbewusste Kundschaft, darunter auch eine Reihe von Prominenten wie George Clooney.

Modelljahr 2007

Mit inzwischen mehr als 1000 Mitarbeitern baute Triumph in diesem Jahr 41.125 Motorräder. Im Modelljahr 2007 kam eine völlig neue Tiger auf den Markt, mit 865 cm³ bei allen Classic-Motoren.

LEFT: Mit der hohen Auspuffanlage war die Abstammung der Scrambler von der TR6 unverkennbar. Aber bei einem Gewicht von mehr als 200 kg ging es mehr um Stil als um Funktion. *Triumph Motorcycles*

UNTEN LINKS: Für *Mission: Impossible 3* wurde ein spezielles Scrambler-Einzelstück gebaut. *Triumph Motorcycles America*

UNTEN: Eine der mit Sixty8-Accessoires ausgestatteten 2006er Bonnevilles. *Triumph Motorcycles*

2006 Thruxton, Bonneville, Bonneville T100 *(Unterschiede zu 2005)*

Bohrung	90 mm (Bonneville T100)
Hubraum	865 cm³ (Bonneville T100)
Leistung	66 PS bei 7200/min (Bonneville T100)
Farben	Silber (Bonneville); Weiß und Tangerine (Bonneville T100)

2007 Cruiser

Rocket III, Rocket III Classic, Speedmaster, America

In diesem Jahr bekam die America den Hubraum-größeren Speedmaster-Motor, dafür erhielt die Speedmaster zur besseren Unterscheidung ein paar zusätzliche Design-Akzente und eine bessere Ausstattung. Die Speedmaster behielt Doppelscheiben vorne und einen Drehzahlmesser auf dem Tank. Während die America verchromte Motorabdeckungen erhielt, war der Motor der Speedmaster in Schwarz gehalten. Weitere Unterschiede im Detail betrafen die Lenker und die Auspuffanlage. Beide erhielten neue

OBEN: 2007 erhielt die America den größeren Speedmaster-Motor und Gussräder ersetzten die Drahtspeichenräder. Die Vorderradbremse bestand immer noch aus einer Einzelscheibe. *Australian Motorcycle News*

Eine 2007er Speedmaster in Mulberry-Rot, jetzt mit neuen Rädern und Endschalldämpfern. *Australian Motorcycle News*

2007 Rocket III, Classic, Speedmaster, America *(Unterschiede zu 2006)*

Bohrung	90 mm (America)
Hubraum	865 cm³ (America)
Leistung	54 PS bei 6750/min (America)
Räder	12-Speichen-Guss 18x2.5 Zoll, 15x3.5 Zoll (America)
Farben	Phantom-Schwarz, Mulberry-Rot (Rocket III); Blau u. Weiß, Schwarz u. Rot (Classic); Mulberry-Rot (Speedmaster); Schwarz u. Rot, Blau u. Weiß (America)

2007 Tiger *(Unterschiede zu 2006)*

Hub	71,4 mm
Hubraum	1050 cm³
Leistung	114 PS bei 9400/min
Verdichtung	12:1
Rahmen	Alu-Brückenrahmen
Schwinge	Alu-Zweiarmschwinge mit verstellbarem Drehpunkt
Gabel	43 mm, Upside-down, einstellbar
Bremsen	2 x 320 mm Scheiben, radiale Vierkolben-Sättel vorne, 255 mm Scheibe hinten
Räder	3.50x17 Zoll und 5.50x17 Zoll
Reifen	120/70ZR17 und 180/55ZR17
Radstand	1510 mm
Trockengewicht	198 kg
Farben	Schwarz, Blau, Gelb, Weiß

Räder, die Speedmaster ein neues Fünf-Speichen-Design und die America erhielt neue Gussräder anstelle der bisherigen Drahtspeichenräder. Die Rocket III und Rocket III Classic wurden – bis auf neuen Farben – unverändert weitergeführt.

2007 Urban Sport

Tiger

Angesichts der Tatsache, dass es immer weniger unbefestigte Straßen gibt, hat die Tiger schließlich den Übergang zum reinen Sporttourer vollzogen. Die Entwicklung hatte im August 2003 begonnen, bereits im März 2005 war der erste Prototyp fahrbereit. Das Rahmendesign der Tiger ähnelte dem der Speed Triple, hatte jedoch eine Schwinge im Stil der Daytona 675, während der 1050-Kubik-Motor für mehr Leistung im mittleren Drehzahlbereich neu abgestimmt wurde. Die Keihin-Einheit der zweiten Generation stammte ebenfalls von der 675, ebenso wie die Scheinwerfer und Instrumente. Das gesamte Paket war deutlich kompakter, mit niedrigerer Sitzbank, kürzerem Radstand und weniger Gewicht als zuvor. Aber es war die kürzere Showa-Upside-down-Gabel mit Nissin-Radialbremssätteln und sportlichen 17-Zoll-Rädern, die klar machten, dass die Tiger kein Geländemotorrad mehr war.

2007 Speed Triple, Sprint ST *(Unterschiede zu 2006)*

Farben
Roulette-Grün (Speed Triple); Phantom-Schwarz (Sprint ST)

Daytona 675, Speed Triple, Sprint ST

Die Daytona 675, die einzige reine Sportlerin der Reihe, wurde 2007 unverändert weitergeführt, ebenso wie die Speed Triple – abgesehen von einer neuen Farbe. Um die neue Euro-3-Abgasnorm zu erfüllen, erhielten Speed Triple und Sprint ST das neue Keihin-Steuergerät der Tiger. Der Schalldämpfer der Speed Triple wurde

2007 Scrambler, Thruxton, Bonneville, Bonneville Black, Bonneville T100

(Unterschiede zu 2006)

Bohrung
90 mm (Bonneville)
Hubraum
865 cm³ (Bonneville)
Leistung
66 PS bei 7200/min (Bonneville)
Farben
Grün und Silber (Scrambler); Tornado-Rot (Thruxton); Jet-Schwarz u. Weiß (Bonneville T100)

Die 2007er Thruxton erstrahlte in Tornado-Rot mit farblich passenden Kotflügeln und schwarzem Motor. In diesem Jahr trugen die klassischen Modelle zum letzten Mal Vergaser. *Australian Motorcycle News*

überarbeitet und mit Hitzeschildern versehen. Mit einem höheren Lenker und einem größeren Windschild fokussierte sich die Sprint ST mehr auf Touring als auf Sport.

2007 Modern Classic
Scrambler, Thruxton, Bonneville, Bonneville Black, Bonneville T100

Neben der Bonneville T100 gehörten zu den neuen Merkmalen der gesamten Classic-Reihe schwarze Motorgehäuse, wobei die Scrambler und Bonneville Black auch schwarze Abdeckungen erhielten. Die Bonneville hatte jetzt den 865-cm³-T100-Motor und neu in diesem Jahr war ein einstellbarer Kupplungshebel. Die Thruxton bekam einen überarbeiteten Tank und ein Emblem auf der Höckerkappe sowie farblich abgestimmte Kotflügel.

Modelljahr 2008

Triumph, die am schnellsten wachsende Motorradmarke der Welt, produzierte 2008 48.929 Einheiten und übertraf damit den Rekord von 46.700 im Jahr 1969. Zu den neuen Modellen gehörten die Street Triple und die Rocket III Touring sowie eine deutlich überarbeitete Speed Triple. In diesem Jahr kündigten die Briten auch das erste offizielle Rennprojekt seit der Neugründung in Hinckley an. Das Team Triumph-SC, das vom ehemaligen Ducati-Teammanager Stefano Caracchi geleitet wurde, nahm an den Europameisterschaften der World Supersport und Superstock 600 teil. Grund zum Feiern gab es auch: Am 24. März, dem 78. Geburtstag von Steve McQueen, brachte Triumph ein offiziell lizenziertes Vintage-T-Shirt auf den

GANZ OBEN: Mit ihren sportlichen 17-Zoll-Rädern und der Upside-down-Gabel legte die neue Tiger den Fokus auf die Straße, nicht das Gelände. Der neue Stahltank war kleiner als der Kunststofftank der Vorgängerin. *Australian Motorcycle News*

OBEN: Die Sprint ST erhielten 2007 höhere Scheiben und Lenker. Die meisten waren mit Standard-Koffern ausgestattet. *Australian Motorcycle News*

RECHTS: Mit dem Chassis der Daytona 675 setzte die Street Triple den nackten, aggressiven Stil der Speed Triple fort, allerdings kam sie mit einfacheren Zweikolben-Sätteln vorne aus. *Australian Motorcycle News*

GEGENÜBER LINKS OBEN: 2008 gab es eine schwarz-goldene Daytona 675 Special Edition, deren Spezifikation jedoch identisch mit dem Serienmodell war. *Triumph Motorcycles*

GEGENÜBER RECHTS OBEN: Glen Richards bescherte der Daytona 675 ihren ersten Seriensieg und gewann das British Supersport Championship 2008. *Triumph Motorcycles*

Markt. Und um das 50-jährige Bonneville-Jubiläum zu würdigen, wurden feierliche Belstaff- und Ewan-McGregor-Bonnevilles produziert.

2008 Urban Sport
Street Triple

Nach dem großen Erfolg der Daytona 675 war es klar, dass eine Naked-Version folgen würde. So kam 2008 die Street Triple auf den Markt. Anstatt einfach der Daytona die Verkleidung zu nehmen, bekam die Speed Triple ihre eigene Identität. Der Dreizylindermotor erhielt mildere Nockenwellen, um die Leistung im mittleren Drehzahlbereich zu steigern. Der Rahmen, die Schwinge und die Räder stammten von der Daytona, aber die vorderen Nissin-Bremssättel begnügten sich mit nur je zwei Kolben. Mit den Scheinwerfern und der Instrumentenkonsole der Daytona war die Street Triple schlank, leicht und wendig – bereit, die hart umkämpfte Kategorie der nackten Mittelgewichte anzugreifen. Wie üblich war eine vollständige Palette an Zubehör erhältlich, darunter ein Arrow-Auspuff, der die Leistung um sechs PS steigerte.

Daytona 675, 675 Special Edition

Die Daytona 675 setzte weiterhin den Maßstab im Sport-Mittelgewicht. Die 675er, die äußerlich unverändert blieb, erhielt in diesem Jahr neue Verkleidungsaufkleber, eine goldeloxierte Lenkkopfutter und einen verbesserten Scheinwerfer. Außerdem war eine Sonderedition in Schwarz mit goldenen Rädern und Aufklebern erhältlich. Während das vom Werk unterstützte World Supersport Team keinen Erfolg hatte, gewann der Australier Glen Richards das British Supersport Championship auf der MAP Embassy

2008 Street Triple
(Unterschiede zur Daytona 675)

Leistung	107 PS bei 11.700/min
Bremsen vorne	2 x Zweikolben-Sättel
Radstand	1395 mm
Trockengewicht	167 kg
Farben	Fusion-Weiß, Jet-Schwarz, Roulette-Grün

2008 Daytona 675, Daytona SE
(Unterschiede zu 2007)

Farben
Neon-Blau, Jet-Schwarz (675); Phantom-Schwarz (SE)

Daytona 675. Triumph war zudem mit Arne Tode im German Supersport Championship erfolgreich.

Speed Triple, Tiger, Sprint ST

Die Speed Triple, die nun in ihr 14. Jahr ging, wurde von Marabese Design aus Mailand einem dezenten Restyling unterzogen. Abgesehen von einem modernisierten Schaltmechanismus blieb der 1050-cm³-Motor weitgehend unverändert. Das vordere Bremssystem umfasste einen 19 mm Nissin-Hauptbremszylinder mit vier 34-mm-Kolben-Radialbremssätteln von Brembo. Der konische Magura-Aluminiumlenker sorgte für die gleiche Fahrposition wie bei der 2007er Version und der komplett neu gestaltete hintere Teil umfasste einen 25 mm längeren Hilfsrahmen, eine neue Karosserie und Hitzeschilde für den Schalldämpfer. Die leichteren Sieben-Speichen-Leichtmetallräder gab es exklusiv für die Speed Triple. Abgesehen von einer ABS-Option und einer Farboption in Blazing-Orange blieb die Tiger in unverändert, während die Sprint ST einen verbesserten Scheinwerfer und modifizierte Fußrasten erhielt.

2008 Cruiser

Rocket III Touring

Um die Attraktivität der Rocket III zu erhöhen, wurde die Rocket III Touring mit neu abgestimmten 2,3-Liter-Motor, einem neuen Stahl-Doppelrohrrahmen und einer Zweiarm-Stahlschwinge angeboten. Mit der Rocket III teilte sie sich nur die vordere Bremse, die Spiegel und

2008 Speed Triple, Tiger, Sprint ST

(Unterschiede zu 2007)

Trockengewicht
201 kg (Tiger ABS); 213 kg (Sprint ST ABS)
Farben
Schwarz, Weiß, Orange (Speed Triple); Blazing-Orange (Tiger); Pacific-Blau, Graphit (Sprint ST)

OBEN: Die Speed Triple erhielt 2008 neue Räder und Brembo-Vorderradbremsen. Der neu gestaltete hintere Teil bot mehr Platz für einen Sozius.
Triumph Motorcycles

LINKS: Eine 2008er Speed Triple mit Arrow-Auspuffanlage und Solositz.
Triumph Motorcycles America

Neu in der 2008er Cruiser-Reihe war die Rocket III Touring. Mit neuem Rahmen, neuer Gabel, neuen Rädern sowie Satteltaschen und einem Windschutz war dieses Modell für ein »Cruiser-artiges« Tourer-Erlebnis konzipiert.
Australian Motorcycle News

das Rücklicht. Die Touring erhielt 16-Zoll-Alugussräder, eine konventionelle Kayaba-Gabel, die Instrumente wurden auf den Tank verlegt und ein abnehmbarer Windschutz sowie Koffer waren serienmäßig. Die riesige, über 360 Kilo schwere Rocket III Touring war zwar selbst bei Schrittgeschwindigkeit leicht zu fahren, aber nichts für schwache Nerven oder kurze Beine.

Rocket III, Rocket III Classic, Speedmaster, America

Während der Rest der Rocket-III-Reihe unverändert blieb, erhielten die Speedmaster und America einen größeren Tank mit verchromten Emblemen. Im Laufe des Modelljahres bekamen beide außerdem eine elektronische Keihin-Kraftstoffeinspritzung mit Sekundärluftsystem, die für eine verbesserte Gasannahme und eine Leistungssteigerung sorgte.

2008 Rocket III Touring
(Unterschiede zur Rocket III)

Leistung	107 PS bei 5400/min
Gabel	43 mm
Räder	25-Speichen, 16x3.5 Zoll vo. und 16x5.0 Zoll hi.
Reifen	150/80 R17 vorne und 180/70 R16 hinten
Radstand	1705 mm
Trockengewicht	362 kg
Farben	Schwarz/Silber, Schwarz/Weiß, Schwarz/Rot, Blau

2008 Rocket III, Classic
(Unterschiede zu 2007)

Einspritzung	Multipoint (Speedmaster, America)
Leistung	61 PS bei 6800/min (Speedmaster, America)
Farben	Weinrot (Rocket III); Rot und Weiß, Blau und Silber (Classic); Blau und Silber (Speedmaster); Blau und Aegean-Blau (America)

2008 Modern Classic
Scrambler, Thruxton, Bonneville, Bonneville Black, T100

Anfangs wurde die bekannte Classic-Reihe 2008 nur mit neuen Farben fortgesetzt, aber im Laufe des Jahres ersetzte die elektronische Multipoint-Einspritzung von Keihin die Vergaser. Da die Drosselklappengehäuse im Stil der Vergaser gehalten waren, blieb die Optik nahezu gleich, nur die Leistung erhöhte sich leicht bei allen Modellen außer der Thruxton. 2008 jährte sich auch die Markteinführung der T120 Bonneville zum 50. Mal. Zur Feier kündigte Triumph im Mai 2008 zwei Sondereditionen an, eine von Hollywoodstar Ewan McGregor und die andere vom High-End-Bekleidungslabel Belstaff. Als bekannter Motorradenthusiast integrierte McGregor einen verkupferten Benzintank in sein Design, mit einem Sitz und Seitenverkleidungen aus schwarz gewachster Baumwolle von Belstaff. McGregor erklärte: »Ich bin großer Fan von Steve McQueen und seinen Filmen aus den 1960er-Jahren und die Schriftart, die ich für das Triumph-Logo gewählt habe, erinnert an diese goldene Ära des Motorradfahrens.« Ewan McGregors speziell gestaltete Bonneville wurde zugunsten von UNICEF versteigert, für die er als Botschafter tätig ist. Für das Bonneville-Jubiläum entwarf Belstaff-Designer Michele Mallenotti ein schwarz-goldenes Farbschema, das für die Identität der Modemarke steht. Das Design umfasste auch eine goldene Höckerkappe und eine schwarz-goldene Packtasche.

Ebenfalls anlässlich des 50-jährigen Jubiläums der Bonneville stellte der kalifornische Triumph-Händler Matt Capri bei der Bonneville Speed Week 2008 mit seiner turbogeladenen Bonneville zwei neue Rekorde von unverkleideten 1000-Kubik-Blown-Fuel-Motorrädern auf. Er erreichte eine Geschwindigkeit von 261,473 km/h auf dem Kilometer und 259,406 km/h auf der Meile. Und um die Thruxton zu bewerben, sponserte Triumph die Thruxton Cup Challenge,

2008 Scrambler, Thruxton, Bonneville, Bonneville Black, T100
(Unterschiede zu 2007)

Einspritzung
Keihin Multipoint mit 36,5 mm Drosselklappengehäusen
Leistung
59 PS bei 6800/min (Scrambler); 67 PS bei 7500/min (Bonneville)
Farben
Silber und Tangerine (Scrambler); Schwarz und Gold, Silber und rote Streifen (Thruxton); Weiß, Weinrot (Bonneville); Weinrot und Silber, Grün und Weiß (T100)

die in Verbindung mit der Historic Cup Roadrace Series der American Historic Racing Motorcycle Association durchgeführt wurde.

Modelljahr 2009

Es war bekannt, dass Triumph im 2010er Modelljahr mit der Thunderbird sein bisher vielleicht wichtigstes Modell auf den Markt bringen würde, weshalb das bestehende Sortiment nur moderat überarbeitet wurde. Neben einer aktualisierten Daytona 675 gab es eine Street Triple R und eine Speed Triple zum 15-jährigen Jubiläum sowie eine Bonneville zum 50-jährigen Jubiläum.

2009 Urban Sport
Street Triple, Street Triple R, Daytona 675, Daytona SE

Nach dem Erfolg der Street Triple im Jahr 2008 brachte Triumph 2009 die höherwertige Street Triple R auf den Markt. Motorseitig wurde nichts verändert, die Aktualisierungen bechränkten sich bei der R auf das Fahrgestell. Dazu gehörten eine voll einstellbare Kayaba-Upside-Down-Gabel mit Nissin-Vierkolben-Radialbremssätteln, ein einstellbarer hinterer Stoßdämpfer und ein clever aussehender konischer Magura-Alulenker.

Obwohl die Daytona 675 sich mit 15.200 gebauten Exemplaren in drei Jahren als äußerst erfolgreich erwies, änderte sich diese hart umkämpfte Kategorie schnell und Triumph aktualisierte die Daytona für 2009. Eine dezente Neugestaltung durch Chris Hennegan führte zu einem aggressiveren und moderneren Frontdesign mit einem neuen Cockpit, Scheinwerfern und Windschutzscheibe. Zu den Fahrwerksaktualisierungen gehörten eine geschwindigkeitsabhängige

2009 Street Triple, Street Triple R, Daytona 675, Daytona SE

(Unterschiede zu 2008)

Leistung
126 PS bei 12.600/min (Daytona 675)
Gabel
41 mm, Upside-down, einstellbar (Street Triple R)
Federung hinten
Federbein, einstellbar (Street Triple R)
Bremsen vorne
Radiale Vierkolben-Sättel (Street Triple R)
Radstand
1390 mm (Street Triple R)
Trockengewicht
162 kg (Daytona 675)
Farben
Graphit, Orange (Street Triple R); Weiß und Blau (675 SE)

OBEN: Belstaffs Jubiläums-Bonneville war in Schwarz und Gold gehalten, passend zur Identität des Unternehmens. *Triumph Motorcycles America*

LINKS: Ewan McGregor mit seiner Interpretation der Bonneville zum 50. Jubiläum. Zu den Merkmalen gehörten ein verkupferter Tank und Sitz- und Seitenverkleidungen aus gewachster Baumwolle. *Triumph Motorcycles America*

UNTEN: Matt Capris turbogeladene Bonneville stellte 2008 in Bonneville zwei neue Geschwindigkeitsrekorde auf. *Triumph Motorcycles*

TRIUMPH
675
TRIPLE
Daytona

2009 Speed Triple, Tiger, Tiger SE, Sprint ST *(Unterschiede zu 2008)*

Farben
Mattschwarz (Speed Triple); Graphit und Schwarz (Tiger SE); Phantom-Schwarz (Sprint ST)

2009 Rocket III, Classic, Touring, Speedmaster, America *(Unterschiede zu 2008)*

Trockengewicht
358 kg (Rocket III Touring)
Farben
Phantom-Schwarz und New-England-Weiß (Speedmaster)

Druckstufendämpfung und neue Nissin-Vierkolben-Monobloc-Bremssättel vorne. Ein neuer Zylinderkopf und eine überarbeitete Auspuffanlage brachten ein paar mehr PS und das Gesamtgewicht wurde leicht gesenkt. Es ging einfach darum das Beste noch besser zu machen. Triumph kündigte im Mai 2009 eine 675 SE in Perlweiß mit einem Rahmen in Sparkle-Blau an. Wie üblich war eine große Auswahl an Zubehör erhältlich, von Schalthebeln bis hin zu Arrow-Auspuffanlagen. Triumph nahm erneut an der Supersport-Weltmeisterschaft teil. Die in diesem Jahr vom italienischen PE1-Team erzielten Ergebnisse waren allerdings enttäuschend.

Speed Triple, Speed Triple 15th Anniversary Special Edition, Tiger, Tiger SE, Sprint ST

Mehr als 35.000 Exemplarer (seit 1994) machten die Speed Triple zur beliebteste Hinckley-Triumph, weshalb 2009 eine limitierte Auflage von ihr entstand. Sie trug eine John-Bloor-Signatur auf dem Benzintank, einzigartiges Phantom-Schwarzmetallic, rot linierte Räder und einen farblich abgestimmten Unterfahrschutz.

Abgesehen vom hinteren Stoßdämpfer mit geringeren Federweg (134 mm) blieb die reguläre Speed Triple unverändert, ebenso wie die Tiger und Sprint ST. Eine Tiger SE mit serienmäßigem ABS und Sonderlackierung war ebenfalls erhältlich, während die Speed Triple einen weiteren Filmauftritt in »Salt« hatte.

2009 Cruiser
Rocket III, Rocket III Classic, Rocket III Touring, Speedmaster, America

Da die Einführung der Thunderbird unmittelbar bevorstand, blieb das Cruiser-Programm 2009 unverändert. Einzig bei der Farbgestaltung der Speedmaster gab es kleine Veränderungen.

2009 Modern Classic
Scrambler, Thruxton, Bonneville, Bonneville SE, 50th Anniversary, T100

Während die Scrambler, Thruxton und T100 in diesem Jahr unverändert blieben, erhielten die Bonneville und Bonneville SE ein Paar 17-Zoll-Gussräder, die den originalen Felgen der Meriden-Bonneville Special T140D von 1979 nachempfunden waren. Die Bonneville und die SE hatten außerdem kürzere Kotflügel und nach oben geschwungene Schalldämpfer. Obwohl die 17-Zoll-Räder auf einem so traditionellen Retro-Modell vielleicht etwas unpassend wirkten, waren sie deutlich leichter und veränderten das Fahrverhalten. Für diejenigen, die sich immer noch den traditionellen Look wünschten, war die T100 weiterhin erhältlich, zusammen mit einer speziellen Bonneville-Edition zum 50-jährigen Jubiläum, die im gleichen Tangerine-Dream wie die erste Bonneville von 1959 lackiert war. In Anlehnung an den Hubraum des Originals wurden 650 nummerierte Exemplare gebaut, jedes mit einem von John Bloor unterzeichneten Echtheitszertifikat.

Die Bonneville feierte ihr Jubiläum auch noch mit vier Geschwindigkeitsweltrekorden. Der britische Journalist Alan Cathcart fuhr mit Matt Capris straßenzugelassener Thruxton Bonneville einen neu-

OBEN: Anlässlich des 15-jährigen Jubiläums der legendären Speed Triple war diese Sonderedition das erste Modell, das eine autorisierte John-Bloor-Signatur auf dem Tank trug. *Triumph Motorcycles America*

GEGENÜBER OBEN: 2009 kam diese atemberaubende Daytona 675 SE in Weiß und Blau auf den Markt. *Triumph Motorcycles*

GEGENÜBER UNTEN: Das Chassis der Daytona 675 hatte 2009 gut drei Kilo abgenommen, die verbesserten Vorderradbremsen stammten von Nissin. *Triumph Motorcycles*

2009 Scrambler, Thruxton, Bonneville, Bonneville SE, Bonneville 50th Anniversary, T100

(Unterschiede zu 2008)

Räder	7-Speichen, 17x3.0 Zoll vorne und 17x3.5-Zoll hinten (Bonneville, SE)
Reifen	110/70 R17 vorne und 130/80 R17 hinten (Bonneville, SE)
Radstand	1454 mm (Bonneville, SE)
Trockengewicht	200 kg (Bonneville, SE)
Farben	Jet-Schwarz, Mattkhakigrün (Scrambler); Schwarz, Blau und Weiß (Bonneville SE); Blau und Orange (50th Anniversary)

GANZ OBEN: Die Bonneville und SE erhielten Gussräder, die an die Morris-Räder der Bonneville T140D Special von 1979 erinnern. Die SE hat einen zusätzlichen Arrow-Zwei-in-Eins-Auspuff, der ebenfalls dem Original nachempfunden ist. *Australian Motorcycle News*

OBEN: Im Gegensatz zu Bonneville und SE blieb die T100 als traditionelle Bonneville erhalten. *Australian Motorcycle News*

RECHTS: Abgesehen von der charakteristischen mattkhakigrünen Lackierung blieb die Scrambler 2009 weitgehend unverändert. *Triumph Motorcycles*

en FIM-Weltrekord über die fliegende Meile mit 245,711 km/h und einen weiteren für den fliegenden Kilometer mit 245,859 km/h. Beide waren neue Rekorde für die 1000-Kubik-Kategorie der FIM für unverkleidete Zweizylinder-Saugmotoren. Mit der turbogeladenen Bonneville Cathcart stellte das Team zwei weitere FIM-Weltrekorde für die 1000-cm^3-Klasse der unverkleideten Zweizylinder-Motorräder mit Zwangsbeatmung auf: für die fliegende Meile 266,193 km/h und 266,623 km/h für den fliegenden Kilometer.

Das zweite Jahrzehnt nach dem Brand 2002 beendete Hinckley mit einer breiten Modellpalette, wobei der Schwerpunkt stärker auf Cruisern und Klassikern lag als im ersten Jahrzehnt. Während zunächst Tourer und Sportmotorräder die Renaissance von Triumph vorantrieben, waren 2009 nur noch die Daytona 675 und die Sprint ST in diesen traditionellen Kategorien vertreten. Die Produktion hatte ein neues Niveau erreicht, in Thailand wurde eine Fabrik eröffnet und Triumph stand vor einer noch größeren Blütezeit.

OBEN: Fünf Generationen Speed Triple. Mehr als jedes andere Modell symbolisierte sie die Triumph-Renaissance.
Triumph Motorcycles America

LINKS: Die Bonneville 50th Anniversary (links) mit einem Originalmodell von 1959 (rechts). Die 50th Anniversary verfügte über einen speziellen Sitz mit weißer Paspelierung und goldenem Logo, einzigartige Embleme auf den Seitenabdeckungen und einen verchromten Nockenwellendeckel.
Triumph Motorcycles

10

2010–2024

Auf Tradition bauen

Größere Thunderbirds, Tiger, Trophys, Bonnevilles, Scrambler und neue Singles

Hinckleys drittes Jahrzehnt stand in krassem Gegensatz zur Meriden-Ära. Deren dritte Dekade nach dem Zweiten Weltkrieg, die 1970er-Jahre, war gekennzeichnet von unentschlossenem Management, störenden Gewerkschaften, zweifelhaften Produktentwicklung und minimalen Reinvestitionen in Anlagen und Ausrüstung. Unter John Bloor war das Szenario genau das Gegenteil. Mit einem starken Schwerpunkt auf Modellentwicklung, Qualität und Nischenprodukte setzte Triumph neue Designstandards. Edward Turner machte den Parallel-Twin zum Standard, aber schließlich übernahm der Reihenvierzylinder diese Rolle. Triumph versuchte es mit Vierzylindern, merkte aber, dass man in der Nische der Dreizylinder und Parallel-Twins viel erfolgreicher war. Diese Motorauslegungen – mit starken Wurzeln in der Vergangenheit – sollten das nächste Jahrzehnt von Triumph prägen.

OBEN: Geschmackvoll und ohne übermäßigen Chrombehang wurde die Thunderbird präsentiert – typisch britisch eben. *Triumph Motorcycles*

GEGENÜBER: So wie die ursprüngliche Thunderbird Triumph als führenden Hersteller von großvolumigen Parallel-Twin-Motorrädern etablierte, tat dies auch die neue Thunderbird 60 Jahre später. *Triumph Motorcycles*

Modeljahr 2010

Neben der Thunderbird gab es 2010 auch die Rocket III Roadster und zwei Sondereditionen, die Bonneville Sixty und die Speed Triple SE. Triumph gab außerdem eine Kooperation mit Öhlins bekannt sowie eine technische Partnerschaft mit dem Schmierstoffspezialisten Castrol. Der Gruppenumsatz für 2010 betrug 312,4 Millionen Pfund und die Motorradproduktion 45.501 Einheiten.

2010 Cruiser
Thunderbird

Zwischen 2006 und 2008 wurden mehr als eine Million Cruiser in den USA verkauft, etwa noch einmal so viele im Rest der Welt, wobei es sich bei den meisten um hubraumstarke V-Twins handelte. Angesichts des enormen Hubraumgefälles zwischen der Rocket III und der Speedmaster/America brauchte Triumph Verstärkung in der Cruiser-Reihe. So betrat das Unternehmen mit der Thunderbird den

RECHTS: Der große Parallel-Twin verfügte über eine 270-Grad-Kurbelwelle und zwei obenliegende Nockenwellen, die von einer zentralen Kette angetrieben wurden. Das völlig neue Sechsganggetriebe erhielt leisere, schrägverzahnte Zahnräder ab dem zweiten Gang. *Triumph Motorcycles*

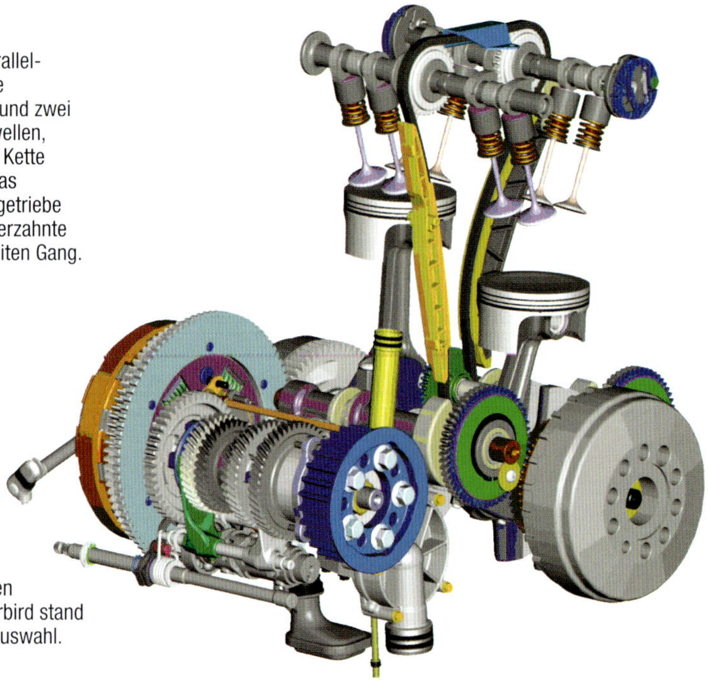

UNTEN: Zur individuellen Gestaltung der Thunderbird stand reichlich Zubehör zur Auswahl. *Triumph Motorcycles*

2010 Thunderbird

Motorbauart	DOHC Parallel-Twin, wassergekühlt
Bohrung	103,8 mm
Hub	94,3 mm
Hubraum	1597 cm³
Leistung	85 PS bei 4850/min
Verdichtung	9,7:1
Einspritzung	Elektronische Multipoint-Einspritzanlage
Getriebe	Sechsgang, 2. bis 6. Gang schrägverzahnt
Hinterradantrieb	Zahnriemen
Rahmen	Stahl-Doppelschleifenrahmen
Schwinge	Stahl-Zweiarmschwinge
Gabel	47 mm Showa
Federung hinten	Twin shocks with adjustable preload
Bremsen	2 x 310 mm Scheiben, Vierko.-Sättel vo., 310 mm Scheibe hi.
Räder	5-Speichen 19x3.5 Zoll vorne und 17x6.0 Zoll hinten
Reifen	120/70 R19 vorne und 200/50 R17 hinten
Radstand	1615 mm
Trockengewicht	308 kg
Farben	Schwarz, Silber, Blau

Markt der Big Cruiser mit einem ähnlich individuell gestalteten Motorrad, wie zuvor mit der Rocket III das Power-Cruiser-Terrain.

Die ursprüngliche Thunderbird hatte Triumphs Ruf in Amerika begründet und ihr Name war extrem positiv besetzt. So wie das Original zu seiner Zeit der größte Parallel-Twin war, so war es auch die neue 1600-cm³-Thunderbird. Mit einer 270-Grad-Kurbelwelle, die für den Klang sorgte, den Cruiser-Kunden erwarteten. Die große Bohrung machte eine Doppelzündung erforderlich, die das von der Keihin-Einspritzung bereitgestellte Gemisch entzündete. Ein Muss für einen modernen Cruiser war der Riemenantrieb, der erste bei Triumph seit 1922. Der Rahmen bestand aus Stahlrohren, die durch eine Reihe von Aluminiumgussteilen verbunden waren. Da die Thunderbird direkt mit Harley-Davidson konkurrieren sollte, war es keine Überraschung, dass das Design von dem in Los Angeles ansässigen Designer Tim Prentice stammte, der auch für die Rocket III Touring verantwortlich zeichnete. Da der legendäre spanische Tester David Lopez das Fahrgestell abstimmte, sah die Thunderbird nicht nur gut aus, sondern ließ sich auch so bewegen, wie es sich für eine Triumph gehört. Trotz der enormen Abmessungen und des hohen Gewichts machte das Fahren der Thunderbird auf kurvigen Straßen im Gegensatz zu den meisten anderen Cruisern Spaß. Es war eine große Auswahl an maßgeschneidertem Zubehör erhältlich, von einem 1700-cm³-Big-Bore-Kit bis hin zu Schwingenabdeckungen und Kühlerverkleidungen. Anfang 2010 waren zwei handlackierte Farboptionen in begrenzter Stückzahl erhältlich: Phantom Blue Haze und Phantom Red Haze. Die Thunderbird wurde Mitte 2009 als vorgezogenes 2010er Modelljahr auf den Markt gebracht und beeindruckte *Cycle World* so sehr, dass sie zum Cruiser des Jahres gekürt wurde – eine Leistung, die sie 2010 wiederholte.

Rocket III Roadster, Rocket III Touring, Speedmaster, America

Bis 2010 wurden 18.000 Rocket III gebaut, von denen 34 Prozent für die USA bestimmt waren. Die Rocket III hatte sich über die Classic- und Touring-Versionen weiterentwickelt. Mit der Einführung der Thunderbird positionierte Triumph die Rocket III nicht mehr als Cruiser, sondern als leistungsstarkes Naked Bike mit der Bezeichnung Rocket III Roadster. Ein weniger gedämpfter Auspuff trug zu mehr Leistung und einer Steigerung des Drehmoments auf 221 Nm bei nur 2750/min bei. Während das grundlegende Rocket-III-Chassis unverändert blieb, betonte Tim Prentices Design den Street-Fighter-Stil. Da die Rocket III Touring ein relativ neues Modell war, blieb sie weitgehend unverändert, die Rocket III Classic wurde aus dem Programm genommen. Neu für die Speedmaster in diesem Jahr war ein überarbeiteter Tacho, der auf der oberen Gabelbrücke saß, mit einem Drehzahlmesser

2010 Rocket III Roadster, Touring, Speedmaster, America
(Unterschiede zur Rocket III)

Leistung
148 PS bei 5750/min (Roadster); 105 PS bei 6000/min (Touring); 60 PS bei 6800/min (Speedmaster, America)
Bremsen
Nissin ABS (Roadster)
Radstand
1695 mm (Roadster)
Gewicht
366 kg (Roadster); 395 kg (Touring); 250 kg (Speedmaster, America)
Farben
Phantom-Schwarz, Mattschwarz (Roadster); Schwarz und Weiß (Touring)

auf dem Tank. Abgesehen davon und etwas geringerer Leistung blieben sie und die America unverändert.

2010 Urban Sport
Street Triple, Street Triple R, Daytona 675, 675 SE, Speed Triple, Speed Triple SE, Tiger, Tiger SE, Sprint ST

Alle Urban Sport-Modelle hatten eine etwas geringer angegebene Leistung, wobei die Street Triple, Street Triple R und Daytona 675 auch einen veränderten Radstand erhielten. Die Daytona hatte eine neue Beklebung und die 675 SE Räder mit weißen Streifen und einige Kohlefaserteile. Für ihr letztes Produktionsjahr erhielt die Speed Triple SE eine überarbeitete Federung und eine Zweifarb-Lackierung. Die Federung umfasste eine modifizierte Dämpfung und eine weichere hintere Feder, die später auch bei der Standard-Speed-Triple eingeführt wurden.

Das in Italien ansässige Team BE1 Racing setzte offiziell Triumph-Motorräder in der Supersport-Weltmeisterschaft ein, wobei ihr erfolgreichster Fahrer, Chaz Davies, den vierten Gesamtrang belegte. Sein bestes Ergebnis war ein dritter Platz, den er im Laufe der Saison dreimal erreichte. Triumph unterstützte auch eine sieben Läufe umfassende Markenrennserie mit von BE1 vorbereiteten Street-Triple R-Motorrädern.

2010 Modern Classic
Scrambler, Bonneville, Bonneville SE, Bonneville Sixty, T100, Thruxton, Thruxton SE

Bei der Scrambler wurde die Leistung geringfügig erhöht, während sie bei allen Bonneville und der Thruxton niedriger ausfiel. Alle 2010er Modern Classics verfügten über überarbeitete Instrumene mit einem digitalen Kilometerzähler und die Farben blieben in diesem Jahr

2010 Street Triple, Street Triple R, Daytona 675, 675 SE, Speed Triple, Tiger, Tiger SE, Sprint ST
(Unterschiede zu 2009)

Leistung	105 PS bei 11.700/min (Street Triple, R); 124 PS bei 12.600/min (675, SE); 128 PS bei 9250/min (Speed Triple); 111 PS bei 9400/min (Tiger); 123 PS bei 9100/min (Sprint ST)
Radstand	1390 mm (Street Triple); 1385 mm (Street Triple R); 1415 mm (675, SE); 1425 mm (Speed Triple)
Gewicht	189 kg (Street Triple); 185 kg (675); 217 kg (Speed Triple); 228 kg (Tiger); 245 kg (Tiger SE); 241 kg (Sprint ST)
Farben	Rot (Street Triple); Schwarz (Street Triple R); Blau mit goldfarbenen Rädern (675); Rot und Weiß (Speed Triple SE); Mattschwarz und Graphit, Orange (Tiger SE)

OBEN: Die Rocket III Roadster, die jetzt mehr Streetfighter als Cruiser und nur in zwei verschiedenen Schwarztönen erhältlich war, hatte mehr Leistung und Drehmoment als je zuvor. *Triumph Motorcycles*

LINKS: Die 2010er Daytona 675 SE hatte Rennsport-Elemente wie gefräste Aluminiumhebel, ein Hitzeschild aus Kohlefaser, einen Klappenauspuff und eine Cockpitverkleidungen, die den Look der Werksrennmaschine immitierte. *Triumph Motorcycles*

OBEN: Mit dem vierten Platz in der Gesamtwertung war der Waliser Chaz Davies auf der Daytona 675 des Teams ParkinGO BE-1 der erfolgreichste Triumph-Fahrer in der Supersport-WM 2010. *Triumph Motorcycles*

RECHTS: Die 2010er Speed Triple SE hatte eine spezielle Zweifarb-Lackierung und eine verbesserte Federung. *Triumph Motorcycles*

Die T100 Bonneville Sixty, die in einer äußerst attraktiven blauen Zweifarblackierung gehalten ist, greift die Farben der T120 Bonneville von 1960 auf. *Triumph Motorcycles*

2010 Scrambler, Bonneville, Bonneville SE, Bonneville Sixty, T100, Thruxton, Thruxton SE

(Unterschiede zu 2009)

Leistung
58 PS bei 6800/min (Scrambler); 66 PS bei 7500/min (Bonneville); 68 PS bei 7400/min (Thruxton)
Radstand
1490 mm (Bonneville)
Gewicht
230 kg (Scrambler, T100, Thruxton); 225 kg (Bonneville)
Farben
Meriden-Blau und Caspian-Blau (Bonneville Sixty)

unverändert. 2010 erschien auch eine limitierte Auflage von 650 T100 Bonneville Sixties, inspiriert von der T120 Bonneville aus dem Jahr 1960. Jede Maschine erhielt eine nummerierte Plakette und war mit einem Echtheitszertifikat versehen. Während des Modelljahres war auch eine weiße Thruxton Special Edition mit rotem Rahmen erhältlich.

Modelljahr 2011

2011 wurden bei Triumph so viele neue Modelle wie noch nie in einem einzigen Jahr auf den Markt gebracht. An der Spitze standen die Tiger 800 und XC, zusammen mit einer deutlich überarbeiteten Speed Triple, der Supersport Daytona 675R und einer Touring Sprint GT, sowie Varianten und Aktualisierungen der bekannten Street Triple, Thunderbird, Speedmaster und America. Das 22 Modelle umfassende Programm wurde nun in sechs Kategorien unterteilt und trotz schwieriger globaler Bedingungen stieg der Umsatz durch die Einführung vieler weiterer Modelle um elf Prozent auf 345,3 Millionen Pfund und der Absatz um sieben Prozent auf 48.684 Einheiten.

2011 Cruiser

Thunderbird Storm, Thunderbird, Rocket III Roadster, Rocket III Touring, America, and Speedmaster

Triumph entschied sie für die Erweiterung der Thunderbird-Plattform, lackierte den großen Cruiser schwarz, stattete ihn serienmäßig mit dem 1700-Kubik-Big-Bore-Kit aus und versah ihn mit Doppelscheinwerfern und einem flachen Drag-Style-Lenker – fertig war die muskelbepackte Thunderbird Storm. Der reguläre Thunderbird-Cruiser blieb bis auf neue Farboptionen unverändert, eine Sonderedition Thunderbird SE mit werkseitig montiertem Touring-Zubehör gab es zusätzlich. Abgesehen von den Farben blieben auch die beiden Rocket-III-Modelle in diesem Jahr unverändert.

Da sich die America und die Speedmaster zu sehr ähnelten, wurden beide 2011 aktualisiert. Während die Mechanik unverändert blieb, erhielt der klassische Cruiser America ein neues Styling mit einem breiteren Lenker, einem größeren Scheinwerfer, einem breiteren Vorderrad, tiefen Kotflügeln und einem bequemeren Sitz. Die Speedmaster gab sich weniger konservativ und war die schlankere, abgespeckte Maschine mit aggressiverer Attitüde. Um die kleineren Cruiser besser geeignet für kleinere Fahrer zu machen, saß man nun sowohl auf der America als auch auf der Speedmaster 2,5 Zentimeter tiefer, jetzt mit einer Sitzhöhe von 68,8 Zentimetern. Mit ihren neuen, unterschiedlichen Charakteren ebneten die America und die Speedmaster als Einsteiger-Cruiser den Weg für die größeren Thunderbird und Rocket III.

2011 Adventure

Tiger 800, 800XC, 1050, 1050 SE

Triumphs kontinuierliche Expansion in neue Marktsegmente setzte sich mit der Einführung der Tiger fort, einem Adventure-Tourer im Mittelgewicht. Angetrieben von einem völlig neuen 800-cm³-Dreizylinder, gab es sie in zwei Versionen: die asphaltfreundliche Tiger 800 und die eher für unbefestigte Wege geeignete Tiger XC (»Cross-Country«). Die Arbeit an der neuen Plattform begann im April 2007, wobei der Schwerpunkt darauf lag, die neuen Modelle von der straßenorientierteren Tiger 1050 und der tourentauglichen Street Triple abzusetzen. Um ein breites Drehmoment zu erzielen, war der 799-cm³-Motor (eine Langhubversion des 675er) mit einer etwas niedrigeren Verdichtung versehen. Sowohl die 800 als auch die 800XC hatten den gleichen Stahlgitterrohrrahmen, wobei der Lenkkopfwinkel der XC mit 23,1 Grad etwas steiler war (im Gegensatz zu 23,7 Grad). Während der Motor und die Hinterradgröße gleich waren, verfügte die XC über Speichenräder und mehr Federweg. ABS gab es optional. Komfort und Praktikabilität waren wichtige Ziele, wobei die Sitzhöhe bei jedem Motorrad zwischen zwei Positionen verstellbar war. Mit einem moderaten Gewicht und Abmessungen konnte die Tiger 800 den Anspruch

2011 Thunderbird Storm, Thunderbird, Rocket III Roadster, Touring, America, Speedmaster

(Unterschiede zu 2010)

Bohrung	107,1 mm (Storm)
Hubraum	1699 cm³ (Storm)
Leistung	97 PS bei 5200/min (Storm)
Bremse vorne	310 mm Scheibe (Speedmaster)
Vorderrad	16x3.0 Zoll (America); 19x2.5 Zoll (Speedmaster)
Hinterrad	15x4.0 Zoll (America, Speedmaster)
Reifen vorne	130/90R16 (America); 110/90R19 (Speedmaster)
Reifen hinten	170/80B15 (America, Speedmaster)
Radstand	1610 mm (America); 1600 mm (Speedmaster)
Gewicht	339 kg (Storm)
Farben	Phantom-Schwarz, Mattschwarz (Storm); Blau und Weiß (Thunderbird); Rot, Blau (Roadster); Schwarz und Silber (Touring); Cranberry-Rot (Speedmaster)

GANZ OBEN: Die fast komplett schwarze 1700 cm³ Thunderbird Storm war eher ein Muscle Bike als ein Cruiser. *Australian Motorcycle News*

OBEN: Die Speedmaster und die America wurden 2011 neu gestaltet, um sie besser unterscheiden zu können. Mit ihrem 19-Zoll-Vorderrad vermittelte die Speedmaster (im Vordergrund) ein sportlicheres Image, während die America (hinten) eher traditionell wirkte. *Australian Motorcycle News*

OBEN: Die Weiterentwicklung der Tiger-Modelle führte 2011 zur neuen 800. Hier die straßenorientierte Tiger 800 mit Gussrädern. *Australian Motorcycle News* News

LINKS: Mit ihren längeren Federwegen und den Speichenrädern war die Tiger 800XC eher für das Gelände ausgelegt. Der schnabelartige Frontkotflügel passte zum Off-Road-Look. *Australian Motorcycle News*

erheben, das perfekte Allround-Mehrzweckmotorrad zu sein. Bis auf eine neue Farbe und eine kleine Leistungssteigerung blieben die Tiger 1050 und 1050SE unverändert.

2011 Touring
Sprint GT, Sprint ST

Der Sporttourer Sprint ST wurde 2011 zur stärker auf Touren ausgerichteten Sprint GT weiterentwickelt. Der 1050-cm^3-Dreizylindermotor erhielt etwas mehr Leistung und Drehmoment. Während der Alu-Brücken-

2011 Tiger 800, 800XC, 1050, 1050SE
(Unterschiede zu 2010)

Motorbauart	DOHC Reihen-Dreizylinder, vier Ventile pro wassergekühltem Zylinder (800, XC)
Bohrung	74 mm (800, XC)
Hub	61,9 mm (800, XC)
Hubraum	799 cm^3 (800, XC)
Leistung	94 PS bei 9300/min (800, XC) 113 PS bei 9400/min (1050, SE)
Verdichtung	11,1:1 (800, XC)
Einspritzung	Multipoint-Einspritzung, 44 mm Drosselklappengehäuse (800, XC)
Getriebe	Sechsgang (800, XC)
Rahmen	Stahlgitterrohrrahmen (800, XC)
Schwinge	Alu-Zweiarmschwinge (800, XC)
Gabel	Einstellbare 43 mm Showa Upside-down (800); 45 mm (800XC)
Federung hinten	Einstellbares Showa-Federbein
Bremsen	2 x 308 mm Scheiben, Zweikolben-Sättel vorne, 255 mm Scheibe hinten
Räder	19x2.5 Zoll vorne und 17x4.25 Zoll hinten (800); 21x2.5 Zoll vorne und 17x4.25 Zoll hinten (XC)
Reifen	110/80 ZR19 vorne und 150/70 ZR17 hinten (800); 90/90 ZR21 vorne (XC)
Radstand	1555 mm (800); 1568 mm (XC)
Gewicht	210 kg (800); 215 kg (XC)
Farben	Schwarz, Weiß, Gelb (800); Orange (XC); Weiß (1050)

Mit ihrem serienmäßigen Koffern und mehr Platz für Passagiere war der Sprint GT mehr auf Touren ausgerichtet. *Triumph Motorcycles*

2011 Sprint GT, Sprint ST ***(Unterschiede zu 2010)***

Leistung
128 PS bei 9200/min (Sprint GT)

Radstand
153 cm (Sprint GT)

Gewicht
265 kg (Sprint GT)

Farben
Aluminum-Silber, Pacific-Blau (Sprint GT)

rahmen mit der ST geteilt wurde, war fast alles andere neu, einschließlich der 43 mm Showa-Gabel, des Showa-Stoßdämpfers hinten, der 7,6 Zentimeter längeren Schwinge, der leichteren Räder und der verbesserten Bremsen mit serienmäßigem ABS. Neben einem überarbeiteten Cockpit war die Sprint GT serienmäßig mit farblich abgestimmtem Koffern ausgestattet und gehörte zu den leistungsstärksten Tourenmotorrädern auf dem Markt. Es gab auch eine überarbeitete Sprint ST, allerdings nur für Großbritannien. Sie behielt die unter der Sitzbank angebrachte Auspuffanlage und die kürzere Schwinge bei, verfügte aber über das neue Cockpit, die Räder und die Bremsen der GT.

2011 Supersport
Daytona 675R, Daytona 675

Nach fünf Jahren als Maßstäbe setztendes Straßensportmotorrad (meehr als 23.000 Exemplare) brachte Triumph 2011 die Rennstrecken-orientierte Daytona 675R auf den Markt. Sie wurde in einer Mindeststückzahl von 2000 Exemplaren für die World Supersport-Homologation gebaut. Während Motor und Rahmen mit der Daytona 675 geteilt wurden, verfügte die 657R über eine 43 mm NIX30-Gabel von Öhlins und einen TTX36-Stoßdämpfer hinten. Brembo lieferte radial montierte Monobloc-Bremssättel mit einem 18 mm Radial-Hauptbremszylinder. Zu den weiteren rennstreckenspezifischen Merkmalen gehörten ein serienmäßiger Quickshifter sowie ein Hitzeschild für den Schalldämpfer und Kotflügel aus Kohlefaser.

Es war auch eine Reihe von offiziellem Triumph-Zubehör erhältlich, darunter ein komplettes Werks-Rennkit mit Nockenwellen und Ventilen sowie einem programmierbaren Keihin-Motorsteuergerät.

Triumph schloss zunächst einen neuen Vertrag mit BE1 Racing ab, um das World Supersport Team zu leiten. Diese Partnerschaft zerbrach allerdings Anfang 2011, sodass Triumph ohne Teilnahme dastand. In der British Supersport Championship belegte das australische Fahrerpaar Billy McConnell und Paul Young jedoch mit den Oxford Tag Daytona 675Rs die Plätze drei und vier.

2011 Daytona 675R
(Unterschiede zur Daytona 675)

Gabel
Einstellbare 43 mm Öhlins Upside-down
Federung hinten
Einstellbares Öhlins-Federbein
Bremsen vorne
Radiale Vierkolben-Monoblocksättel
Radstand
1395 mm
Farben
Crystal-Weiß

Die mit hochwertigen Komponenten ausgestattete Crystal-weiße Daytona 675R stellte die Spitze der Supersport-Programms dar. Neben der Öhlins-Federung und den Brembo-Vorderradbremsen hatte die 675R einen roten hinteren Hilfsrahmen und geänderte Gravuren auf dem Motorgehäuse. *Triumph Motorcycles*

2011 Roadster
Speed Triple, Street Triple, Street Triple R

Die Speed Triple war mit mehr als 65.000 verkauften Exemplaren seit 1994 das meistverkaufte Triumph-Modell. Designer Tim Prentice stand vor der schwierigen Aufgabe, eine modernere Version zu entwerfen, ohne die Seele des Originals zu verlieren. Mit einem Paar fünfeckiger Doppelscheinwerfer, die die charakteristischen runden Einzelscheinwerfer ersetzten, war nicht nur der Style frisch, sondern auch das Fahrgestell darunter. Der Alu-Brückenrahmen war völlig neu, mit einer leichteren einseitigen Schwinge. Der Motor wurde weiter nach vorne versetzt und geneigt, wodurch der Fahrer näher ans Vorderrad rückte. Mit einem steilen Lenkkopfwinkel von 22,8 Grad und einem längeren Radstand betrug die Gewichtsverteilung nach vorne nun 50,9/49,2 Prozent (im Vergleich zu den vorherigen 48,6/51,4 Prozent). Zu den weiteren Fahrwerksaktualisierungen gehörte die Rückkehr zum Hinterrad in 17x6 Zoll. Die neuen Räder sparten über 2,7 Kilo ungefederte Masse ein, der 1050-cm³-Dreizylindermotor leistete jetzt 133 PS. ABS gab es optional. Das Ergebnis war

Die 2011er Speed Triple behielt das Street Fighter-Image bei, wurde jedoch neu gestaltet, war leichter als zuvor, mit verbesserter Gewichtsverteilung und optimiertem Handling. Auch der bekannte Doppelscheinwerfer wurde aktualisiert. *Triumph Motorcycles*

2011 Speed Triple, Street Triple, Street Triple R *(Unterschiede zu 2010)*

Leistung	133 PS bei 9400/min (Speed Triple)
Bremse hinten	255 mm Scheibe (Speed Triple)
Hinterrad	6.00x17 Zoll (Speed Triple)
Reifen hinten	190/55ZR17 (Speed Triple)
Radstand	1435 mm (Speed Triple) 1410 mm (Street Triple, R)
Trockengewicht	186 kg (Speed Triple)
Gewicht	214 kg (Speed Triple)
Farben	Rot (Speed Triple); Blau, Gelb (Street Triple)

2011 Bonneville, Bonneville SE, T100, Thruxton *(Unterschiede zu 2010)*

Leistung
67 PS bei 7500/min (Bonneville, SE, T100)
Farben
Orange und Schwarz, Blau und Weiß (Bonneville SE), Cream und Schokolade (T100)

2012 Tiger Explorer, 1050 SE *(Unterschiede zu 2011)*

Motorbauart	DOHC Reihen-Dreizylinder, vier Ventile pro wassergekühltem Zylinder (Explorer)
Bohrung	85 mm (Explorer)
Hub	71,4 mm (Explorer)
Hubraum	1215 cm³ (Explorer)
Leistung	135 PS bei 9300/min (Explorer)
Verdichtung	11,1:1 (Explorer)
Einspritzung	46 mm Keihin Ride-by-wire Drosselkl. (Explorer)
Getriebe	Sechsgang (Explorer)
Rahmen	Stahlgitterrohrrahmen (Explorer)
Schwinge	Einarmschwinge mit Kardan (Explorer)
Gabel	46 mm Kayaba Upside-down (Explorer)
Federung hinten	Einstellbares Kayaba-Federbein (Explorer)
Bremsen	2 x 305 mm Scheiben, Vierkolbensättel vorne, 282 mm Scheibe hinten; abschaltbares ABS (Explorer)
Räder	19x2.5 Zoll vorne und 17x4.0 Zoll hinten (Explorer)
Reifen	110/80 R19 vo. und 150/70 R17 hi. (Explorer)
Radstand	1530 mm (Explorer)
Gewicht	259 kg (Explorer)
Farben	Schwarz, Blau, Graphit (Explorer); Rot, Weiß (1050 SE)

ein Motorrad, das die aggressive Hooligan-Attitüde des Originals beibehielt, gepaart mit verbessertem Handling und opimierter Fahrbarkeit.

Diese Änderungen betrafenn nicht die 675-cm³-Modelle Street Triple und Street Triple R. Sie trugen unverändert das alte Design mit den beiden runden Scheinwerfern, wurden aber mit neuen Farben und Aufklebern ausgestattet.

With the Tiger Explorer Triumph expanded beyond their traditional market into BMW GS territory, but with its cast-alloy wheels, it was more suited to road than off-road duties. *Triumph Motorcycles*

2011 Classic
Scrambler, Thruxton, Bonneville, Bonneville SE, T100

Bei den Klassikern ging alles seinen gewohnten Gang: Scrambler und Thruxton blieben unverändert, während die Modelle Bonneville SE und T100 eine etwas höhere Nennleistung und neue Farben erhielten.

Modelljahr 2012

Nach der Modell-Vermehrung im Jahr 2011 brachte Triumph in diesem Jahr zunächst drei neue Motorräder auf den Markt: die Tiger 1200 Explorer, die Speed Triple R und die Steve McQueen Special. Da Triumph sein 110-jähriges Bestehen feierte, wurde später im Modelljahr eine 110th-Anniversary-Bonneville herausgebracht.

2012 Adventure
Tiger Explorer, 1050, 1050 SE, 800, 800XC

2012 war die Tiger Explorer das wichtigste neue Triumph-Modell. Sie war ein unverhohlener Versuch, in den Markt für BMWs erfolgreiche R1200GS Reise-Enduro einzudringen. Statt den vorhandenen 1050-cm³-Dreizylinder anzupassen, entwarfen die Ingenieure von Triumph einen völlig neuen 1200-Kubik-Motor. Da die Haltbarkeit von entscheidender Bedeutung war, wurden die Wartungsintervalle auf 16.000 Kilometer erhöht, der Hinterradantrieb erfolgte über eine Kardanwelle. Zu den Neuheiten bei Triumph gehörten ein zeilzugfreier Ride-by-Wire-Gasgriff, eine Geschwindigkeits- und Traktionskontrolle sowie eine 950-Watt-Hochleistungslichtmaschine.

Neu war auch der Stahl-Gitterrohrrahmen sowie die einseitige Alu-Schwinge, die den Kardanantrieb beherbergte. Dazu gehörten eine Momentabstützung, die Federung stammte von Kayaba, die Bremsen von Nissin. Trotz der Vierkolben-Bremssättel belastete das

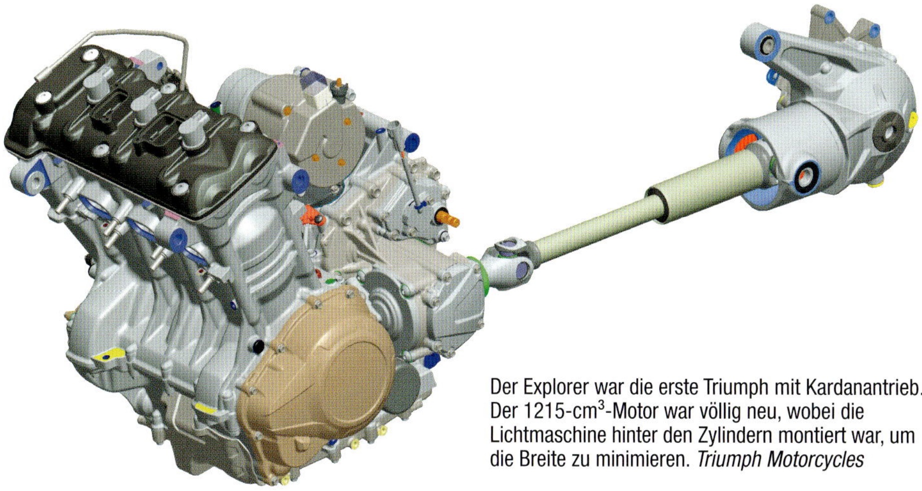

Der Explorer war die erste Triumph mit Kardanantrieb. Der 1215-cm³-Motor war völlig neu, wobei die Lichtmaschine hinter den Zylindern montiert war, um die Breite zu minimieren. *Triumph Motorcycles*

Mit der Einführung der Explorer wurde das Profil der Tiger 1050 SE für 2012 stärker auf die Straße ausgerichtet. Die SE war weiterhin serienmäßig mit ABS und Koffern ausgestattet. *Triumph Motorcycles*

beträchtliche Gewicht der Explorer die Stopper. Mit einer Sitzhöhe von fast 86 Zentimeter war die Explorer ein großes Motorrad, das sich eher für den Asphalt als für das Gelände eignete. Triumph hoffte jedoch, dass das die 6000 potenziellen Käufer in diesem beliebten Segment, insbesondere im Vereinigten Königreich und in Italien, nicht abschrecken würde.

Die Modelle Tiger 800 und 800XC blieben bis auf einen graphitfarbenen Rahmen unverändert, während die Modelle Tiger 1050 und 1050 SE 2012 mit überarbeiteter Ergonomie, verbesserter Federung und zahlreichen Detailänderungen aktualisiert wurden.

2012 Roadster

Speed Triple, Speed Triple R, Street Triple, Street Triple R

Obwohl bereits 2007 grünes Licht für die Speed Triple R gegeben wurde, konzentrierte sich die Forschung und Entwicklung auf andere Projekte, sodass sie erst 2012 auf den Markt kam. Wie bei der Entwicklung der Daytona 675R handelte es sich bei der Speed Triple R im Wesentlichen um eine serienmäßige Speed Triple mit Öhlins-Federung, leichteren Rädern und Brembo-Monobloc-Bremssätteln vorne. Das Getriebe des 1050-cm³-Dreizylinders wurde mit zehn neuen Gängen und neuer Schaltwalze konstruiert. Ebenso wichtig für das verbesserte Handling wie die 43 mm NIX30-Vorderradgabel und das TTX36-Federbein waren die zwei geschmiedeten Aluminium-Räder (von Fuchs gefertigt und von PVM verfeinert), die 1,7 Kilo leichter waren als die der Standard-Speed-Triple. Die Vierkolben-Monobloc-Bremssättel von Brembo erhöhten die Bremsleistung und ein zuschaltbares elektronisches ABS war serienmäßig erhältlich. Zu den subtilen Unterschieden der Speed Triple gehörten eine Kühlerverkleidung, Kotflügel- und Tankabdeckungen aus Kohlefaser, sowie spezielle Beklebungen und ein rot lackierte Hilfsrahmen.

In diesem Jahr bekamen die Street Triple und die Street Triple R ein modernisiertes Design. Es beinhaltete ein Scheinwerferpaar, das dem der Speed Triple ähnelte, ansonsten war die Optik aber dem 2011er Modell sehr ähnlich.

2012 Speed Triple R, Speed Triple, Street Triple R, Street Triple

(Unterschiede zu 2011)

Gabel
Einstellbare 43 mm Öhlins (Speed Triple R)

Federung hinten
Einstellbares Öhlins-Federbein (Speed Triple R)

Bremse vorne
Brembo Vierkolben-Monoblocksättel (Speed Triple R)

Gewicht
212 kg (Speed Triple R)

Farben
Rot, Weiß (Speed Triple R); Weiß, Rot, (Street Triple R); Violett (Street Triple)

OBEN: Ein neues Scheinwerferdesign und die Farbe »Imperial-Violett« zeichnete die 2012er Street Triple aus. *Triumph Motorcycles*

LINKS: Fünf Jahre dauerte die Entwicklung der Street Triple R, doch das Warten hat sich gelohnt. Leichtere Räder und eine Öhlins-Federung verbesserten das Handling erheblich, während die Brembo-Bremsen vorne auf dem neuesten Stand der Technik waren. *Triumph Motorcycles*

2012 Classic

Scrambler, Thruxton, Bonneville, Bonneville SE, T100, Steve McQueen Edition, 110th Anniversary Limited Edition

Da es das Jahr der Bonneville-T100-Sondermodelle war, wurden die Scrambler, Thruxton, Bonneville, Bonneville SE und T100 weitgehend unverändert weitergeführt. Die limitierten Auflagen der T100 begannen mit der Steve McQueen-Version. Triumph schloss sich

2012 Scrambler, Thruxton, Bonneville, Bonneville SE, T100 *(Unterschiede zu 2011)*

Farben	Mattschwarz (Scrambler); Gold (Bonneville); Rot und Weiß, Graphit und Schwarz (T100); Matt-Khakigrün (McQueen); Brooklands-Grün und Aluminum-Silber (110th)

dafür mit McQueens Nachlassverwaltern zusammen, um eine offiziell lizenzierte Version der klassischen Bonneville T100 zu entwickeln, die der Liebe des verstorbenen Schauspielers zu britischen Motorrädern Tribut zollt. Inspiriert von der Trophy TR6 aus der berühmten Stuntszene in »Gesprengte Ketten«, verfügte sie über eine matt-khakigrüne Lackierung, einen Triumph-Aufkleber im Stil einer Lackierschablone auf dem Tank und eine McQueen-Signatur auf den Seitenabdeckungen. Neben einem Solositz und einem schwarzen Gepäckträger gehörten zu den weiteren Merkmalen ein Ölwannenschutz, ein kleiner Scheinwerfer mit schwarzem Gehäuse sowie diverse schwarz lackierte Komponenten. Sie wurde in nur 1100 Exemplaren hergestellt, jedes mit einer individuell nummerierten Plakette und einem Echtheitszertifikat.

UNTEN: In mattem Khakigrün mit schwarzen Akzenten präsentierte sich die offiziell lizenzierte »Steve McQueen Limited Edition Bonneville T100«. Der Einzelsitz im Stil der damaligen Zeit war großzügiger gepolstert als beim Original. *Triumph Motorcycles America*

Zur Feier des 110-jährigen Jubiläums brachte Triumph eine Sonderedition der Bonneville T100 auf den Markt, die vom Modell Nr. 1 aus dem Jahr 1902 inspiriert war. Der nostalgische Reiz wurde durch die Retro-Farben Brooklands-Grün und Aluminium-Silber verstärkt, die wie beim Original durch schwarze Kotflügel ergänzt wurden. Das Grün erinnerte an Triumphs ersten Sieg bei einem Motorradrennen im Jahr 1908, während das Wappen auf dem Tank der Königin in ihrem Jubiläumsjahr Tribut zollte, mit drei hinzugefügten Punkten, die die Triumph-Standorte darstellen: Coventry, Meriden und Hinckley. Es wurden nur 1000 Exemplare hergestellt (250 für die USA), jedes mit einer nummerierten Plakette und einem Zertifikat.

2012 Touring und Supersport
Sprint GT, Daytona 675, 675R

2012 gab es keine Sprint ST und die Sprint GT blieb in ihrem zweiten Jahr unverändert. Die Daytona 675 erhielt ein neues Design und einen schwarzen Ölwannenschutz. Triumph entwickelte die Daytona 675 für Supersport-Rennen weiter, aber in der Supersport-WM enttäuschten die italienischen Suriano-Power-Team-Triumph. Das beste Ergebnis war ein dritter Platz von Alex Baldoloni. In der British Supersport Series waren die Triumph Daytonas jedoch absolut dominant und gewannen 15 der 24 Rennen. Glen Richards wiederholte sein Ergebnis von 2008 und holte sich mit der Smiths-Triumph den Meistertitel. In den USA kehrte Triumph mit der Teilnahme am AMA SportBike Championship auch in den Straßenrennsport zurück. Es war eine mäßig erfolgreiche Saison, in der Jason DiSalvo beim Daytona 200 auf der Daytona des Teams Latus Motors Racing mit dem knappen 0,048 Sekunden

2012 Sprint GT, Daytona 675, 675R *(Unterschiede zu 2011)*

Farben
Schwarz (Sprint GT); Gelb (675)

RECHTS: Das Farbschema der limitierten Auflage der T100 zum 110. Jubiläum wurden entworfen, um den nostalgischen Reiz der Marke zu betonen. Es wurden nur 1000 Stück produziert. *Triumph Motorcycles*

GANZ RECHTS: DiSalvo verpasste Triumphs zweiten Sieg beim Daytona 200 um nur 0,048 Sekunden. *Triumph Motorcycles America*

LINKS: 2012 stellte Jason DiSalvo auf der Carpenter Racing Rocket III mit 280,470 km/h in Bonneville einen neuen Weltrekord auf. *Triumph Motorcycles America*

UNTEN: Angetrieben von zwei turbogeladenen Rocket-III-Motoren soll die Castrol Rocket von Triumph die 400-mph-Marke überschreiten. *Triumph Motorcycles America*

Vorsprung Zweiter wurde und in Infineon gewann, um die Saison als Gesamtfünfter zu beenden. In Daytona trug DiSalvos 675 die gleiche Nummer 9 und Lackierung wie Gary Nixons Siegermaschine von 1967.

2012 Cruiser
Thunderbird, Thunderbird Storm, Rocket III Roadster, Rocket III Touring, America, Speedmaster

Die Cruiser-Reihen Thunderbird, Rocket III, America und Speedmaster blieben weitgehend unverändert. In diesem Jahr stellte die Rocket III Cruiser in Bonneville überraschend einen neuen Geschwindigkeitsweltrekord in der Klasse der modifizierten Saugmotoren bis 3000 Kubik auf. Die von Carpenter Racing in New Jersey vorbereitete und vom Rennfahrer Jason DiSalvo gesteuerte 240 PS starke Rocket III erreichte eine Durchschnittsgeschwindigkeit von 280,470 km/h.

2012 Thunderbird, Thunderbird Storm, Rocket III Roadster, Rocket III Touring, America, Speedmaster

(Unterschiede zu 2011)

Radstand
1617 mm (America); 1606 mm (Speedmaster)
Farben
Rot und Schwarz (Thunderbird)

2013

2013 schloss sich Triumph mit Castrol zusammen, um die Zeit von 1955 bis 1970 wieder aufleben zu lassen, als die Briten, abgesehen von einer kurzen Unterbrechung von 33 Tagen, den Titel »Das schnellste Motorrad der Welt« für sich beanspruchen konnten. Dazu musste man Rocky Robinsons Motorrad-Geschwindigkeitsrekord von 605,364 km/h aus dem Jahr 2010 überbieten. Das Castrol-Rocket-Chassis, ein Projekt des Aerodynamik-Ingenieurs Matt Markstaller und des Motorenbauers Bob Carpenter, wurde von Jason DiSalvo gesteuert und bestand aus einem Carbon-Kevlar-Monocoque, das von zwei Rocket-III-Turbo-Motoren mit mehr als 1000 PS bei 9000/min angetrieben wurde. 2013 und 2014 wurden Tests für eine 400 mph (644 km/h) Rekordfahrt durchgeführt.

OBEN: Die Explorer XC ähnelte der Explorer, hatte aber jetzt Drahtspeichenräder mit schlauchlosen Reifen, Zusatzleuchten und Handprotektoren.
Triumph Motorcycles

RECHTS: Triumph hat der ehrwürdigen Tiger 1050 mit der Tiger Sport zu neuem Leben verholfen. Sie war nur in Großbritannien und in Australien erhältlich und wurde für diejenigen entwickelt, die ein günstigeres, kleineres und weniger technologisch anspruchsvolles Adventure-Modell bevorzugen.
Triumph Motorcycles

2013 Adventure
Tiger Explorer, Explorer XC, 1050, Sport, 800, 800XC

Triumph erweiterte seine Adventure-Touring-Modelle mit der Explorer XC, die sich durch Speichenräder, Handprotektoren, Motorschutz und Zusatzleuchten auszeichnete. Eine Version des Standard-Explorer mit Speichenrädern war auch für Europa und Australien erhältlich. Da die Tiger nun das am längsten laufende Modell aus Hinckley ist (mit 46.182 produzierten Exemplaren seit 1993), wurde eine völlig neue Tiger Sport für den britischen und australischen Markt gebaut. Die Tiger Sport enthielt 120 neue Teile, der Motor war dank einer strömungsgünstigeren Airbox, einem Edelstahlauspuff und einer neuen Einspritzkennlinie auch stärker. Während der Rahmen unverändert blieb, war die Schwinge 3,8 cm länger und ein neuer hinterer Hilfsrahmen sorgte für niedrigere Sitzhöhe. Die kantigere Verkleidung trug vier Reflektor-Scheinwerfer, die die älteren Projektor-Scheinwerfer ersetzten. Mit ihrer ihrer klassischen Instrumententafel war die Tiger Sport ein Motorrad im herkmmlichen Look, die bis auf das abschaltbare ABS ohne moderne elektronische Hilfsmittel auskam. Die anderen Tiger-Modelle blieben 2013 unverändert. In ihrem letzten Produktionsjahr war die Tiger 1050 nur noch für Großbritannien erhältlich.

2013 Tiger Explorer XC, Sport *(Unterschiede zu 2012)*

Leistung
123 PS bei 9400/min (Sport)
Räder
Drahtspeichenräder 19x2.5 Zoll vorne und 17x4.0-Zoll hinten (Explorer XC)
Radstand
1540 mm (Sport); 1530 mm (800)
Gewicht
235 kg (Sport)
267 kg (Explorer XC)
Farben
Weiß, Rot (Sport); Khakigrün (Explorer XC, 800XC); Blau (800)

2013 Supersport
Daytona 675, 675R

Als Triumph 2006 die Daytona 675 auf den Markt brachte, setzte sie als erste 675-cm³-Dreizylinder-Supersportmaschine neue Maßstäbe in ihrer Klasse. Doch sieben Jahre und 29.406 Exemplare später war es Zeit für eine Wachablösung. Die komplett neu entwickelte Maschine bot einen leistungsstärkeren Motor mit kürzerem Hub, eine separate Zylinderbank, geschmiedete Kolben mit höherer Verdichtung, Einlassventile aus Titan, größere Pleuellager, eine leichtere Kurbelwelle und Lichtmaschine sowie ein neu gestaltetes Getriebe und eine tief montierte Auspuffanlage mit einem einzelnen Schalldämpfer. Mit 44 mm Drosselklappengehäusen waren zwei Einspritzdüsen pro Zylinder eine Premiere für Triumph, aber überraschenderweise waren die elektronischen Systeme nicht so ausgeklügelt wie die der Adventure-Motorräder, mit einem herkömmlichen Gaszug, ohne Möglichkeit für alternative Motorkennfelder oder eine Traktionskontrolle.

Unter der vertrauten Karosserie befand sich ein völlig neues Chassis aus Aluminiumguss. Es war leichter als zuvor, hatte weniger Abschnitte (8 statt 11) und einen steileren Lenkkopfwinkel von 22,9 Grad. Wie zuvor war die Federung bei der 675 von KYB (ehemals Kayaba) und bei der 675R von Öhlins, eine kürzere Aluminiumgussschwinge sorgte für eine Verringerung des Radstands. Die 675 erhielt neue Versionen der Nissin-Radial-Monobloc-Bremssättel, während die 675R nun rundum mit Brembo-Bremsen ausgestattet war, einschließlich des hinteren Einkolben-Bremssattels und etwas größerer (310 mm) und dickerer (4,5 mm) Scheibenbremsen vorne. Wieder einmal setzte die Daytona 675 mit einer überarbeiteten Ergonomie, einer um 1,27 Zentimeter niedrigeren Sitzhöhe und leichteren Räder, die die Agilität unterstützen, den Maßstab für mittelschwere Sportmotorräder.

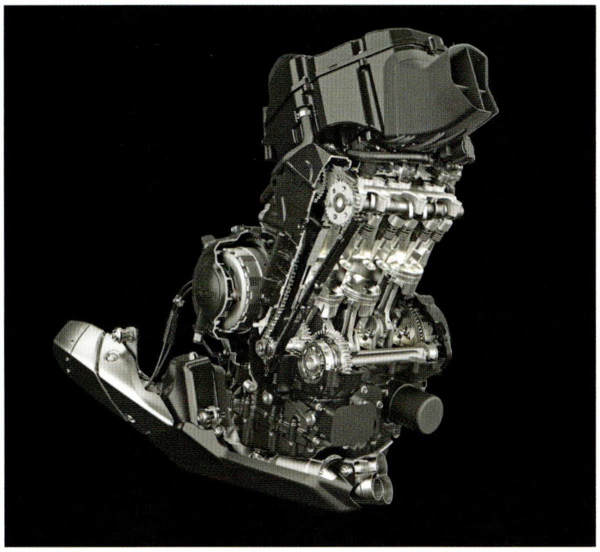

OBEN: Der neue Kurzhubmotor der Daytona leistete 126 PS. Neue Ansaugkanäle sorgten für eine 39-prozentige Steigerung des Luftstroms in den größeren Luftfilterkasten. *Triumph Motorcycles America*

RECHTS: 2013 präsentierte sich die Daytona 675 mit neuem Motor und Rahmen komplett überarbeitet. *Triumph Motorcycles America*

Trotz der brandneuen Daytona waren die Rennerfolge enttäuschend. Daytonas gewannen nur drei Rennen im British Supersport Championship, Billy McConnell wurde mit dem Smiths-Motorrad Dritter in der Gesamtwertung, während Triumph in der AMA Pro SportBike von Yamaha völlig überholt wurde.

2013 Roadster
Speed Triple, Speed Triple R, Speed Triple SE, Street Triple, Street Triple R

Da es sich bei der Speed Triple und der Speed Triple R um neue Modelle handelte, blieben sie unverändert. Die zusätzliche Speed Triple SE verfügte über einen blauen Rahmen, ein farblich abgestimmtes Schild, einen Bugspoiler, eine Sitzbankabdeckung sowie umfangreiche Kohlefaserteile.

Die beliebtesten Triumph-Modelle, die Street Triple und Street Triple R, wurden 2013 umfassend überarbeitet. Der 675-cm³-Dreizylindermotor erhielt neue Drosselklappengehäuse und ein neues Steuergerät, das Fahrgestell war deutlich leichter als zuvor und verfügte über eine verbesserte Gewichtsverteilung. Der Alurahmen bestand nun aus weniger Segmenten (8 statt 11), ebenso wie der zweiteilige Hinterrad-Hilfsrahmen mit einem vier Millimeter niedrigeren und verstellbaren Schwingenlager, einer leichteren Zweiarmschwinge und einem steileren Lenkkopfwinkel von 24,1 Grad. Die um knapp 500 g leichteren Räder trugen zu einer spürbaren Verringerung der ungefederten Massen bei, und mit einem schärferen Styling und einem leichteren, tiefer liegenden Auspuff setzte die neue Street Triple neue Maßstäbe für mittelschwere Naked-Sportbikes. Die Street Triple R bot eine höher spezifizierte, einstellbare KYB-Gabel mit radialen Nissin-Vierkolben-Bremssätteln, härteren Federn, einem

2013 Daytona 675, 675R
(Unterschiede zu 2012)

Bohrung	76 mm
Hub	49,58 mm
Leistung	126 PS bei 12.500/min
Verdichtung	13,1:1
Bremsen vorne	2 x 310 mm Scheiben
Radstand	1375 mm
Gewicht	184 kg
Farben	Schwaru, Weiß, Rot (675); Weiß (675R)

2013 Speed Triple R, Speed Triple, Speed Triple SE, Street Triple R, Street Triple
(Unterschiede zu 2012)

Gewicht	183 kg (Street Triple, Street Triple R)
Farben	Gelb (Speed Triple); Graphit (Speed Triple SE, Street Triple R); Blau (Street Triple)

Leichter und mit verbesserter Gewichtsverteilung war die 2013er Street Triple R auch eines der beeindruckendsten Mittelgewicht-Allround-Motorräder auf dem Markt. *Triumph Motorcycles*

roten Hilfsrahmen und einer farblich angepassten Kühlerverkleidung.

2013 Touring
Trophy, Trophy SE, Sprint GT

Während der Sprint GT unverändert nur für Großbritannien und Australien weiterproduziert wurde, wagte sich Triumph nach zehnjähriger Abwesenheit mit einer neuen Trophy in einen neuen Sektor vor, den der luxuriösen Tourenmaschinen mit Vollausstattung. Die Trophy basierte auf dem dem Antriebsstrang der Tiger Explorer und bot eine bequeme Sitzposition, serienmäßig abschließbares Gepäck und eine Vielzahl luxuriöser Ausstattungsmerkmale. Triumph war beim ersten Vorstoß in diese Kategorie erstaunlich erfolgreich. Mit einem neu gestalteten Auspuff und einer Airbox wurde der Dreizylindermotor für ein breiteres Drehmomentband neu abgestimmt. Der nur elf Kilo schwere Brückenrahmen war der erste von Triumph, bei dem der Motor als tragendes Bauteil eingesetzt wurde, während die Einarmschwinge, die den Kardanantrieb enthielt, 1,27 cm länger war als die der Explorer. Das Nissin-Bremssystem verfügte über ein nicht abschaltbares ABS, die Verkleidung der Trophy bestand aus 34 separaten Paneelen und einer elektrisch verstellbaren Windschutzscheibe. Die Ausstattungsliste war umfangreich und reichte von einer Sitzheizung über ein Audiosystem bis hin zu einem Schließfach mit einem Kreditkartenclip für mautpflichtige Straßen. Die Trophy SE verfügte nicht nur über eine elektronisch verstellbare Federung, sondern auch über ein Reifendruckkontrollsystem. Die Trophy war zwar breit und groß, aber auch extrem schnell und effizient.

Zehn Jahre nach dem Auslaufen der Trophy 1200 mit Vierzylinder-Motor, brachte Triumph einen neuen Luxus-Tourer auf den Markt: die Trophy SE mit Dreizylinder-Motor und Kardanantrieb. Sie verfügte über Vollausstattung, einschließlich einer elektronisch einstellbaren WP-Federung und einem hochwertigen Audiosystem. *Triumph Motorcycles*

2013 Trophy, Trophy SE, Sprint GT
(Unterschiede zu 2012)

Motorbauart	DOHC Reihen-Dreizylinder, vier Ventile pro wassergekühltem Zylinder (Trophy)
Bohrung	85 mm (Trophy)
Hub	71,4 mm (Trophy)
Hubraum	1215 cm³ (Trophy)
Leistung	132 PS bei 8900/min (Trophy)
Verdichtung	11,1:1 (Trophy)
Einspritzung	46 mm Keihin, elektronische Drosselkl. (Trophy)
Getriebe	Sechsgang (Trophy)
Rahmen	Alu-Brückenrahmen (Trophy)
Schwinge	Alu-Einarmschwinge mit Kardan (Trophy)
Gabel	43 mm WP Upside-down (Trophy)
Federung hinten	Einstellbares WP-Federbein (Trophy)
Bremsen	2 x 320 mm Scheiben, Vierkolbensättel vorne, 282 mm Scheibe hinten; ABS (Trophy)
Räder	17x3.5 Zoll vorne und 17x6.0 Zoll hinten (Trophy)
Reifen	120/70ZR17 vorne und 190/55ZR17 hinten (Trophy)
Radstand	1542 mm (Trophy, SE)
Gewicht	297 kg (Trophy); 301 kg (Trophy SE)
Farben	Silber, Blau (Trophy)

2013 Cruiser
Rocket III Roadster, Rocket III Touring, America, Speedmaster, Thunderbird, Thunderbird Storm

Obwohl die Leistung unverändert blieb, sorgte der Wegfall des Drehmomentbegrenzers in den ersten drei Gängen für eine noch erstaunlichere Beschleunigung des Rocket III Roadsters. Viele schwarze Komponenten ersetzten verchromte Teile, um einen grimmigeren Look zu erzielen. Dazu gehörten unter anderem die Kühlerverkleidung, die Kotflügelhalter, die Airbox und die Gabelprotektoren. Weitere neue kosmetische Akzente waren doppelte Zierstreifen an den Kotflügeln und am Benzintank sowie ein neuer Sitzbezug und neue Nähte. Die Rocket II Touring, die seit ihrer Markteinführung im Jahr 2007 weitgehend unverändert geblieben ist, erhielt eine Reihe von Zubehörteilen als Serienausstattung sowie handgezogene Karosserielinien, die von einem ehemaligen Meriden-Künstler gezogen wurden. Neben neuen Farben erhielten die

2013 Rocket III Roadster, Rocket III Touring, America, Speedmaster, Thunderbird, Thunderbird Storm ***(Unterschiede zu 2012)***

Farben
Schwarz und rote oder weiße Streifen (Rocket III Roadster); Schwarz und Rot (Rocket III Touring); Caribbean-Blau und Weiß (America); Blau und Schwarz (Speedmaster); Blau und Schwarz (Thunderbird); Graphit (Thunderbird Storm)

Die Rocket III Roadster bekam mehr Leistung im unteren Drehzahlbereich und eine Reihe schwarzer statt verchromter Komponenten. Dazu gehörten die Spiegel, die Hupenabdeckung und die ABS-Impulsringe. Das neue Tankemblem war verchromt mit schwarzem Schrift, die Lackierung enthielt doppelte Zierstreifen auf dem Tank und den Kotflügeln. *Triumph Motorcycles*

2013 Scrambler, Thruxton, Bonneville, T100

(Unterschiede zu 2012)

Farben
Graphit (Scrambler); Violett und Weiß (Bonneville); Rot und Weiß (T100); Grün (Thruxton)

Einsteiger-Cruiser von Triumph, die Speedmaster und die America, eine ästhetisch ansprechendere Kühlrippen-Oberfläche und dezentere Ölkühlerrohre.

LINKS: Abgesehen von der neuen Farbe Mattgraphit, blieb die Scrambler 2013 unverändert. *Triumph Motorcycles America*

2013 Classic

Scrambler, Bonneville, T100, Thruxton

Da die Bonneville SE – abgesehen von einer schwarzroten Bonneville SE für Australien – eingestellt wurde, blieb die Classic-Reihe 2013 unverändert. Die nur auf dem fünften Kontinent erhältliche Bonneville SE hatte einen roten Rahmen und eine Reihe individueller Merkmale, während die T100 Black eine preisgünstige T100 in Jet-Schwarz war.

2014–2019

Bis 2014 hatte Triumph neun Tochtergesellschaften mit sechs Fabriken: eine CKD-Fertigung (Completely Knocked Down) in Brasilien sowie zwei Produktionsstätten in Hinckley und drei in Chonburi, Thailand. Die Zahl der Mitarbeiter lag weltweit bei über 1600 und das Sortiment umfasste 27 Modelle in fünf Klassen. Triumph hatte seit der Gründung der T1-Fabrik in Hinckley viel erreicht. Und obwohl die Meriden-Ära noch

UNTEN: Die neuen Farben für die T100, Cranberry-Rot und Fusion-Weiß, betonen die traditionelle Optik noch stärker. Zu den werkseitigen Zubehörteilen gehören die King-und-Queen-Sitzbank, die Sissy Bar, Ledertaschen und ein Windschild. *Triumph Motorcycles*

2014 Thunderbird, Commander, LT, America, America LT, Speedmaster

(Unterschiede zu 2013)

Bohrung	107,1 mm (Commander, LT)
Hub	94,3 mm (Commander, LT)
Hubraum	1699 cm³ (Commander, LT)
Leistung	93 PS bei 5400/min (Commander, LT)
Räder	17x3.5 Zoll 5-Speichen vorne und 17x6.0 Zoll hinten, (Commander); 16x3.5 Zoll Drahtspeichen vorne und 16x5.5 Zoll hinten (LT)
Reifen	140/75 R17 vorne und 200/50 R17 hinten (Commander); 150/80R16 vo. und 180/70R16 hi. (LT)
Radstand	1665 mm (Commander, LT); 1610 mm (America, LT); 1600 mm (Speedmaster)
Trockengewicht	348 kg (Commander); 380 kg (LT); 270 kg (America LT)
Farben	Rot und Silber (Thunderbird); Rot und Crimson, Schwarz und Grau (Commander); Blau und Weiß, Rot und Schwarz (LT); Rot und Rot (America); Graphit und Schwarz (Speedmaster)

OBEN: Mit den glanzschwarzen Akzenten wirkte die minimalistische Speedmaster jetzt noch aggressiver. *Triumph Motorcycles*

relativ jung war, schien sie doch wie eine Ewigkeit. Jedes Jahr konzentrierte sich Triumph auf die Erweiterung und Aktualisierung einer bestimmten Sparte und 2014 war es die äußerst beliebte und lukrative Cruiser-Reihe. In diesem Jahr kamen zwei neue Thunderbird mit verschiedenen Charakteren und Rahmen auf den Markt, was zu vier deutlich unterschiedlichen Modellen führte.

Triumph unterstützte 2014 auch den Rennsport verstärkt. Während Rick Martins AMA Pro Flat-Track-Saison auf einer Bonneville enttäuschend verlief, war die Triumph Daytona 675 unglaublich erfolgreich und setzte mit Siegen in Daytona und auf der Isle of Man die früheren Triumph-Traditionen fort.

2014 Cruiser

Thunderbird Commander, Thunderbird LT, Thunderbird Storm, Thunderbird, Rocket III Roadster, Touring, America, America LT, Speedmaster

Obwohl die existierenden Thunderbird und Thunderbird Storm bereits auf den US-Cruiser-Markt ausgerichtet waren, wurde die Modellreihe um zwei neue Thunderbird-Modelle erweitert: die Commander und die LT („Light Touring“). Beide Modelle teilten sich den 1700-cm³-Motor mit der Thunderbird Storm, jedoch mit etwas weniger Leistung und in einem neuen Rahmen hängend. Der offene Brückenrahmen wurde mit einer tieferen Sitzschale und einer geänderten Lenkgeometrie (Lenkkopfwinkel 29,9 Grad) neu gestaltet. Die Commander LT war wunderschön verarbeitet, mit von Hand gezogenen Zierlinien, und wurde mit 16-Zoll-Drahtspeichenrädern samt Weißwandreifen geliefert, die speziell bei Avon in Auftrag gegeben wurden. Zur Serienausstattung gehörten eine verkleidete Vorderradgabel, eine schnell abnehmbare Windschutzscheibe, Satteltaschen aus Leder und tiefe Schutzbleche. Fahrer- und Soziussitz waren aus weichem, biegsamem, zweilagigem Schaumstoff gefertigt und boten luxuriösen Komfort für lange Strecken. Die Commander war im Grunde eine nackte Version der LT, versehen mit einem zusätzlichen Scheinwerfer, runden Endrohren,

RECHTS: 2014 wurden zwei neue Thunderbirds auf den Markt gebracht, beide mit 1700 cm³ und neuen Rahmen. Die Thunderbird Commander (links) war eine abgespeckte Version mit Leichtmetallrädern und den charakteristischen Doppelscheinwerfern, während die LT (rechts) mit Scheibe, Koffern und speziellen Weißwandreifen den klassischen Touring-Stil pflegte. *Triumph Motorcycles*

kleineren Schutzblechen und 17-Zoll-Leichtmetallrädern. Beide Modelle sollten eine ernstzunehmende und preiswertere Alternative zu Harley-Davidson bieten und die Thunderbird und Thunderbird Storm ergänzen, die wie die Rocket III Roadster und Rocket III Touring in diesem Jahr unverändert blieben.

Die Einsteiger-Cruiser America und Speedmaster, wurden aktualisiert und um die America LT ergänzt. Die America bekam mehr Chrom und Fahrer-Trittbretter, während die Speedmaster mit schwarzen Elementen aufwartete. Die America LT behielt die glänzenden Details der America bei, war jedoch mit werkseitig montiertem Touring-Zubehör ausgerüstet, darunter Satteltaschen, Sissybar und Scheibe.

2014 Supersport
Daytona 675, 675R

Da erst 2013 neu erschienen, blieben die Daytona 675 und 675R unverändert. Die neue Daytona hielt 2014 endlich, was sie versprach, und erzielte große Erfolge auf der Rennstrecke. Im März gewann Danny Eslick das einzige Langstreckenrennen im AMA Pro Road Racing-Kalender, das Daytona 200. Er holte sich die Pole-Position und lieferte sich einen harten Kampf mit den Yamahas von Jake Gagne und Jake Lewis, den er schließlich mit nur 10,975 Sekunden Vorsprung für sich entschied. Bobby Fong auf einer weiteren Triumph Daytona wurde Vierter. Das war der erste Daytona-Sieg für Triumph seit Gary Nixons erstem Platz im Jahr 1967. Jason DiSalvo setzte den Erfolg der Daytona 675 mit einem Sieg beim AMA Pro SportBike-Rennen in Mid-Ohio fort.

Siege, die Geschichte schreiben, waren nicht auf die Vereinigten Staaten beschränkt. Auf der Isle of Man gewann Triumph im Juni die erste Supersport TT seit dem Sieg von Bruce Anstey im Jahr 2003. In einem extrem engen Rennen gewann der Triumph-Fahrer Gary Johnson von Smiths-Triumph mit 200,405 km/h und besiegte Ansteys Honda nach vier Runden unter schwierigen Bedingungen mit nur 1,5 Sekunden Vorsprung. Leider verletzte sich Johnson bei einem Sturz im Superstock-Rennen und konnte nicht an der zweiten Supersport TT teilnehmen.

Auch bei den Meisterschaften gab es 2014 mehr Siege zu verzeichnen. Kenny Riedmann gewann das Canadian Pro Sport Bike Championship, während im British Superbike Championship die beiden Smiths-Triumphs von Billy McConnell und Graeme Gowland die ganze Saison über um den Titel kämpften, wobei McConnell schließlich als Sieger hervorging.

2014 Adventure
Tiger Explorer, Explorer Wire-Wheel, Explorer XC, Sport, 800, 800XC, 800XC SE

Abgesehen von der Markteinführung einer Tiger 800XC Special Edition blieb die Modell-Reihe 2014 unverändert. In Großbritannien war die Tiger 800 das am

OBEN: Aufbauend auf dem Standardmodell wurde die America LT mit einem Windschild, einer Sissybar und Satteltaschen ausgestattet. *Triumph Motorcycles*

LINKS: Danny Eslicks 675R, mit dem er das Daytona-200-Rennen gewann. Triumph brachte später eine Daytona 675R Eslick als Sondermodell heraus. *Triumph Motorcycles America*

UNTEN: Eslick gewann die 73. Auflage des Daytona 200 mit einem Vorsprung von fast elf Sekunden. *Triumph Motorcycles America–Tim White*

Kenny Riedmann gewann das Canadian Pro Sport Bike Championship auf der Daytona 675R. *Triumph Motorcycles America–John Walker*

Elf Jahre nach Triumphs letztem TT-Sieg war Gary Johnson 2014 auf der Smiths-Triumph bei der Supersport TT siegreich. *Triumph Motorcycles*

zweithäufigsten verkaufte Motorrad über 500 Kubik, sodass sich das Konzept des vielseitigen, straßenorientierten Adventure-Bikes sehr erfolgreich erwies. Die 800XC Special Edition war lediglich optisch verändert und in Vulkanschwarz mit rotem Rahmen und schwarzen Akzenten gehalten.

2014 Touring

Trophy, Trophy SE, Sprint GT SE

Neu für Europa war 2014 nur die Sprint GT SE. Mit serienmäßigen beheizbaren Handgriffen, Tourenscheibe, Gelsitz und Topcase bot sie eine leichtere, sportlichere Alternative zu den unverändert gebliebenen Trophy und Trophy SE mit Vollausstattung.

2014 Tiger Explorer, Explorer Wire-Wheel, Explorer XC, Sport, 800, 800XC, 800XC SE

(Unterschiede zu 2013)

Farben

Weiß (Explorer, XC); Rot (Explorer Wire-Wheel); Khakigrün (800XC); Schwarz und Rot (800XC SE)

2014 Roadster

Speed Triple, Speed Triple R, Street Triple, Street Triple R

Mit mehr als 70.000 Exemplaren hatte sich die Speed Triple bis 2014 als Street-Fighter-Maßstab etabliert. Um an der Spitze zu bleiben, bekam sie einige kosmetische Updates. Dazu gehörten ein farblich passendes Schild und ein Bugspoiler, sowie schwarze Auspuff-Hitzeschilder. Die normale Speed Triple war mit goldenen Aufklebern ausgestattet, während die Speed Triple R rote Streifen und eine zusätzliche Sitzverkleidung erhielt. Wie erwartet blieben die Street Triple und die Street Triple R unverändert, wobei es in Australien eine für Fahranfänger zugelassene 660-cm³-Version gab.

OBEN LINKS: Bei der Volcanic-schwarzen und roten Tiger 800XC SE mit serienmäßigem ABS gab es eine Reihe schwarzer Highlights. *Triumph Motorcycles*

OBEN RECHTS: Die 2014er Speed Triple blieb ein Streetfighter, hatte nun aber serienmäßig Schild und Bugspoiler und war mit goldenen Aufklebern und Details an den Rädern ausgestattet. *Triumph Motorcycles*

2014 Speed Triple, Speed Triple R, Street Triple

(Unterschiede zu 2013)

Gewicht
214kg (Speed Triple R)
Farben
Blau (2014 Speed Triple); Grün (2014 Street Triple)

LINKS: 2014 war die Sprint GT SE mit Tourenscheibe und Topcase nur in Europa erhältlich. *Triumph Motorcycles*

2014 Trophy, Trophy SE, Sprint GT SE

(Unterschiede zu 2013)

Farben
Champagner, Rot (2014 Sprint GT SE)

2014 Classic
Scrambler, Thruxton, Bonneville, T100, T100 Special Edition

Triumph war erfolgreich damit, das eigene Erbe zu vermarkten. Entsprechend lancierte man 2014 zwei neue limitierte Auflagen der Bonneville T100 und der Scrambler in Lunar-Silber und Diablo-Rot, die Steve McQueens ISDT-Motorrad von vor 50 Jahren nachempfunden war. Alle Klassiker erhielten maschinell bearbeitete Zylinderkopf-Kühlrippen, die Scrambler außerdem schwarze Akzente an Lenker, Felgen, Naben und Hauptbremszylinder. In diesem Jahr erhielt die Thruxton ein farblich passendes Schild und, wie auch die Bonneville und die T100, schwarze Ölkühlerleitungen und neue Schalldämpfer.

UNTEN: Die T100 Special Edition in Jet-Schwarz und Lunar-Silber ist einer der letzten Meriden-Bonnevilles nachempfunden, der 8-Ventiler TSS von 1982, und verfügte über handgemalte goldene Zierstreifen und eine gebürstete Motorabdeckung. *Triumph Motorcycles*

Die 2014er Thruxton ist nach wie vor der Inbegriff des Werks-Café-Racers und verfügt nun über ein serienmäßiges Schild, einen verchromten Kettenschutz und schwarze Ölkühlerleitungen. *Triumph Motorcycles*

2014 Scrambler, Thruxton, Thruxton Ace, Bonneville, T100, T100 Special Edition

(Unterschiede zu 2013)

Farben

Blau, Silber und Rot (Scrambler); Weiß und Schwarz (Thruxton Ace); Silber, Blau und Weiß (Bonneville); Weiß und Gold, Schwarz und Rot (T100); Schwarz und Silber (T100 Special Edition)

Anlässlich des 50-jährigen ISDT-Jubiläums wurden nur 50 Exemplare dieser T100-Sonderedition gebaut, hier zusammen mit Roy Peplows 1962er Werks-T100C ISDT Trophy. *Triumph Motorcycles*

Da es einen scheinbar unersättlichen Markt für Nostalgiemodelle gibt, waren die Sondereditionen der Bonneville viele Jahre lang eine erfolgreiche Ergänzung der Classic-Reihe. Es war also nicht überraschend 2014 zwei weitere zu sehen. Die T100 Special Edition von 2014, die die schwarz-silbernen Farben der kurzlebigen 8-Ventil-TSS von 1982 aufgriff, wurde mit handgezogenen goldenen Zierlinien, einem verchromten Haltegriff und Teilen mit gebürsteten Oberflächen geliefert. Eine weitere Sonderedition von nur 50 Exemplaren entstand zur Feier des 50-jährigen Jubiläums der ISDT. Bei dieser Veranstaltung, an der auch Steve McQueen (Nr. 278) teilnahm, gewannen vier britische Triumph-Fahrer Goldmedaillen: John Giles (Nr. 277) und Ken Heanes (Nr. 279) auf TR6 sowie Roy Peplow (Nr. 210) und Ray Sayer (Nr. 253) auf T100. Diese Sonderedition war nur am 12. Juli 2014, auf der alle zwei Jahre stattfindenden Triumph Live in Gaydon, Warwickshire, erhältlich. Passend zum nostalgischen Thema trug der Tank dieser Sonderedition die Unterschriften der vier Fahrer und zum ersten Mal seit 30 Jahren das originale Triumph-Tanklogo.

Das Ace Café der Londoner Lkw-Fahrer wurde in den frühen 1960er-Jahren zu einem beliebten Treffpunkt für britische Biker. Um die Geschichte von Triumph mit dieser Café-Ikone zu feiern, wurde im Rahmen der jährlichen Brighton-Burn-Up-Feierlichkeiten des Ace Cafés eine neue Sonderedition, die Thruxton Ace, vorgestellt. Der Motor stammte von der Thruxton und war mit den Logos des Ace Cafés versehen. Das auf der Bonneville basierende Fahrgestell enthielt eine 41-mm-KYB-Gabel, Nissin-Scheibenbremsen und Speichenräder mit Aluminiumfelgenbetten. Diese Special Edition Thruxton kam Ende 2014.

2015

Während Triumph 2015 zwei neue Cruiser und drei limitierte Bonneville vorstellte, konzentrierte sich das Unternehmen hauptsächlich auf die Entwicklung der Tiger-800-Reihe. Die immer breitere Modellpalette in sechs verschiedenen Familien führte zu einem weltweiten Verkaufsanstieg von 4,5 Prozent auf 54.432 Einheiten. Zu den bedeutenden Marketingentwicklungen gehörte die Gründung von Triumph Motorcycles India. Obwohl im ersten Jahr nur 1300 Motorräder verkauft wurden, sah Triumph diesen aufstrebenden Markt als entscheidend für zukünftiges Wachstum an.

Die Rennpräsenz von Triumph Motorcycles America erstreckte sich 2015 auf die AMA Pro Flat Track, die MotoAmerica AMA/FIM North American Road Racing Series und das Canadian Superbike Championship. Nachdem er 2014 bei der AMA Pro Flat Track den achten Platz belegt hatte, schloss sich der

Die vom Team Latus Motors Racing eingesetzte Bonneville war beim AMA Grand National Championship 2015 mäßig erfolgreich. Brandon Robinson wurde Gesamtsechster. *Triumph Motorcycles*

24-jährige Brandon Robinson 2015 dem Latus Motors Racing Team an. Robinson belohnte Triumph mit der bisher erfolgreichsten Saison in der hart umkämpften Serie und belegte in der GNC1-Gesamtwertung den sechsten Platz.

Leider zog sich Latus gerade dann aus dem Grand National Championship zurück, als die Bonneville wettbewerbsfähig wurde.

2015 Cruiser
Thunderbird Nightstorm, Thunderbird Commander, Thunderbird LT, Thunderbird Storm, Thunderbird, Rocket III Roadster, Touring, America, America LT, Speedmaster

Die Cruiser-Reihe bestehend aus Thunderbird, Rocket III, America und Speedmaster wurde unverändert beibehalten, wobei 2015 zwei neue Modelle in limitierter Auflage hinzukamen. Die Thunderbird Nightstorm war eine Sonderedition der Thunderbird Storm mit exklusiver Lackierung, schwarzem Auspuff und einem Luxussitz. Die Thunderbird-Storm-Architektur blieb unverändert. Dazu gehörten der 98 PS starke 1699-cm³-Zweizylinder-Reihenmotor mit 270-Grad-Hubzapfenversatz, eine 47-mm-Showa-Gabel und -Stoßdämpfer sowie Doppelscheibenbremsen vorne mit Vierkolbensätteln. Die Sitzhöhe blieb mit 700 Millimetern niedrig. Der handlackierte Tank war mit Ghost Flames in einer zweifarbigen Kombination aus Phantom-Schwarz und Frost-Silber verziert. Der schwarze Auspuff wurde durch schwarze Lenker, Spiegel und Hebel ergänzt. Ein gerippter und geprägter Sitz machte die Nightstorm ebenfalls zu etwas Besonderem.

Seit ihrer Markteinführung im Jahr 2004 wurde die Rocket III kontinuierlich weiterentwickelt und hatte eine große Fangemeinde. Sie war nach wie vor das größte Serienmotorrad und wurde anlässlich ihres zehnjährigen Jubiläums als Rocket X Limited Edition gefeiert. Die auf 500 nummerierte Exemplare limitierte Auflage hatte nummerierte Seitenverkleidungen und ein Emblem aus Billet-Aluminium. Die Lackspezialisten von 8-Ball sorgten für ein einmaliges Farbschema, mattschwarze und polierte Komponenten setzten Akzente.

Als eines von zwei Sondermodellen, das 2015 auf den Markt kamen, hatte die Thunderbird Nightstorm etwas Bedrohliches.
Triumph Motorcycles

Anlässlich des 10-jährigen Jubiläums des Rocket III wurde die X Limited Edition vorgestellt.
Triumph Motorcycles

2015 Thunderbird, (Storm, Nightstorm, Commander, LT), Rocket III (Roadster, Touring, X) America (LT), Speedmaster

(Unterschiede zu 2014)

Farben

Schwarz/Silber (Nightstorm); Schwarz/Rot (America); Schwarz/Gold, Rot (Rocket III Touring); Jet-Schwarz glänzend (X Limited Edition)

2015 Daytona 675, 675R

(Unterschiede zu 2014)

Farben
Schwarz/Graphit, Weiß/Blau, Rot/Schwarz (675); Weiß/Schwarz, Schwarz/Silber (675R)

2015 Trophy SE, Sprint GT SE

(Unterschiede zu 2014)

Farben
Pacific-Blau (Trophy SE); Caspian-Blau, Cranberry-Rot (Sprint GT SE)

2015 Supersport
Daytona 675, 675R

2015 kehrte Bobby Fong zu Latus Motors Racing zurück und fuhr eine Daytona 675R in der Supersport-Klasse der MotoAmerica AMA/FIM Road Racing Series. Fong scahhfte es auf mehrere Podestplätze und belegte am Ende den sechsten Gesamtrang.

Die Street Triple Rx Special Edition hatte Styling-Elemente der Daytona 675R. *Triumph Motorcycles*

Ein weiteres Jubiläumsmodell war die Speed 94R, mit der das 21-jährige Jubiläum der Speed Triple gefeiert wurde. *Triumph Motorcycles*

2015 Speed 94, Speed 94R, Street Triple Rx Special Edition Speed Triple (R), Street Triple (R)

(Unterschiede zu 2014)

Farben
Yellow, Schwarz (94, 94R); Rot (Speed Triple); Weiß, Schwarz (Speed Triple R); Alu-Silber (Street Triple Rx); Rot (Street Triple); Mattschwarz (Street Triple R)

Kenny Riedmann verteidigte erfolgreich seine kanadische Pro Sport Bike-Meisterschaft auf der 675R.

Die serienmäßige Daytona blieb bis auf die Farben unverändert, während die 675R weiterhin mit der Öhlins TTX-Hinterradaufhängung und der NIX30-Upside-Down-Gabel sowie Brembo-Bremssätteln vorne ausgestattet war.

2015 Touring
Trophy SE, Sprint GT SE

Die Touring-Reihe wurde 2015 auf zwei Modelle reduziert, wobei die Standard-Trophy eingestellt wurde. Wie bisher hatte die Trophy SE den 1215-cm³-Dreizylinder-Motor mit 134 PS und die Sprint GT SE den kleineren 1050-cm³-Motor mit 130 PS.

2015 Roadster
Speed 94, Speed 94R, Street Triple Rx Special Edition, Speed Triple, Speed Triple R, Street Triple, Street Triple R

Die Street Triple, Street Triple R, Speed Triple und Speed Triple R erhielten aufgefrischte Aufkleber und Logos, blieben aber ansonsten unverändert. Zur Feier des 21-jährigen Jubiläums der Speed Triple, erschienen 1994, brachte Triumph zwei Sondereditionen heraus: die Speed 94 und die Speed 94R. Farben und Designelemente zitierten das Original. Zu den Verbesserungen gehörten schwarze Auspuffanlagen, Schalldämpferverkleidungen, farblich abgestimmte Schilde, Sitzverkleidungen und Bugspoiler, Speed-Triple-Logos und eine Speed-Triple-94-Plakette am Tank. Die höherwertige Speed 94R wurde mit einer schwarz eloxierten, voll einstellbaren 43 mm Öhlins-NIX30-Gabel, einem Öhlins TTX36-Federbein und Brembo-Monobloc-Radialbremssätteln ausgestattet.

Ebenfalls 2015 war die Street Triple Rx Special Edition erhältlich, die Anleihen bei der TT- und Daytona 200-Siegerin Daytona 675R machte. Der Basismotor und das Fahrgestell waren mit der Street Triple R identisch, also 105 PS aus dem 675-Kubik-Dreizylindermotor sowie ein achtteiliger Aluminium-Brückenrahmen mit zweiteiligem Druckguss-Hilfsrahmen, einer einstellbaren 41 mm

KYB-Gabel und radialen Nissin-Vierkolbensätteln mit abschaltbarem ABS und zwei 310 Millimeter großen Bremsscheiben.

Die T100-basierte Bonneville Spirit Special Edition zeichnete sich durch besondere Farben, Schutzbleche, Felgen und Naben sowie einen schwarzen Scrambler-Scheinwerfer aus. *Triumph Motorcycles*

UNTEN: Die Bonneville T214 Special Edition hatte Details, die an Johnny Allens *Texas Ceegar* von 1956 erinnerten. *Triumph Motorcycles*

GANZ UNTEN: Die Thruxton Ace kombinierte die Silhouette eines klassischen Triumph-Racers mit einer einzigartigen Lackierung. *Triumph Motorcycles*

2015 Classic

Bonneville Newchurch, Bonneville Spirit, Bonneville T214, Thruxton Ace, Scrambler, Thruxton, Bonneville, T100, T100 Black

2015 bedeutete das Ende des luftgekühlten 865-cm^3-Motors. Um ihn noch ein Jahr länger am Leben zu halten, brachte Triumph vier Sondermodelle auf den Markt: drei Bonneville (die Newchurch, T214 Land Speed Record und Spirit) und die Thruxton Ace Limited Edition. Die Bonneville, T100 Black und Thruxton blieben unverändert, während die T100 und Scrambler mit neuen Farboptionen erhältlich waren.

Das Sondermodell Newchurch wurde zur Feier des jährlichen Triumph-Motorrad-Events in der kleinen Stadt Neukirchen in den österreichischen Bergen entwickelt. Für die einwöchige Feier wurde der Name der Stadt in Newchurch geändert. Das gleichnamige Modell verfügte über eine Reihe von schwarzen Akzenten und eine niedrigere Sitzbank. Die T100-basierte Bonneville Spirit und die T214 auf Basis der T100 Black setzten Customizing-Gedanken fort, der die Bonneville schon immer geprägt hatte. Um Johnny Allens Durchschnittsgeschwindigkeit von 345 km/h aus dem Jahr 1956 zu feiern, wurde die Auflage der T214 auf 1000 nummerierte Motorräder limitiert.

Das vierte Sondermodell, die Thruxton Ace, feierte die historische Verbindung von Triumph mit dem Ace Café in London. Das Motorrad wurde mit den Logos des Ace Cafés auf den Seitenverkleidungen, dem Tank und dem Heck versehen. Während der Motor und das Fahrgestell mit der Serien-Thruxton geteilt wurden, erhielt die Ace einen Oxblood-farbenen Sitz und authentische Spiegel an den Lenkerenden.

2015 Newchurch, Spirit, T214, Thruxton Ace, Scrambler, Thruxton, Bonneville, T100

(Unterschiede zu 2014)

Farben
Rot/Weiß, Blau/Weiß (Newchurch); Blau/Weiß (Spirit, T214); Weiß/Schwarz (Thruxton Ace); Rot/Silber (Scrambler); Silber/Schw., Blau/Schw. (T100)

2015 Adventure

Tiger 800XRt, 800XCA, 800XRx, 800XCx, 800XR, 800XC, Sport, Explorer, Explorer XC

Die Tiger 800 wurde 2015 auf eine fast unübersichtliche Palette von sechs Modellen erweitert, mit drei Model-

2015–2017 Tiger 800XRt, 800XCA, 800XRx, 800XCx, 800XR, 800XC, Sport, Explorer, Explorer XC

(Unterschiede zu 2014)

Leistung	94 PS bei 9250/min (800)
Einspritzung	Keihin Multipoint 42 mm Drosselklappengehäuse (800)
Gabel	Einstellbare 43 mm White Power Upside-down (800XC)
Federung hinten	Einstellbares White-Power-Federbein (800XC)
Radstand	1530 mm (XR); 1544 mm (XC)
Gewicht	213 kg (XR); 216 kg (XRx); 218 kg (XC); 221 kg (XCx)
Farben	Orange (XRt); Matt-Khakigrün (XCA); Weiß, Schwarz, Blau (XRx, XCx); Weiß, Schwarz (XR, XC); Rot/Schwarz, Weiß/Schwarz (Sport); Weiß, Graphit, Rot (Explorer); Weiß, Graphit, Khakigrün (Explorer XC)

In der Tiger 800 XR-Serie war die XRx das Modell mit mittlerer Ausstattung. Alle Tiger hatten einen Motorschutz. *Triumph Motorcycles*

len in zwei Serien: die straßenorientierte XR und die geländegängige XC. Zur XR-Serie gehörte die höher ausgestattete XRt, die 800XRx in der Mitte und die einfache XR, während in der XC-Serie (Cross-Country) die 800XCA über der 800XCx und der einfacheren XC lag. Die größere Tiger Sport (1050 Kubik), Explorer und Explorer XC (1215 cm³) blieben unverändert.

Um die Euro-4-Norm zu erfüllen, wurde der 800-cm³-Dreizylindermotor der zweiten Generation mit einem Ride-by-Wire-Gasgriff ausgestattet. Die Modelle XRx und XCx verfügten über drei Fahrmodi und eine Geschwindigkeitsregelanlage. Die potenzielle Reichweite des 19-Liter-Tanks betrug nun 438 Kilometer. Die Schaltkomponenten der Daytona 675 ermöglichten präzisere Gangwechsel, sodass der Fahrer die 10.000/min-Grenze des Motors voll ausnutzen konnte. ABS war bei allen Modellen Standard, die XRt und XCA erhielten eine 650-Watt-Lichtmaschine, um die serienmäßige Sitz- und Griffheizung, die LED-Nebelscheinwerfer und viele verfügbare Zubehörteile mit Strom zu versorgen.

Die Tiger 800XCA war das Modell mit der besten Ausstattung in der Tiger 800XC Cross-Country-Serie. Zur Standardausstattung gehörten LED-Nebelscheinwerfer und ein Gepäckträger. *Triumph Motorcycles*

Die Fahrgestelle wurden hauptsächlich bei der XC-Serie aktualisiert, die nun mit einstellbaren White-Power-Federung ausgestattet war. Diese hochwertigeren Komponenten boten einen Federweg von 220 Millimetern an der Vorderachse und 215 Millimetern an der Hinterachse. Die XR war weiterhin mit 19- und 17-Zoll-Gussrädern ausgestattet, während die XC mit 21- und 17-Zoll-Drahtspeichenrädern ausgestattet war. Auch die Lenkgeometrie unterschied sich zwischen XR und XC. Alle Tiger 800 erhielten eine neue Kühlerverkleidung und neue Seitenteile für den Kraftstofftank. Der Fahrerkomfort wurde mittels verstellbarer Sitze und Lenker sowie einer niedrigen Sitzoption verbessert. Die gut ausgestatteten XRt und XCA waren serienmäßig mit Trägern für ein optionales Aluminium-Gepäcksystem ausgestattet.

Die überarbeitete 800-Kubik-Tiger-Reihe bot nun eine deutlich verbesserte Langstreckentauglichkeit. Dies war besonders bei den XC-Modellen mit White-Power-Federung offensichtlich. Da die XR aber besser für den Asphalt geeignet war, galt sie als perfekter Allround-Tourer im mittleren Gewichtsbereich.

2016

Triumph plante ursprünglich im August 2015 den Motorrad-Landgeschwindigkeitsrekord zu brechen, doch aufgrund des Unfalls von TT-Legende Guy Martin beim Ulster Grand Prix wurde das auf 2016 verschoben. Der von Triumph, Hot-Rod Conspiracy und Carpenter Racing entwickelte und von zwei turbogeladenen, mit Methanol betriebenen Rocket-III-Motoren angetriebene Streamliner leistete rund 1000 PS. Am 8. August stellte Martin auf den Bonneville Salt Flats mit 395,362 km/h die höchste Geschwindigkeit auf, die je eine Triumph erreicht hatte.

Die Verkäufe stiegen 2016 leicht an auf 56.253. In diesem Jahr erzielte Hinckley auch die Bestmarke in den USA – Verkäufe, die an die Meriden-Ära erinnerten und erstmals über 13.000 Einheiten lagen.

2016 Adventure und Touring

Tiger Explorer XRt, XCa, XRx, XCx, XR, XC, Sport, 800XRt, 800XCA, 800XRx, 800XCx, 800XR, 800XC, Sprint GT, Trophy SE

Nach der Erweiterung der Tiger-800-Reihe 2015 folgten eine neue Tiger-Explorer-Reihe mit sechs Modellen und einer neuen Tiger Sport. Die Explorer folgten nun dem gleichen Format wie die Tiger 800, mit drei Modellen in zwei Serien: die straßenorientierten XR, XRx und XRt sowie die Offroad-Modelle XC, XCx und XCa. Wie bei der 800er waren die XRt und XCa die Versionen mit der höchsten Ausstattung. Mit einer neuen Auspuffanlage produzierte der 1215-cm³-Dreizylinder etwas mehr Leistung und Drehmoment, dazu gab es eine für Kurven optimierte Traktionskontrolle und das ABS sowie das semi-aktive White-Power-Federungssystem TSAS bei den Modellen XCx, XCa, XRx und XRt. Weitere neue Merkmale waren ein elektrisch verstellbarer Windschutz, ein Hill-Hold-Control-System und fünf Fahrmodi. Breitere Räder ermöglichten Reifen mit größerem Querschnitt.

Die Tiger Sport wurde ebenfalls 2016 aktualisiert. Mit 104 Änderungen verfügte der 1050-cm³-Dreizylinder über neue Köpfe und Kolben sowie ein neues Ride-by-Wire-Drosselklappensystem. Zusammen mit einem Auspuff mit weniger Staudruck wurden das Drehmoment und der Verbrauch verbessert. Fahrermodi, Traktionskontrolle, Tempomat und ABS waren nun Serie und der Schlupfassistent reduzierte den Kraftaufwand beim Kuppeln. Zu den neuen Designelementen gehörten überarbeitete Motorabdeckungen, Handprotektoren, Aero-Diffusoren und eine verstellbare, getönte Scheibe. Das Basisfahrwerk blieb unverändert. Die Tiger Sport war zwar nicht gerade ein geschmeidiger Roadster, aber sie wurde für Motorradfahrer entwickelt, die ein einziges Motorrad für vielfältige Zwecke benötigten. Die kürzlich eingeführte Tiger-800-Reihe mit sechs Modellen blieb in diesem Jahr unverändert, ebenso wie die Sprint GT und die Trophy SE, aber zwei jahre später sollten die Touring-Modelle eingestellt werden.

Der Tiger-Explorer-Serie wurde 2016 erweitert. Eine hochwertige Straßen-XRt (links) und eine einfachere Straßen-XR (rechts) flankieren die hochwertige Offroad-XCA (Mitte). *Triumph Motorcycles*

2016–2017 Tiger Explorer XRt, XCa, XRx, XCx, XR, XC, Sport *(Unterschiede zu 2015)*

Leistung	137 PS bei 9300/min (Explorer); 124 PS bei 9450/min (Sport)
Verdichtung	12,25:1 (Sport)
Gabel	Einstellbare 48 mm White Power Upside-down (XR, XC)
Federung hinten	Einstellbares White-Power-Federbein (XR, XC)
Räder	Leichtmetall 19×3 Zol vorne und 17×4.5 Zoll hinten(XR) Speichenräder (XC)
Reifen	120/70 R19 vorne und 170/60 R17 hinten (XR, XC)
Radstand	1520 mm (XR, XC)
Gewicht	244 kg (XR); 246 kg (XRx), XC; 254 kg (XRt); 253 kg (XCx); 258 kg (XCa); 218 kg (Sport)
Farben	Mattschwarz, Aluminum-Silber (Sport)

2016 wurde die Tiger Sport aktualisiert, die ein neues Design und ein moderneres Elektronikpaket erhielt. *Triumph Motorcycles*

Eines der bedeutendsten neuen Modelle für 2016 war die T120 Bonneville (links). Eine T120 Black ist rechts abgebildet. *Triumph Motorcycles*

2016–2020 Street Twin, Bonneville T120, T120 Black, Thruxton, Thruxton R

Motorbauart	270° SOHC-Parallel Twin, acht Ventile, wassergekühlt
Bohrung	84,6 mm (Street Twin); 97,6 mm (T120, Thruxton)
Hub	80 mm
Hubraum	899 cm³ (Street Twin); 1197 cm³ (T120, Thruxton)
Leistung	54 PS bei 5900/min (Street Twin); 79 PS bei 6550/min (T120); 96 PS bei 6750/min (Thruxton)
Verdichtung	10,55:1 (Street Twin); 10,0:1 (T120); 11,0:1 (Thruxton)
Einspritzung	Keihin Multipoint 38 mm Drosselklappengehäuse
Getriebe	Fünfgang (Street Twin); Sechsgang (T120, Thruxton)
Rahmen	Stahl-Doppelschleifenrahmen
Schwinge	Stahl-Zweiarm (Street Twin); Stahl-Zweiarm (T120); Alu-Zweiwarm (Thruxton)
Gabel	41 mm Kayaba, teleskopisch, 43 mm Showa Upside-down (Thruxton R)
Federung hinten	Zwei Kayaba-Stoßdämpfer, zwei Öhlins (Thruxton R)
Bremsen	310 mm Scheibe, Zweiko.-Sattel vo., 255 mm Scheibe hi. (Street Twin); 2x310 mm Scheiben vo. (T120, Thruxton)
Räder	18×2.75 Zoll vo. und 17×4.25 Zoll hi. (Street Twin, T120); 17×3.5 Zoll und 17×5 Zoll (Thruxton)
Reifen	100/90-18 vorne und 150/70R17 hinten (Street Twin, T120); 120/70 ZR17 und 160/60 ZR17 (Thruxton)
Radstand	1439 mm (Street Twin); 1445 mm (T120); 1415 mm (Thruxton)
Trockengewicht	198 kg (Street Twin); 224 kg (T120) 206 kg (Thruxton); 203 kg (Thruxton R)
Farben	Cranberry-Rot, Aluminum-Silber, Mattschwarz, Jet-Schwarz und Phantom-Schwarz (Street Twin); Cranberry-Rot/Silber, black/white, black/Rot (T120); Schwarz, Matt-Graphit (T120 Black); Schwarz, Weiß, Grün (Thruxton); Rot, Silber (Thruxton R)

2016 Classic

Street Twin, Bonneville T120, T120 Black, Thruxton, Thruxton R

Die 2016er Bonneville war eine komplette Neuentwicklung und wurde zunächst parallel zur bestehenden Modellreihe produziert, zu der noch die Bonneville, T100, 214, Newchurch, Spirit, Scrambler und Thruxton gehörten. Die fünf neuen Bonnevilles wurden anlässlich des 60. Jahrestags von Johnny Allens 1956ers Weltrekord eingeführt und teilten sich dieselbe Parallel-Twin-Plattform, wobei praktisch nichts von der Vorgängerversion übernommen wurde. Vier Jahre dauerte die Entwicklung in England, in den drei Fabriken des Unternehmens südlich von Bangkok fand die Produktion statt. Sie kombinierten ein neues Maß an Raffinesse, Leistung und Zuverlässigkeit mit kräftig Retro-Flair zu einem modernen Klassiker.

Die erste neue Einsteiger-Bonneville war die Street Twin, die die alte luftgekühlte T100 ersetzte. Bald darauf folgten die T120, 120 Black, Thruxton und Thruxton R. Die neuen Bonneville machten 2016 ein Drittel des Umsatzes aus. Die Bonneville T120 wurde vom *Rider*-Magazin zum Motorrad des Jahres 2016 gekürt.

Der neue Parallel-Twin ist jetzt wassergekühlt, um die Euro-4-Vorschriften zu erfüllen und verfügt über einen Hubzapfenversatz von 270 Grad. Die Ausgleichswellen des Zwillings wurden vor und hinter der Kurbelwelle positioniert und eine einzelne obenliegende Nockenwelle betätigte die vier Ventile pro Zylinder. Der Focus lag hier auf hohem Drehmoment und nicht auf hohen Spitzenleistung. Der Motor war 20 Millimeter schmaler als zuvor und während die Street Twin mit einem Fünfganggetriebe auskam, hatten die T120 und die Thruxton sechs Gänge. Bei der T120 wurden die beiden 38-Millimeter-Keihin-Drosselklappengehäuse so gestaltet, dass sie wie Amal-Monoblock-Vergaser aussahen. Die T120-Auspuffanlage mit zwei

Die Modelle Thruxton (rechts) und Thruxton R (links) verkörpern den Stil der Werks-Café-Racer.
Triumph Motorcycles

»Peashooter«-Schalldämpfern war ebenfalls optisch authentisch, kaschierte aber clever den modernen Katalysator. Da die Drosselklappen elektronisch gesteuert wurden, verfügte die T120 über alternative Drosselklappen-Kennfelder und zwei neue Fahrmodi sowie Traktionskontrolle und ABS.

Mit der nicht einstellbaren Kayaba-Federung und den Nissin-Bremsen ähnelte die Ausstattung der Street Twin und T120 der Vorgängerinnen. Die Street Twin hatte eine einzelne vordere Scheibe, die T120 zwei Scheiben. Während die Street Twin mit Gussrädern auskam, rollte die T120 auf traditionellen Drahtspeichenfelgen.

Auch die zweite Generation der Thruxton und Thruxton R wurde mit Spannung erwartet. Obwohl sie den wassergekühlten 1200 cm^3 Achtventil-SOHC-Parallel-Twin der T120 teilten, wurden sie mit »High Power« statt mit »High Torque« wie die T120 beworben. Die Leistungssteigerung wurde durch eine leichtere 270-Grad-Kurbelwelle, eine höhere Verdichtung, eine größere Airbox, ein überarbeitetes Keihin-Motorsteuergerät und eine neue Auspuffanlage erreicht. Dazu gehörten ein Paar doppelter, nach oben gerichteter Auspuffrohre (verchromt bei der Thruxton, aus gebürstetem Edelstahl bei der Thruxton R). Es standen hier drei Fahrmodi zur Verfügung.

Beide Thruxton-Modelle teilten sich den Stahlrohr-Hauptrahmen mit der T120, aber eine etwas kürzere Aluminiumschwinge reduzierte den Radstand um 30 Millimeter. Der Durchmesser des Vorderrads wurde auf 17 Zoll reduziert und die Lenkung war deutlich agiler. Beide Speichenräder waren mit leichten Aluminiumfelgenbetten ausgestattet. Während die Thruxton die konventionelle Kayaba-Federung der T120 teilte, erhielt die Thruxton R eine voll einstellbare 43-Millimeter-Upside-Down-Big-Piston-Gabel von Showa und ein Paar Öhlins-Stoßdämpfer mit externem Ausgleichsbehälter. Abgerundet wurde die überlegene Ausstattung der Thruxton R durch ein Paar radiale Brembo-Monoblock-Vierkolbensättel. Triumph bot mehr als 160 Zubehörteile für die Thruxton an, darunter eine Reihe von Vance & Hines-Auspuffanlagen und drei Inspiration-Kits.

Die zweite Generation der Thruxton und Thruxton R erinnert an vergangene Zeiten, in der britische Zweizylinder den Leistungsstandard setzten. Sie bieten den Reiz eines Café Racers aus den 1960er-Jahren ohne die Probleme alter Maschinen mitzubringen. Sie kombinieren atemberaubendes Retro-Design mit moderner Technologie, Leistung und Handling.

2016 Cruisers

Thunderbird, Thunderbird Storm, Thunderbird Nightstorm, Thunderbird Commander, Thunderbird LT, Rocket III Roadster, Touring, America, America LT, Speedmaster

Die Cruiser-Reihe blieb 2016 unverändert. Als Triumph begann, sich auf Klassiker auf Bonneville-Basis zu konzentrieren, schrumpfte die gesamte Cruiser-Reihe. 2017 wurden nur noch die beiden Rocket-III-Modelle Thunderbird Storm und Thunderbird LT angeboten.

2016 Roadsters and Supersports

Speed Triple S, Speed Triple R, Street Triple, Street Triple R, Street Triple Rx, Daytona 675, 675R

Die zuletzt 2011 überarbeitete Speed Triple wurde als stilistisch zu dezent angesehen und 2016 umfassend aktualisiert. Der Dreizylindermotor bekam 104 Weiterentwicklungen, darunter neue Kolben und eine neue Kurbelwelle, einen überarbeiteten Zylinderkopf, eine Ride-by-Wire-Drosselklappensteuerung (eine Premiere für die Speed Triple), eine neue Airbox und einen kleineren, effizienteren Kühler. Leistung und Drehmoment wurden erhöht und es standen fünf Fahrmodi

2016 erhielt die Speed Triple ein neues Styling mit einer niedrigeren und aggressiveren Frontpartie. Die hier gezeigte Speed Triple R hatte eine höherwertige Öhlins-Federung. *Triumph Motorcycles*

2016–2017 Speed Triple S, Speed Triple R

(Unterschiede zu 2015)

Leistung
138 PS bei 9500/min
Trockengewicht
192 kg
Farben
Rot, Schwarz (S), Weiß, Graphit (R)

und drei ABS-Einstellungen zur Verfügung. Die Keihin-ECU war die gleiche wie bei der Daytona 675.

Während sowohl die Speed Triple S als auch die Speed Triple R nun mit radialen Monoblock-Bremssätteln von Brembo ausgestattet waren, behielt die R die höherwertige Öhlins NIX30 Upside-down-Gabel und den TTX36 RSU-Stoßdämpfer bei. Das neue aggressive Design wurde durch einen schmaleren Sitz, einen stärker geformten Tank und ein Paar tiefer angebrachte Tagfahrleuchten ergänzt. Die Frontpartie war deutlich niedriger, wobei der Tankdeckel nun den höchsten Punkt darstellte. Laut Chefingenieur Stuart Wood wurde »viel Aufwand betrieben, um Eleganz mit dem aggressiven Look der Speed Triple zu verbinden.« Die neue Speed Triple war leichter, leistungsstärker und raffinierter und blieb der maßgebende, charakterstarke Streetfighter seiner Klasse.

Die Modelle Street Triple, Street Triple R, Street Triple Rx sowie Daytona 675 und 675R blieben 2016 unverändert. Um die 2015er Lagerbestände aufzubrauchen, bot Triumph Motorcycles America Bonusprogramme für 2015er-Daytonas an. Die wurden später auf die 2016er-Versionen ausgeweitet.

2017

For the financial year ending June 30, 2017, Triumph sold 63,404 motorcycles, an 11.1 percent increase year to year. Although key components such as crankshafts and camshafts were still produced at Hinckley, 80 percent of all Triumphs were now built in the three factories in Thailand. Located in Chonburi, 50 miles southeast of Bangkok, these plants produced around 1,800 motorcycles a week. In August 2017, Triumph announced a nonequity global partnership with India's third largest manufacturer, Bajaj Auto. The intent was to develop a range of mid-capacity motorcycles focusing on the collective strengths of both companies and to allow Triumph entry into the growing Indian market.

2017 Classic

Bonneville Bobber

Fünf neue Modelle wurden 2017 in die Bonneville-Reihe aufgenommen, die nun aus zehn Modellen auf zwei verschiedenen Plattformen bestand. Das bedeutendste Modell war die Bonneville Bobber. Bobber entstanden schon in den 1920ern, tauchten nach dem Zweiten Weltkrieg aber vermehrt auf. Prinzipiell handelt es sich um abgespeckte, individuell gestaltete Motorräder. Sie verzichteten auf überflüssige Details und basierten häufig auf Triumph Tiger oder Speed Twin, wobei die Customizer in der Regel einen winzigen Tank, einen Einzelsitz mit starrem Heck, schräg geschnittene Auspuffe und dickere Reifen hinzufügten. Triumphs Bobber nahm sich diese Stilaspekte zu Herzen und fügte geschickt moderne Merkmale hinzu. Während der Geist des Bobbers 70 Jahre zurückreichte, war er in Bezug auf die Funktion völlig zeitgemäß.

Der Parallel-Twin der T120 wurde als »High Torque« abgestimmt. Das wichtigste Merkmal war jedoch ein zentral im Rahmen integriertes Federbein für die Hardtail-Optik. Einzigartig auch der Aluschalensitz, der auf dem Rahmen in Längsrichtung verstellbar war. Das Bobber-Thema wurde durch einen breiten, flachen Lenker und minimale Karosserie, Beleuchtung und Instrumentierung erweitert. Vorne kam ein 19-Zoll-Rad zum Einsatz, hinten ein 16-Zöller. Die Verkaufszahlen waren zweieinhalb Mal höher als erwartet und Triumph hatte zunächst Mühe, die Nachfrage zu befriedigen. Als das am schnellsten verkaufte Modell in Triumphs Geschichte trug der Bobber maßgeblich zum Anstieg der Verkäufe in Amerika im Jahr 2017 bei. Dieser Trend hielt bis 2019 unverändert an.

2017–2020 Bonneville Bobber *(Unterschiede zur T120)*

Leistung
76 PS bei 6100/min
Schwinge
Stahl-Zweiarm
Federung hinten
Kayaba-Federbein
Bremse vorne
310 mm Scheibe, Nissin Zweikolbensattel
Räder
19×2.50 Zoll vorne und 16×3.50 Zoll hinten
Reifen
100/90-19 Zoll und 150/80R16 hinten
Radstand
1510 mm
Trockengewicht
228 kg
Farben
Ironstone, Rot, Grün/Silber, Schwarz

OBEN: Der Bobber, der den klassischen Stil interpretierte, war äußerst erfolgreich. *Triumph Motorcycles*

2017–2018 Street Scrambler

(Unterschiede zur Street Twin)

Vorderrad
19×2.5 Zoll
Reifen
100/90×19
Radstand
1446 mm
Trockengewicht
213 kg
Farben
Schwarz, Matt-Khakigrün, Rot/Silber

UNTEN: Die Street Scrambler war eher Asphalt- als Gelände-geeignet. *Triumph Motorcycles*

Street Scrambler

Die Scrambler, deren Legende mit der TR5 Trophy begann und mit der TR6C Trophy und der T120C ihren Höhepunkt fand, war eines der wichtigsten Nostalgiemodelle von Triumph. Seit ihrer Einführung im Jahr 2006 wurden mehr als 17.000 Exemplare verkauft. Da der alte 865-cm³-Motor jedoch eingestellt wurde und die Scrambler weitgehend unverändert blieb, war es 2017 an der Zeit für ein Update.

Der 900 cm³ Fünfgang-Motor der Street Scrambler basierte auf der Street-Twin-Plattform (gleicher Grundrahmen, 41 mm Kayaba-Gabel und Nissin-Bremsen), verfügte aber über einen hoch aufragenden, 2-in-2-Crossover-Auspuff aus gebürstetem Edelstahl auf der rechten Seite. Die verstärkten Kayaba-Stoßdämpfer hinten waren länger und das Drahtspeichen-Vorderrad 19 Zoll groß. Im Vergleich zur Vorgängerversion hatte die neue Street Scrambler einen kürzeren Radstand und einen niedrigeren Sitz. Der hochgezogene Lenker, das einzelne Rundinstrument und der große Scheinwerfer erinnerten an die 60er-Jahre. Die verbesserte Federung der Street Scrambler machte sie im Gelände überraschend leistungsfähig. Ihr natürlicher Lebensraum waren jedoch die Straßen der Stadt. Die Street Scrambler blieb bis 2019 unverändert.

T100, T100 Black, Street Cup

Die T100 und T100 Black basierten auf der 900-Kubik-Street-Twin und waren verkleinerte Versionen der T120 und T120 Black. Die T100 teilte das klassische Bonneville-Design der T120 mit einem traditionellen »Peashooter«-Auspuff, Speichenrädern und einem Retro-Tank mit klassischen Knieschonern aus Gummi. Der Rahmen ähnelte dem der Street Twin, hatte jedoch einen längeren Radstand. Auch die Kayaba-Federung und die Nissin-Bremsen waren ähnlich. Wie bei der T120 war der Lenker breiter und die Instrumentierung umfasste zwei analoge Zifferblätter mit LCD-Displays. Die T100 Black hatte schwarze Felgen, einen mattschwarzen Auspuff und dunkle Motorabdeckungen. Im Vergleich zur alten T100 war das neue Modell geschmeidiger und das 18-Zoll-Vorderrad und die verbesserte Federung sorgten für besseres Handling.

OBEN: Mit ihrem Café-Racer-Stil wurde die Street Cup als urbaner Custom-Streetracer beworben. *Triumph Motorcycles*

RECHTS: Die T100 ähnelte der T120, doch basierten der 900-cm³-Motor und das Fahrgestell auf der Street Twin. Die Vorderradbremse bestand aus einer einzelnen Scheibe. *Triumph Motorcycles*

2017–2020 T100, T100 Black, Street Cup

(Unterschiede zur Street Twin)

Radstand
1450 mm (T100)
1435 mm (Street Cup)
Trockengewicht
213 kg (T100)
200 kg (Street Cup)
Farben
Blau/Orange und Weiß, Schwarz (T100); Jet-Schwarz/Mattschwarz (T100 Black); Gelb/Silber, Schwarz/Silber (Street Cup)

Auch die Street Cup, die ebenfalls auf der Street Twin basierte, unterschied sich in Stil und Einsatzgebiet grundlegend von der T100. Der 900-cm³-Motor mit schwarzem Gehäuse wurde mit der T100 Black geteilt, aber die Street Cup erhielt eine zeitgenössische Auspuffanlage aus gebürstetem Aluminium. Bei unverändertem Federweg sorgen die längeren Federbeine für ein höher liegendes Heck und einen steileren Lenkkopfwinkel. Die 18- und 17-Zoll-Gussräder waren leichter und hatten jeweils fünf Y-Speichen. Die einzelne Scheibenbremse vorne bestand aus einem Nissin-Zweikolbensattel und einer schwimmend gelagerten 310-Millimeter-Scheibe. Ein Alcantara-Sitz mit farblich passender Sitzbankabdeckung und kleiner Lampenmaske rundete den sportlichen Stil ab. Alle drei T100 wurden bis 2019 unverändert weitergebaut.

2017 Roadster

Street Triple S, Street Triple R, Street Triple RS

Seit ihrer Lancierung 2008 hat sich die Street Triple mit über 50.000 verkauften Exemplaren zum meistverkauften Modell von Triumph entwickelt. Viel hing vom Erfolg der neuen Version ab. Das Projekt begann 2014, als Chefingenieur Stuart Wood und sein Team beschlossen, das Bohrungs-Hub-Verhältnis mit 78x53,4 Millimetern auszureitzen. Mehr war mit den vorhandenen Gussteilen nicht möglich.

Für den neuen Motor wurden 80 neue Komponenten verwendet, darunter die Kurbelwelle, Kolben und Nikasil-beschichtete Aluzylinder. Neu waren auch ein leichterer, offenerer Auspuff, eine überarbeitete Airbox, ein Getriebe (mit kürzerem ersten und zweiten Gang) und eine Anti-Hopping-Kupplung (bei R und RS). Ein neuer E-Gasgriff ermöglichte fünf Fahrmodi. Da die Leistungscharakteristiken für jede Version unterschiedlich waren, verfügten sie auch über maßgeschneiderte Nockenwellen. Bei der Basisversion Street Triple S stieg die Leistung um 6,6 Prozent, bei der Street Triple RS um 16 Prozent.

Während der Rahmen vom Vorgängermodell übernommen wurde, verbesserte eine neue, stark gekrümmte Schwinge in Gullwing-Bauweise die Stabilität bei hohen Geschwindigkeiten. Dies wurde durch eine allgemeine Verbesserung der Federung, der Bremsen und der Reifen begleitet. Die Street Triple S hatte eine Showa Upside-Down-Gabel und ein einstellbares hinteres Federbein mit Ausgleichsbehälter, während die R eine Gabel mit getrennten Funktionen für Zug- und Druckstufendämpfung und einen in der Dämpfung einstellbares Showa-Federbein hinten hatte. Das Spitzenmodell RS war mit der hochwertigsten Showa-Gabel und einem Premium-Öhlins-STX40-Zentralfederbein ausgestattet. Auch die Bremsen unterschieden sich zwischen den drei Versionen: Die S-Version kam vorne mit Nissin-Zweikolbensätteln und hinten mit einem Brembo-Einkolbensattel daher. Die Nissin-Bremssättel wurden bei der R durch Brembo M4.32 und beim RS-Topmodell durch Brembo M50 Vierkolben-Radial-Monobloc-Bremssättel ersetzt. Das zuschaltbare ABS-Paket stammte von Continental.

Der »Nose-down«-Habiturs der neuesten Generation der Speed Triples inspirierte das Styling – die Karosserie enthielt eine neue Scheinwerfermaske, Kühlerverkleidung und einen integrierten Lufteinlass. Die R- und RS-Modelle waren mit einem 5-Zoll-TFT-Farbdisplay und einer neuen Schaltanlage ausgestattet; die RS bekam einen lackierten Unterfahrschutz und eine Soziusabdeckung. Mit ihrem um zwei Kilo geringeren Gewicht als die Vorgängerin war die neue Street Triple nicht nur leistungsstärker, sondern auch kompetenter und benutzerfreundlicher. Der auf 765 Kubik vergrößerte Motor beschleunigte auch den Niedergang der Daytona Supersport, die nicht mit dem größeren Triebwerk ausgestattet wurde.

2017 unterzeichnete Triumph Motorcycles einen Dreijahresvertrag als exklusiver Motorenlieferant für die FIM Moto2-Weltmeisterschaft ab der Saison 2019. Der für den Renneinsatz optimierte 765-cm^3-Motor basierte auf dem Triebwerk der 2017er Street Triple RS, verfügte jedoch über einen modifizierten Zylinderkopf mit einem Verdichtungsverhältnis von 14:1, überarbeitete Einlass- und Auslasskanäle sowie Titanventile und härtere Ventilfedern. Eine leichtere Renn-Lichtmaschine kamzum Einsatz und zu den weiteren Modifikationen gehörten ein länger übersetzter erster Gang, ein kürzerer zweiter Gang und eine einstellbare Anti-Hopping-Kupplung. Magneti Marelli lieferte das spezielle Wettbewerbs-Motorsteuergerät. Schmälere Motorabdeckungen verringerten die Breite und ein geänderter Ölsumpf ermöglichte einen tieferen Verlauf der Arrow-Auspuffkrümmer aus Titan. Unter

2017–2019 Street Triple S, Street Triple R, Street Triple RS

Motorbauart	DOHC Reihen-Dreizylinder, vier Ventile pro wassergekühltem Zylinder
Bohrung	78 mm
Hub	53,4 mm
Hubraum	765 cm^3
Leistung	111 PS bei 11.250/min (S); 116 PS bei 12.000/min (R); 121 PS bei 11.700/min (RS)
Verdichtung	12,65:1
Einspritzung	Multipoint mit Sekundärluftsystem (SAI); elektronische Drosselklappensteuerung
Getriebe	Sechsgang
Rahmen	Aluminum-Brückenrahmen
Schwinge	Aluguss-Zweiarmschwinge
Gabel	Einstellbar, 41 mm Showa Upside-down
Federung hinten	Einstellbares Showa-Federbein (Öhlins RS)
Bremsen	2 x 310 mm Scheiben, radiale Vierkolbensättel vorne; 220 mm Brembo-Scheibe hinten
Räder	17×3.5 Zoll vorne und 17×5.5 Zoll hinten
Reifen	120/70 ZR17 vorne und 180/55 ZR17 hinten
Radstand	1410 mm
Trockengewicht	166 kg
Farben	Rot, Schwarz (S); Schwarz, Silber, Weiß (R); Silber, Schwarz (RS)

Die Street Triple wurde 2017 auf 765 Kubik vergrößert, wobei die High-Spec-RS nun an der Spitze der Modellreihe steht. *Triumph Motorcycles*

2017 kündigte Triumph an, 765-cm^3-Dreizylindermotoren für die Moto2-Weltmeisterschaft zu liefern. *Triumph Motorcycles*

Der Moto2-Prototyp von Triumph basierte auf einer normalen Daytona mit serienmäßiger K-Tech-Federung. Das Mindestgewicht für 2019 wurde auf 155 Kilo gesenkt. *Triumph Motorcycles*

Beibehaltung des Nockenwellenantriebs wurde die Drehzahlgrenze auf 14.000/min angehoben. Der Moto2-Motor leistete über 135 PS bei 14.000/min und der Vertrag sah vor, dass jeder versiegelte Motor eine Abweichung von drei Prozent von 130 PS aufweisen durfte. Da Dreizylinder-Rennmaschinen fast 50 Jahre lang nicht in der MotoGP vertreten waren, freuten sich die Fans auf 30 heulende Dreizylinder.

2018

Bis 2018 umfasste die Triumph-Modellpalette mehr als 30 Modelle. Mit dem Niedergang der Cruiser-, Touring- und Supersport-Linien verlagerte sich der Schwerpunkt auf die Erweiterung und Konsolidierung der beliebteren Classic-, Adventure- und Roadster-Serien. Der 900-cm³- und 1200-cm³-SOHC-Parallel-Twin trieb nun die gesamte Classic-Reihe an und wurde 2018 um die Modelle Bobber Black und Speedmaster erweitert. Die T120 gab es mit einem »Escape«-Inspiration-Kit, das schwarze gewachste Baumwoll- und Ledertaschen, eine Scheibe, einen bequemen »King & Queen«-Sitz, verchromte Motorschutzbügel, eine Sozius-Rückenlehne und polierte Details umfasste.

Mit dem fetten Vorderreifen und der bulligeren Gabel wirkte der Bobber Black muskulöser als der Standard-Bobber. Vore trug sie eine Brembo-Doppelscheibenbremse. *Triumph Motorcycles*

2018 Classic
Bonneville Bobber Black

Aufbauend auf dem Erfolg des Bobbers zeichnete sich die Bonneville Bobber Black nicht nur durch ein muskulöseres und minimalistischeres Design, sondern auch durch höherwertige Komponenten aus. Neben der schwarzen Optik hebt sich der Bobber Black durch ein dickes 16-Zoll-Vorderrad, eine klobigere 47 mm Showa-Gabel und zwei Brembo-Scheibenbremsen vorne vom Bobber ab. Zu den weiteren Merkmalen gehörten ein LED-Scheinwerfer und ein Tempomat. Ein weiteres Merkmal, das den Bobber Black von anderen Modellen unterschied, waren die schwarz lackierten Auspuffrohre im Slash-Cut-Design.

2018–2020 Bonneville Bobber Black

(Unterschiede zum Bobber)

Gabel
47 mm Showa, teleskopisch
Bremse vorne
2x310 mm Scheiben, Brembo Zweikolbensättel
Vorderrad
16×2.50 Zoll
Reifen vorne
130/90B16
Trockengewicht
237,5 kg
Farben
Schwarz, Mattschwarz

Bonneville Speedmaster

Die Speedmaster, die vom Bobber Black abgeleitet ist, teilte sich den drehmomentstärkeren 1200-cm³-Motor mit 76 PS, die beiden vorderen Brembo-Bremsscheiben und die wie ein Hardtail aussehende Gitterrohrschwinge. Der Stil der Speedmaster kombinierte auch T120-Merkmale, insbesondere den 12-Liter-Tank der Bonneville, polierte Motorabdeckungen und eine verchromte Auspuffanlage. Eine klassische Scheinwerferverkleidung, ein geschwungener Lenker, ein fester hinterer Kotflügel und 16-Zoll-Speichenräder sorgten für coolen Custom-Look vereint mit lässigem Fahrstil. Zu den modernen Merkmalen gehören ein Voll-LED-Scheinwerfer, zwei Fahrmodi (Straße und Regen), ABS der neuesten Generation, eine zuschaltbare Traktionskontrolle, eine Kupplung mit Drehmomentunterstützung und ein Tempomat. Die Speedmaster, die eine Nische in der Bonneville-Reihe einnimmt, vereint klassischen Cruiser-Stil mit moderner Leistung und Zuverlässigkeit.

2018–2020 Bonneville Speedmaster

(Unterschiede zum Bobber Black)

Gabel
41 mm Kayaba, teleskopisch
Trockengewicht
245,5 kg
Farben
Schwarz, Rot, Weiß/Schwarz

Die Speedmaster vereint die Merkmale des Bobbers und der T120 und baut auf Triumphs klassischer Custom-Tradition auf. *Triumph Motorcycles*

2018 Adventure
Tiger 1200, 800 XR, XC

Der zunehmende Wettbewerb auf dem Markt für Abenteuer- und Tourenmotorräder hatte dazu geführt, dass die Tiger Explorer und 800 von neuen Angeboten von BMW und KTM in den Schatten gestellt wurden. Obwohl Triumph erst 2015/2016 Aktualisierungen vorgenommen hatte, stellte das Unternehmen für 2018 eine stark überarbeitete Adventure-Reihe vor – ausgenommen die 1050-cm³-Tiger Sport. Die Tiger-Reihe bestand weiterhin aus mehreren Varianten auf zwei Plattformen, wurde jedoch leicht vereinfacht, um drei XR- (XR, XRx, XRt) und zwei XC-Versionen (XCx, XCA) mit 1200 und 800 Kubik anzubieten.

Durch eine Namensänderung wurde die Explorer-Nomenklatur durch »1200« ersetzt und die dritte Generation der Tiger 1200 erhielt 100 Aktualisierungen. Dies führte zu einer Gewichtsersparnis von zehn Kilo, während die erhöhte Leistung nun in einem niedrigeren Drehzahlbereich verfügbar war. Neben einer kantiger aussehenden Karosserie und neuen Grafiken, Rädern und Farben gab es ein Elektronikpaket der neusten Generation, das eine sechsachsige Trägheitsmesseinheit (IMU), ein integriertes Bremssystem von Continental, ein optimiertes Kurven-ABS und eine Traktionskontrolle, eine Berganfahrhilfe, Ride-by-Wire, eine Schaltunterstützung und bis zu sechs Fahrmodi umfasste. Zu den weiteren Komponenten gehörten verbesserte Brembo-Monoblock-Vierkolbensättel und eine einstellbare semiaktive WP-Federung. Eine Modellvariante der XRx mit niedriger Sitzhöhe bot einen 815 bis 835 Millimeter hohen Sitz.

Als leistungsstärkstes Adventure-Motorrad mit Kardanantrieb auf dem Markt deckte die Tiger 1200 mit ihrem fortschrittlicheren Elektronikpaket nun alle Bereiche ab. Unabhängig von der Interpretation von Abenteuer konnten die Tiger 1200 XR und XC alles bequem und effizient bewältigen.

Neben der überarbeiteten Tiger 1200 wurde auch eine neue Tiger 800 vorgestellt. Diese enthielt über 200 Verbesserungen, wobei der Motor von engeren Toleranzen und einem geringeren Zahnradspiel profitierte. Die Auspuffanlage war leichter und ein kürzerer erster Gang erleichterte das Fahren im Gelände. Zu den weiteren Neuerungen gehörten TFT-Farbdisplays, Brembo-Zweikolbensättel (außer bei der XR) und eine neue Verkleidung. Im Rahmen der ergonomischen Weiterentwicklung wurde der Lenker um zehn Millimeter nach hinten versetzt und eine neue, in fünf Positionen verstellbare Windschutzscheibe mit Aero-Diffusoren eingeführt. Da das Gewicht im Vergleich zur Vorgängerversion deutlich reduziert wurde, war die neue Tiger 800 leistungsfähiger, insbesondere im Gelände.

2018–2021 Tiger 1200 XR, XC, 800 XR, XC

(Unterschiede zu 2017)

Leistung
139 PS bei 9350/min (1200)
Gewicht
243 kg 1200 XR; 248 kg 1200 XC;
202 kg (800XR);
208 kg (800XC)
Farben
Rot, Weiß, Marine (1200); Weiß, Khakigrün (800)

2018 Roadster
Speed Triple S, Speed Triple RS

Die Alleskönner-765-cm³-Street-Triple bedrohte die Existenz der 1050-cm³-Speed Triple. Aber die großvolumige Speed Triple war für Triumph historisch wichtig. So erschien nur zwei Jahre nach der letzten größeren Aktualisierung eine weitere, deutlich überarbeitete Speed Triple. Es gab sie immer noch in zwei Versio-

2018–2020 Speed Triple S, Speed Triple RS

(Unterschiede zu 2017)

Leistung
148 PS bei 10.500/min
Verdichtung
12,92:1
Radstand
1445 mm
Trockengewicht
188 kg (RS)
Farben
Weiß, Schwarz

OBEN: Die Tiger 1200 wurde 2018 erheblich überarbeitet und erhielt mehr Leistung und ein neues Design. Die 1200 XCA (links) und 1200 XRt (rechts) stellten die höchste Ausstattungsvariante der jeweiligen Cross-Country- und Straßenmodelle dar. *Triumph Motorcycles*

RECHTS: Die Tiger 800 XCA war die am besten für Geländefahrten geeignete Maschine der Adventure-Reihe. *Triumph Motorcycles*

RECHTS: Die RS war die leistungsstärkste und am besten ausgestattete Speed Triple in der 24-jährigen Geschichte des Modells. *Triumph Motorcycles*

nen, wobei das bisherige Topmodell Speed Triple S von der RS ersetzt wurde.

Die Motorenentwicklung umfasste 105 neue Komponenten, darunter einen leichteren Kurbeltrieb, Nikasil-Aluminium-Laufbuchsen sowie eine kleinere Lichtmaschine. Neue Kolben sorgten für ein höheres Verdichtungsverhältnis, das Ölsystem verlief nun intern, sodass die externen Leitungen entfernt werden konnten. Das Ergebnis all dieser Bemühungen war eine Erhöhung der Drehzahlgrenze um 1000/min bei einer Leistungssteigerung von sieben Prozent. Während das Fahrgestell von der Vorgängergeneration übernommen wurde, umfasste ein neues Elektronikpaket eine 5-Zoll-TFT-Instrumentierung, fünf Fahrmodi und einen Tempomat. Neben der Öhlins-Federung verfügte die RS über Kurven-ABS und Traktionskontrolle, Arrow-Sportschalldämpfer sowie einen vorderen Kotflügel aus Kohlefaser. Die RS war etwas leichter als zuvor und dank eines einstellbaren vorderen Hauptbremszylinders nun besser für den Einsatz auf der Rennstrecke geeignet. Mit mehr Leistung und Ausstattung als je zuvor behielt die Speed Triple ihren Ruf als ultimatives »Hooligan«-Motorrad bei.

2019

Nachdem Triumph eine verwirrende Anzahl von Modellen angeboten hatte, wurde die Modellpalette für 2019 deutlich gestrafft. Die Roadster- und Adventure-Reihen mit fünf Modellen blieben unverändert, der einzige Cruiser war die Rocket III Roadster, die hauptsächlich für den US-Markt bestimmt war. In einigen anderen Märkten, insbesondere in Australien, war die Thunderbird (Storm, Commander, LT) noch erhältlich, aber inzwischen wurde diese Modellreihe eingestellt.

Die Bonneville-Plattform bildete nun das Rückgrat des Triumph-Portfolios und umfasste 17 Modelle. Zu den neuen Modellen gehörten die Speed Twin, zwei Scrambler mit 1200 Kubik, eine überarbeitete Street Twin und Street Scrambler, zwei limitierte Auflagen der Bonneville T120 und das erste Modell der neuen TFC-Reihe. Da Triumph die Moto2 motorisierte, wurde der zweifache Superbike-Weltmeister James Toseland als Rennbotschafter angekündigt.

Speed Twin

2019 belebte Triumph einen weiteren legendären

Namen neu. Die Speed Twin basierte auf der Thruxton mit samt dem »High Power«-Motor, der dank gewichtsoptimierten Motordeckeln und Magnesium-Nockenwellendeckeln 2,5 Kilo Gewicht verlor. Der Rahmen und die doppelseitige Aluminiumschwinge wurden ebenfalls von der Thruxton R übernommen, während die Federung eine 41 mm Kayaba-Gabel mit Cartridge-Technologie und zwei in der Vorspannung einstellbare Federbeine aufwies. Zwei Brembo-Vierkolbensättel packten zwei vordere Scheibenbremsen, die 17-Räder bestanden aus Aluguss. Zu den modernen Fahrerhilfen gehörten ABS, eine zuschaltbare Traktionskontrolle und drei Fahrmodi. Der moderne, reduzierte Stil erstreckte sich auch auf die klassischen Doppelinstrumente. Zu den hochwertigen Details gehörten Kotflügel aus gebürstetem Aluminium, eloxierte Scheinwerferhalterungen und ein abschließbarer Tankdeckel im Monza-Stil. Obwohl sie offensichtlich nicht so bahnbrechend war wie ihr legendärer Namensvetter aus dem 20. Jahrhundert, entstand durch die Kombination der Ergonomie der T120 mit der Leistung und dem Drehmoment der Thruxton ein äußerst ansprechender moderner Roadster.

2019–2020 Speed Twin

(Unterschiede zur Thruxton)

Radstand
143 cm
Trockengewicht
196 kg
Farben
Silber/Grau, Rot/Grau, Schwarz

Scrambler 1200XC, 1200XE

In der Hoffnung, an den Erfolg ihrer Wüstenrennmaschinen Mitte der 1960er anzuknüpfen, brachte Triumph 2019 zwei Scrambler auf Bonneville-Basis auf den Markt: die Basis 1200XC und die XE. Beide wurden von einer neuen Version des 1200-cm³-Zweizylinders der Bonneville angetrieben, der zwischen dem T120 und dem Thruxton/Speed Twin angesiedelt war. Dieser Motor wurde in einen Stahlrohrrahmen eingebaut, versehen mit einer neuen Aluminiumschwinge und überraschend ernstzunehmenden Federelementen und Brembo-Bremsen.

Die XE erhielt eine 47-Millimeter-Gabel mit 250 Millimetern Federweg, während die XC mit einer 45-Millimeter-Gabel mit 200 Millimetern Federweg auskam. Die XE-Schwinge war 32 Millimeter länger, aber beide Versionen waren mit Drahtspeichenrädern und schlauchlosen Reifen ausgestattet. Die Lenkgeometrie unterschied sich ebenfalls geringfügig. Beide Modelle verfügten über mehrere Fahrmodi, die XE erhielt einen Offroad-Pro-Modus, der das ABS und die Traktionskontrolle deaktivierte. Die XE bekam außerdem ein Kurven-ABS und eine Kurven-Traktionskontrolle, während beide Modelle ein neues TFT-Instrumentenpaket, eine schlüssellose Zündung und einen Tempomat erhielten.

Triumph war so überzeugt von der Geländegängigkeit der Scrambler, dass sie 2018 den Wüstenspezialisten Ernie Vigil für die Baja 1000 anmeldeten. Zu den weni-

Mit der Speed Twin wurde ein weiterer großer Name aus der Vergangenheit wiederbelebt. Sie vereinte den Stil der Street Twin mit der Power der Thruxton. *Triumph Motorcycles*

Inspiriert von kalifornischen Wüstenrennen der 60er-Jahre war die 1200XC zwar ein Basismodell, aber dennoch mit hochwertigen Federungen und Bremsen ausgestattet. *Triumph Motorcycles*

Die höherwertige 1200XE hatte eine Zweifarblackierung sowie eine goldfarbene Gabel und Handprotektoren. *Triumph Motorcycles*

2019–2023 Scrambler 1200 XC, XE
(Unterschiede zur T120)

Leistung	89 PS bei 7400/min
Verdichtung	11,0:1
Schwinge	Alu-Zweiarmschwinge
Gabel	45 mm Showa Upside-down (XC); 47 mm (XE)
Federung hinten	Zwei Öhlins
Bremsen vorne	2x320 mm Scheiben
Räder	21×2.15 Zoll vorne und 17×4.25 Zoll hinten
Reifen	90/90-21 vorne und 150/70R17 hinten
Radstand	1530 mm (XC); 1570 mm (XE)
Trockengewicht	205 kg (XC); 207 kg (XE)
Farben	Schwarz, Grün (XC); Weiß/Grün, Blau/Schwarz (XE)

gen Modifikationen gehörten ein renntauglicher Motor, ein Unterfahrschutz und Motorschutzbügel, aber die Federung entsprach der Standard-XE-Spezifikation. Leider zog sich Virgil im Training eine schwere Knöchelverletzung zu, sodass Triumph gezwungen war, sich von der Veranstaltung zurückzuziehen.

Street Twin, Street Scrambler

Seit ihrer Markteinführung drei Jahre zuvor wurden fast 18.000 Street Twin verkauft, was sie zur meistverkauften Triumph machte. 2019 wurde die Street Twin mit einer deutlichen Leistungssteigerung, einer besseren Ausstattung und mehr High-Tech ausgestattet.

Da die Vorgängerversion Schwierigkeiten hatte, ausreichend Leistung bei Einhaltung der Euro-4-Norm bereitzustellen, erhöhten die Ingenieure die Pferdestärken um 18 Prozent und erreichten damit fast das Niveau der alten Euro-3-Bonneville mit 865 Kubik. Die Fahrmodi »Straße« und »Regen« waren Standard.

Zu den Fahrwerksneuerungen gehörte eine höherwertige 41 mm Kayaba-Gabel. Triumph verbesserte außerdem die Bremsleistung, indem der Nissin-Zweikolbensattel zugunsten eines Vierkolbensattels von Brembo ersetzt wurde. Neue Zehnspeichen-Leichtmetallgussräder, ein bequemerer Sitz und eine verbesserte Ergonomie rundeten das Paket ab. Eine Shop voller maßgeschneiderter Teile war ebenfalls verfügbar, darunter Vance&Hines-Schalldämpfer, Fox-Stoßdämpfer, Sitzbänke, Windschilde und kompakte LED-Blinker. Zwei Inspiration-Kits bot Triumph zusätzlich an: das abgespeckte Urban-Ride-Kit und das moderne Café-Custom-Kit. Zusammen mit der Street Twin wurde 2019 eine aktualisierte Street Scrambler eingeführt. Sie trug neue Instrumente, Grafiken auf den Seitenverkleidungen und eine breitere Vorderradgabel. Neben der großen Auswahl an Zubehör gab es ein cooles, abgespecktes Urban-Tracker-Inspiration-Kit, das Packtaschen, einen Vance&Hines-Schalldämpfer sowie einen hohen Frontfender enthielt.

Obwohl erst knapp zwei Jahre alt, wurde 2019 eine neue Street Twin und eine Street Scrambler herausgebracht. *Triumph Motorcycles*

2019–2020 Street Twin, Street Scrambler
(Unterschiede zu 2018)

Leistung
64 PS bei 7500/min
Verdichtung
11,0:1
Bremse vorne
Brembo-Vierkolbensattel
Radstand
1415 mm (Street Twin);
1445 mm (Street Scrambler)
Trockengewicht
198 kg
Farben
Ironstone, Rot, Schwarz (Street Twin); Weiß, Rot, Khakigrün (Street Scrambler)

Bonneville T120 Ace, Bonneville T120 Diamond Edition

2019 waren auch zwei einmalige, limitierte Bonnevilles erhältlich: die T120 Ace und die T120 Diamond Edition. Die T120 Ace basierte auf der T120 Black und folgte der Thruxton Ace. Sie feierte ebenfalls die Café-Racer-Kultur und das legendäre Ace Café in London, die spirituelle Heimat des klassischen britischen Motorradfahrens. Zum 60-jährigen Jubiläum der Bonneville wurde die T120 Diamond Edition entwickelt.

Beide waren rein kosmetische Varianten, wobei die T120 Ace ein dunkeltes Street-Racer-Thema bot, während die mit Chrom verzierte T120 Diamond Edition einen eher klassischen Ansatz hatte. Weltweit waren 1400 T120 Ace erhältlich, die jeweils ein num-

2019 Bonneville T120 Ace, T120 Diamond Edition
(Unterschiede zur T120 und T120 Black)

Farben
Grau (T120 Ace); Weiß/Silber (T120 Diamond)

meriertes Zertifikat erhielten. Die Diamond Edition mit ihrer einzigartigen Lackierung und den hochwertigen Details wurde ebenfalls mit einem signierten Zertifikat geliefert, war jedoch auf 900 Exemplare limitiert.

Thruxton TFC (Triumph Factory Custom)

Die Thruxton Triumph Factory Custom war die erste Erweiterung des Programms auf maßgeschneiderte Modelle und der Beginn einer exklusiven neuen High-End-Serie. Sie verkörperte den Höhepunkt des britischen Custom-Designs und bot Verbesserungen in allen Bereichen. Der Ursprung lag in der Triumph TFC Bobber und der TFC Scrambler von 2014. Neben der Thruxton TFC gab es eine Rocket TFC.

Die Leistung des Motors wurde durch eine Reihe von Änderungen um amtliche neun PS gegenüber der Serie erhöht. Die Abgasanlage war mit einem Vance&Hines-Titanschalldämpfer mit Endkappen aus Kohlefaser ausgestattet. Zu den höherwertigen Ausstattungsmerkmalen gehörten eine voll einstellbare Öhlins-Upside-Down-NIX30-Gabel und Öhlins-Federbeinen. Die Premium-Bremsanlage bestand aus radialen M4.34 Brembo-Monoblock-Bremssätteln mit vier Kolben und zwei schwimmend gelagerten 310-mm-Bremsscheiben vorne und einem radialen Hauptbremszylinder. Einzigartig an der Thruxton TFC waren auch die drei Fahrmodi (Regen, Straße und Sport). Die gesamte Beleuchtung war in LED-Ausführung, einschließlich des 7-Zoll-Scheinwerfers mit Tagfahrlicht. Eine Alu-Motorhalterung, eine Kohlefaser-Verkleidung und der Wegfall des hinteren Kotflügels führten zu einer Gewichtsersparnis von fünf Kilo. Die Thruxton TFC war mit ihrer individuellen Nummerierung und einer weltweiten Stückzahl von 750 Exemplaren der exklusivste moderne Klassiker von Triumph und setzte als ultimatives Werksmodell neue Maßstäbe.

Rocket 3 TFC, Rocket 3 R und Rocket 3 GT

Die Rocket 3 TFC erschien im Juli 2019. Der 2500-cm³-TFC-Motor sorgte für die bisher leistungsstärkste Triumph und verfügte über leichte Titan-Einlassventile und einzigartige Arrow-Schalldämpfer mit Kohlefaser-Endkappen. Der Alurahmen und die Einarmschwinge, die Showa-Federung und die Brembo-Stylema-Bremsen waren die gleichen wie bei der neuen Rocket 3 R und GT, die kurz darauf auf den Markt kamen. Zur hochwertigen Ausstattung gehörten ein austauschbarer Einzel- oder -doppelsitz und eine Kohlefaser-Verkleidung. Es wurden nur 750 Stück gebaut.

Nach der Rocket 3 TFC wurden auch die Rocket 3 R und die Rocket 3 GT mit dem größeren Motor mit elf Prozent mehr Leistung ausgestattet. Darüber hinaus zeichnete sich die neue Rocket 3 durch moderne Technologie, geringeres Gewicht sowie hochwertige Bremsen und Aufhängungen aus. Es wurden zwei

2019 Thruxton TFC

(Unterschiede zur Thruxton R)

Leistung
106 PS bei 8000/min
Gabel
43 mm Öhlins NIX30 Upside-down
Trockengewicht
198 kg
Farben
Carbon-Schwarz

2019 wurden zwei neue limitierte Bonneville herausgebracht. Die T120 Diamond Edition (links) feierte das 60-jährige Jubiläum der Bonneville, während die T120 Ace (rechts) eine Hommage an das legendäre Ace Café darstellte.
Triumph Motorcycles

Die Thruxton TFC (Triumph Factory Custom) bot hochwertige Verarbeitung und Ausstattung in kleinster Auflage.
Triumph Motorcycles

2019–2023 Rocket 3 TFC, Rocket 3 R, Rocket 3 GT

Motorbauart
DOHC Reihen-Dreizylinder, vier Ventile pro wassergekühltem Zylinder
Bohrung
110,2 mm
Hub
85,9 mm
Hubraum
2458 cm^3
Leistung
165 PS bei 6000/min (182 TFC)
Verdichtung
10,8:1
Einspritzung
Elektronische Einspritzung und Drosselklappensteuerung
Getriebe
Sechsgang
Hinterradantrieb
Kardan
Rahmen
Aluminium
Schwinge
Alu-Einarmschwinge
Gabel
Einstellbar, 47 mm Showa Upside-down
Federung hinten
Einstellbares Showa-Federbein
Bremsen
2 x 320 mm Scheiben, 2 x Vierkolbensättel vorne, 316 mm Scheibe hinten
Räder
Alloy 17x3.5 Zoll vorne, 16x7.5 Zoll hinten
Reifen
150/80 R17 vorne, 240/50 R16 hinten
Radstand
1677 mm
Trockengewicht
290 kg (TFC), 291 kg (R), 294 kg (GT)
Farben
Rot, Schwarz (R), Silber/Grau, Schwarz (GT)

Versionen angeboten: die Rocket 3 R und die Touring-Rocket 3 GT. Mit größerer Bohrung und kürzerem Hub wies der neue Dreizylindermotor den größten Hubraum und das höchste Drehmoment aller Serienmotoren auf. Das maximale Drehmoment von 221 Nm wurde bei nur 4000/min erzeugt. Der Motor verfügte über eine neue Kurbelgehäuse-Baugruppe, ein neues Trockensumpfschmiersystem mit integriertem Öltank und neue Ausgleichswellen, wodurch 18 Kilo gegenüber dem älteren Modell eingespart wurden. Ein stärkeres, schrägverzahntes Sechsganggetriebe wurde entwickelt, um das hohe Drehmoment zu bewältigen, während ein markanter Dreirohr-Auspuff einen einzigartigen Sound lieferte. Beide Rocket 3 verfügten über einen neuen Aluminiumrahmen sowie eine Einarmschwinge mit voll einstellbarem Offset-Showa-Federbein mit Ausgleichsbehälter. Die Vorderradfederung bestand aus einer einstellbaren 47 mm Showa-Gabel mit hochwertigen Brembo M4.30 Stylema Monobloc-Scheibenbremsen vorne. Die neue Rocket 3 war 40 Kilogramm leichter als die Vorgängergeneration. Ein Merkmal beider neuer Rocket 3 war die einstellbare Fahrerergonomie und die GT war mit einem breiteren Tourenlenker ausgestattet. Zu den elektronischen Updates gehörten TFT-Instrumente der zweiten Generation, ein optimiertes Kurven-ABS und eine Traktionskontrolle sowie vier Fahrmodi. Im Februar 2020 stellte eine Rocket 3 einen neuen Triumph-Rekord für Produktionsmotorräder auf: von 0 auf 60 mph (96 km/h) in 2,73 Sekunden.

2020

Obwohl 2020 letztendlich durch die COVID-19-Pandemie beeinträchtigt wurde, kündigte Triumph im Januar dieses Jahres eine langfristige Partnerschaft mit Bajaj Auto India an, um eine neue Reihe von Motorrädern mit mittlerer Leistung zu bauen. Triumph ging auch mit mehreren aktualisierten Modellen in das neue Jahrzehnt. In dieser Saison gab es zum zweiten Mal Moto2-Maschinen mit Triumph-Motor, aber ein technischer Stillstand zu Beginn der Saison führte zu einer Unterbrechung der Entwicklungen bei Fahrwerk, Schwinge und Aerodynamik bis Ende 2021. Die WM gewann Enea Bastianini. Neben der offiziellen Moto2-Weltmeisterschaft hatte Triumph die »Triumph Triple Trophy« ins Leben gerufen. Mit dieser Auszeichnung wurden herausragende Leistungen in den Bereichen Höchstgeschwindigkeit, Pole-Position und schnellste Runden während der gesamten Saison gewürdigt. Der Gewinner war Marco Bezzecchi.

Marco Bezzecchi gewann die Triumph Triple Trophy 2020 und damit eine Street Triple RS. *Triumph Motorcycles*

Daytona Moto2 765 Limited Edition

Nach der ersten Saison, in der Triumph-Dreizylinder-mit 765 Kubik für die Moto2-WM zur Verfügung stellte, wurde die bekannte 675-cm^3-Daytona zur Moto2 765 Limited Edition weiterentwickelt. Der Triple wies meh-

2020 Daytona Moto2 765 Limited Edition

Motorbauart
DOHC Reihen-Dreizylinder, vier Ventile pro wassergekühltem Zylinder
Bohrung
78 mm
Hub
53,38 mm
Hubraum
765 cm^3
Leistung
130 PS bei 12.250/min
Verdichtung
12,9:1
Einspritzung
Multipoint mit Sekundärluftsystem (SAI); elektronische Drosselklappensteuerung
Getriebe
Sechsgang
Rahmen
Aluminum-Brückenrahmen mit zweiteiligem Hilfsrahmen hinten
Schwinge
Alu-Zwelarmschwinge
Gabel
43 mm Öhlins NIX30 Upside-down
Federung hinten
Öhlins TTX36 Federbein
Bremsen
2 x 310 mm Scheiben mit radialen Brembo Stylema Vierkolben-Monobloc-Sätteln vorne; Brembo-Einkolbensattel mit 220 mm Scheibe hi.
Räder
17x3.5 Zoll vorne, 17x5.5 Zoll hinten
Reifen
120/70 ZR17 vorne und 180/55 ZR17 hinten
Radstand
1379 mm
Trockengewicht
165 kg
Farben
Schwarz, Grau/Silber

rere verbesserte Komponenten auf, die direkt aus dem Moto2-Entwicklungsprogramm abgeleitet wurden. Dazu gehörten Titan-Einlassventile, verstärkte Kolben, DLC-beschichtete Kolbenbolzen, neue Nockenprofile, neue Ansaugtrichter, modifizierte Pleuelstangen, Ansaugkanäle, Kurbelwellen und Zylinder sowie eine höhere Verdichtung. Der Motor drehte bis 13.250/min. Die TIG-geschweißte, leistungsstarke Arrow-Titan-Auspuffanlage trug zur bisher höchsten Leistung eines serienmäßigen 765er Triumph bei. Das neue Getriebe erhielt außerdem für die Moto2-Strecke optimierte Übersetzungsverhältnisse.

Die Daytona Moto2 765 Limited Edition war im Union-Jack-Stil des Moto2-Motorrads für die Motorentwicklung lackiert. Die Verkleidung des Einsitzers bestand aus Kohlefaser und war mit dem offiziellen Moto2-Branding versehen. *Triumph Motorcycles*

Die neue Daytona hatte dasselbe leichte Chassis wie die Daytona R, die auf der Isle of Man gewann. Weitere Gewichtseinsparungen wurden durch eine Vollcarbon-Verkleidung und die leichtesten 17-Zoll-Fünfspeichenräder ihrer Klasse erzielt. Zu den weiteren Merkmalen gehörten Brembo Stylema-Bremsen mit dazu passendem, in der Übersetzung einstellbarem Bremshebel. Die Federung wurde mit Öhlins-Komponenten verwirklicht: eine voll einstellbare 43 mm NIX30-Gabel und ein TTX36-Federbein. Zu den technologischen Merkmalen gehörten eine Vollfarb-TFT-Instrumentierung und fünf Fahrmodi: Regen, Straße, Sport und Rennstrecke – alle vom Fahrer konfigurierbar. Die Produktion war auf eine Reihe nummerierter Motorräder beschränkt, mit nur 765 Stück für die USA und Kanada sowie 765 für Europa, Asien und den Rest der Welt. Jedes Motorrad war mit einem aus dem Vollen gefrästen, lasergravierten Moto2-Aluminium-Oberlenker ausgestattet, auf dem eine Seriennummer der limitierten Auflage zu sehen war.

Street Triple RS, Street Triple R, Street Triple S

Während die Grundformel unverändert blieb, erhielt das Topmodell Street Triple RS dank des Moto2-Programms ein wichtiges Euro-5-Leistungs-Upgrade. Zu den Änderungen des 765 cm^3 Dreizylinders gehörten eine neue Auslassnockenwelle sowie eine präzisere Bearbeitung von Kurbelwelle und Kupplung. Diese reduzierte Motormasse führte zu einer Verringerung der Rotationsträgheit um sieben Prozent.

2020–2022 Street Triple RS, Street Triple R, Street Triple S *(Unterschiede zu 2019)*

Bohrung
76 mm (S)
Hub
48,5mm (S)
Hubraum
660 cm³ (S)
Leistung
123 PS bei 11.750/min (RS); 118 PS bei 12.000/min (R); 47,6 PS bei 9.000/min (S); 95,2 PS bei 11.250/min *ungedrossel* (S)
Verdichtung
12.,54:1 (RS); 12,5:1 (R); 12,1:1 (S)
Federung hinten
Öhlins STX40 (RS)
Bremsen
2 x 310 mm Scheiben, radiale Brembo Vierkolben-Sättel vorne (RS, R); Nissin Zweikolben-Sättel (S); 220 mm Brembo-Scheibe hinten (RS, R, S)
Radstand
1405 mm (RS, R); 1410 mm (S)
Trockengewicht
166 kg (RS); 168 kg (R, S);
Farben
Schwarz, Silber (RS); Schwarz, Mattsilber (R); Weiß (S)

Die drei Modelle umfassende Street Triple-Reihe wurde 2020 umfassend aktualisiert. Das Einstiegsmodell Street Triple S hatte einfachere Nissin-Vorderradbremsen. *Triumph Motorcycles*

Ein neuer Schalldämpfer sowie ein neuer Ansaugtrakt trugen zu einer Steigerung von Leistung und Drehmoment um neun Prozent bei. Das Getriebe erhielt einen kürzer übersetzten ersten und zweiten Gang. Die Ausstattung des Fahrwerks war äußerst hochwertig, darunter eine 41 mm Showa Upside-Down-Gabel, ein Öhlins STX40-Federbein und vordere radiale Brembo M50-Monobloc-Vierkolbensättel. Die gesteigerte Motorleistung ging mit einem aggressiveren Design einher, darunter eine sportlichere, kantigere Verkleidung mit zwei LED-Scheinwerfern. Die technologischen Aktualisierungen umfassten verbesserte TFT-Instrumente, MyTriumph-Konnektivität und fünf verbesserte Fahrmodi.

Sowohl die Street Triple R als auch die Street Triple S wurden ebenfalls aktualisiert und teilen viele Merkmale mit der Street Triple RS. Nicht alle Triebwerke waren Euro-5-konform. Der 765-cm³-Motor der R, der der RS ähnelt, verfügt über leichtere interne Motorkomponenten zur Reduzierung der Massenträgheit, kürzere Übersetzungsverhältnisse und eine Anti-Hopping-Kupplung. Die S war nur mit einem 660-cm³-Motor in zwei Versionen erhältlich: gedrosselt mit A2-Führerschein oder ohne Drosselung. Die R war mit radialen Brembo M4.32 Monobloc-Vierkolbensätteln vorne und einer Showa-Gabel ausgestattet, während die S vorne mit zwei Nissin-Bremssätteln ausgestattet war. Die R und S teilten sich auch das aktualisierte, aggressive Design der RS. Sowohl die Street Triple R als auch die S waren in Versionen mit niedriger Fahrhöhe (LRH) erhältlich. Für die R waren drei Fahrmodi verfügbar und für die S zwei. Alle drei Street-Triple-Versionen basierten auf dem erfolgreichen Konzept, nutzbare Leistung mit wenig Gewicht zu kombinieren, um ein perfektes, vielseitiges und brauchbares Motorrad zu schaffen.

Bobber TFC

Der Erfolg der ersten beiden Triumph Factory Custom-Modelle führte 2020 zu einem dritten Modell, dem Bobber TFC. Neben einer hochwertigen Custom-Lackierung und -Verzierung erhielt der 1200-cm³-Motor erhebliche Verbesserungen und viele leichtere Motorkomponenten. Dazu gehörten eine erleichterter Kurbeltrieb, eine Kupplung, Ausgleichswellen, eine Nockenabdeckung aus Magnesium sowie dünnwandige Motorabdeckungen und Krümmerrohre. Die um 39 Prozent geringere Massenträgheit führte zu einer Drehzahlerhöhung von 500/min und einer Leistungssteigerung von 13 Prozent gegenüber dem Standard-Bobber. Die maßgeschneiderte Auspuffanlage umfasste Arrow-Schalldämpfer mit Endkappen aus Kohlefaser. Zu den höherwertigen Ausstattungsmerkmalen gehörten eine voll einstellbare Öhlins-Upside-Down-Gabel, eine einstellbare Öhlins-Hinterradaufhängung und radiale Brembo M50 Monobloc-Vierkolbensättel, die zwei schwimmend

2020 Bobber TFC
(Unterschiede zur Bobber)

Leistung
86 PS bei 6250/min
Federung vorne
43 mm Öhlins, USD, voll einstellbar, NIX 30
Federung hinten
Öhlins, einstellbar
Bremse vorne
2 x 310 mm Brembo-Scheiben, radiale M50 Monobloc-Vierkolben-Sättel

Der Bobber TFC war eines der exklusivsten Modelle von Triumph und trug auf jeder Seite des Tanks einen silberfarbenen Union Jack. *Triumph Motorcycles*

gelagerte Brembo-Scheibenbremsen vorne stoppten. Zu den technologischen Neuerungen gehörte die neueste Generation des Ride-by-Wire-Gasgriffs mit drei Fahrmodi (Regen, Straße und Sport), während die gesamte Beleuchtung mit LEDs ausgestattet war. Zu den Premium-Komponenten gehörten Karosserieteile aus Kohlefaser, eine Gabelbrücke und ein Öleinfülldeckel aus gefrästem Aluminium, Ledersitz und goldene Details. Klassische Bobber-Merkmale wurden beibehalten, wie die klassisch inspirierte Batterieabdeckung. Weltweit wurden nur 750 Bobber TFC verkauft, was sie zu einer der exklusivsten und begehrtesten Modern Classics von Triumph macht. Jede Maschine war mit einer individuell nummerierten Plakette und einem personalisierten Aufbau-Buch ausgestattet.

Thruxton RS

Die Thruxton wurde 2020 zu einer leistungsstärkeren RS-Version weiterentwickelt. Zu den Motor-Upgrades des 1200-cm³-Zweizylinders gehörten eine höhere Verdichtung, ein überarbeitetes Kanal- und Nockenprofil sowie ein Sekundärluftsystem. Wie bei der Street Triple RS hatten die Ingenieure diverse Motorkomponenten erleichtert. Die nach oben geschwungenen Schalldämpfer enthielten einen Katalysator der Euro-5-Spezifikation. Die Leistung wurde gegenüber der Thruxton R um acht PS erhöht. Durch die Gewichtsersparnis ist die Thruxton RS sechs Kilo leichter als die Thruxton R. Zur höherwertigen Ausstattung gehören eine 43 mm Showa Upside-down-Gabel, Brembo M50-Sättel und zwei schwimmend gelagerte Brembo-Scheiben vorne. Ein Paar voll einstellbare Öhlins-Federbeine kontrollierten das Heck. Der komplett schwarze Stil der RS setzte sich in schwarz eloxierten Rädern und Motorabdeckungen fort. Mit der RS festigte die Thruxton ihre Position als Inbegriff eines Werks-Café-Racers.

Ab 2020 Thruxton RS
(Unterschiede zur Thruxton R)

Leistung
103 PS bei 7500/min
Verdichtung
12,06:1
Bremsen
2 x 310 mm Scheiben, radiale Brembo M50 Monobloc-Sättel
Trockengewicht
197 kg
Farben
Schwarz, Grau/Silber

2020 wurde die Thruxton RS auf den Markt gebracht. Sie verfügte serienmäßig über einen Einzelsitz. *Triumph Motorcycle.*

Bud Ekins Bonneville T120 und T100 Special Editions

Wie in den Kapiteln 2 und 3 besprochen, war Bud Ekins in den 50er- und 60er-Jahren einer der erfolgreichsten Offroad-Rennfahrer für Triumph, bevor er sich einer Karriere als Stuntman zuwandte. Ekins besaß auch einen erfolgreichen Triumph-Händlerbetrieb in Sherman Oaks, Kalifornien. Durch dieses Geschäft schloss er enge Freundschaften mit vielen Hollywood-Stars, darunter Paul Newman, Clint Eastwood und Steve McQueen. Um Ekins' Legende zu feiern, brachte Triumph 2020 zwei Bonneville-Sondereditionen auf den Markt. Diese basierten auf der T120 und der T100, verfügten jedoch über eine besondere zweifarbige Lackierung mit traditionellen Triumph-Logos. Neben speziellen schwarzen Motorplaketten erhielten der Tank und der vordere Kotflügel ein einzigartiges kalifornisches »Flying Globe«-Bud-Ekins-Logo. Jedes Exemplar wurde mit einem Echtheitszertifikat geliefert, das von Nick Bloor und Ekins' Töchtern Susan und Donna unterzeichnet wurde.

Die Sondermodelle Bud Ekins Bonneville T120 und T100 gedachten dem Rennfahrer und Stuntman Bud Ekins. *Triumph Motorcycles*

2020 waren fünf Versionen der Tiger 900 erhältlich. Die Topmodelle waren die 900 GT Pro (*links*) und die 900 Rally Pro. (*right*). *Triumph Motorcycles*

Tiger 900, 900 Rally, 900 Rally Pro, 900 GT, 900 GT Pro

2020 ersetzte die Tiger 900 die erfolgreiche Tiger 800. Der neue Motor war leistungsstärker und verfügte über mehr Drehmoment, das aktualisierte Modell war deutlich leichter. Die Tiger 900-Reihe umfasste fünf Modelle: die straßenorientierte Basisversion Tiger 900, die Tiger 900 GT und GT Pro für Langstreckenfahrten und urbane Abenteuer sowie die Tiger 900 Rally und Rally Pro, die den Schwerpunkt auf Offroad-Fahrten mit Straßentauglichkeit legten

Der 888-cm^3-Motor war jetzt Euro-5-konform und verfügte über eine neue Zündfolge. Das Drehmoment stieg um mehr als zehn Prozent gegenüber der alten Tiger 800, während die Spitzenleistung um neun Prozent stieg. Eine neue Anordnung der Doppelkühler ermöglichte es, den Motor 40 mm nach vorne und 20 mm tiefer zu positionieren, um einen niedrigeren Schwerpunkt zu erreichen. Verbesserungen am Design der Ölwanne sorgten dafür, dass die überarbeitete Motorposition die Bodenfreiheit nicht beeinträchtigte

Der neue Stahlgitterrohrrahmen war leichter und seine modulare Bauweise umfasste einen angeschraubten hinteren Hilfsrahmen aus Aluminium. Die Federung wurde speziell für jedes Modell angepasst: Die Tiger 900 und 900 GT erhielten Marzocchi-Komponenten (einstellbar bei der GT), während die Rally Showa-Komponenten verwendete. Die GT Pro war mit einer elektronisch einstellbaren Hinterradaufhängung ausgestattet. Alle Tiger 900-Modelle waren mit Brembo Stylema Monobloc-Vierkolbensätteln vorne ausgestattet. Langstreckenfahrten wurde durch einen größeren 20-Liter-Tank, eine verstellbare Windschutzscheibe und einen um 20 mm höhenverstellbaren Sitz verbessert.

2020–2023 Tiger 900, Rally, Rally Pro, GT, GT Pro *(Unterschiede zur Tiger 800)*

Bohrung
78 mm
Hubraum
888 cm³
Leistung
93,9 PS bei 8750/min
Verdichtung
11,27:1
Gabel
45 mm Marzocchi Upside-down (900, GT, GT Pro); 45 mm Showa Upside-down (Rally, Rally Pro)
Federung hinten
Marzocchi-Federbein (900, GT, GT Pro); Showa (Rally, Rally Pro)
Bremsen
2 x 320 mm Scheiben, Brembo Vierko.-Sättel vo., 255 mm Brembo Scheibe hi.
Räder
19x2.5 Zoll vorne und 17x4.25 Zoll hinten (900, GT, GT Pro)
21x2.15 Zoll vorne und 17x4.25 Zoll hinten (Rally, Rally Pro)
Reifen
100/90x19 vorne und 150/70R17 hinten (900, GT, GT Pro)
90/90x21 vorne (Rally, Rally Pro)
Radstand
1556 mm (900, GT, GT Pro), 1551 mm (Rally, Rally Pro)
Gewicht
192 kg (900); 194 kg (GT); 198 kg (GT Pro);
196 kg (Rally); 201 kg (Rally Pro)
Farben
Weiß (900), Rot, Schwarz, Weiß (GT, GT Pro); Khaki, Schwarz, Weiß (Rally, Rally Pro)

Ab 2020 Tiger 1200 Desert und Alpine Special Editions

(Unterschiede zur XCx und XRx)

Leistung
139 PS bei 9350/min
Gewicht
246 kg (Desert); 242 kg (Alpine)
Farben
Sandstorm (Desert);
Weiß (Alpine)

Tiger 1200 Desert und Alpine Special Editions

2020 wurden zwei spezielle Tiger 1200 Adventure-Editionen, die Desert und die Alpine, vorgestellt. Inspiriert von epischen Abenteuern in einigen der unwirtlichsten Wüsten der Welt – von der Sahara bis zur Kalahari – basiert die Desert Special Edition auf der geländegängigen XCx. Die Alpine Special Edition wurde von atemberaubenden Bergketten inspiriert und basiert auf der straßenorientierten XRx.

Zu den Änderungen gehörten ein leichteres Schwungrad, eine leichtere Kurbelwelle und eine Nockenwellenabdeckung aus Magnesium. Ein Arrow-Titanschalldämpfer trug zu einer leichten Leistungssteigerung bei. Zur Premium-Ausstattung des Fahrgestells gehörten hochwertige Brembo-Monobloc-Bremsen, eine einstellbare White-Power-Federung, die von Triumphs Semi-Active Suspension (TSAS) gesteuert wird, eine einstellbare Sitzhöhe (835–855 mm), eine einstellbare Vollfarb-TFT-Instrumentierung, ein ABS und eine Traktionskontrolle für optimierte Kurvenfahrten, bis zu fünf Fahrmodi und eine elektrisch verstellbare Windschutzscheibe.

2020 wurden neue Sondermodelle der Tiger 1200 vorgestellt: Die Tiger 1200 Desert Edition (*links*) und die Tiger 1200 Alpine Edition (*rechts*). *Triumph Motorcycles*

Ein weiteres Sondermodell war die Scrambler 1200 Bond Edition, basierend auf einer Scrambler 1200 XE.
Triumph Motorcycles

Scrambler 1200 Bond Edition

Im Dezember 2019 gab Triumph die Partnerschaft mit dem James-Bond-Film »Keine Zeit zu sterben« bekannt, um Tiger 900 und Scrambler 1200 für die Action-Sequenzen des Films zur Verfügung zu stellen. Ein Produkt dieser Kooperation: die 1200 Bond Edition. Sie war das erste Motorrad, das direkt mit der Bond-Franchise in Verbindung gebracht wurde und auf 250 Exemplare limitiert. Sie verfügte über ein Startnummernschild mit 007-Branding, einen Echtledersitz, eine spezielle Lackierung und eine Reihe von schwarzen Komponenten. Der Arrow-Schalldämpfer war mit Endkappen aus Kohlefaser ausgestattet, die Krönung der Ausstattung waren zwei radiale Brembo M50 Monobloc-Bremssättel vorne.

2021

Nach den COVID-bedingten Unterbrechungen im Vorjahr verkaufte Triumph 2021 eine Rekordzahl von 81.541 Motorrädern, was einem Wachstum von 29 Prozent gegenüber 2020 entspricht. In diesem Jahr wurde auch Phase 2 des Elektroprojekts TE-1 abgeschlossen, wobei sich die neuen Modelle für 2021 auf die Einstiegsmodelle Trident 660 und Tiger 850 Sport konzentrierten. Triumph erweiterte sein Wettbewerbsprogramm um das British Supersport Championship in Zusammenarbeit mit Simon Buckmasters Performance Technical Racing. Kyle Smith und Brandon Paasch fuhren die Dynavolt Street Triple 765 RS. Sie belegten in der Meisterschaft die Plätze sieben und acht. Das war der Auftakt für eine offizielle Teilnahme an der Supersport-WM 2022. Die Moto2-Meisterschaft 2021 war hart umkämpft: Remy Gardner setzte sich final durch und schlug seinen Red Bull KTM-Teamkollegen Raul Fernandez knapp. Fernandez konnte sich mit dem Gewinn der Triumph Triple Trophy trösten. Im Jahr 2021 verlängerte Triumph den Vertrag als exklusiver Motorenlieferant der FIM Moto2-WM um

GEGENÜBER: Remy Gardner gewann 2021 knapp die Moto2-Weltmeisterschaft auf einer Triumph-motorisierten KTM.
Triumph Motorcycles

drei weitere Jahre. Das Unternehmen kündigte außerdem einen Einstieg in die Motocross- und Enduro-WM an. Triumph erreichte im Dezember einen Meilenstein mit dem millionsten Motorrad (eine speziell lackierte Tiger 900 Rally Pro), das seit der Wiedergeburt der Marke im Jahr 1990 gebaut wurde.

Trident 660

Triumph trat mit der brandneuen Trident 660 in der Roadster-Mittelklasse an. Obwohl als Einstiegsmodell gedacht, bot sie doch wettbewerbsfähige Motorleistung und Technologie. Der Dreizylindermotor wurde speziell für den Trident entwickelt. Bei dessen Abstimmung wurde Wert auf eine lineare Leistungs- und Drehmomentabgabe gelegt, wobei 90 Prozent des maximalen Drehmoments über den größten Teil des Drehzahlbereichs verfügbar waren. Ein gedrosseltes A2-Kit gab es ebenfalls. Auch wenn es sich um ein preisgünstiges Modell handelte, verfügte es dennoch über ein TFT-Display, LED-Beleuchtung, verschiedene Fahrmodi sowie eine zuschaltbare Traktionskontrolle. Das brandneue Chassis sorgte für ein hervorragendes Handling und eine komfortable Ergonomie.

Die Trident 660 war 2021 das neue Einstiegsmodell. Ihr Stil war minimalistisch, die Ausstattung überschaubar. *Triumph Motorcycles*

Ab 2021 Trident 660

(Unterschiede zur Street Triple S)

Leistung
80 PS bei 10.250/min; 46 PS bei 8750/min *gedr.*
Verdichtung
11,95:1
Bremse hinten
255 mm Nissin Scheibe
Radstand
1401 mm
Gewicht
189 kg
Farben
Silber/Rot, Schwarz/Silber, Weiß, Schwarz

Die Tiger 850 Sport war das günstigste Modell der Tiger-Reihe und mit optionalen Givi-Koffern erhältlich. *Triumph Motorcycles*

Ab 2021 Tiger 850 Sport

(Unterschiede zur Tiger 900)

Leistung
84 PS bei 8500/min
Farben
Graphit/Rot, Graphit/Blau

Tiger 850 Sport

Die Tiger-900-Plattform wurde 2021 um die Tiger 850 Sport erweitert. Aufbauend auf der Tiger 900 wurde der Motor der Tiger 850 Sport für eine homogenere Leistungsabgabe neu abgestimmt. In Europa war auch ein vom Händler zu montierendes A2-Kit erhältlich. Die Marzocchi-Federung und die Brembo-Stylema-Bremsen wurden von der Tiger 900 übernommen und es wurden über sechzig Zubehörteile zur Individualisierung angeboten.

Ab 2021 Speed Triple 1200 RS

(Unterschiede zu 2020)

Bohrung
90 mm
Hub
60,8 mm
Hubraum
1160 cm³
Leistung
177,5 PS bei 10.750/min
Verdichtung
13,2:1
Bremse hinten
220 mm Scheibe, Brembo-Zweikolben-Sattel
Gewicht
198 kg
Farben
Schwarz, Mattsilber

2021 erhielt die legendäre Speed Triple einen 1200-cm³-Motor und war damit die bisher leistungsstärkste Version. *Triumph Motorcycles*

Speed Triple 1200 RS

Die Speed Triple 1200 RS wurde 2021 erheblich überarbeitet. Der Motor mit 1050 Kubik wurde durch ein 1160-cm³-Triebwerk ersetzt, das mit Unterstützung des Moto2-Rennprogramms entwickelt wurde. Trotz 30 PS mehr war der Motor kompakter und sieben Kilo leichter als zuvor. Und mit optimierten Ein- und Auslasskanälen sowie einer um zwölf Prozent geringeren Massenträgheit des Antriebsstrangs konnte der Motor um 650/min höher drehen. Zusammen mit einer leichteren Anti-Hopping-Kupplung sorgte das neue 6-Gang-Getriebe für sanftere Gangwechsel. Der Alugussrahmen war 17 Prozent leichter und sparte zehn Kilogramm Gewicht gegenüber der Vorgängerversion. Damit sorgte er für das höchste Leistungsgewicht aller Speed Triple, über 25 Prozent mehr als zuvor und fast doppelt so viel wie die ursprüngliche Speed Triple von 1994. Zur Premium-Ausstattung gehörten zwei radiale Brembo Stylema Monobloc-Bremssättel vorne und Metzeler Racetec RR- oder optional Pirelli Diablo Supercorsa SC2-Rennreifen. Neue 5-Zoll-TFT-Instrumente, optimiertes Kurven-ABS, Kurven-Traktionskontrolle und fünf Fahrmodi waren Teil des Elektronikpakets. Die neue Speed Triple 1200 RS war die leistungsfähigste und technologisch fortschrittlichste Speed Triple, die es je gab.

Bonneville T120, T120 Black, T100, Street Twin, Street Twin Gold Line; Speedmaster, Bobber, Speed Twin

Die gesamte Bonneville-Reihe wurde 2021 aktualisiert. Der Motor der T120 erhielt eine leichtere Kurbelwelle sowie eine neue Kupplung und Ausgleichswellen zur Reduzierung der freien Massenkräfte. Leichtere Alufelgen und eine höherwertige Brembo-Vorderradbremse trugen zu einer Gewichtsersparnis von sieben Kilo bei. Die Leistung des T100-Motors wurde um zehn PS erhöht, diverse abgespeckte Komponenten sorgten für ein um vier Kilo niedrigeres Gewicht. Die T100 erhielt Brembo-Zweikolbensättel vorne und eine neue Cartridge-Gabel. Zu den weiteren Neuerungen gehörten Gussräder und ein bequemerer Sitz. Die Street Twin erhielt nun neue Gussräder mit gefrästen Details. Außerdem wurde eine Gold Line Limited Edition eingeführt. Diese Modelle waren in mattem Saphirschwarz mit handgezogenen goldenen Nadelstreifen lackiert und auf 1000 Exemplare limitiert. Die Bonneville Speedmaster erhielt einen 1200-cm³-Motor, eine größere 47 mm Showa-Gabel und bessere Brembo-Bremsen. Die 2021er-Version wurde mit einer noch komfortableren Doppelsitzbank ausgestattet. Der Bobber erhielt ebenfalls den Massenträgheits-reduzierten Motor, die Fahrwerksaktualisierungen umfassten ein 16-Zoll-Vorderrad (wie beim vorherigen Bobber Black) und eine 47 mm Showa-Gabel. Der 12-Liter-Kraftstofftank war größer und die Optik des Motorrads war deutlich dunkler und bulliger.

Seit ihrer Markteinführung im Modelljahr 2019 setzte die Speed Twin Maßstäbe für starke moderne Klassiker und wurde 2021 erheblich aktualisiert. Eine leichte Kurbelwelle und Lichtmaschine trugen zu einer 17-prozentigen Reduzierung der Massenträgheit bei, was eine Erhöhung der Leerlaufdrehzahl um 500/min ermöglichte. Kolben für eine höhere Verdichtung, eine neue Nockenwelle und neue Megaphon-Schalldämpfer aus gebürstetem Edelstahl

Ab 2021 Bonneville T120, T120 Black, T100, Street Twin, Street Twin Gold Line; Speedmaster, Bobber, Speed Twin

(Unterschiede zu 2020)

Leistung
64 PS bei 7400/min (T100); 98,6 PS bei 7250/min (Speed Twin)

Verdichtung
11,0:1 (T100); 12,1:1 (Speed Twin)

Gabel
47 mm Showa, teleskopisch (Speedmaster, Bobber); 43 mm USD Marzocchi (Speed Twin)

Bremse vorne
2 x 320 mm Scheiben, radiale Brembo M50 Monobloc-Vierkolben-Sättel (Speed Twin)

Radstand
1450 mm (T120, T120 Black, Street Twin); 1500 mm (Speedmaster); 1500 mm (Bobber); 1413 mm (Speed Twin)

Gewicht
224 kg (T120); 228 kg (T100); 216 kg (Street Twin); 263 kg (Speedmaster); 251 kg (Bobber); 216 kg (Speed Twin)

Farben
Schwarz, Rot/Silber, Blau/Silber (T120); Schwarz, Mattschwarz/Mattgraphit (T120 Black); BlauWeiß, Schwarz, Rot/Weiß (T100); Blau, Matt-Ironstone, Schwarz (Street Twin); Schwarz, Weiß/Schwarz, Hopper (Speedmaster); Grau/Ironstone, Rot, Schwarz (Bobber); Rot, Grau, Schwarz (Speed Twin)

mit nach oben geschwungenen Endrohren führten zu einer leichten Leistungssteigerung. Es wurde eine hochwertigere, 43 mm Marzocchi-Upside-down-Gabel eingebaut und die Bremsleistung wurde durch ein Paar radialer M50 Monobloc-Bremssättel von Brembo sowie zwei 320-mm-Scheiben verbessert. Die 17-Zoll-Aluminiumgussräder waren in einem leichten 12-Speichen-Design gehalten. Hochwertige Oberflächen bekamen die Kotflügel aus gebürstetem Aluminium, der klassische Monza-Tankdeckel sowie die farblos eloxierte Aluminiumschwinge.

GANZ OBEN: Die 2021er Bonneville-Modellreihe. Von links: T120, T120 Black, T100, Street Twin, Bobber, Speedmaster. *Triumph Motorcycles*

OBEN: Die in ihrer Klasse tonangebende Speed Twin erhielt 2021 ein großes Update. Die Gabel und die Bremsen wurden verbessert und der Motor wurde leistungsstärker. *Triumph Motorcycles*

Ab 2021 Scrambler 1200 XC, XE, Steve McQueen Edition

(Unterschiede zu 2020)

Farben
Cobalt-Blau, Matt-Khakigrün, Sapphire-Schwarz (Scrambler 1200); Grün (Steve McQueen)

Die Rocket 3 GT Triple Black Limited Edition zeichnete sich durch eine markante dreifarbige Lackierung aus.
Triumph Motorcycles

Von der Scrambler 1200 Steve McQueen Edition wurden nur 1000 Exemplare gebaut. Es war die bisher edelste Scrambler.
Triumph Motorcycles

Rocket 3 R Black und Rocket 3 GT Triple Black Limited Editions

Da sich die limitierten Auflagen als äußerst erfolgreich erwiesen, wurden Anfang 2021 zwei Rocket 3 Limited Edition angeboten. Die Rocket 3 R Black und die Rocket 3 GT Triple Black waren Varianten der Basisversionen Rocket 3 R und Rocket 3 GT mit leichten kosmetischen Änderungen. Die Rocket 3 R Black war komplett in Schwarz gehalten, während die Rocket 3 GT Triple Black mit drei Grau/Schwarztönen aufwartete. Neben einem Kotflügel aus Kohlefaser erstreckte sich die schwarze Lackierung auf die Auspuffkrümmer, Embleme, Hebel, Fußrasten und Pedale sowie weitere Komponenten. Jedes Modell war weltweit auf 1000 Exemplare limitiert und wurde mit einem Echtheitszertifikat geliefert.

Scrambler 1200 XC und XE; Scrambler 1200 Steve McQueen Edition

Die Scrambler 1200 XC und XE erhielten 2021 die T120 Euro 5-Motor-Updates. Da es sich um relativ neue Modelle handelte, blieben siei ansonsten unverändert. Die Scrambler 1200 Steve McQueen Edition basierte auf der höherwertigen Scrambler 1200 XE. Zu den besonderen Merkmalen gehörten ein Tank in »Competition-Grün« mit Aufklebern in Alu-Optik mit goldfarbenen Outlines, goldfarbene Triumph-Logos, eine spezielle Steve McQueen-Tankgrafik, ein Monza-Tankdeckel aus gebürstetem Aluminium, lackierte Aluminium-Schutzbleche und eine braune Sitzbank mit Ziernähten. Die hochwertige Ausstattung wurde durch eine Auswahl an Premium-Scrambler-Zubehör ergänzt, das serienmäßig verbaut wurde. Von der nummerierten und limitierten Auflage waren weltweit nur eintausend Stück verfügbar.

Street Scrambler, Street Scrambler Sandstorm Limited Edition

Die auf der Street Twin basierende Street Scrambler wurde 2021 ebenfalls aktualisiert. Der drehmomentstarke 900-cm³-Zweizylindermotor erhielt auch die Euro-5-Updates. Während das Street Scrambler-Chassis grundlegend unverändert blieb, gab es neue Details wie eine Seitenverkleidung mit Startnummernschild aus Aluminium und einen neuen Sitzbezug. In diesem Jahr erschien die Street Scrambler Sandstorm Limited Edition, die serienmäßig viele Zubehörteile, eine individuelle Sandstorm-Lackierung enthielt sowie matt-sturmgraue und Ironstone-Exemplare derfarbene Akzente auf dem Tank. Weltweit wurden 775 Exemplare der Sandstorm-Editionen hergestellt.

Eine weitere limitierte Auflage war 2021 die Street Scrambler Sandstorm. Sie bekam eine Reihe von Premium-Zubehörteilen als Serienausstattung.
Triumph Motorcycles

Ab 2021 Street Scrambler Sandstorm Limited Edition

(Unterschiede zu 2020)

Gewicht
223 kg

Farben
Schwarz, Grau, Matt-Khakigrün/Ironstone (Street Scrambler); Grau (Sandstorm)

2022

Der Absatz stieg 2022 auf 83.389 Motorräder, die von 800 Händlern weltweit verkauft wurden. Triumph feierte sein 120-jähriges Jubiläum, das eine feierliche Parade-Runde in Silverstone vor dem Moto2-Rennen am 7. August beinhaltete.

Bei der Veranstaltung wurden einige der bedeutendsten historischen Modelle von Triumph vorgestellt, darunter der kürzlich entdeckte Original-Prototyp von 1901, ein 1915er Model H »Trusty«, eine 49er 6T Thunderbird, Ken Heans 61er ISDT TR6, Steve McQueens 61er TR6 Trophy aus »Gesprengte Ketten«, eine 73er X75 Hurricane, eine 82er TR65T Tiger Trail, eine 94er Speed Triple, eine 2004er Daytona 675, ein 2017er Moto2-Prototyp, ein 2019er Scrambler 1200 XE Bond Bike, eine 2021er Rocket 3R 221 Edition, eine 2022er Speed Triple 1200 RR und eine 2022er Triumph Triple Trophy Street Triple 765 RS.

Die Ausstellung in Silverstone, mit der Triumph im August 2022 sein 120-jähriges Bestehen feierte, wurde von dem Original-Prototyp aus dem Jahr 1901 angeführt.
Triumph Motorcycles

After a season racing in the UK, Brandon Paasch returned to America in 2022 and won the Daytona 200 on the Street Triple RS. *Triumph Motorcycles*

Stefano Manzi was Triumph's most successful rider in the 2022 World Supersport Championship. *Triumph Motorcycles*

Augusto Fernandez won the 2022 Moto2 World Championship on the Triumph-powered KTM. *Triumph Motorcycles*

Durch eine Änderung der FIM-World-Supersport-Regeln wurde das Rennprogramm von Triumph um die Supersport-WM erweitert. Am 12. März errang Brandon Paasch auf der TOBC Triumph Racing Team Street Triple RS einen knappen Sieg beim achtzigsten Daytona 200. Sein Teamkollege Danny Eslick belegte den 6. Platz. In der Supersport-Weltmeisterschaft engagierte das Dynavolt-Triumph-Team den erfahrenen Moto2-Fahrer Stefano Manzi und den 23-jährigen Esten Hannes Soomer. Manzi gewann das erste Rennen in Portugal und belegte den 6. Platz in der Gesamtwertung. In der von Triumph motorisierten Moto2-Meisterschaft gewann Augusto Fernandez auf der Red-Bull-KTM-Ajo-Kalex-Maschine souverän die Weltmeisterschaft. Jeremy Alcoba gewann die modifizierte Triumph Triple Trophy, die an Fahrer vergeben wurde, die von Anfang bis Ende die beste Entwicklung zeigten.

Triumph dehnte die Rennsportaktivitäten aus und nahm noch Motocross und Enduro dazu. Zu diesem Zweck engagierte Triumph die Motocross-Legende Ricky Carmichael und den fünfmaligen Enduro-Weltmeister Iván Cervantes für Tests und Entwicklungsarbeiten. Im Juli gewann Cervantes auf einer Tiger 900 Rally Pro die Trail-Kategorie bei der Baja Aragón. Cervantes dominierte das 450 km lange Rennen und siegte mit großem Vorsprung. Im Oktober folgte ein Sieg in der Kategorie Hard Trail beim 1000 Dunas Raid in Marokko.

Champion Enduro rider Iván Cervantes won the Trail category in the Baja Aragón on a Tiger 900 Rally Pro. *Triumph Motorcycles*

OBEN: Die Entwicklung des TE-1-Elektromotorrads wurde 2022 abgeschlossen. Das Design ähnelte insgesamt der bekannten Street Triple, aber die Leistung entsprach der Speed Triple. *Triumph Motorcycles*

OBEN RECHTS: Die Speed Triple 1200 RR im Café-Racer-Stil verfügte über eine Halbverkleidung und eine semiaktive elektronische Öhlins-Federung. *Triumph Motorcycles*

TE-1

Die Phasen 3 und 4 des TE-1-Elektroprojekts wurden 2022 abgeschlossen. Die finalen Testergebnisse des Prototyps übertrafen die Projektziele und ergaben eine Reichweite von 161 Kilometern, eine Spitzenleistung von 175 PS, eine Beschleunigung von 0 auf 96 km/h in 3,6 Sekunden und von 0 auf 160 km/h in 6,2 Sekunden – was schneller war als die Speed Triple 1200 RS. Die Ladezeit betrug 20 Minuten (0–80 Prozent). Das Gewicht von 220 Kilogramm war bis zu 25 Prozent geringer als bei vergleichbaren Elektromotorrädern. Um den charakteristischen Stil und die Ausstrahlung von Triumph beizubehalten, wurden Ergonomie, Geometrie und Gewichtsverteilung so entwickelt, dass sie der Speed Triple ähnelten, mit der Größe und der visuellen Wirkung einer Street Triple, während die Leistungs- und Drehmomentabgabe einer Speed Triple 1200 RS entsprach. Die regenerative Bremse wurde erfolgreich implementiert, wobei noch Spielraum für weitere Optimierungen besteht, um die Reichweite in Zukunft weiter zu erhöhen. Der Daytona-200-Sieger Brandon Paasch nahm an der abschließenden Testphase teil. Der Erfolg des TE-1-Projekts bot eine Plattform für die zukünftige Entwicklung von Elektromotorrädern.

Speed Triple 1200 RR

Das erste neue Modell, das 2022 auf den Markt kam, war die Speed Triple 1200 RR. Dabei handelte es sich um eine Variante der bekannten Speed Triple 1200 RS und eine moderne Interpretation des traditionellen Café Racers. Die 1200 RR zeichnete sich vor allem durch eine kleine Cockpitverkleidung mit einem klassischen runden Einzelscheinwerfer aus. Während Motor und Basisfahrwerk mit der 1200 RS übereinstimmten, verfügte die 1200 RR über eine elektronisch einstellbare, semi-aktive Öhlins S-EC 2.0 OBTi-Federung, Details aus Kohlefaser und eine farblich abgestimmte Sitzbankabdeckung. Der Stummellenker und die nach hinten versetzten Fußrasten ergänzten den Café-Racer-Stil.

Ab 2022 Speed Triple 1200 RR

(Unterschiede zur Speed Triple 1200 RS)

Radstand
1439 mm
Gewicht
199 kg
Farben
Rot/Grau, Weiß/Grau

Tiger Sport 660

Die nackte Mittelgewichts-Triumph Trident 660 wurde 2022 zur Adventure Tiger Sport 660 weiterentwickelt. Während die grundlegenden Motor- und Fahrwerksspezifikationen unverändert blieben, erhielt die Tiger Sport 660 eine agilere Lenkgeometrie, einen höheren Sitz und einen größeren 17-Liter-Tank. Die Langstreckentauglichkeit wurde durch integrierte Gepäckhalterungen und eine Verkleidung mit zwei Scheinwerfern und höhenverstellbarem Windschild verbessert. Die Tiger Sport 660 wurde entwickelt, um eine neue Generation von Fahrern für die Marke Triumph zu begeistern und war der perfekte Allrounder.

Ab 2022 Tiger Sport 660

(Unterschiede zur Trident 660)

Radstand
1418 mm
Gewicht
206 kg
Farben
Blau/Schwarz, Rot/Graphit, Graphit/Schwarz

Die Tiger Sport 660 vereint auf wunderschöne Weise Funktionalität mit modernem Adventure-Design.
Triumph Motorcycles

Tiger 1200 GT, GT Pro, GT Explorer, Rally Pro, Rally Explorer

Nach nur vier Jahren wurde die Tiger-1200-Bestseller-Familie 2022 komplett überarbeitet. Bei einem der umfassendsten Updates in der Geschichte von Triumph erhielt der neue Dreizylinder eine größere Bohrung, weniger Hub sowie eine neue T-Crank-Kurbelwelle mit ihrem Hubzapfenversatz und der außergewöhnlichen Zündfolge von 180-270-270. Das sorgt für einen Motorlauf, Sound und Drehmomentwicklung, die einzigartig im Reigen der Motorkonzepte ist. Der Hubraum fiel zwar etwas geringer aus, doch die Leistung stieg um acht PS gegenüber der vorherigen Generation. Der Zylinderkopf, das Getriebe und die Kupplung,

2022 war eine völlig neue Tiger 1200 erhältlich. Hier sind vorne die Rally Pro und die Rally Explorer zu sehen, dahinter die GT Explorer und die GT Pro.
Triumph Motorcycles

2022–2023 Tiger 1200 GT, GT Pro, GT Explorer, Rally Pro, Rally Explorer

(Unterschiede zu 2021)

Bohrung
90,0 mm
Hub
60,7 mm
Hubraum
1160 cm^3
Leistung
148 PS be 9,000/min
Verdichtung
13.2:1
Rahmen
Stahl-Gitterrohrrahmen mit Alu-Auslegern, verschraubter Alu-Heckrahmen
Schwinge
Zweiarm-Dreigelenkschwinge
Gabel
49 mm Showa USD mit semiaktiver Dämpfung
Federung hinten
Showa-Federbein mit semiaktiver Dämpfung
Bremsen
2 x 320 mm Scheiben, radiale Brembo M430 Stylema Monobloc-Sättel vorne; 282 mm Scheibe, Brembo-Einkolben-Sattel hinten
Räder
Guss 19x3.0 Zoll vorne und 18x4.25 Zoll hinten (GT, GT Pro, GT Explorer); 21x2.5 Zoll vorne und 18x4.25 Zoll hinten (Rally Pro, Rally Explorer)
Reifen
120/70R19 vorne und 150/70R18 hinten (90/90-21 vorne Rally Pro, Rally Explorer)
Radstand
1560 mm
Gewicht
240 kg (GT); 245 kg (GT Pro); 255 kg (GT Explorer); 249 kg (Rally Pro); 261 kg (Rally Explorer)
Farben
Weiß (GT); Weiß, Schwarz, Blau (GT Pro, GT Explorer); Weiß, Schwarz, Khakigrün (Rally Pro, Rally Explorer)

der Kardanantrieb und das Winkelgetriebe waren alle neu, wobei jede Komponente leichter konzipiert wurde. Der neue Motor baute viel kompakter, veränderte dadurch auch die Fahrdynamik.

Der neue Rahmen verfügte über ein geschraubtes Heck aus Aluminium und wog 5,4 Kilo weniger als der des Vorgängermodells. Zusätzliche Gewichtseinsparungen ergaben sich durch den neuen Alu-Tank und die Zweiarmschwinge mit ihrer neuen Drehmomentabstützung. Die fünf Modelle umfassten die straßenorientierte GT und die GT Pro, die beide mit Gussrädern und einer semiaktiven Showa-Federung ausgestattet waren. Dazu kam die Rally Pro mit schlauchlosen Speichenrädern und einer Showa-Federung mit längerem Federweg. Abgerundet wurde die Modellreihe durch die Rally Explorer und die GT Explorer, beide mit 30-Liter-Tanks. 2024 erhielt die Tiger 1200 eine neue aktive Reduzierung der Federvorspannung am Heck, was ein Absenken der Sitzhöhe im Stillstand um bis zu 20 Millimeter bewirkt.

2022 Special und Limited Edition

Tiger 900 Bond Edition

Die Stunt-Sequenzen der Tiger 900 Rally Pro in »Keine Zeit zu sterben« inspirierten Triumph 2022 zu einer Tiger 900 Bond Edition. Sie folgte auf die bekannte Scrambler 1200 Bond Edition und verfügte über eine matt-saphirschwarze Lackierung mit schwarzen Details. Die auf 250 Exemplare limitierte Auflage war einzeln nummeriert.

Bonneville Gold Line Editions

Nach der erfolgreichen Street Twin Gold Line Edition von 2021 erschien eine neue Reihe von acht Bonneville Gold Line Editionen. Diese neuen Sondermodelle, Pinstripe-Künste der Triumph-Lackiererei zur Schau stellten, waren nur ein Jahr lang erhältlich. Jede Edition

Die Bond-Sondereditionen wurden 2022 mit der Tiger 900 Bond Edition fortgesetzt. *Triumph Motorcycles*

Die Bonneville Gold Line Editions verfügten über handgezogene Linien am Tank. *Triumph Motorcycles*

Die T100 Gold Line war eine von acht Bonneville Gold Line Special Editions, die 2022 erhältlich waren. *Triumph Motorcycles*

Die Speedmaster Gold Line war in Silber und Schwarz und optional mit einem kurzen Vorderradkotflügel erhältlich. *Triumph Motorcycles*

Die gut ausgestattete Scrambler 1200 XE Gold Line Edition hatte eine auffällige Lackierung in Baja.Orange und Silber. *Triumph Motorcycles*

2022 Bonneville Gold Line Editions

Bonneville T100 Gold Line Edition
Tank in Eissilber und Competition-Grün, umrandet mit handgezogenen goldenen Zierlinien, elegantes Gold-Line-Logo, Schutzbleche und Seitendeckel ebenfalls in Eissilber mit Streifen in Competition-Grün, weiß-goldenes Bonneville-T100-Logo und handgezogene goldene Zierlinien

Street Scrambler Gold Line Edition
Tank in Matt-Pacific-Blau mit Streifen in Graphite, goldene Triumph-Tanklogos und elegantes Gold-Line-Logo, handgezogene Goldlinien entlang des Tankstreifens und um die Einsätze aus gebürsteter Folie am Tank, Schutzbleche vorne und hinten in Matt-Jet-Schwarz und Seitendeckel mit neuem goldenen Street-Scrambler-Logo

Bonneville Speedmaster Gold Line Edition
Tank in Eissilber mit Sapphire-schwarzem Doppelstreifen-Design und Einsätzen am Tank aus gebürsteter Folie, eingefasst mit handgezogenen Goldlinien und elegantem Gold-Line-Logo; Scheinwerfergehäuse, Schutzbleche und Seitendeckel in Sapphire-Schwarz mit goldenen und silbernen Bonneville-Speedmaster-Logos und handgezogener goldener Einfassung

Bonneville Bobber Gold Line Edition
Tank und Schutzbleche in Carnival-Rot mit goldenen Triumph-Tanklogos und elegantem Gold-Line-Logo, Sapphire-schwarzes Doppelstreifen-Design und Einsätze am Tank aus gebürsteter Folie, eingefasst mit handgezogenen Goldlinien; Seitendeckel in Sapphire-Schwarz mit einzigartigem neuen Bonneville-Bobber-Logo

Bonneville T120 Gold Line Edition
Tank in den Eissilber und Competition-Grün, umrandet mit handgezogenen Goldlinien und elegantem Gold-Line-Logo; Schutzbleche und Seitendeckel ebenfalls in Eissilber mit Streifen in Competition-Grün auf den Seitendeckeln, neues weiß-goldenen Bonneville T100-Logo

Bonneville T120 Black Gold Line Edition
Tank in Matt-Sapphire-Schwarz und Matt-Eissilber, umrandet mit handgezogenen Goldlinien; Schutzbleche, Scheinwerfergehäuse und Seitendeckel ebenfalls in Matt-Sapphire-Schwarz mit Streifen in Matt-Eissilber auf den Seitendeckeln, neues schwarz-goldenes Bonneville-T120-Black-Logo

Scrambler 1200 XC Gold Line Edition
Tank in Carnival-Rot und Storm-Grau mit alusilbernen Streifen und Einsätzen aus gebürsteter Folie mit handgezogener goldener Einfassung und elegantem Gold-Line-Logo

Scrambler 1200 XE Gold Line Edition
Tank in Baja-Orange und Eissilber mit weißen Streifen und Einsätzen aus gebürsteter Folie mit handgezogener goldener Einfassung und elegantem Gold-Line-Logo

Die 221 Special Edition Rocket 3 R feierte ihr unglaubliches Drehmoment von 221 Newtonmetern. *Triumph Motorcycles*

Die Street Twin EC1 Special Edition wurde von der Underground-Custom-Kultur des Londoner East Ends inspiriert. *Triumph Motorcycles*

Die Thruxton RS Ton Up Special Edition war eine Hommage an die legendären Ton Up (100 mph) Jungs der 50er- und 60er-Jahre. Hier posiert sie vor dem ebenso legendären Ace Café in London. *Triumph Motorcycles*

repräsentierte ein anderes Modell der Modern Classic-Reihe und alle erhielten individuelle Farben und Details. Alle Gold Line Edition hatten ein zweifarbiges Grundschema, auf das die goldfarbene Zierlinie sorgfältig von Hand mit einem Schlepppinsel aufgetragen wurde. Die für die Goldlinie verwendete Farbe wurde durch Mischen mit einem Zelluloselack konzipiert und jede Gold Line Edition wurde vom Künstler mit seinen Initialen versehen.

221 Special Edition Rocket 3 R und Rocket 3 GT

Ebenfalls nur 2022 im Programm war das Sondermodell 221 Special Edition, das als Rocket 3 R und Rocket 3 GT verfügbar war. Mit ihm wurde das höchste Drehmoment seiner Klasse von 221 Newtonmetern gefeiert. Der Tank und der vordere Kotflügel der 221 erhielten ein unverwechselbares Red-Hopper-Farbschema und der Tank wurde mit riesigen 221-Ziffern versehen. Die Grafik auf dem Spritreservoir umfasst Werte für Leistung, Drehmoment, Motorgröße, Bohrung und Hub. Zu den weiteren Details gehörten saphirschwarze Kotflügelhalterungen, Scheinwerfergehäuse, Flyscreen, Seitendeckel, Heckverkleidung und Kühlerabdeckungen. Neben der Showa-Federung, den Brembo-Bremsen und den 20-Speichen-Aluminiumgussrädern wurden die Doppelscheinwerfer, die Einarmschwinge und die klappbaren Soziusfußrasten der Standard-Rocket 3 beibehalten.

Street Twin EC1 Special Edition

Die Street Twin EC1 Special Edition wurde von der lebendigen Underground-Custom-Kultur des Londoner East End inspiriert, insbesondere von den historischen Straßen des Londoner Postleitzahlgebiets EC1 und war nur ein Jahr lang erhältlich. Die meistverkaufte Modern Classic, die Street Twin, hatte sich als beliebte Basis für individuelle Umbauten erwiesen und die EC1 war eine werkseitige Sonderanfertigung der Street Twin. Die Zweifarblackierung der EC1 und die hochwertigen, maßgeschneiderten Details umfassten einen Tank in den Farbtönen Matt-Aluminiumsilber und Matt-Eissilber, die um handgezogene silberfarbene Linien, spezielle EC1-Grafiken sowie ein klassisches Triumph-Emblem ergänzt wurden. Die individuelle Optik setzte sich mit den Seitenverkleidungen in Matt-Eissilber fort, die Kotflügel waren in Matt-Aluminiumsilber gehalten. Das silbernfarbene Thema wurde durch schwarze Zehnspeichenräder unnd weitere schwarze Details kontrastiert. Minimalistische Blinker, eine Sitzbank und ein kompaktes LED-Rücklicht vervollständigten die klare Silhouette des EC1.

Thruxton RS Ton Up Special Edition

Auch nur 12 Monate wurde die Thruxton RS Ton Up Special Edition produziert. Sie war eine Hommage an die legendären Ton Up (100 mph) Boys der 50er- und

60er-Jahre – die ursprünglichen Café Racer – und an Malcolm Uphills erste 100-mph-Runde bei der Isle of Man TT 1969. Das klassische Farbschema der Ton Up umfasste einen ägäisblauen Tank mit tiefschwarzen Knieaussparungen, eingefasst von handgezogenen Pinstripes. Dazu kamen eine Sitzbankabdeckung und ein vorderer Kotflügel in Fusion White, die beide mit karminroten »100«-Grafiken verziert waren.

Die tiefschwarzen Seitenverkleidungen waren mit einem Thruxton RS Ton Up-Logo versehen und passten zum schwarzen Scheinwergehäuse. Zu den weiteren vom Custom-Stil inspirierten Details gehörten matt-aluminiumfarbene Gabelprotektoren und schwarze Räder, Motorabdeckungen und RSU-Federn. Optional war ein Schild in Aegean-Blau erhältlich. Die übrige Ausstattung war mit der Thruxton RS identisch, darunter die hochwertige Showa-Gabel, Öhlins-Stoßdämpfer, Brembo-Vorderradbremsen, ein Tankdeckel im Monza-Stil, zwei hochgezogene Schalldämpfer aus gebürstetem Edelstahl, ein Einzelsitz und schwarze Lenkerendspiegel.

Speed Twin Breitling Limited Edition

2022 schloss sich Triumph mit dem Uhrenhersteller Breitling zusammen und brachte die Speed Twin Breitling Limited Edition und den Breitling Top Time Chronographen auf den Markt. Die einzigartige Lackierung in Polychromatic-Blau wurde von der Thunderbird 6T aus dem Jahr 1951 inspiriert, die Marlon Brando in dem legendären Bikerfilm »Der Wilde« von 1953 fuhr. Das Polychromatic-Blau wurde auf der seltenen Breitling Top Time (Ref. 815) mit blauem Zifferblatt aus den 1970er-Jahren verwendet. Die Designer verwendeten einen Spektrograf, um die Farbe aus einem originalen Triumph-Farbmusterbuch aus den 50ern und einem neuwertigen Farbstück der originalen Thunderbird-Lackierung abzugleichen. Die Farbe wurde dann angemischt, der Tank von Hand abgeklebt und mit einem passenden Streifen in Jet-Schwarz und dem Breitling-Schriftzug versehen. .

Die Breitling Special Edition wurde mit hochwertigem, voll einstellbaren Öhlins-Federbein mit glänzend schwarzer Federn, gefrästen Aluminium-Kupplungs- und Lichtmaschinenverkleidungen sowie gefrästem Breitling-Branding ausgestattet. Ein perforierter schwarzer Ledersitz mit kontrastierenden grauen Nähten und speziellen Breitling Speed Twin-Instrumenten, die dem Zifferblatt der Breitling Top Time Triumph nachempfunden waren, rundeten die edle Ausstattung ab. Um den 270-Grad-Parallel-Twin zu feiern, wurde die Breitling Edition Speed Twin weltweit auf 270 nummerierte Exemplare limitiert. Den zukünftigen Besitzern wurde außerdem die Möglichkeit geboten, einen Breitling Top Time Triumph Chronographen in limitierter Auflage mit einer personalisierten, passenden Editionsnummer zu erwerben.

Das Blau auf dem Speed Twin Breitling Limited Edition-Tank wurden entsprechend der originalen 51er Thunderbird 6T lackiert. *Triumph Motorcycles*

Triumph und Gibson 1959 Legends Custom Collaboration

Eine weitere Zusammenarbeit in diesem Jahr war die 1959 Legends Custom Collaboration mit Gibson Guitars. Das Sondermodell wurde zur Unterstützung des Distinguished Gentleman's Ride (DGR), einer globalen Wohltätigkeitsorganisation, ins Leben gerufen und ist von der historischen Bedeutung der legendären 1959er Les Paul Standard und der 1959er Bonneville T120 inspiriert. Das Ergebnis dieser Partnerschaft waren moderne Interpretationen dieser Legenden: die Gibson Les Paul Standard Reissue und die Triumph Bonneville T120 1959 Legends Custom Edition. Sie zeichnete sich durch einzigartige Details im Gibson-Design aus, darunter eine in handarbeit entstandene Sunburst-Lackierung. Die 1959er Legends-Gitarre und die atemberaubende Bonneville wurden zusammen als Preis für denjenigen ausgelobt, der die höchste Summe für den Distinguished Gentleman's Ride 2022 spendete.

Die Gibson Les Paul Standard Reissue-Gitarre und die Triumph Bonneville T120 1959 Legends Custom Edition wurden 2022 zur Unterstützung des Distinguished Gentleman's Ride produziert und an denjenigen übergegeben, der am meisten spendete. *Triumph Motorcycles*

Der Spanier Pedro Acosta dominierte die Moto2-Weltmeisterschaft 2023 auf der Triumph-motorisierten KTM. *Triumph Motorcycles*

Acosta wurde in Valencia beim letzten Rennen der Moto2-Saison 2023 eine maßgefertigte Street Triple RS 765 überreicht. *Triumph Motorcycles*

Im April 2023 stellte Iván Cervantes in Nardò mit einer Tiger 1200 GT Explorer einen neuen Guinness-Weltrekord auf, indem er in 24 Stunden mehr als 4012 Kilometer zurücklegte. *Triumph Motorcycles*

2023

Während der Moto2-Saison 2022 kündigte Triumph mehrere Entwicklungen für den 765-cm³-Moto2-Dreizylinder an. Dazu gehörten ein neuer Zylinderkopf mit höherer Verdichtung, ein neues Nockenwellenprofil und längere Ventile zur Erhöhung des Ventilhubs sowie überarbeitete Ventilfedern. Um die beeindruckende Zuverlässigkeit des Motors zu erhalten, konzentrierten sich die Verbesserungen auf Kolben, Pleuel und Kurbelwelle, um dem höheren Kolbendruck von 90 bar gerecht zu werden. Dies führte zu einer Leistungssteigerung von fünf PS. Pedro Acosta, der für das Red Bull KTM Ajo Team mit einem Kalex-Rahmen fuhr, gewann die Moto2-WM und die Triumph Triple Trophy. Es war das erste Mal, dass der Weltmeister auch die Trophy gewann. Triumph blieb für weitere fünf Saisons, von 2025 bis 2029, exklusiver Motorenlieferant für die FIM Moto2-WM. Ein neues Renngetriebe befand sich in der Entwicklung und sollte in der Saison 2025 erstmals zum Einsatz kommen. Am Ende der Saison 2023 bekam Triumph die Torrens Trophy des Londoner Royal Automobile Club für den Erfolg als exklusiver Motorenlieferant der Moto2-WM verliehen. Die Trophäe wird seit 1979 an die erfolgreichsten britischen Motorradfahrer und -rennfahrer, Ingenieure, Hersteller und wichtige Persönlichkeiten vergeben. Bei der FIM Supersport-Weltmeisterschaft 2023 schlossen sich Harry Truelove und Niki Tuuli dem PTR Triumph-Team an. Tuuli belegte schließlich den achten Gesamtrang.

Am 30. April holte sich Iván Cervantes offiziell den Guinness-Weltrekordtitel für die »größte Distanz auf einem Motorrad in 24 Stunden (Einzelperson)«. Mit einer Tiger 1200 GT Explorer legte er auf dem Hochgeschwindigkeitskurs des Nardò Technical Center in Italien in einem Zeitraum von 24 Stunden mehr als 4012 Kilometer zurück und übertraf damit den bisherigen Rekord um mehr als 600 Kilometer. Triumph bestätigte außerdem Pläne, 2024 an der FIM Motocross-Weltmeisterschaft und der AMA SuperMotocross-Weltmeisterschaft teilzunehmen

Viele Aktualisierungen der bestehenden Modellpalette beschränkten sich auf die Farben. Dazu gehörten die Modern Classics, Roadster, Rocket 3 sowie Tiger 900 und 850 Sport. Bei den Modern Classics wurde die Street Twin zur Speed Twin 900 und die Street Scrambler zur Scrambler 900.

Street Triple R, Street Triple RS, Street Triple Moto2 Edition

Die Street-Triple-765-Reihe wurde 2023 erheblich aktualisiert, an deren Spitze nun eine limitierte Street Triple 765 Moto2 Edition stand. Dies war die bisher hochwertigste und sportlichste Street Triple und kam einem Moto2-Rennmotorrad für die Straße am nächsten. Das Triebwerk enthielt Leistungsverbesserungen, die direkt aus dem Moto2-Rennprogramm abgeleitet wurden,

Neue Farben 2023

Speed Twin 900
Matt-Eissilber
Speed Twin 1200
Matt-Baja-Orange
Scrambler 900
Carnival-Rot und Jet-Schwarz
Scrambler 1200 XE and Scrambler 1200 XC
Carnival-Rot und Jet-Schwarz
Bonneville T100
Meriden-Blau und Tangerine
Bonneville Bobber
Hopper-Rot
Bonneville T120
Aegean-Blau und Fusion-Weiß
Bonneville Speedmaster
Cordovan-Rot
Bonneville T120 Black
Sapphire-Schwarz und Matt-Sapphire-Schwarz
Thruxton RS
Competition-Grün und Eissilber
Speed Triple 1200 RS
Matt-Baja-Orange
Street Triple 765 RS
Carbon-Schwarz
Street Triple 765 R
Matt-Carbon-Schwarz
Trident 660
Matt-Baja-Orange und Matt-Storm-Grau
Rocket 3 R
Matt-Eissilber, Sapphire-Schwarz
Rocket 3 GT
Carnival-Rot und Sapphire-Schwarz
Tiger 900 GT and Tiger 900 GT Pro
Caspian-Blau und Matt-Graphit
Tiger 900 Rally and Tiger 900 Rally Pro
Sandstorm
Tiger 850 Sport
Graphit & Baja-Orange

darunter neue Kolben, Pleuel und Kolbenbolzen, die auf optimierte Brennräume mit höherer Kompression abgestimmt waren. Das Getriebe war kürzer übersetzt, um die Beschleunigung zu verbessern. Mit einem neuen, offenerem Auspuffsystem wurde die Leistung erhöht. Die Gullwing-Schwinge wurde so konzipiert, dass sie eine hervorragende Torsionssteifigkeit mit seitlicher Flexibilität bot. Das maximierte die Stabilität bei hohen Geschwindigkeiten und wurde durch eine spezifische Federung für jedes Modell ergänzt. Die Street Triple 765 Moto2 Edition war mit einer 43 mm Upside-down-Öhlins-Gabel und einem Öhlins-Federbein ausgestattet. Die Street Triple RS erhielt eine 41 mm Showa-Upside-down-Gabel und ein Öhlins-Federbein, während die Street Triple R mit einer 41 mm Showa-Upside-down-Big-Piston-Gabel mit separat einstellbarer Druck- und Zugstufendämpfung sowie einem Showa-Federbein ausgestattet war. Die Street Triple RS und die Moto2-Edition verfügten über radiale Brembo Stylema Vierkolbensättel vorne, während die Street Triple R vorne mit Brembo M4.32 Vierkolbensätteln ausgestattet war. Die R und RS hatten einen 12 mm breiteren Lenker, während die Moto2-Edition mit ihrem tieferen und weiter vorne angebrachten Stummellenker eher vom Rennsport inspiriert war. Sowohl die RS als auch die Moto2-Edition verfügten über einen steileren Lenkkopfwinkel und ein höheres Heck. Mit dabei waren außerdem ein optimiertes Kurven-ABS und eine Kurven-Traktionskontrolle sowie vier Fahrmodi. Alle Modelle erhielten ein aggressiveres Design, wobei die Moto2-Edition aus Kohlefaser mit offiziellem Branding gefertigt wurde. Die Moto2-Edition war in zwei Farbschemata erhältlich, von denen jeweils 765 Stück produziert wurden.

Viele Modelle erhielten 2023 neue Farben und die Street Scrambler wurde zur Scrambler 900. *Triumph Motorcycles*

Die Street Triple Moto2 Edition wurde mit Öhlins-Federung ausgerüstet. *Triumph Motorcycles*

Obwohl die Street Triple RS den leistungsstarken Dreizylinder der Moto2-Edition trug, war das Fahrwerk einfacher ausgestattet. *Triumph Motorcycles*

Ab 2023 Street Triple Moto2 Edition, Street Triple RS, Street Triple R

(Unterschiede zu 2022)

Leistung
128,2 PS bei 12.000/min (Moto2 und RS); 118,4 PS bei 12,.500/min (R)
Verdichtung
13,25:1
Federung vorne
Öhlins NIX30 (Moto2)
Radstand
1397 mm (Moto2); 1399 mm (RS); 1402 mm (R)
Gewicht
188 kg (Moto2 und RS); 189 kg (R)
Farben
Gelb, Weiß (Moto2); Silber, Rot, Gelb (RS); Silber Weiß (R)

Chrome Collection

Nach dem Erfolg der 2022er Gold Line-Editionen wurde die Chrome Collection für ein Jahr als limitierte Auflage angeboten. Inspiriert vom verchromten Kraftstofftank, der erstmals 1937 bei der Speed Twin zum Einsatz kam und sich bis zu den Tritons der 60er-Jahre fortsetzte, war die Chrome Collection in zehn spezifischen Varianten erhältlich, die die Modellreihen Bonneville und Rocket 3 umfassten. Jede der zehn neuen limitierten Auflagen verfügte über ein einzigartiges Chrome-Edition-Design, das die Tradition jedes Modells widerzuspiegelte. Im Vordergrund stand die bei Triumph in Handarbeit durchgeführte Verchromung, die den Tank und andere Details betraf.

Alle neuen Street Triple 765, einschließlich der hier abgebildeten Street Triple R, erhielten ein kantigeres und aggressiveres Design. *Triumph Motorcycles*

2023 Chrome Collection

Rocket 3 R Chrome Edition
Verchromter Tank mit Akzenten in Jet-Schwarz, Schild, Scheinwerfergehäuse, vorderer Kotflügel, und Seitenverkleidungen in Jet-Schwarz

Rocket 3 GT Chrome Edition
Verchromter Tank mit Akzenten in Diablo-Rot, Schild, Scheinwerfergehäuse, vorderer Kotflügel, und Seitenverkleidungen in Jet-Schwarz

Bonneville T120 Chrome Edition
Verchromter Tank mit Akzenten in Meriden-Blau, Scheinwerfergehäuse und Kotflügel in Jet-Schwarz

Bonneville Bobber Chrome Edition
Verchromter Tank mit Akzenten in Jet-Schwarz, dreieckige Triumph-Tankembleme, Kotflügel und Seitenverkleidungen in Jet-Schwarz

Scrambler 1200 XE Chrome Edition
Verchromter Tank mit Brooklands-grünem Spannband, Kotflügel aus gebürstetem Alu, Seitenverkleidungen in Jet-Schwarz

Bonneville Speedmaster Chrome Edition
Verchromter Tank, teillackiert in Diablo-Rot, Kotflügel und Seitenverkleidungen in Jet-Schwarz

Thruxton RS Chrome Edition
Verchromter Tank mit Akzenten in Jet-Schwarz, Scheinwerfergehäuse, Kotflügel und Seitenverkleidungen in Jet-Schwarz

Bonneville T100 Chrome Edition
Cobalt-blauer Tank mit Chrome-Edition-Spannband, verchromte Embleme und Tankdeckel, Seitenverkleidungen in Jet-Schwarz

Speed Twin 900 Chrome Edition
Hopper-roter Tank mit Kniepolstereinsätzen aus Metall, Streifen in Jet-Schwarz, dreieckige Triumph Tank-Embleme, Kotflügel und Seitenverkleidungen in Jet-Schwarz mit roten und silberfarbenen Zierstreifen

Scrambler 900 Chrome Edition
Brooklands-grüner Tank mit schwarzem Zierstreifen, Kniepolstereinsätzen aus Metall, dreieckige Triumph Tank-Embleme, Jet Black Kotflügel und Seitenverkleidungen in Jet-Schwarz

Speed Triple 1200 RR Bond Edition

Triumph setzte die Bond-Partnerschaft fort und feierte 60 Jahre Bond mit der Einführung einer exklusiven Speed Triple 1200 RR Bond Edition. Sie enthielt eine dreifarbige Lackierung in Schwarz, Granitgrau und Sturmgrau mit dem offiziellen »60 Years of Bond«-Logo auf dem Tank. Alle 25 James-Bond-Filmtitel wurden auf die Oberseite des Tanks lackiert. Um die Verbindung zu Bond zu betonen, wurde das Cockpit mit einem unverwechselbaren James-Bond-Pistolenlauf-Design versehen. Die Speed Triple 1200 RR Bond Edition ist weltweit auf nur sechzig Exemplare

Die Bonneville T120 Chrome Edition gehörte zur nur 2023 erhältlichen Chrome Collection. *Triumph Motorcycles*

Die Thruxton RS Chrome Edition hatte einen verchromten Tank mit schwarzen Akzenten. *Triumph Motorcycles*

Die exklusivste der Bond Limited Editions war die Speed Triple 1200 RR Bond Edition. Die schwarze Maschine hatte alle 25 James-Bond-Filmtitel auf dem Tank lackiert. *Triumph Motorcycles*

DGR-Gründer Mark Hawwa mit der Bonneville T120 Black Distinguished Gentleman's Ride Limited Edition. *Triumph Motorcycles*

limitiert und war fortlaufend in der Lenkerklemmung nummeriert. Alle 60 Exemplare wurden versteigert, die Mehrerlöse gegenüber dem Listenpreis wurden einem guten Zweck gespendet.

Bonneville T120 Black DGR Limited Edition

Zur Feier des zehnjährigen Bestehens der DGR (Distinguished Gentleman Ride) brachte Triumph 2023 die Bonneville T120 Black DGR Limited Edition auf den Markt. Die DGR wurde 2012 von Mark Hawwa gegründet und hat Hunderttausende von Motorradfahrern auf der ganzen Welt zusammengebracht, um das Bewusstsein für die Gesundheit von Männern zu schärfen. Es wurden über 37 Millionen US-Dollar für die Prostatakrebsforschung und die psychische Gesundheit von Männern gesammelt. Triumph wurde 2014 offizieller Motorradpartner der DGR

Die Briten stellten im Rahmen der Feierlichkeiten zum Jubiläumsjahr 250 Motorräder der Bonneville T120 Black DGR her. Jedes Motorrad war mit einer schwarz-weißen Metallic-Lackierung, dem offiziellen DGR-Branding, einem Logo auf dem Tank und den Seitenverkleidungen, goldenen Details und einem markanten braunen Sitz ausgestattet und wurde mit einem nummerierten Zertifikat geliefert. Die Nummer 001 wurde demjenigen übergeben, der die meisten Spenden für die Fahrt im Jahr 2023 gesammelt hatte

Tiger 900 Rally und GT Aragón Editions

Ein Jahr nachdem Iván Cervantes die anspruchsvolle Baja Aragón gewonnen hatte, brachte Triumph die Tiger 900 Rally Aragón und die Tiger 900 GT Aragón auf den Markt. Diese Sondereditionen, die 2023 erhältlich waren, zeichneten sich durch spezielle Farben und Spezifikationen aus. Die Tiger 900 Rally Aragón war dreifarbig in Matt-Phantomschwarz, Matt-Graphit und Crystal-Weiß mit gelben Akzenten sowie einer zweifarbigen Sitzbank erhältlich. Die GT Aragón teilte sich die Details der Aragón Edition und das zweifarbige Sitzdesign, verfügte jedoch über ein dreifarbiges Farbschema in Diablo-Rot, Matt-Phantomschwarz und Crystal-Weiß. Motorschutzbügel waren bei beiden Aragón Editionen Standard, während die Rally Aragón Edition auch über Tank-Bügel verfügte.

2024

In diesem Jahr mussten die Teilnehmer der Moto2-Weltmeisterschaft zu 40 Prozent nicht-fossilen E40-Kraftstoff verwenden, mit dem Ziel nach und nach bis 2027 auf E100 umzusteigen. Petronas lieferte den prit und Triumph war am Testprogramm für nachhaltige Kraftstoffe beteiligt. Natürlich nahmen die Briten auch weiterhin an der Supersport-WM teil, mit Ondrej Vostatek und Thomas Booth-Amos auf der PTR Triumph Street Triple RS 765 und Jorge Navarro und John McPhee auf RS 765 für WRP Racing. Neben der neuen TF 250c Einzylinder-Motocross stellte Triumph eine völlig neue Einzylinder-Serienplattform der TR-Serie für 2024 vor. Die Speed 400 und die Scrambler 400 X wurden als Einstiegsmodelle in die Modern Classic-Reihe aufgenommen. Sie entstanden um den Kundenkreis zu erweitern und die Markentreue zu stärken, insbesondere in aufstrebenden Märkten wie Indien. Das Motocross-Rennprogramm trug mit zwei Nennungen in der FIM MX2-Klasse 2024 und drei Nennungen in der AMA SuperMotocross-WM Früchte. Es umfasste Supercross und Pro Motocross mit drei SuperMotocross-Rennen zum Saisonende.

Speed 400 und Scrambler 400 X

Die Modelle Speed 400 und Scrambler 400 X feierten Triumphs Einzylinder-Tradition. Der brandneue Einzylinder mit TR-Einspritzung ist laufruhig, wofür die gut gewählte, gegenläufig rotierende Kurbelwelle sorgt. Um die Ästhetik des Motors zu verbessern, wurde die Wasserkühlung verborgen und das Motorgehäuse mit Kühlrippen versehen. Es gibt den Einzylinder in zwei spezifischen Versionen: als straßenorientierte Speed 400 und als Offroad-Scrambler X. Während beide Modelle einen neuen Rahmen mit angeschraubtem hinterem Hilfsrahmen und einer Schwinge aus Aluguss aufwiesen, verfügten die Speed 400 und die Scrambler 400 X jeweils über eine eigene Fahrwerkskonfiguration und eine entsprechende Geometrie. Neben einer höheren Sitzposition und einer aufrechteren Fahrposition verfügte die Scrambler 400 X über einen längeren Radstand, eine Federung mit größerem Federweg, ein Vorderrad mit größerem Durchmesser und eine größere vordere Bremsscheibe sowie einen breiteren Lenker.

Die Speed 400 Roadster gesellte sich zu den etablierten Modern Classic Speed Twin 900 und 1200, während die Scrambler 400 X von den Scrambler 900 und 1200 inspiriert wurde.

Die Tiger 900 Aragón Rally Pro und GT Pro entstanden zur Feier des Siegs von Iván Cervantes bei der Baja Aragón 2022. *Triumph Motorcycles*

Scrambler 1200 X, 1200 XE

2024 ersetzte eine Scrambler 1200 X mit einfacherer Ausstattung die 1200 XC, während die 1200 XE höherwertige Komponenten erhielt. Zu den Neuerungen a Motor gehörten ein 50-mm-Drosselklappengehäuse und überarbeitete Abgaskrümmer, wobei die Spitzenleistung bei etwas weniger Drehzahl erreicht wurde. Mit schmalerem Lenker, niedrigerer Sitzbank und einer kürzeren Schwinge war die 1200 X straßenorientierter als die 1200 XE. Bei beiden Versionen kam bei der Federung Marzocchi statt Showa zum Einsatz, die 1200 X mit einer nicht verstellbaren und die 1200 XE mit einer voll verstellbaren 45-mm-Gabel. Die 1200 XE bekam einen Marzocchi-Doppelfeder-Stoßdämpfer hinten und die neueste Generation der Brembo Stylema-Radial-Monobloc-Bremssättel vorne mit schwimmend gelagerten 320-mm-Scheiben.

Die Einzylinder-Speed-400 und Scrambler 400 X entstanden auf einer völlig neuen Plattform. *Triumph Motorcycles*

2024 wurde die Scrambler 1200 XE mit neuer Federung, Bremsen und Elektronik ausgestattet. *Triumph Motorcycles*

Thruxton Final Edition

Nach zwanzigjähriger Produktionszeit wurde die Thruxton 2024 eingestellt. Triumph verabschiedete sich von dem legendären Café Racer mit der Thruxton Final Edition, einer limitierten Auflage, die auf der Thruxton RS basierte. Zu den exklusiven Merkmalen gehörten die Metallic-Lackierung in Competition-Grün mit goldfarbenen Zierlinien und eine Final Edition-Plakette.

Tiger 900 GT, GT Pro, Rally Pro

Obwohl erst vor kurzem eingeführt, wurde die Tiger 900 schon 2024 aktualisiert und die bisherigen vier Typen auf drei Modelle reduziert: die Tiger 900 GT, GT Pro und Rally Pro. Der Dreizylinder erhielt überarbeitete Komponenten, was zu einer Leistungssteigerung von 13 Prozent führte. Da Ergonomie und Komfort im Vordergrund standen, war der Sitz flacher und breiter, beide Pro-Versionen verfügten über Sitzheizung. Die Sitzhöhe konnte war bei allen Modelle um 20 mm höhenverstellbar. Zu den zusätzlichen Ausstattungsmerkmalen der GT gehörten eine speziell abgestimmte Aufhängung mit elektrisch einstellbarer Vorspannung der Hinterradaufhängung, der Triumph Schaltassistent und ein fünfter Fahrmodus. Zu den neuen aktiven Sicherheitsmerkmalen der gesamten Modellreihe gehörte ein Notbremswarnsystem und ein Reifendruck-Überwachungssystem. Die neue Verkleidung wirkte betont aggresiv.

Ab 2023 Scrambler 1200X, XE

(Unterschiede zu 2023)

Leistung	89 PS bei 7000/min
Gabel	45 mm Marzocchi Upside-down
Federung hinten	2 x Marzocchi-Federbein
Bremsen vorne	2 x 310 mm Scheiben, Nissin Zweikolben-Sättel (X)
Radstand	1525 mm (XE)
Gewicht	205 kg (XE); 207 kg (XE)
Farben	Rot, Grau, Schwarz (X); Schwarz/Grau, Orange/Schwarz, Schwarz (XE)

Ab 2024 Speed 400 und Scrambler 400 X

Motorbauart
DOHC Einzylinder, vier Ventile, wassergekühlt
Bohrung
89,0 mm
Hub
64,0 mm
Hubraum
398,15 cm³
Leistung
39,5 PS bei 8000/min
Verdichtung
12:1
Einspritzung
Elektronische Bosch-Einspritzanlage mit elektronischer Drosselklappensteuerung
Getriebe
Sechsgang
Rahmen
Hybrid-Brücken-/Perimeterrahmen, Stahlrohr, verschraubter Heckrahmen
Schwinge
Alu-Zweiarmschwinge
Gabel
43 mm Upside-down Big Piston
Federung hinten
Gasdruck-Federbein
Bremsen
300 mm Scheibe, Vierkolben-Sattel vorne (Speed 400) 320 mm Scheibe (400 X); 230 mm Scheibe hi.
Räder
17x3.00 Zoll und 17x4.00 Zoll (Speed 400); 19x2.5 Zoll und 17x3.5 Zoll (400 X)
Reifen
110/70 R17 und 150/60 R17 (Speed 400); 100/90 R19 und 140/80 R17 (400 X)
Radstand
1377 mm (Speed 400); 1418 mm (400 X)
Trockengewicht
170 kg (Speed 400); 179 kg (400 X)
Farben
Rot, Blau, Schwarz (Speed 400); Grün/Weiß, Rot/Schwarz, Schwarz/Silber (400 X)

Wie im Jahr 2023 beschränkten sich viele Aktualisierungen der vorhandenen Modellpalette auf die Farben. Das betraf die Modern-Classic-Modelle, Roadster, Rocket 3 sowie Tiger Sport 850 und 660. Die Modern Classic zeichneten sich durch zwölf neue Farboptionen aus.

Bonneville Stealth Editions

2024 kamen acht Bonneville Stealth Editions ins Programm. Jedes Stealth-Edition-Modell war nur ein Jahr lang erhältlich und zeichnete sich durch ein besonderes Tankdesign aus. Die innovative Lackiertechnik bestand aus einer hochglänzenden metallicsilberfarbenen Grundierung, gefolgt von einer Graphit-Vignette, die den Hell-Dunkel-Effekt erzielt. Zum Abschluss wurde die Deckschicht mit einer intensiven Bonbonfarbe abgetönt. Die handlackierte Oberfläche sorgte für subtile Abweichungen, sodass jedes Motorrad ein Unikat war.

Die Thruxton Final Edition gab es zum 20-jährigen Jubiläum des legendären Café Racers. *Triumph Motorcycles*

Daytona 660

Nach achtjähriger Abwesenheit wurde die sportliche Daytona 2024 wieder eingeführt. Die 660er-Serie richtete sich an neue, jüngere Fahrer – insbesondere Frauen – und in den letzten drei Jahren wurden insgesamt mehr als 40.000 Stück verkauft. Die Daytona 660 war die Weiterentwicklung der erfolgreichen Trident 660 und Tiger Sport 660. Der Dreizylindermotor erhielt eine Einzeldrosselklappenanlage, neue Nockenwellen mit schärferem Profil, einen neuen Zylinderkopf, Kolben und Kolbenbolzen sowie eine neue Ventilsteuerung. Zusammen mit einer Drei-in-Eins-Auspuffanlage wurde die Leistung gegenüber der Trident 660 um 17 Prozent, also in diesem Fall um 15 PS, gesteigert. Die Federung, die Fünf-Speichen-Leichtmetallräder und die Bremsen machen einenn hochwertiegn Eindruck, was durch die sportliche Vollverkleidung mit zwei LED-Scheinwerfern und die minimale Heckverkleidung noch unterstrichen wurde. Über der oberen Gabelbrücke montierte Lenkerstummel trugen zu einer sportlichen Fahrposition bei.

Tiger 1200 GT Pro, GT Explorer, Rally Pro, Rally Explorer

Die vier Varianten der Tiger 1200-Familie wurden 2024 leicht überarbeitet. Keine Änderungen gibt es beim Kurbelwellen-Layout mit der absichtlich unregelmäßigen Zündfolge, von Triumph »T-Plane« genannt. Allerdings hat Triumph Feintuning betrieben, um Laufkultur und Fahrbarkeit der großen Triple-Enduro zu optimieren, insbesondere bei niedrigen Drehzahlen

Ab 2024 Tiger 900 GT, GT Pro, Rally Pro

(Unterschiede zu 2023)

Bohrung
78 mm
Hubraum
888 cm³
Leistung
106,5 PS bei 9500/min
Verdichtung
13,0:1
Gewicht
219 kg (GT); 222 kg (GT Pro);
228 kg (Rally Pro)
Farben
Weiß, Graphit/Schwarz, Rot/Schwarz (GT, GT Pro);
Schwarz, Grau/Orange, Grün/Schwarz (Rally Pro)

Nach nur vier Jahren wurde die Tiger 900 2024 mit mehr Leistung und neuem Design aktualisiert. Links die 900 GT Pro und rechts die Rally Pro. *Triumph Motorcycles*

Carnival-Rot war eine der neuen Farben für 2024, hier auf einer Speed Twin 1200.
Triumph Motorcycles

und Geschwindigkeiten. Die vibrationsdämpfenden Lenkerklemmungen der Explorer wurden nun auch bei der GT Pro und der Rally Pro verbaut. Der Sitz war flacher, höhere Fußrasten vergrößerten die Bodenfreiheit in Kurven. Neu war die aktive Reduzierung der Federvorspannung am Heck, was ein Absenken der Sitzhöhe im Stillstand um bis zu 20 Millimeter bewirkte.

Rocket 3 Storm R and GT

Zwanzig Jahre nach der Markteinführung der Rocket III kündigte Triumph für 2024 eine neue Generation der Rocket 3 Storm an. Sie verfügte über mehr Leistung, ein Drehmoment von 225 Nm bei nur 4000/min und leichtere Zehnspeichen-Aluminiumgussräder. Die neue Rocket 3 Storm wurde als R- und GT-Version mit drei zweifarbigen Lacierungen angeboten.

TF 250-X

Beim SuperMotocross-WM-Finale im Los Angeles Memorial Coliseum im September 2023 stellte Triumph das serienmäßige Motocross-Motorrad TF 250-X vor. Die Motorräder wurden von Jeff »Six Time« Stanton und dem legendären Motocross-Rennfahrer Ricky Carmichael gefahren. Die TF 250-X war eine komplette Neukonstruktion. Die kompakte und leichte Viertakt-Maschine wurde für den Wettbewerb entwickelt und verfügte über einen geschmiedeten Aluminiumkolben, Titanventile, leichte Magnesiumabdeckungen und eine nasse Exedy-Tellerfederkupplung. Ein programmierbares Motormanagementsystem wurde

Die Modelle der Bonneville Stealth Editions mit der Bonneville T120 Blue Stealth Edition im Vordergrund.
Triumph Motorcycles

Neue Farben 2024

Speed Twin 900
Carnival-Rot und Phantom-Schwarz, Competition-Grün und Phantom-Schwarz
Speed Twin 1200
Carnival-Rot und Storm-Grau, Matt-Ironstone und Matt-Storm-Grau
Scrambler 900
Cosmic-Gelb und Graphit
Scrambler 1200 XE and Scrambler 1200 XC
Matt-Sandstorm und Matt-Jet-Schwarz
Bonneville T100
Competition-Grün und Ironstone
Bonneville Bobber
Jet-Schwarz und Ash-Grau
Bonneville T120
Jet-Schwarz und Fusion-Weiß
Bonneville Speedmaster
Pacific-Bllue und Eissilber
Bonneville T120 Black
Graphit und Matt-Graphit
Thruxton RS
Jet-Schwarz und Eissilber
Speed Triple 1200 RS
Carnival-Rot
Trident 660
Jet-Schwarz und Triumph-Racing-Gelb
Rocket 3 R
Sapphire-Schwarz und Carnival-Rot mit Eissilber
Rocket 3 GT
Sapphire-Schwarz und Carnival-Rot mit Eissilber
Tiger Sport 850
Graphit und Jet-Schwarz
Tiger Sport 660
Snowdonia-Weiß und Jet-Schwarz

Bonneville Stealth Editions

Bonneville Speedmaster Red Stealth Edition
Bonneville Bobber Purple Stealth Edition
Bonneville T100 Blue Stealth Edition
Bonneville T120 Blue Stealth Edition
Bonneville T120 Black Stealth Edition
(Finish in Mattsilber)
Speed Twin 1200 Red Stealth Edition
Speed Twin 900 Green Stealth Edition
Scrambler 900 Orange Stealth Edition

Ab 2024 Daytona 660

Motorbauart
DOHC Reihen-Dreizylinder, vier Ventile pro wassergekühltem Zylinder
Bohrung
74,04 mm
Hub
51,1 mm
Hubraum
660 cm³
Leistung
95 PS bei 11.250/min
Verdichtung
12,05:1
Einspritzung
Elektronische, sequenzielle Multipoint-Einspritzung mit elektronischer Drosselklappensteuerung
Getriebe
Sechsgang
Rahmen
Stahl-Perimeterrahmen
Schwinge
Stahl-Zweiarmschwinge
Gabel
41 mm Showa Upside-down, SFF-BP
Federung hinten
Showa-Federbein
Bremsen
2 x 310 mm Scheibe, radiale Vierkolben-Sättel vo.; 220 mm Scheibe, Einkolben-Sattel hinten
Räder
17x3.5 Zoll vorne und 17x5.5 Zoll hinten
Reifen
120/70 ZR17 vorne und 180/55 ZR17 hinten
Radstand
1426 mm
Gewicht
201 kg
Farben
Schwarz, Rot, Silber

Ab 2024 Tiger 1200 GT Pro, GT Explorer, Rally Pro, Rally Explorer

(Unterschiede zu 2023)

Farben
Rot, Weiß, Schwarz (GT Pro, GT Explorer); Sandstorm, Schwarz, Khaki (Rally Pro, Rally Expl.)

durch eine optionale MX Tune Pro-App ergänzt, die es den Fahrern unter anderem ermöglichte, eine Live-Diagnosefunktion oder Launch-Control-Einstellungen auszuwählen.

Die vollverkleidete Daytona kehrte 2024 mit der mittelschweren Daytona 660 zurück. Es war das dritte Modell in der erfolgreichen 660er-Reihe von Triumph.
Triumph Motorcycles

Das Aluminiumchassis mit Zentralrohrrahmen in Doppelschleifenbauweise verfügte über neue obere und untere Gabelbrücken und spezielle obere Halterungen. Die hochwertige KYB-Federung bestand aus einer 48 mm Federgabel mit Druck- und Zugstufenverstellung sowie 310 mm Federweg und hinten aus einem druck- uund zugstufenverstellbarem Federbein mit 305 mm Federweg. Gebremst wurde das leich-

Die Rocket 3 Storm R zeichnete sich durch schwarze Komponenten aus.
Triumph Motorcycles

Ab 2024 Rocket 3 Storm R und GT

(Unterschiede zu 2023)

Leistung
180 PS bei 7000/min
Gewicht
317 kg (R); 320 kg (GT)
Farben
Rot mit Schwarz, Blau mit Mattschwarz, Schwarz mit Granit

Die TF 250-X wurde für die Motocross-WM in der MX2-Klasse und die AMA SuperMotocross-Weltmeisterschaft entwickelt. *Triumph Motorcycles*

te Motorrad mittels Brembo-Bremssystem, bestand aus einem schwimmend gelagerten Doppelsattel mit 24-mm-Kolben vorne, einem schwimmend gelagerten Einzelsattel mit 26-mm-Kolben hinten und Galfer-Scheibenbremsen vorne und hinten. Die DirtStar 7000-Serie-Aluminiumfelgen und gefrästen Aluminiumnaben waren mit mittelharten Pirelli Scorpion MX32-Reifen ausgestattet.

Da die TF 250-X bereits gut entwickelt war, befand sich Triumph in einer hervorragenden Position, um 2024 das Motocross-Rennprogramm zu starten. Dazu gehörte die Teilnahme an der Motocross-WM in der FIM MX2-Klasse und an der AMA SuperMotocross-WM. Das werkseitig unterstützte Rennprogramm wurde unter dem neuen Triumph-Racing-Banner ins Leben gerufen und in Zusammenarbeit mit Thierry Chizat-Suzzoni aufgebaut. Vincent Bereni war Teammanager, das MX2-Team operierte von Eindhoven in den Niederlanden aus. Clément Desalle schloss sich dem Team als Testfahrer an und Mikkel Haarup und Camden McLellan wurden als die beiden MX2-Fahrer für 2024 verpflichtet. In den USA arbeitete Triumph Racing mit Bobby Hewitt zusammen, mit Steve »Scuba« Westfall als Teammanager. Die AMA-Legende Dave Arnold wurde für die Entwicklung des Fahrgestells engagiert, während Dudley Cramond für den Motorenbau verantwortlich war. Das Team für die AMA Supercross und Pro Motocross 2024 bestand aus Evan Ferry und Jalek Swoll. Für die Saison 2025 setzte Triumph zusätzlich eine neue TR 450-X in der SuperMotocross-WM ein.

Obwohl die 120-jährige Geschichte von Triumph von Höhen und Tiefen geprägt war, haben nur wenige Motorradhersteller eine so bedeutende Laufbahn vorzuweisen. Während der Parallel-Twin weiterhin wichtig ist, insbesondere für die traditionelle Classic-Reihe, hat Triumphs Triple-Linie eine breitere Palette beliebter Adventure-Bikes umfasst. Die Einführung der 400 Single wird es ermöglichen, auf dem asiatischen Markt Fuß zu fassen und die neue Motocross-Maschine TF 250-X ist ein wichtiger Schritt in Richtung Offroad-Wettbewerbe. Die elektrische TE-1 wird wahrscheinlich eine Reihe von Elektromotorrädern hervorbringen und die Motorenausstattung der Moto2-WM sollte dafür sorgen, dass Triumph noch lange Zeit Großbritanniens führender Motorradhersteller bleiben wird.

Ab 2024 TF 250-X

Motorbauart
DOHC Einzylinder, vier Ventile, wassergekühlt
Bohrung
78 mm
Hub
52,3 mm
Hubraum
249,95 cm^3
Verdichtung
14,4:1
Einspritzung
Dell'Orto
Getriebe
Fünfgang
Rahmen
Alu-Zentralrohr-Doppelschleifenrahmen
Schwinge
Alu-Zweiarm
Gabel
48 mm KYB
Federung hinten
KYB -Federbein
Bremsen
260 mm Scheibe, Brembo-Zweikolben-Sattel vo., 220 mm Scheibe, Brembo-Einkolben-Sattel hi.
Räder
21x1.6 Zoll und 19x1.85 Zoll
Reifen
80/100x21 und 100/90x19
Radstand
1492 mm
Trockengewicht
104 kg

Die TF 250-X durchlief 2023 ein intensives Entwicklungsprogramm. *Triumph Motorcycles*

Index

ACE CAFE